TURING 图灵新知

怎样解题

数学竞赛攻关宝典

[美] 保罗·蔡茨 著

李胜宏 黄志斌 译

第3版

THE ART AND CRAFT OF PROBLEM SOLVING

THIRD EDITION

人民邮电出版社

北京

图书在版编目（CIP）数据

怎样解题 : 数学竞赛攻关宝典 : 第3版 /（美）保罗·蔡茨著 ; 李胜宏，黄志斌译. -- 北京 : 人民邮电出版社，2019.11

（图灵新知）

ISBN 978-7-115-52251-1

I. ①怎… II. ①保… ②李… ③黄… III. ①数学—竞赛题—题解 IV. ①O1-44

中国版本图书馆CIP数据核字 (2019) 第227108号

内 容 提 要

本书将数学的统一性贯穿始终，将理论方法与经典例题相结合，以战略、战术及工具为主线，把解题提高到了艺术高度. 首先教总结解决问题的方法论，这也是全书的核心内容，进而通过实例阐述了具体的解题战术，如极端原理、抽屉原理等. 并从解题者的角度分别讲述了代数学、组合数学、数论、几何和微积分.

本书适用于大学数学系的低年级学生、高中的高年级学生、想学习解决问题技巧的数学爱好者以及广大数学教师.

◆ 著　　[美] 保罗·蔡茨
　译　　李胜宏　黄志斌
　责任编辑　傅志红
　责任印制　周昇亮

◆ 人民邮电出版社出版发行　　北京市丰台区成寿寺路 11 号
　邮编　100164　　电子邮件　315@ptpress.com.cn
　网址　http://www.ptpress.com.cn
　固安县铭成印刷有限公司印刷

◆ 开本：700 × 1000　1/16
　印张：22.5　　　　2019 年 11 月第 1 版
　字数：580 千字　　2025 年 4 月河北第 11 次印刷

著作权合同登记号　图字：01-2018-3272 号

定价：89.00 元

读者服务热线：(010)84084456-6009　印装质量热线：(010)81055316

反盗版热线：(010)81055315

版 权 声 明

探险家是迷路的人.

——Tim Cahill, *Jaguars Ripped My Flesh*

警探谈到接手调查一个案子时，会说“染上个案子”. 一旦染上，就像得了感冒：它会耗尽患者的精神，直至发烧；或者，如果一直未破案，它就会像传染病一样，从一个警探传给另一个警探，不会放过接手过它的所有人.

——Philip Gourevitch, *A Cold Case*

数学在科学中最具社会性.

——Ravi Vakil（他这么跟我说）

当数学解题成为一种艺术时

作为一位数学老师，我每年都会购买大量新出版的书来学习，目的是为了让自己可以及时掌握各类考试和竞赛中出现的新题，不至于被时代所淘汰．但是，让我失望的是，在图书市场上，大部分的书不仅毫无“营养”，而且还可归为“有害垃圾”．

在当下这个快节奏社会里，大部分人似乎都只追求能快速解决问题的技术，很难沉下心来学习更为深层次的东西．在教辅书市场上，充斥着大量东拼西凑出来的“题库”．为了迎合很多“速食面”爱好者的口味，很多老师也只讲“如何快速解题”或“如何提高得分率”，对基础原理和知识框架的解释能省则省．与很多学科不同，数学是一门需要不断通过解题来获得知识的课，因此学会“怎样解题”就成了数学这门课的关键所在．关于“怎样解题”这个问题，曾经有很多数学家写过专著．

这其中，最著名的当属美籍匈牙利数学家乔治·波利亚（George Pólya，1887–1985）那本畅销七十余年的经典之作《怎样解题：数学思维的新方法》．波利亚围绕“探索法”这一主题，采用明晰动人的散文笔法，阐述了求得一个证明或解出一个未知数的数学方法怎样可以有助于解决任何“推理”性问题——从建造一座桥到猜出一个字谜．该书被翻译成近二十种文字，销量超过一百万册，启发了无数人的聪明才智．

另外，我国著名的数学竞赛教练单墫教授也写了一系列的关于解题的著作，其中包括《我怎样解题》《解题漫谈》《解题研究》等书．这些图书影响了几代数学竞赛爱好者和数学老师们．我个人就是单墫教授的超级粉丝，从三十年前开始读，直到如今还在读．

如果按照道家的理论来说，波利亚更多地是从“道”这个层面来阐述，而单墫老师的解题系列则更多地是从“法”和“术”的层面来切入．“道”侧重理论，“法”和“术”侧重方法论．有道无术，容易沦为纸上谈兵；而有术无道又容易事倍功半．因此两者缺一不可．那么有没有一本将“道、法、术”三者结合得比较好的数学解题著作呢？这里我要介绍一本自己很喜欢并且深受影响的书．

这本书是由美国著名的数学竞赛教练保罗·蔡茨所写，原书名叫作 *The Art and Craft of Problem Solving*，直译过来是“解题的技巧与艺术”，图灵公司推出的最新中文版题为《怎样解题：数学竞赛攻关宝典（第 3 版）》．为什么要推荐这本书呢？大致有以下几点．

一、作者权威．该书作者保罗·蔡茨本身就是一位经验丰富的数学老师和竞赛教练，这一点首先保证了该书的权威性. 作者曾代表美国首次参加国际数学奥林匹克竞赛，并多次担任美国队的教练，具有丰富的数学竞赛执教经验，对数学奥林匹克有着深刻的理解与认知.

二、选题经典. 这本书将数学的统一性贯穿始终，将理论方法与经典例题相结合. 书中的题目大都选自各类美国中学生数学竞赛，同时还有更高级别的国际数学奥林匹克竞赛，甚至有源自美国普特南大学生数学竞赛的题目. 同时，书中还收录了俄罗斯和匈牙利等老牌数学强国的一些赛题，以及部分数学期刊上的趣味难题. 这些题目经典、灵活性大、趣味性和思想性强，是很好的数学思维训练题.

三、内容全面. 这本书虽然不是一本关于中学生数学竞赛的系统训练教材，但从解题者的角度分别讲述了代数、组合、数论、几何和微积分等知识，基本上覆盖了中学生数学竞赛所涉及的主要知识点，大体上可以帮助那些试图在数学竞赛方面有所建树的学生在较短的时间内对知识框架有一个大概的指引.

四、高屋建瓴. 本书将数学解题从纯粹的技巧性，上升到了战略和战术层面，甚至还讲到了解题所应具备的心理学知识，进而把解题提高到了“艺术”的高度. 这也是这本书的重点，也是我强烈推荐的原因. 本书开篇就总结解题的方法论，这也是整本书的核心内容，进而通过详细的实例阐述了具体的解题战术. 作为老师，我们讲究“授人以鱼”，更讲究“授人以渔”. 如果说例题是“鱼”的话，那么解题的战略、战术和方法论就是“渔”. 我经常讲：教，最终是为了不教. 要成为一名解题高手，唯有跳出题目本身，站在更加高的层面，比如战略和战术来看解题这件事.

五、通俗易懂. 与很多让人望而却步的数学竞赛类书籍不同，这本书没有大量看似深奥复杂的数学公式（当然不可能完全没有），更多地是采用平实的语言来对数学问题进行描述和解释. 加上作者的语言风趣幽默，大大增强了此书的可读性. 可以说，这是一本非常平易近人的数学竞赛辅导材料，一本将科学性和启发性完美结合的教材.

六、参考丰富. 我特别推荐读者朋友们阅读本书后面所罗列的参考文献，里面有很多极为经典的数学书. 有一些国内已经引进翻译出版，有些还没有. 但在这个互联网极其发达的社会，我们有很多渠道可以获得这些资料. 作者所罗列的每一本参考书都值得读者朋友们细细品味.

最后我想说的是，假如你想知道“解题的艺术”是怎么一回事，就读一读这本书吧！这是一本关于解题艺术的典范之作. 也许，你与解题高手之间的距离，差的可能就是这本书！

应俊耀（Mr. Why 说数学）
2019 年 11 月于浙江宁波

第 3 版译者序

数学是自然科学的基础，也是重大技术创新发展的基础，数学实力往往影响着国家实力. 为切实加强我国数学科学研究，2019 年 7 月科技部、教育部、中科院、自然科学基金委共同制定了《关于加强数学科学研究工作方案》，其中提到：进行数学科普和数学文化建设，与 1～2 所数学教学有特色的中学建立对口交流联系机制，采取数学家科普授课、优秀中学生参与实习、导师制培养等方式进行挂钩指导和支持，培育优秀数学后备人才. 希望本书的出版能够为数学科普、培育优秀数学后备人才贡献一份力量. 提出问题和解决问题是数学的核心，研究型数学家一辈子就在试图解决这些悬而未决的问题. 本书让学生真正理解如何解决数学问题，从战略、战术和工具这三个层次进行思考.

本书第 3 版使用 LaTeX 排版. 英文版 LaTeX 源文件缺少必要的宏定义，就此，本书编辑江志强根据排版结果倒推，补齐了相关的宏定义，使之能够从 LaTeX 源文件编译生成 PDF 文件. 这一版有如下特点：

- 因为使用 LaTeX 排版，数学公式更美观.
- 保留了索引，中译本还增加了人名索引.
- 遵循原书，习题使用小字号且分为两栏.
- 正文中经常引用其他页码，中译本生成了正确的引用.

在翻译本书的过程中，我将发现的英文版错误提交给本书作者蔡茨教授，得到了作者的确认. 因此，第 3 版中译本直接在正文中给出修改后结果，不再像第 2 版那样以译者注的形式给出勘误.（除了第 75 页例 3.2.6 的解答，由于改动较大，在第 325 页的附录中给出新解答.）

由于本人学识水平有限，译文难免有不妥之处，欢迎广大读者批评指正. 有关本书中译本的勘误和建议，可访问本书网页（www.ituring.com.cn/book/2605）. 本书部分习题的解题提示已翻译为中文，可到本书网页下载. 我还提供了部分习题的解答，见：www.ituring.com.cn/book/tupubarticle/32165.

感谢本书作者蔡茨教授. 感谢第 2 版译者李胜宏教授. 感谢责任编辑傅志红女士. 感谢执行编辑江志强，我与他经常沟通，讨论数学问题. 感谢浙江大学软件学院研究生江炜琳，她帮助修改了本书的几十幅图片. 最后，我还要特别感谢我的妻子王桂花，感谢她在我翻译本书期间给予的支持.

黄志斌

2019 年 8 月于福建南平

第 2 版译者序

多年对数学奥林匹克竞赛的研究与实践证明，科学合理地举办各级数学奥林匹克竞赛对传播数学思想及方法、培养学生学习数学的兴趣、增强学生的思维能力、丰富课外活动的内容、促进数学教师素质的提高和数学教学的改革、发现和选拔优秀人才等方面起到了积极的作用. 随着数学竞赛在中国的深入开展，相关的书籍层出不穷，但大部分书都只注重对学生解题熟练性的培训或对基本知识的运用，而忽略了数学解题的真正意义与解题策略的传授. 为了解题而解题，必然会使学生陷入机械的题海战术中，这与数学解题能力培养和数学奥林匹克竞赛的精神相违背. 译者对此深感忧心，迫切希望能有一本让学生真正理解如何解决数学问题的辅导教材. 本书正是译者为此而做出的初步尝试.

古人云："授人以鱼，三餐之需；授人以渔，终生之用." 本书是一本既授人以鱼，又授人以渔的全面而翔实的书. 书中送给读者朋友的"鱼"是大量具有代表性的例题，而"渔"则是解题过程中一次次运用的各种战略、战术和方法，这些也正是本书的核心内容. 书中的每个例题的重点都放在解法的构思过程上，即如何运用特定的解题策略来分析问题，探讨解题思路，提出解题方案，并将其呈现在读者面前，让读者和作者共同经历每道题的思维探索过程，真正做到了授人以渔，并将学生从题海战术中彻底解脱出来. 本书让读者徜徉在数学的浩瀚海洋中，享受数学带给他们的乐趣，理解并感受数学的无与伦比之美，正如作者所述："解决问题的方法是可以学习和传授的，成功解决问题的关键在于心理因素和非心理因素方面的战略规划、战术方法的运用，以及对问题不受任何限制的分析." 本书作者保罗 · 蔡茨先生曾代表美国首次参加国际数学奥林匹克竞赛，并多次担任国际奥林匹克竞赛美国队的教练，具有丰富的奥林匹克竞赛执教经验，对数学奥赛有着深刻的理解与认知. 本书精选素材，深入浅出，将理论方法与经典例题相结合，将数学的统一性这一主题贯穿于全书，并将解决问题上升到了艺术的高度. 因此本书是一本通俗易懂、语言风趣，又不失科学性和启发性的教材，可作为高中数学奥林匹克竞赛的参考教材，亦可作为数学奥林匹克竞赛教学工作者的参考书. 因此我们将它翻译出来以飨国内的读者.

我翻译这本书的最大愿望，就是读者能够透过翻译出来的文字，准确无误地理解原书作者的一番精心策划与安排，为自己在数学问题解决领域中取得斐然成绩开一个好头. 在本书的翻译过程中，我得到了人民邮电出版社图灵公司的大力支持，在此表示衷心的感谢. 鉴于本人英文水平有限，粗疏不当之处，亦望读者不吝赐教.

李胜宏

2009 年 12 月于求是园

第 3 版前言

这是本书十年来的第一次修订，但与第 2 版相比变化不大. 我纠正了错误，删除无聊的问题，既增加了一些较简单的问题，也增加了一些难度较大的问题，尤其是增加更多“历史著名问题”，以此来回应读者的不同愿望. 新的 4.4 节（数学游戏）是目录中唯一可见的更改. 这些问题得到了大量的补充，其中有几个新的主题可以让读者进行不同程度的广泛探索.

新材料的灵感来自过去十年中我在数学界与教师和学生的交流. 在这些数学问题的交流中，我们研究了许多不同的主题，从基于奇偶性的简单技巧到理解随机变量，再到依赖于数论和复数之间相互作用的深层代数发现. 我试图通过这些新问题分享其中的乐趣、挫折和发现.

再次感谢本书前两版前言中提到的给予我帮助的朋友和机构. 对此名单，我还要添加 David Aukley、Bela Bajnok、Art Benjamin、Brian Conrey、Brianna Donaldson、Gordon Hamilton、Po-Shen Loh、Henri Picciotto、Richard Rusczyk、James Tanton 和 Alexander Zvonkin，以及美国数学研究所、班夫国际研究站、莫斯科数学继续教育中心. 妻子和儿女们的包容和支持让我有力量完成本书第 3 版，他们还不忘提醒我，生活比数学重要.

2011 年，我应邀为 Stuyvesant 高中的 *Math Survey* 杂志写一篇序言“The Three Epigraphs”,[1] 其中讨论了本书前两版中的引语，以及我对第 3 版（如果有第 3 版的话）引语的计划. 我信守诺言，现在真的有了三条引语. 简而言之，这些引语向学生揭示了做数学（或任何其他有意义的艺术创作）的“秘密”：迷路，迷恋，聚集！我感触良多，诚挚地把这本书献给我的学生.

保罗 · 蔡茨

2016 年 5 月于旧金山

---

① 见 https://www.scribd.com/doc/93806707/Paul-Zeitz-Math-Survey-Foreward.

第 2 版前言

相对于第 1 版，本书内容做了如下变动.

- 增加了有关几何的一章. 这一章比较长，篇幅大约相当于组合数学和数论两章的总和，但实际上只是对主题做了初步的介绍. 诚然，一些专家会对这一章的节奏感到不满，例如，他们会认为进入主题太慢，特别在开始之处；此外，该章没有包含诸如立体几何、有向长度和角、Desargues 定理，9 点圆等主题. 这一章主要是为初学者提供帮助的，所以章名叫作“美国人的几何”. 我希望这样做能够使解题新手在面对几何问题时，也能像对付离散数学那样增添信心.
- 微积分这一章有所扩展，增加了很多新问题.
- 其他几个章节也增加了很多问题，特别是一些“简单”的问题.

为了在控制本书厚度之余提供新的内容，书中每节后的习题使用较小字体排成双栏. 但不要想当然地认为用小字体印刷，就说明它们不如书中其他的问题重要. 和第 1 版中一样，这些习题才是本书的核心. 认真的读者至少应该仔细阅读书中每个问题的说明，并努力尝试解出它. 为此，我在“Hints to Selected Problems”中增加了讨论问题的数量，可以登录网站 www.wiley.com/college/zeitz 查看.

再次感谢在本书第 1 版前言中提到的给予我帮助的朋友，此外，我还要感谢下列朋友.

- Wiley 出版公司的 Jennifer Battista 和 Ken Santor，他们对本书的修订工作提出了很多指导性的意见，也没有因为本人延迟交稿而不耐烦.
- 在此也感谢 Brian Borchers、Joyce Cutler、Julie Levandosky、Ken Monks、Deborah Moore-Russo、James Stein 和 Draga Vidakovic. 他们仔细审读校对了我的手稿，指出了书中的不少错误，并对本书的修改提出了大量有益的建议.
- 自我 1992 年进入旧金山大学工作以来，Jennifer Turpin 院长以及 Brandon Brown 助理院长就鼎力支持我从事这些非本职工作，包括同意我在 2005 – 2006 学年休年假来完成这本书.
- 自 1997 年以来，由于经常参与当地的数学交流沙龙和竞赛，我对解题的理解有了很大的提高. 这些活动的经费大部分由数学科学研究所（MSRI）资助，我在此要特别感谢 MSRI 的各位领导 Hugo Rossi、David Eisenbud、

Jim Sotiros 和 Joe Buhler. 同时, 我还要感谢 Tom Rike、Sam Vandervelde、Mark Saul、Tatiana Shubin、Tom Davis 和 Josh Zucker, 特别是 Zvezdelina Stankova, 他们都曾在本书的写作过程中给我提供过帮助.

最后, 我还要特别感谢我的妻子和两个孩子, 就像在第 1 版中所写的一样, 希望他们能谅解我这两年总是晚睡早起. 我将此书和我的爱献给他们.

保罗 · 蔡茨

2006 年 6 月于旧金山

第 1 版前言

为什么要写这本书

这是一本定位于供大学生学习如何解决问题的入门书. 我们假定读者具备一定的数学基础（至少懂得一点微积分），喜欢数学，并对一般的证明方法有大致的了解，但他们平时花费了大量的时间去做练习而无暇去思考问题.

“练习题”一般是为了单纯测试学生对某一数学技巧的掌握程度，一般是检验对新学知识的掌握程度而设计的一类题. 练习题有的容易有的有些难度，但都不会让人很为难，学生一般都清楚如何去解题. 虽然要得到答案可能需要很多技巧，但学生解题的思路往往非常明确. 相反，解决“问题”并没有什么特定的思路，也不可能马上得到答案. 许多问题都是开放性的，看上去自相矛盾，有些甚至就无解，而在得到结论之前需要大量的分析. 问题和解决问题是数学的核心. 研究型数学家一辈子就在试图解决这些悬而未决的问题. 在生产实践中，有能力解决一个定义晦涩的问题的人要比会（比如说）求矩阵转置的人更重要，解决后者可以由计算机代劳，但解决前者却只有靠人才.

解决问题的高手并不仅仅只是更受老板器重，有些人甚至因此进入主流的数学圈了. 他们因此特别有自信心并激励了其他人. 最重要的是，解题令人愉悦，真正的高手懂得享受数学带给他们的乐趣，理解并享受数学的美.

打个比方，普通的数学专业学生就像是那种一星期去健身房三次，每次都在各种运动器材上轻巧地重复同样运动的人. 相反，喜欢解决问题的人则像是经常背着沉重的旅行包去徒步旅行的人. 这两种人都能变得强壮，而通过解决问题锻炼的人则尝试到了冷、热、潮湿、疲劳和饥饿的感觉，他们可能会迷失方向而不得不到处寻找出路，会饱经风霜. 但他们能爬到山顶，看到一般人意想不到的风景；他们能够到达奇妙而美丽的地方，更为历尽千辛万苦到达目的地而欣喜若狂；当他们回到家，会因为曾经的历险而充满活力，为曾经的经历而热情洋溢. 而那些只去健身房锻炼的“温室花朵”只是在慢慢变得强壮，却不能从运动中享受到多少乐趣，也没有任何可以和别人一起分享的经历.

当前，美国大多数数学专业的学生并不善于解决问题，但还是存在着热爱解决问题的风气. 很多人都是由数学俱乐部培养的，经常参加一些数学竞赛，研究那些大部分数学家认为理所当然的重要的“历史著名”问题和观点. 这种爱好解决数学问题的文化氛围在部分东欧国家和一些美国城市都很浓厚. 我在纽约长大并在 Stuyvesant 中学上高中，在那里我曾经是学校数学竞赛队的队长并专门学习过如何解决问题，到现在还和数学竞赛都有着不解的缘分. 在高中时，我是美国首次参加国际数学奥林匹克竞赛（IMO）的代表成员，二十年后，我成为了一名大学教授，又以教练的身份辅导了最近很多届参加国际数学奥林匹克竞赛的队伍，包括 1994 年我们在国际数学奥林匹克竞赛历史上取得最优异成绩的那支代表队.

但在很多人成长的环境中并没有这种喜欢解决问题的文化氛围，我在担任高中以及大学老师期间和这些想解决问题的孩子们经常接触，我相信解决问题是任何能够读数学专业的学生都能轻易学会的一件事. 作为解决问题的文化氛围的倡导者，写作这本书是我首次为传播这一文化所做出的努力. 我之所以决定写这本书是因为我在旧金山大学工作期间，没有找到任何类似的书. 虽然现在已经有不少优秀的专门介绍数学问题的书，但我觉得光有数学问题是不够的. 我写这本书的指导原则是：

- 解决问题的方法是可以教授给学生并被他们掌握的.
- 成功解决问题的关键在于心理因素，像信心、专心和勇气都是非常重要的.
- 对问题不受任何限制的分析至少和严格的论证同样重要.
- 影响解决问题的非心理因素主要包括高度的战略规划、集中的战术方法和灵活运用的技术工具.
- 掌握大量的历史著名问题（比如抽屉原理或康威棋子问题）和精通各种技术工具同样重要.

如何读这本书

虽然这本书编写得像是一本标准的数学教材，但它的语言是非常口语化的：它就像是一位友善的教练，不仅讲解问题，还通过各种告诫、举例和挑战来传授知识. 学习这本书不需要太多的预备知识，只要掌握一点浅显的微积分就足够了，因为我把这本书的读者定位于大学数学系的学生. 当然这本书也适合高中高年级学生以及各级别的自学者，特别是数学老师们.

本书的内容分成两部分. 第一部分是总结解决问题的方法论，这也是全书的核心内容. 第二部分包含四个独立成章的部分，即按解题者的角度分成代数、组合数学、数论和微积分四章. ① 为了控制全书的厚度，书中没有讨论几何方面的问题，但几何的思想却贯穿始终，并在一些地方（如 4.2 节）有集中讨论. 但从总体上讲，本书涉及的几何方面的内容还是相对较少的. 幸运的是，现在已经出版了很多几何方面的书籍. 这些书中，我认为初等几何方面的 *Geometry Revisited*[4] 和

① 为节省纸张，第 2 版已没有再使用正式的第一、第二部分标签了. 但全书的结构还是相同的，只是加了几何一章，如何读这本书，请大家见 1.4 节.

Geometry and the Imagination[16] 写得非常好.

本书每一小节的结构都很清晰:（大量的）讲解、例题和问题. 有些比较容易, 有些稍微难些, 还有一些非常难. 本书的目的是教大家如何解决问题, 要提高这一能力的唯一途径就是解决大量问题, 独立解决一些问题并学习别人的解题方法, 但并非所有的问题都是能解出的, 任何时间只要是用在思考问题上都是值得的.

我希望读者在读完这本书并解决书中 660 个问题中的一部分后, 能有前面说过的背包长途旅行的那种感觉. 读者在阅读的过程中有时不可避免地会茫然不知所措, 感到非常痛苦, 但是当完成这样一次旅行以后, 你们的意志会变得坚强, 并且欣喜若狂, 而且随时准备着下一次的冒险旅行.

当然, 你们还能从中学到很多数学知识——不是分割成一块块的数学分支, 而是数学本身, 纯粹而简单. 的确, 贯穿整本书反复出现的主题是数学的统一性. 很多特定的解题方法都用到了将一个数学分支的问题转化为另一个数学分支的问题的技巧, 比如, 可以从几何角度解释一个代数不等式.

如何教授这本书

如果是一学期的课程, 应该教完第一部分的内容, 虽然学生不一定能够完全掌握. 此外, 还可以从第二部分选取一部分内容讲解. 例如, 如果给大学一二年级学生开设这门课可以讲解第 1–6 章; 如果是高年级, 则可以跳过第 5 章的大部分（除了最后一节）和第 6 章, 而将主要时间用来学习第 7 章和第 8 章.

致谢

Deborah Hughes Hallet 是我近二十年事业的守护天使. 没有她的仁慈和鼓励, 就不可能有这本书, 我也不可能成为一名数学教师. 我将这一切归功于你, Deb. 谢谢你!

我真的很幸运能在旧金山大学工作, 在这里, 我无时无刻不感到同事们的友善和支持, 学生们很热爱学习, 学校的领导也从各方面为教职工们提供服务. 特别地, 我想真诚地感谢下列朋友.

- Stanley Nel 院长, 他非常慷慨地帮我解决实际困难, 升级我的电脑, 资助我出差. 但更重要的是, 他从一开始就对我写的这本书表现出极大的兴趣, 他的热情和赏识支持我度过了过去四年.
- 从 1992 年到旧金山大学任教开始, Tristan Needham 就是我的导师、同事和朋友. 没有他的建议和为本书的写作所付出的努力, 我也不可能完成这本书. Tristan 学识渊博, 从最细微的 LaTeX 命令到丰富的数学史知识以及扎实的数学基础. 在很多方面, 我仍旧只是个初学者, Tristan 教会我真正地深入理解数学的真相.

- Nancy Campagna、Marvella Luey、Tonya Miller 和 Laleh Shahideh 想尽办法，非常慷慨地帮助我料理杂事. 完全可以这样说，没有她们的帮助和友谊，我在旧金山大学的生活可能会糟透了.
- 每天都离不了的 Wing Ng，我们系最多才多艺的教学秘书，帮助我解决了很多问题，从修复印机到安装软件到设计版面，她的足智多谋和大公无私的精神大大提高了我工作的效率.

在这本书中，我的很多想法都来源于我在以下两个地方给学生上课的经验：旧金山大学开设的关于如何解决问题的一学期课程，和担任国际数学奥林匹克竞赛美国队教练时讲授的课程. 非常感谢我的学生们，他们给我提供了这样一个与大家一起分享数学的机会.

在担任数学竞赛教练期间，我从同事们那里学到了很多解决问题的方法. 特别地，我要感谢 Titu Andreescu、Jeremy Bem、Doug Jungreis、Kiran Kedlaya、Jim Propp、Alexander Soifer，与他们的多次交流对我帮助极大.

Bob Bekes、John Chuchel、Dennis DeTurk、Tim Sipka、Robert Stolarsky、Agnes Tuska 和 Graeme West 阅读了本书的手稿，提出了很多有益的修改意见，并指出了书中不少错误. 由于他们的认真工作，本书在原稿基础上又有了很大改进，如果书中还有其他错误，当然由我一人负责.

本书是用 Macintosh 电脑写作完成的，在 Textures 上运行 LaTeX，Textures 是一个非常出色的排版程序，大大优于其他 TeX 软件.[①] 我向希望用 TeX 或 LaTeX 软件写书的人推荐该软件（www.bluesky.com）. 另一个对我帮助很大的软件是 Eric Scheide 公司的索引程序，它可以自动执行大部分的 LaTeX 索引过程. 这些程序极大地节省了我的时间. 欲知更多的信息，请联系 scheide@usfca.edu.

Wiley 出版公司的编辑 Ruth Baruth 在极短的时间里帮我把模糊的想法变成了一本书，整个过程少不了她积极的鼓励、创新的提议和温和的督促. 我在此对她表示真诚的感谢. 我期待着将来能有更多的书奉献给读者.

我的妻子和儿子在我写书期间给予了我极大的支持. 感谢他们对我的容忍，也希望他们能够原谅我这段时间对他们的忽视. 正因为没有家庭上的分心，我才能够将更多的时间投入到工作中，也不会因为对工作的热爱而感到内疚. 可是，如果没有我的家庭，其他任何东西（甚至是数学的美）对我来说都是毫无意义的.

保罗・蔡茨
1998 年 11 月于旧金山

① 本书中文版是用 Arch Linux 操作系统，在 TeX Live 上运行 LaTeX 排版的. ——译者注

目　录

第 1 章　本书的内容及阅读方法

1.1　“练习”与“问题”

这是一本介绍解决数学问题方法的书，我们假定本书的读者为以下三类人：

- 喜欢数学；
- 已经很好地掌握了高中数学的内容，并且至少已经初步学习了高等数学的内容，如微积分和线性代数；
- 希望进一步提高解决数学问题的能力.

首先，什么是“问题”？我们需要将“练习”与“问题”区分清楚. “练习”是你理解且可以立即解决的问题，练习的解答是否正确取决于你对特定技巧掌握的熟练程度，但你却从不用去琢磨究竟应使用何种技巧. 相反，“问题”是需要做深入思考和丰富资料收集才能找到正确方法的题目. 例如，下面是一道练习.

例 1.1.1　请不使用计算器计算 5436^3.

毫无疑问，你知道如何计算——只要仔细地连乘两次就可以了. 而下面这个问题则深奥得多.

例 1.1.2　将

$$\frac{1}{1\times 2}+\frac{1}{2\times 3}+\frac{1}{3\times 4}+\cdots+\frac{1}{99\times 100}$$

表示成最简分数形式.

乍一看，这只不过又是一个毫无新意的练习题，因为你可能认为只要将所有的 99 项加起来就可以得到正确答案了. 但是你稍微观察一下题目就会发现一个很有趣的现象，我们首先将前几项加总化简后发现：

$$\begin{aligned}\frac{1}{1\times 2}+\frac{1}{2\times 3}&=\frac{2}{3},\\ \frac{1}{1\times 2}+\frac{1}{2\times 3}+\frac{1}{3\times 4}&=\frac{3}{4},\\ \frac{1}{1\times 2}+\frac{1}{2\times 3}+\frac{1}{3\times 4}+\frac{1}{4\times 5}&=\frac{4}{5},\end{aligned}$$

因此，可以**猜测**：对于所有的正整数 n，

$$\frac{1}{1\times 2}+\frac{1}{2\times 3}+\frac{1}{3\times 4}+\cdots+\frac{1}{n(n+1)}=\frac{n}{n+1}.$$

这样，就提出了一个“问题”：这个猜测是否正确？如果是，又该如何**证明**？如果你曾经做过类似的问题，并会应用数学归纳法（参见第 43 页），那么这一题对于

你来讲也仅仅是一个“练习”而已了. 但如果我们从没见过这类题型，那么这一题对我们来说就是一个“问题”而不是“练习”了. 我们可能就需要花大量的时间尝试不同的方法来解决该问题，问题越难，需要花的时间越多，第一次尝试通常会失败，而有时多次尝试都会失败.

下面这个例子是非常有名的“户口调查员问题”. 少数人认为这是个“练习”，对于大多数人来说，这是个“问题”.

例 1.1.3　一个户口调查员敲开一户人家的门，并询问屋内的妇女有几个小孩，孩子们都多大了.

该妇女答道：“我有三个女儿，她们的年龄都是整数，并且她们年龄的乘积等于 36.”

“这些信息还不够算出你女儿的年龄.”户口调查员回答道.

“我就是告诉你她们年龄的总和，你还是不能算出她们的年龄.”

“我希望你能告诉我更多的信息.”

“好吧，我大女儿安妮喜欢狗！”

请问：从这段对话中，户口调查员能计算出该妇女三个女儿的年龄吗?

初看这个题目，觉得要想得到答案似乎是不可能的，因为题目中好像没有提供足够的信息来解决问题. 这就是为什么我们认为这是一个“问题”，但这个问题的确很有趣.（如果你仍旧比较迷惑，可以看本章结尾处第 11 页的答案.）

如果你认为户口调查员问题太简单，那么请看下一题（答案见第 71 页）.

例 1.1.4　有一次，我请了 10 对夫妇来我家参加宴会，我问所有参加宴会的人（包括我妻子在内）他们和多少人握过手，结果得知每个人的握手次数都不相同，当然我没有问自己. 假定没有人与自己的配偶握手，也不考虑每个人自己同自己握手，那么请问我妻子与多少人握过手?（我没有问自己任何问题.）

一个好的问题应该是神秘而有趣的. 它之所以神秘是因为一开始你并不知道如何解决它，如果一个问题缺乏趣味性，你就不会愿意去思考，但如果问题非常有趣的话，你一定会愿意花费时间和精力去解决它.

这本书将有助于你去分析和解决问题！如果你缺乏解决问题的经验，那么碰到一个难题时，你会很快放弃努力，这是因为：

- 也许你根本就不知道该从何着手；
- 也许你已经做了些初步工作，但不知道该如何继续；
- 也许你试过一些方法但都失败了，于是你放弃了.

相反，一个有经验的解题者，则知道怎样入手，他或者她[①]会非常有信心地用各种方法来分析问题，虽然他使用的某些方法不一定能解决问题，但至少能得到一些结

① 后面的章节我们将避免使用“他或者她”，而是随机选择性别.

果. 最终, 在花费了一定的时间之后, 他终于解决了问题. 概括地说, 一个有解决问题经验的人会从如下三个不同的层次考虑问题:

战略层次: 掌握如何入手并分析问题的数学思想与心理策略;

战术层次: 掌握解决问题的不同阶段所使用的数学方法;

工具层次: 对特定的情形, 注重特定的技巧和"窍门".

1.2 解决问题的三个层次

很多数学分支都有悠久的历史, 并形成了一套自己的数学符号和语言. 但解决问题并没有固定的模式和套路. [①] 在这里, 我们使用**战略**、**战术**和**工具**这三个词来诠释解决问题的三个不同层次. 这三个词并没有标准的定义, 因此准确理解它们的含义就显得非常重要.

登山的策略

当你站在山脚下观察如何登山时, 第一步要考虑的*战略*就是先登上这座山旁边的几座小山, 从不同的角度观察你所要爬的山. 然后, 你可能会考虑一个更具体的战略, 或许可以尝试通过一个特定的山脊来登山. 接下来就要考虑一些*战术*问题了, 即怎样切实有效地执行战略. 比如, 你所选定的线路是从山的南面登山, 但途中有一片雪地和一条河流, 那么你就需要制定不同的战术来战胜这些阻碍. 比如说越过雪地, 你可以选择早晨雪地最硬的时候通过. 而要渡河, 则需要在河岸边观察最安全的渡河地点. 最后, 我们需要考虑与登山最直接相关的技术问题, 即完成特定的任务所需要具备的特定技能——*工具*. 比如, 要想通过雪地, 我们需要装备安全带和凿冰斧. 要渡过河流则需要用绳子绑在你的腰上, 再由同伴在河岸边拉着你, 使你能在河水冲击下保持平衡, 这些都是特定的工具技术. 你不能因此总结说登山只需要安全带、凿冰斧, 与同伴相互搀扶就可以了. 虽然这些是必要的, 但只是你登山的一小部分工作而已. 相反, 需要总结的是你的战略思想, 有时也包括一些战术思想. 例如你可以这样总结: 我们决定从南面登山, 途中需要越过一片很难通过的雪地和一条危险的河流才能到达山脊.

我们登山时遇到的阻碍, 有一些比较容易解决, 就像是你做练习题似的 (当然, 这也需要取决于登山者的能力和经验). 但是有些阻碍则很难解决, 一旦解决则整个登山过程就非常顺利了. 例如, 所选择的登山路径大部分都比较容易攀登, 但有一段大概 3 米长的路径则非常陡峭光滑很难通过. 登山者通常把这种最关键的阻碍称为"关键点". 我们也可以把这个词用在解决数学问题上. 在战略、战术、工具三个层次中都可能有关键点, 有些问题有几个关键点, 许多问题没有关键点.

① 事实上, 解决问题的理论都没有统一标准的名称, 乔治 · 波利亚和一些专家曾使用"探索法"这一术语 (例如, 见文献 [24]).

从登山到数学

我们将解决数学问题的思想和登山的策略做个比较. 拿到问题，你不一定能马上解决，要不然就不能称之为问题，而只是个练习题了. 首先你要有一个对题目进行**分析**的过程，这种分析有很多方式. 最糟糕的方式是随意地用你能想到的各种方法进行试验. 如果你的想象力足够丰富且掌握的方法很多，通过花费大量时间，也许最终能解决问题. 但作为一个初学者，最好还是要培养自己形成一套系统的解决问题的思维方法. 首先要从战略上进行思考，不要想着马上就能解决问题，而是在一个不那么专注的层面上思考问题. 从战略上思考的目的就是得到这样一个计划：它可能几乎没有数学内容，但能够帮助我们解题，这正如登山的战略："如果我们到达了南坡，我们好像就能到达山顶."

战略上的思考有助于我们开始解决问题并继续做下去，但这只是我们需要做的实际工作的提纲，具体的工作就是如何从战术和工具两个层次来完成既定战略.

我们通过下面的例子（1926 年匈牙利竞赛题）来说明如何从三个层次来解决问题.

例 1.2.1　证明四个连续的自然数的乘积不可能是整数的平方.

解答　首先让我们从战略上理解题目的意思，即**如何着手**. 我们知道这是一道证明题. 问题通常有两种类型——证明题和解答题. 户口调查员问题（例 1.1.3）就是后一类解答题.

接下来，通过观察我们发现问题要求证明某一结果**不会**发生. 我们将问题分成**假设**（也称为"条件"）和**结论**（无论是哪种类型的问题都可以这样分）. 这个问题的条件是：

n 是一个自然数.

结论为：

$n(n+1)(n+2)(n+3)$ 不可能是某一整数的平方.

将问题的条件和结论明确地叙述出来是非常有必要的，因为在很多问题中，条件和结论并不是显而易见的. 在这里我们将引进一些符号，有时对符号的选择非常关键.

也许你会将注意力集中在结论上：怎样才能够使某一个整数不是平方数? 这是一种战略思考，即考虑马上能直接得到结论的前提条件，我们称之为**倒推法**. 但你会发现，我们很难找到一个标准来表达某一个数不是一个平方数，所以我们需要考虑另一战略. 对任何问题，入题最好的一种战略是**化抽象为具体**. 解决问题最好的习惯就是把思考过程记在稿纸上. 我们尝试着代入几个具体的数，也许可以从中发现某些规律. 让我们给 n 设定几个不同的值，令 $f(n)=n(n+1)(n+2)(n+3)$，见下表 $f(n)$ 的值.

n	1	2	3	4	5	10
$f(n)$	24	120	360	840	1680	17160

你注意到了什么？问题中提到平方数，所以我们观察表格中是否有平方数，我想大家都会发现表中 $f(n)$ 的前两个值都是某一整数的平方减 1，接着验算发现：

$$f(3) = 19^2 - 1, \quad f(4) = 29^2 - 1, \quad f(5) = 41^2 - 1, \quad f(10) = 131^2 - 1.$$

我们大胆地猜测：对任意自然数 n，$f(n)$ 都为某一个整数的平方减 1. 证明这一猜想就是我们所要寻找的倒数第二步. 因为任何等于某一整数的平方减 1 的正整数不可能是另一整数的平方. 既然 1, 4, 9, 16 等平方数中不包含连续整数（平方数与平方数之间的差值越来越大），因此我们新的战略就是证明这一猜想.

为实现这一战略，我们还需要从战术和工具层面考虑问题，我们希望能证明对所有的 n,$n(n+1)(n+2)(n+3)$ 的乘积都是某一个整数的平方减 1,即 $n(n+1)(n+2)(n+3)+1$ 是某一个整数的平方. 但用什么代数式表示这一平方数呢？这样，就需要从战术上考虑表达式的形式. 我们要熟练掌握这种表达式，要时刻记住我们的目标是要得到一个平方数，注意到 n 和 $n+3$ 的乘积与 $n+1$ 和 $n+2$ 的乘积几乎相等，其中前面两项的乘积为 n^2+3n. 重新组织这个表达式，有：

$$[n(n+3)][(n+1)(n+2)] + 1 = (n^2+3n)(n^2+3n+2) + 1. \tag{1.2.1}$$

我们不把括号中的两项相乘，而是将其凑成平方差公式：

$$(n^2+3n)(n^2+3n+2) + 1 = \big((n^2+3n+1) - 1\big)\big((n^2+3n+1) + 1\big) + 1.$$

现在我们使用平方差公式工具得到：

$$\begin{aligned}\big((n^2+3n+1) - 1\big)\big((n^2+3n+1) + 1\big) + 1 &= (n^2+3n+1)^2 - 1 + 1 \\ &= (n^2+3n+1)^2.\end{aligned}$$

这样对于所有的 n，将 $f(n)$ 表达为某一整数的平方减 1 的形式，即：

$$f(n) = (n^2+3n+1)^2 - 1.$$

这样我们就完成了证明. ■

我们再回过头从解决问题的三个层次来分析这个问题，开始的战略是定位，仔细阅读问题并确定该问题属于哪一类型，然后利用倒推法分析答案的倒数第二步以决定解题的战略，开始，我们并没有成功. 接着我们是通过代入数值进行验算然后对结果进行猜测的. 但要想证明这一猜测还需要一些战术和工具，如交换连乘项的次序、凑成平方差公式等.

解决问题最重要的是战略层次的思考，在这一题中提出上述猜测是解题的关键. 从这点而言“问题”就已经转化为“练习”了！但熟练地使用战术也是很重要的，否则你仍旧很难解决问题. 该题的另一解法为**替代法**：在式 (1.2.1) 中令

$u = n^2 + 3n$，则上式的右边变成 $u(u+2)+1 = u^2+2u+1 = (u+1)^2$. 第三种解法是全部乘出来，有：

$$n(n+1)(n+2)(n+3)+1 = n^4+6n^3+11n^2+6n+1.$$

如果该式是某一整数的平方，则一定是二次多项式 n^2+an+1 或 n^2+an-1 的平方，将第一个多项式代入，有：

$$n^4+6n^3+11n^2+6n+1 = (n^2+an+1)^2 = n^4+2an^3+(a^2+2)n^2+2an+1,$$

可得 $a=3$ 满足该式. 因此 $n(n+1)(n+2)(n+3)+1 = (n^2+3n+1)^2$. 该方法虽然没有第一种方法优雅，但仍是个很不错的方法，因为该方法使用了一个非常有用的数学工具——**待定系数法**.

1.3 题型

本书所列问题主要分为三大类：**趣味题**、**竞赛题**和**开放性问题**. 每一大类又包含两种题型：解答题和证明题[①]. 解答题要求我们找到特定的信息，而证明题则要求证明某一更普遍的结论. 有时两者之间的差别并不明显. 例如，例 1.1.4 是一个解答题，但也可作为证明题.

下面是各个类型的例题.

趣味题

这一类型的题也称为“脑筋急转弯”，通常极少涉及正式的数学逻辑，而是需要对基本的解题战略进行创造性的应用. 做趣味题对人很有益，这类题不需要你掌握特定的基础知识，但花时间去思考这类题有助你以后解决更复杂的数学问题. 户口调查员问题（例 1.1.3）是这类题中非常典型的例子. 关于这一类题，马丁 · 加德纳多年来在《科学美国人》杂志[②]上主持的“数学游戏”专栏非常经典，其中很多已编辑成书，其中最经典的两本书是文献 [8] 和 [9].

题 1.3.1 一个和尚爬山，他早晨 8 点钟出发，中午时到达山顶，并在山顶上过了一夜. 第二天早晨，他从 8 点钟开始按昨天上山时的路径下山，中午到达山脚. 证明在 8 点和 12 点之间必有某一时刻，这个和尚在上下山途中到达同一地点.（注意题中并没有要求和尚以什么样的速度行走，比如，他可以开始时以每小时 4 公里的速度行走，然后坐下休息，再往回走，等等，也不要求和尚上下山的速度相同.）

---

① 这两个名词由乔治 · 波利亚命名（见文献 [24]）.

② 美国科普杂志，始于 1845 年 8 月，起先是每周出版，后改为每月出版. 2006 年 1 月，与《科学美国人》（*Scientific American*）版权合作的简体中文月刊《环球科学》创刊. ——译者注

题 1.3.2 你在一楼大厅，该大厅到二楼的楼梯口处有三个电灯开关，其中一个控制着楼上的一盏灯，现假设该灯是关闭的，请从这三个开关中找到控制该灯的开关，只允许你上楼一次，你将怎样做？（没有想象出来的灯绳及望远镜等，楼下看不到楼上是否开灯，这盏灯是标准的 100 瓦.）

题 1.3.3 某人从家中出发朝南走 1 公里，然后朝东走 1 公里，再朝北走 1 公里，这时刚好回到家！请问他家在什么方位？本问题不止一种解法，请找出尽可能多的答案.

竞赛题

竞赛题是为有时间限制的正式考试所编写的，其解答通常需要特定的数学工具和灵活的头脑. 高中和大学阶段的考试中就有复杂而有趣的数学竞赛，以下是适合美国高中水平和大学水平的各种数学竞赛.

全美高中数学竞赛（AHSME） 每年全美高中数以千计的在校学生可自由报名参加该项赛事，该项多项选择型比赛的题目与 SAT 的题目有着类似的难度和趣味性. [①]

全美数学邀请赛（AIME） 该项赛事只邀请 AHSME 比赛中成绩前两千名左右的学生参加，用时 3 小时，共有 15 道题. AHSME 和 AIME 所设置的问题都是解答题，由机器判分.

美国数学奥林匹克竞赛（USAMO） 该项赛事邀请 AIME 比赛中成绩前 150 名的学生参加，比赛时间为三个半小时，共 5 道题，题目较难，题型主要是证明题. [②]

美洲地区数学联盟（ARML） 每年，美洲数学联盟都会组织美洲地区各国家的中学组队参加比赛. 其所设置的问题非常具有挑战性且充满趣味性. 其难度媲美 AHSME 和 AIME 中的难题和 USAMO 中的简单题.

其他国家和地区奥林匹克竞赛 其他很多国家都设置有类似高难度的数学比赛，特别是东欧地区国家有这方面的传统. 最近几年中国和越南也设置了既有创新性又具有挑战性的竞赛.

国际数学奥林匹克竞赛（IMO） USAMO 比赛成绩最好的选手将会受邀参加训练营，并从中挑选六人组队，代表美国参加这项国际比赛，比赛共六道题，赛时为 9 小时，分两天进行. [③]该项赛事开始于 1959 年，每年在不同的国家举行. 起初只局限于社会主义国家，但最近有更多的国家参与到这一比赛中，1996 年就有 75 个国家率队参加.

---

① 最近这项赛事已经由专门针对不同年级的 AMC-8、AMC-10、AMC-12 代替.

② 现在有一个年轻学生的赛事，美国少年数学奥林匹克竞赛（USAJMO）.

③ 自 1996 年开始，USAMO 也采用类似的比赛方式：共六题，在两天的时间内完成.

普特南数学竞赛　该项比赛是美国在校大学生参加的最重要的数学竞赛. 比赛时间为 6 个小时，共 12 个问题，每年的 12 月举行，数千名学生参加比赛，大部分选手的得分是零分.

各杂志上刊登的问题　很多杂志都设置有问题版面，邀请读者参与求解，并将求解方法和解题者姓名刊登出来. 很多问题非常困难，有些问题甚至很多年都没有被解决. 按照难度递增的顺序，刊登数学问题的杂志主要有 *Math Horizons*、*The College Mathematics Journal*、*Mathematics Magazine* 和 *The American Mathematical Monthly*. 所有这些杂志都由美国数学协会出版. 还有杂志甚至完全用来刊登趣味数学问题和问题的解，比如加拿大数学协会出版的《数学难题》.

一般竞赛问题都非常具有挑战性，就算没有时间限制，解决这些问题也是很困难的. 下面列出了各种难度的问题.

题 1.3.4 (AHSME 1996) 直角坐标系中，在不通过圆 $(x-6)^2+(y-8)^2=25$ 连接点 $(0,0)$ 和点 $(12,16)$ 的所有路径中，最短路径长度为多少?

题 1.3.5 (AHSME 1996) 给定条件 $x^2+y^2=14x+6y+6$，求 $3x+4y$ 的最大值.

题 1.3.6 (AHSME 1994) 掷 n 个骰子，其点数之和等于 1994 的概率大于零，且与得到点数之和等于 S 的概率相等，问 S 的最小值为多少?

题 1.3.7 (AIME 1994) 求正整数 n，使得

$$\lfloor \log_2 1 \rfloor + \lfloor \log_2 2 \rfloor + \cdots + \lfloor \log_2 n \rfloor = 1994,$$

其中 $\lfloor x \rfloor$ 表示小于等于 x 的最大整数（例如，$\lfloor \pi \rfloor = 3$）.

题 1.3.8 (AIME 1994) 对任意的实数数列 $A=(a_1,a_2,a_3,\cdots)$，定义数列 $\Delta A=(a_2-a_1,a_3-a_2,a_4-a_3,\cdots)$，其中第 n 项为 $a_{n+1}-a_n$，假设 $\Delta(\Delta A)$ 的每一项都是 1，并且 $a_{19}=a_{94}=0$，求 a_1.

题 1.3.9 (USAMO 1989) 网球俱乐部的 20 名会员安排了 14 场 1 对 1 比赛，每名会员至少参加一场比赛. 证明: 在这个赛程里，存在 6 场比赛，参加的会员是 12 个不同的人.

题 1.3.10 (USAMO 1995) 现有一台损坏的计算器，除 sin, cos, tan, $\sin^{-1}$, $\cos^{-1}$ 和 $\tan^{-1}$ 键外其他键都已失灵，屏幕显示初始值为 0，任意给定正有理数 q，假设计算器能精确地计算实数，且所有函数都用弧度表示. 证明通过有限次按键盘上的有效键可得到 q.

题 1.3.11 (IMO 1976) 求和等于 1976 的若干正整数的乘积的最大值，并证明之.

题 1.3.12 (俄罗斯 1996) 回文是顺读和倒读都一样的数或单词，例如 176671 和 civic. 对于某个 $n>1$，把从 1 到 n 的数依次写下来，得到的数会是回文吗?

题 1.3.13 (普特南 1994) 令 (a_n) 为正实数序列，且满足 $a_n \leqslant a_{2n}+a_{2n+1}$，请证明：级数 $\sum_{n=1}^{\infty} a_n$ 发散.

题 1.3.14 (普特南 1994) 求正实数 m，使第一象限内由椭圆 $x^2/9+y^2=1$，x 轴以及直线 $y=2x/3$ 围成的区域面积与第一象限内由椭圆 $x^2/9+y^2=1$，y 轴以及直线 $y=mx$ 围成的区域面积相等.

题 1.3.15 (普特南 1990) 有一只打孔机能够将二维平面（例如纸面）上任何一点作为中心点，并且每使用一次就会恰好去除平面中所有与中心点距离为无理数的点. 如果要将平面中所有点都去除，需要操作多少次?

开放题

有些开放型的数学问题用词模糊，并没有唯一确定的答案（这与上述的两类问题不同）. 这类开放型问题的解题过程非常有趣，因为一开始你并不知道会得到什么样的结果. 解一个有意思的开放题就像是一次在未知区域的远足（或探险活动），因为通常你所得到的只是部分结果（当然，尽管正式比赛的问题已经有了全部的结果，如果能得到部分结果也已经非常难得）.

题 1.3.16 下面是**帕斯卡三角**[①]的前几行

$$
\begin{array}{ccccccccccc}
 & & & & & 1 & & & & & \\
 & & & & 1 & & 1 & & & & \\
 & & & 1 & & 2 & & 1 & & & \\
 & & 1 & & 3 & & 3 & & 1 & & \\
 & 1 & & 4 & & 6 & & 4 & & 1 & \\
1 & & 5 & & 10 & & 10 & & 5 & & 1,
\end{array}
$$

其中每一行中的元素都是上一行两个相邻元素之和，比如 $10 = 4 + 6$，则该三角的下一行是：

$$1, 6, 15, 20, 15, 6, 1.$$

实际上，在帕斯卡三角中还有很多有趣的关系式，请尽可能多地找出并证明这些关系式. 特别是，你能否从帕斯卡三角中提取出斐波那契数列（见下一题），或从斐波那契数列得到帕斯卡三角? 另问：帕斯卡三角中元素的**奇偶性**是否有规律?

题 1.3.17 **斐波那契数列** f_n 定义为 $f_0 = 0$, $f_1 = 1$ 且 $f_n = f_{n-1} + f_{n-2}\,(n > 1)$，例如，$f_2 = 1$, $f_3 = 2$, $f_4 = 3$, $f_5 = 5$, $f_6 = 8$, $f_7 = 13$, $f_8 = 21$. 请以此类推，找到尽可能多的类似数列，并证明你的猜测. 特别有趣的是：当 $n \geqslant 0$ 时，

$$f_n = \frac{1}{\sqrt{5}}\left\{\left(\frac{1+\sqrt{5}}{2}\right)^n - \left(\frac{1-\sqrt{5}}{2}\right)^n\right\}.$$

请用数学归纳法（见第 43–48 页）证明这一结论，见题 2.3.32. 请问如何得到这一结论? 并思考能否从斐波那契数列中得到其他结论.

题 1.3.18 有一种砖块为 L 型，由三个边长等于 1 的正方形组成，其形状如下：

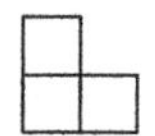

问：对于什么样的正整数 a, b 才能由这种砖块平铺成 $a \times b$ 的矩形?（“平铺”意味着我们完全用 L 型覆盖矩形，没有重叠.）比如说，可以用这种砖块平铺成 2×3 的矩形，但无法平铺成边长为 3 的正方形（试一试）. 在你理解了矩形之后，向两个方向推广：用 L 型平铺成更复杂的形状，用 L 型以外的东西进行平铺.

题 1.3.19 现有一个 $1 \times L$ 的矩形，其中 L 为正整数. 很显然，这个矩形中可以放入 L 个直径为 1 的圆，并且无法放入更多的圆了（所谓“放入”是指可以接触，但不允许重叠）. 但不能因此类推最多可将 $2L$ 个圆放入 $2 \times L$ 的矩形中. 请证明：若推广至一般的 $m \times L$ 的矩形情况有何结果?

1.4 怎样阅读这本书

这本书并不需要从头到尾按顺序全部读完，而是以一种“非线性”的方式精读. 本书主要是为了帮助大家学习两个方面的内容：解决问题的方法和特定的数学思想. 通过阅读这本书，你将会逐步学到更多的数学知识，也将会对解决问题越来

① 也称为“贾宪三角”或“杨辉三角”. ——译者注

越熟练. 你在某一个领域所取得的进步将会激励你在更多的领域获得成功.

本书分两个部分，并在中间用一章来衔接这两部分. 第 1–3 章将会对解题的战略战术做概括性介绍. 在每一节的开始，我们通过简单的例题来讨论特定的解题战略战术，但在结尾处则会是比较复杂的数学问题. 某些部分涉及更多的数学知识需要更多的解题经验，读起来可能很难理解，所以你需要很仔细地阅读每一节的开始部分，然后略读（或跳过）后面很难的部分，等以后再重新阅读.

第 5–9 章将从战术和工具的层次讲述数学思想的运用. 每一章分别讲述一个数学专题，并从解题者的观点出发展开讨论，你可以根据自己的兴趣和知识背景阅读一部分或全部内容.

第 4 章是衔接一般解题思想和特定数学应用问题的桥梁. 这一章利用三个重要的战术思想将数学各分支有机地统一起来，其中部分内容相当高深，我们把它放在本书的前面是为了使读者能尽快了解在解题中广泛使用的复杂数学思想.

当你通过阅读第 5–9 章掌握更多的**数学**知识后，可能会回头再重新阅读第一部分所略读的内容；相反，当你读完第一部分内容，掌握更多的**解题**技巧后，也需要再重新阅读（或第一次阅读）第二部分的一些内容. 要完全掌握这些技巧，你至少需要将本书内容认真阅读两遍，即使不自己求解书中的问题，至少也要认真看完每一题的求解.

书中出现新的术语和特定的解题战略、战术及工具名称都会用**黑体**标出. 有时，

当从文中得到一个非常重要的结论，都会像这句话一样印成楷体字.

这样做是为了引起读者的注意. 为标示问题解的完成，我们使用“哈尔莫斯标示符”，一种实心的正方形[①]，如例 1.2.1 结尾处（第 5 页）和本行结尾处的符号. ■

阅读本书时手边要备有纸和笔，边读边在空白处做笔记. 学习数学既需要兴趣，也需要耐心，当你阅读一个例题时，在看文中的解题过程前，请尝试着自己做一遍，至少也应该在读完题后自己先思考下，而不是迫不及待地去看答案. 你的积极性越高，投入的精力越多，才能越快地掌握解决问题的技巧，并从本书中得到更多的快乐.

当然，书中有些问题是非常难的. 在每一章（或每一节）的最后，我们会讨论一个非常“经典”的问题，对于初读本书的人来说，这些问题是很难在合理的时间内独立解决的. 这样做主要有以下几个原因：一、可以通过这些问题阐明一些重要的数学思想；二、会解决这些问题也是年轻的数学爱好者所必备的基本技能之一；三、也是最重要的一点，这些问题的求解可以说是一项非常精美的艺术作品，值得仔细品鉴. 这就是为什么我们将这本书取名为 *The Art and Craft of Problem Solving*，虽然本书花费很多的版面讲述解决问题的**技巧**，但我希望读者不要忘了

① 该符号是由数学家保罗 · 哈尔莫斯推广实行的.

解决问题的最高境界是要对解题充满激情，把它看作一项审美活动. 打个不太恰当的比方，你可以把它看作学习即兴创作爵士钢琴曲的过程，要想创作出自己的曲子，首先需要得到别人的指导和启发，并从聆听前人创作的名曲中获得灵感.

户口调查员问题的解决方法

从她们年龄的乘积等于 36 可知，她们的年龄组合仅仅有几种可能性，下表是她们所有可能的年龄组合，其中表的第二行是三个人年龄的总和.

(1,1,36)	(1,2,18)	(1,3,12)	(1,4,9)	(1,6,6)	(2,2,9)	(2,3,6)	(3,3,4)
38	21	16	14	13	13	11	10

接下来我们再看看题目，这位母亲的第二句话（“我就是告诉你她们年龄的总和，你还是不能算出她们的年龄”）已经给出了非常有用的信息. 这实际上告诉了我们，她们的年龄只可能是 $(1,6,6)$ 或 $(2,2,9)$，因为只有这两组才会使别人无法知道她们的年龄. 这位母亲说的最后一句话也是有用的，通过这句话我们可知她有一个最大的女儿，因此就可以去掉 $(1,6,6)$ 这一组，所以她的三个女儿分别为 2 岁、2 岁和 9 岁. ■

第 2 章 研究问题的战略

正如我们所知，解决问题与登山是相似的. 对于毫无经验的登山者来说，面前的山是那么陡峭，脚下也没有路，甚至连山顶都看不到，登上山顶真的是一项令人畏惧的任务. 如果这山真的值得你攀登，那么你不但需要努力，需要具备一定的技巧，或许还需要一些运气. 在你到达山顶之前，一些失败的尝试（委婉地说即一些勘察活动）也是不可避免的.

同样，那些有趣的并且值得我们一做的数学问题的答案是不会轻而易举就能找到的，你必须努力寻找数学战术与解题战略之间的联系. 这里所说的战略通常不是数学战略. 有些解题战略可以适用于很多类问题，而并不单单拘泥于数学.

尤其对初学者来说，战略是非常重要的. 面对一个自己从未见过、看起来很难的问题，初学者通常会不知道从哪儿着手. 心理战略可以帮助你建立一个良好的思维框架，其他战略可以帮助你开始研究. 一旦开始解决问题，你就需要一个整体的战略来帮助你继续向前推进，直至得到解决方案.

我们首先从心理战略开始，因为它们几乎适用于所有问题. 尽管这些战略都很简单常见，但是并不意味着它们很容易掌握. 不过一旦开始思考它们，你就会发现自己研究数学问题的能力正在迅速提升. 我们并不是保证解决问题能力上的提高，这需要时间. 但是首先你要理解什么才是真正的研究.

除了心理战略，还有一些其他对开始研究有帮助的战略. 它们也都十分简单，用起来既容易又有趣. 或许一开始它们并不能帮你解决很多问题，但是会让你取得显著的进步.

每个问题的解题过程都涉及两个部分：**分析问题**，即发现问题是怎么回事；**论证问题**，在这一部分你需要说服别人同意你的发现. 在这一章中我们将讨论最热门的论证问题的方法. 我们总结了许多战略的研究成果，可以应用在解决问题的不同阶段.

2.1 心理战略

善于解决问题的人总是显得鹤立鸡群，好像他们的大脑和别人的不一样似的. 他们更坚忍，对问题的敏感程度也比常人高，思维也更活跃. 具备这些优秀品质的人并不很多，但从现在开始拥有这些品质并不是件难事.

坚忍的心理：向波利亚的老鼠学习

著名数学家和解决问题方面的专家乔治·波利亚曾讲过一个名为“鼠与人”的故事，我们就从这个小故事中总结将要说明的思想（见参考文献 [25] 第 75 页①）.

> 女东家慌慌张张地跑到后院，把捕鼠器放在地上（这是一个老式的捕鼠器，即一个有一扇活门的笼子），并且催她的女儿赶快把猫弄来. 捕鼠器里的老鼠看来像是知道要发生什么啦，疯狂地在笼子里蹦着，使劲地朝栅栏上撞着，一会儿朝这边，一会儿朝那边，在最后一刹那它终于成功地挤了出去，消失在邻居的地里. 捕鼠器某一边的栅栏中间肯定有一个缝隙比较宽……我默默地为老鼠庆幸. 它解决了一个很大的问题，给出了一个重要的例子.
>
> 这也就是解题的途径. 我们必须一再地去试，直到最后我们看出各种缝隙之间的细微差别为止. 我们必须不断更换我们的试验，使得我们能探测到问题的各个方面. 因为说实话，我们事先并不知道唯一能让我们挤过去的那道缝隙到底在哪一边.
>
> 鼠类和人类所用的基本方法是一样的：一再地去试，多次变化方法，使我们不致错过那少许的宝贵的可能性. 当然啰，人解决问题通常总比老鼠要强，人不需要用肉体去撞障碍物，他是用智力去撞，人能够比老鼠更多地变化他的方法而且也能从挫折中学到更多的东西.

当然，这则故事的寓意就是做善于解决问题的人，需要做到永不放弃. 不放弃不是要你在同一堵墙（或笼子）上一次又一次地碰壁，而是要**尝试不同的途径**. 当然这样说过于简单化，如果人们对所有的问题都永不放弃，这个世界将会变成奇怪而毫无生趣的地方. 有时我们就是解决不了一个问题，所以也要学会放弃，至少是暂时放弃. 所有解决问题的高手都有承认失败的时候，解决问题的艺术中的一个重要环节就是知道何时该放弃.

实际上，很多初学者是因为缺乏坚忍的意志、自信和专心而过早地放弃努力. 面对问题时，如果首先就认为自己不能解决，则在解题的过程中碰到阻碍就会很快放弃，这样很难得到什么成果. 初学者要取得显著的进步，在学习各种解决问题所需的数学技巧之前首先要做到坚韧不拔.

要想适度地提高意志上的坚忍性并不难做到. 作为初学者，你很可能缺乏信心，也很难做到长时间把精力集中在问题上. 但信心和专注力的确可以同时提高. 你也许会说建立信心是一件很困难也很微妙的事，但我们在这里并不打算讨论关于自尊或者精神等很深奥的事. 很多数学问题还是比较容易的. 你对自己的数学能

① 中译本：[美] 乔治·波利亚 著，刘景麟、曹之江、邹清莲 译，数学的发现：对解题的理解、研究和讲授，科学出版社，2006 年 7 月第 1 版. 引文摘自该译本第 253 页. ——译者注

力还是有一定的自信的，要不然也不会来读这本书. 首先我们需要通过解决一些容易的问题建立信心，这里所说的容易是指通过努力一定可以解决的问题. 通过解决问题而不是只做练习题，大脑会得到锻炼，渐渐地你就会从潜意识里习惯自己的成功，信心也会随之增强.

随着你的信心的增强，如果逐渐增加题目的难度，你所碰到的阻碍也将增多. 从容易的问题入手，再逐渐增加难度，直至你所能做到的极限. 只要觉得所面对的问题足够有趣，就不会在意花多少时间去思考. 起初你也许思考 15 分钟就开始感到不耐烦，通过这样的训练，最终你能做到连续几个小时独立思考同一个问题，甚至几天乃至几个星期在头脑中反复考虑着某个问题，而将其他一切都置之脑后.

这就是我对你最初的要求，这里有个难点：锻炼你意志上的坚忍性是需要时间的，而做到长期坚韧不拔并持之以恒则是一生的任务. 但还有什么比经常思考具有挑战性的问题更有乐趣呢?

下面有一个简单但非常有趣的问题，它经常被当作软件从业人员的面试题. 我在此引用是为了说明面对问题时信心是非常重要的. ①

例 2.1.1 请看右图，你能否将图中上方的方块与下方对应的方块用不相交的线连起来，且要求连线只能在图内.

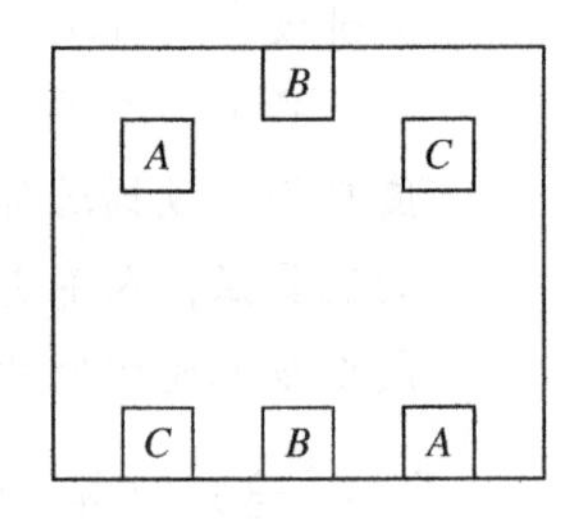

解答 如何连接? 是否存在符合题目要求的连接路径? 软件公司的人事部门问这个问题时非常狡猾，它们通过这题来观察面试的人多长时间会放弃. 看上去按要求连接方块是不可能，但另一面，要有信心做到：

> *看上去不可能解决的问题并不意味着它没法解决. 不要匆匆看完题后就承认失败. 首先要做的就是乐观地假设这个问题是可以解决的. 在失败几次之后你才能考虑是否无解. 如果不这样做，也不必马上承认失败，将这题暂时放下接着看下一题.*

现在我们再回头看看这个问题. 首先让我们开放自己的思维，撇开所有的规则和限制条件. 这种**异想天开**的思维很有趣，对解决问题也很有帮助. 比如对于这一题，解题最大的困难在于图中上方标有 A 和 C 的小方块放“错”了位置. 所以我们为什么不把它们重新放置从而使问题变得容易解决呢? 请看右图.

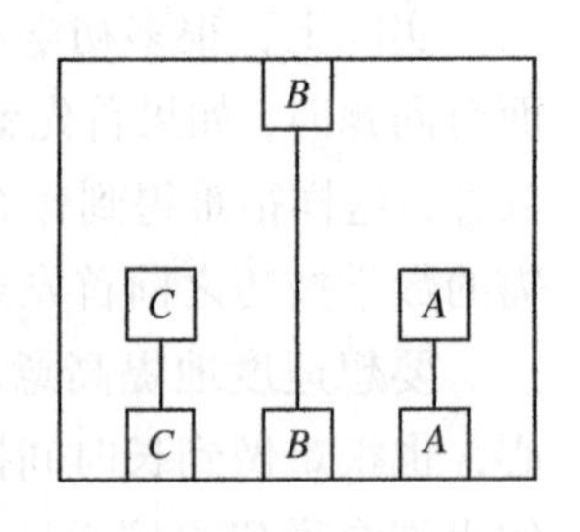

在这里我们使用了一条非常重要的**化难为易**的战略：

> *如果给出的问题很困难，就先解决一个比这一问题简单的类似问题.*

① 在此非常感谢丹尼丝 · 亨特向我提供此题.

当然，我们还没有解决原来的问题. 真的没有吗? 我们将上图中的小方块一个一个地还原到它原来的位置. 我们先移动 A 方块，再移动 C 方块，如右图所示. 突然发现问题已经解决了! ■

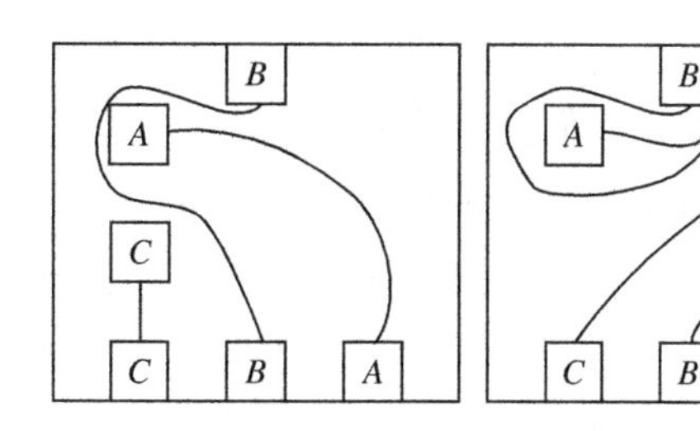

这个问题说明了一个道理，大部分人面对这一问题时马上就宣称不存在按要求连接方块的线路，而解题高手不会这样想. 记住：不要给自己时间上的压力. 当你解决了问题或发现它无解的时候，你可能会有种从问题中“解脱”出来的快感. 但花费一定的时间去理解这个问题会让人感觉更好，不要匆忙就宣称不可能，这样做是欺骗自己.

我们主要通过了两个战略解决这一问题. 首先，我们使用了培养异想天开和乐观心态的心理战略. 其次，我们使用了化难为易逐步解决问题的战略. 很幸运，我们发现化简后问题的解经过简单的变形就可以得出原问题的解. 为什么会这样? 这从数学上讲是很简单的：该问题是一个“拓扑”问题. 将某一个图形转化为一个“拓扑等价”问题的技巧非常有用. 但在我们看来，这不是战略，只能算是解题的技术工具.

创造力

很多数学家都是“柏拉图式理想主义者”，他们相信问题是已经“存在”的，而人们所要做的就是去“发现”而不是去“创造”问题. 对于这些理想主义者来说，这些问题的解决过程是一种发现已经存在的解的艺术. 因此，善于解决问题的人必须要有开放的思想，善于接受他们身边出现的而大多数人都未发现的思想.

我们把这种乐于接受新思想的信念称为**创造力**. 在实际解题中观察它的使用方法就像看魔术表演似的，你常常会惊讶地发现奇妙的事情发生了，却无法解释是如何发生的. 下面就是一个简单问题的例子（也出现在第 6 页题 1.3.1），其解却让人出乎意外. 请各位读者在看答案之前自己先思考一下!

例 2.1.2 一个和尚爬山，他早晨 8 点钟出发，中午时到达山顶，并在山顶上过了一夜. 第二天早晨，他从 8 点钟开始按昨天上山时的路径下山，中午到达山脚. 证明在 8 点和 12 点之间必有某一时刻，这个和尚在上下山途中到达同一地点.（注意题中并没有要求和尚以什么样的速度行走，比如，他可以开始时以每小时 4 公里的速度行走，然后坐下休息，再往回走，等等，也不要求和尚上下山的速度相同.）

解答 首先我们假设这个和尚以他所喜欢的任意方式登山，在他第二天早晨开始下山的同一时刻，有另一和尚也开始在山下开始爬山，**其行走的过程同第一天第**

一个和尚上山的过程相同. 因此, 两个和尚必在途中的某一点相遇, 这一相遇的时间和地点就是我们要找的答案. ■

这个解法最特别的地方就在于非常聪明地引入了第二个和尚. 这一思想看上去毫无特色, 却马上很顺利地解决了问题 (该问题的常规解法见第 50 页).

这就是创造力在实际解题中的运用. 很多人在看到这个充满想象力的解法时很自然地反应就是: "哇! 这个解答是怎么想到的? 我怎么就想不到?" 实际上, 有时当你看到一个有创造力的解法时, 虽然很羡慕, 但可能会认为自己做不到. 的确, 有些人看起来天生就比其他人更具有创造力, 但我相信任何人都能通过学习变得更具有创造力. 而这个过程的一部分就来源于对自信心的培养, 所以当你下次再见到一个精妙的解法时, 再也不会惊呼: "我怎么就想不到!" 而会想: "真是好主意! 就和我曾经的想法类似. 下次我也要用上!"

要学会大方地将别人的新思想拿来并把它据为己有.

这样做并没有错, 因为思想没有专利. 如果的确是个好主意, 你就应该掌握并熟练应用它, 并努力地用更新颖的方式使用它, 把它发挥到极致. 要时刻关注那些新思想, 并在你碰到每个新问题时都尝试能否用你刚学到的新思想进行分析. 你将别人的思想拿来得越多, 使用得越熟练, 你就越有可能提出自己的新思想.

提高你接受新思想能力的一种方法就是保持 "放松" 状态, 培养思维上的**周边视觉**. 人类视网膜上的感受器细胞大部分都集中在眼球的中间, 但大部分灵敏感受器却分布在眼睛外围. 这意味着在白天, 无论注视什么你都能看得清楚, 但如果天黑了, 你就不能直接看到所注视的东西, 但却能够在视野的外围模模糊糊地看到它的轮廓 (试解练习题 2.1.10). 类似地, 当你开始解题前的分析时, 你就像处在黑暗中一样, 直接去看题是没有多少用处的. 这时你需要放松你的视觉神经, 努力从周边获得灵感. 就像波利亚的老鼠一样, 不断地寻找迂回的路径和诀窍, 不要把自己陷进一种方法而不可自拔, 而要让自己试着有意识地去打破或转化规则.

下面举一些简单的例子, 这些例子中有很多都非常经典. 和前面我们要求的一样, 不要在看完题后就直接看解题过程, 自己要先尝试解决它, 至少要考虑一下!

希望各位读者看题时在手边放一张对折的草稿纸或者大的卡片来遮住问题的解答部分, 以防自己受不住诱惑, 还没思考前就要看答案.

例 2.1.3　请用四条相连的直线段将右图的九个点连起来.

•　•　•

•　•　•

•　•　•

解答　解这一题时要把思维从九个点组成的虚拟边界中解放出来, 否则就找不到解答. 只要能够想到将点和点之间的连线延长到虚拟边界外就简单多了. 首先画第一条线将三个点连起来, 然后确保后面的每条线连接的点数不少于两个就可以了 (见下页图). ■

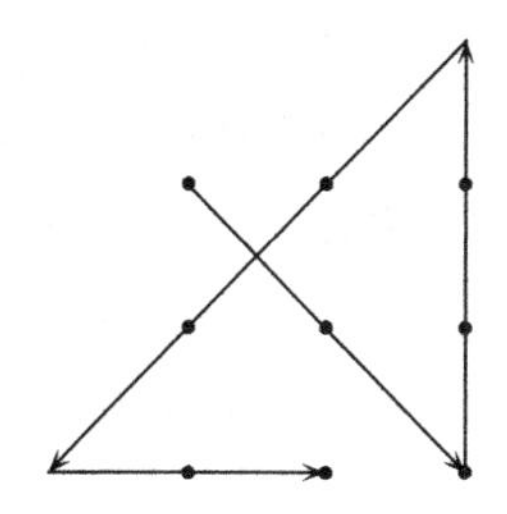

例 2.1.4 帕特想将一把 1.5 米长的剑带上火车，但列车员不允许他将长剑作为随身行李带上车. 若将长剑托运，火车上又规定托运行李箱最长不能超过 1 米. 帕特怎样才能将长剑带上火车呢?

解答 如果你把自己的思维局限在二维空间中，这一题是没法解决的. 但若将思维从平面空间中解放出来，马上就能得到解：长剑可以放在一个长宽高都为 1 米的**箱子**里，因为这个箱子对角线长为：$\sqrt{1^2+1^2+1^2}=\sqrt{3}>1.5$ 米. ■

例 2.1.5 字符序列 O, T, T, F, F, S, S, E, $\cdots$ 的下一个字母是什么?

解答 这一字序符列是序列 one, two, three, four, $\cdots$ 的首字母组成的，因此答案为“nine”的首字母“N”. ■

例 2.1.6 请在下面表格中的空白栏处填上正确的数.

1	3	9	3	11	18	13	19	27	55	
2	6	2	7	15	8	17	24	34	29	
3	1	5	12	5	13	21	21	23	30	

解答 乍一看表格的第一行让人感觉无从下手，从左至右的数字递增再递减，然后又重复，递增再递减. 看上去毫无规律. 但谁说过我们只能横项或纵向地找规律? 如果你使用周边视觉**从整体上**去看表格，你就能发现一些规律. 比如，有很多数字都是 3 的倍数. 实际上，我们发现表格中隐藏着一个以 3 为首项，公差为 3 的等差数列.

1	3	**9**	3	11	**18**	13	19	**27**	55	
2	**6**	2	7	**15**	8	17	**24**	34	29	
3	1	5	**12**	5	13	**21**	21	23	**30**	

一旦我们找到这些数字之间在斜线方向存在规律，就能很容易地发现其他有规律的序列，原来下表中呈斜线分布以斜体表示的数列是素数序列!

1	*3*	**9**	3	*11*	**18**	13	*19*	**27**	55	
2	**6**	2	*7*	**15**	8	*17*	**24**	34	*29*	
3	1	*5*	**12**	5	*13*	**21**	21	*23*	**30**	

而剩下的数构成的数列当然是斐波那契数列（见题 1.3.17），所以表中最后一列要填的数从上到下依次为 31, 33, 89. ■

例 2.1.7 请找出下面序列的下一个成员. ①

$$1, 11, 21, 1211, 111221, \cdots$$

① 非常感谢德里克 · 瓦达拉向我推荐此题，原题见文献 [32] 第 277 页.

解答　如果把序列中的每一项看成是一个数，就很难发现规律．但谁说过它们是一个数呢？如果你把每一项与它的前一项做比较，并将它看成一个“符号”，就能发现：序列中的每一项都“描述”了它的前一项．例如，第三项是 21，它可以描述为“一个 2 和一个 1”，即 1211，刚好是序列的第四项，而这又可以描述为“一个 1、一个 2 和两个 1”，即 111221，因此下一项就是 312211（“三个 1、两个 2 和一个 1”）． ■

例 2.1.8　三个女人要登记入住一个每晚花费 27 美元的汽车旅馆．她们每人给了行李工 10 美元代她们去前台交钱，并要她找回 3 美元．行李工到前台时，得知房间每晚只要 25 美元，于是她把 25 美元交给前台．回到房间后，她交给每个客人 1 美元，而隐瞒了房间实际的价格．因此行李工就私吞了 2 美元，而每个客人付出了 $10-1=9$ 美元，加在一起共 $2+3\times 9=29$ 美元．问还有 1 美元哪去了？

解答　该题故意将读者引到思考行李工所获得的收入与客人所付出的钱相加应等于 30 美元的思路上来．例如，我们将思维延伸：如果房费是 0 美元呢？这时那位行李工就可以将 27 美元私吞了，而客人付出的还是 27 美元，两者相加就等于 54 美元了！这里实际的“恒定不变量”并不是 30 美元，而是客人付出的 27 美元，它等于行李工所得到的 2 美元加上送到前台的房费 25 美元． ■

上面的每个例题都有一个共同的主题：不要给自己的思维强加不必要的束缚．无论你什么时候碰到问题，都值得花 1 分钟或更长时间来问自己：“难道我一定要给自己强加本不需要的规则吗？难道我就不能改变规则或**把规则转变成**对我有利的吗？”

好孩子最终也许会做到上述要求，也有可能做不到，但我知道：

淘气、顽皮的孩子总是比文静、顺从的孩子更能解决问题．

打破或转变一些规则．这不会伤害到任何人，而你自己却能从中得到乐趣，你将会从此开始解决新的问题．

本节最后，我们用唐纳德·纽曼（以不同的方式）提出的“积极行为问题”作为总结．从数学角度来说，该问题要比和尚登山问题复杂，但它的解非常简洁有趣．我们现在用的解是吉姆·普罗普给出的．

例 2.1.9　考虑由有限个小球相连组成的网格，其中一些小球之间用细线相连．现将球染成黑色或白色，如果与每个白球相连的黑球数至少与和它相连的白球一样多，并且与每个黑球相连的白球数至少与和它相连的黑球一样多，则称这个网络为“集成”的．例如右图所示的就是同一个网络的两个不同种类．按定义左边的网络不是集成的，因为球 a 有两个

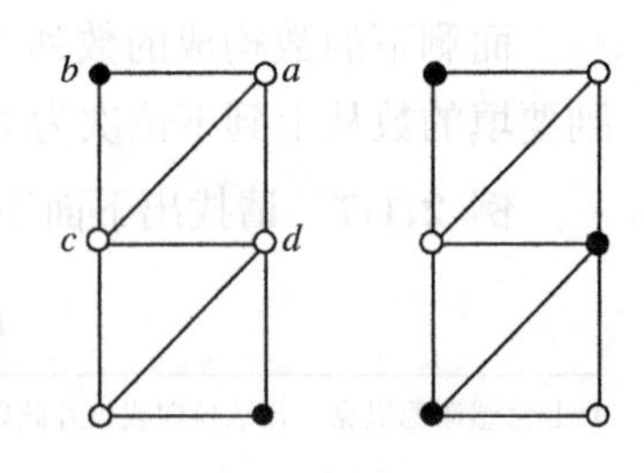

白球 (c,d) 与其相连，而只有一个黑球 (b) 与其相连. 而右边的网络是集成的.

问：给定任一个网络，是否一定可以通过将小球染色而使之成为集成的?

解答 答案是“可以”. 我们称连接两个不同颜色小球的连线是“平衡”的. 例如图中第一个网格中的球 a 与球 b 之间的连线是平衡的，而球 a 与球 c 之间的连线是不平衡的. 这样一来，该题非常有趣的解就是：

使平衡线的数量达到最大!

现在我们来解释这个精巧的解是如何得到的! 我们考虑一个给定网络所有可能的小球染色情况，黑白小球的数量有限，所以必有一种情况（可能超过一种）能够产生最大数量的平衡线. 我们称**这种情况下的**染色是集成的，否则，我们认为染色是非集成的. 因此在这种情况下，必有一部分被染成白色（这样假设并不失一般性）的小球，称为 A，与其相连的白球要比黑球多. 观察从 A 发散出的所有细线，只有连接 A 与黑球之间的细线才是平衡的，这时我们发现从 A 发散出的细线更多的是非平衡的. 然而，如果我们将所有的 A 球染成黑色，则从 A 发散出的细线中平衡线要比非平衡线多，因此将球 A 重新染色只影响从 A 发散出的细线，可知，将球 A 重新染色可产生比之前更多的平衡线. 这与我们前面假定未重新将球 A 染色前情况下平衡线的数量已达到最大相矛盾!

概括地来说，我们得到：如果一种染色是非集成的，则不能使平衡线的数量达到最大. 因此，使平衡线的数量最大的染色一定是集成的! ■

你能从这一解答中得到什么新颖的思路吗? 当然，这取决于你解题的经验，但我们能够从中提炼出解决问题的关键所在：使平衡线的数量最大. 其根本思想就是**极端原理**，实际上也就是经验丰富的解题者最喜欢的“历史著名问题”战术（见 3.2 节）. 乍一看，在解题中使用极端原理就像看空手道高手毫不费力地打断一块木板一样. 一旦你自己也熟练掌握这一方法，你就会发现“打断多块木板”并不是很困难的事. 这一题的解法的另一显著特点则是对反证法的熟练运用. 可以说，这个解答是一个非常标准的证明方法（见 2.3 节）.

这并不意味吉姆 · 普罗普的解答不够巧妙. 可以说，这是我们见过的最简短有趣的方法之一. 它最迷人之处在于它简单的方法要素，就像折纸艺术一样，仅仅用一张白纸就能折成非常漂亮的令人惊奇的艺术品. 记住，这本书的书名是 *The Art and Craft of Problem Solving*. 技巧是前提，这是我们一直所强调的，没有方法就不可能有好的艺术. 但最终解决问题的经验却是一种美学. 很多有趣的问题通常也是非常唯美动人的，它们的解就像诗歌或绘画一样令人赏心悦目.

好了，我们言归正传! 你怎样才能成为解决问题的大师呢? 答案非常简单：

坚忍的心理素质，天马行空不受束缚的思维，日复一日地练习!

坚忍的心理素质可以通过逐渐加大所解决问题的难度和数量来培养．要培养**创新的思维**就需要有意地让自己打破规则，有意识地接受别人的新思维（包括要“毫无羞愧”地将其据为己有）．不要怕走弯路，试着不要让失败压抑自己的思维．要像波利亚的老鼠一样，即使经过无数次的失败仍保持着要尝试其他方法的心．但你其实又不完全像波利亚的老鼠，因为即使你解决不了问题也不会有性命之忧．记住这点很重要．解决问题不是一件易事，但确实是一件乐事，至少大部分的时候是这样的．

最后，就是要进行大量的**练习**．能否解决所有问题，这并不重要．将那么几个不能解决的问题留在脑海里，并经常有意无意地回想起它们，这是件好事．就让我们从下面这些问题开始吧！

问题与练习

开始的一些题（2.1.10–2.1.12）是训练心理的练习题，你没必要都去做，但希望能看一遍并选几道题做下（其中一些题很长，读起来需要花不少时间和精力，你可以做个日志以便记忆）．其余的大部分题都是脑筋急转弯之类的，主要是训练你的开放性思维，还有一小部分是开放题，从而激发你的想象力．

题 2.1.10 下面我们来做两个有趣的试验，你可以发现，你的周边视觉虽没有中央视线敏锐，但要更敏感．

1. 在一个晴朗的夜晚，注视昴宿星团，因为该星座有七个最亮的星，因此也被称为七姐妹星团．试着用你的周边视觉看着星座，而不是直接盯着看，即：只是去“感受”它而不是去“看”它，你会发现自己能看到更多的星星．

2. 面向一堵墙站立，让你的朋友拿着一张写有字母的纸片缓慢移动进你的视野，你会发现自己只会先注意纸片的移动，然后才注意纸片上的字母．

题 2.1.11 很多运动员都受益于“交叉训练”方法，即为了提高自己所从事的体育项目的成绩，经常会有规律地练习其他体育项目．比如自行车运动员会练举重或慢跑．同样，当我们主要把精力集中在解决数学问题时，多样化的训练也是有帮助的．下面是一些建议．

(a) 如果英语是你的母语，可以玩些文字游戏，很多报纸上都有．规则就是：将被打乱顺序的字母重新拼成一个字，例如 *djauts* 拼成 *adjust*．试着做做这个游戏，达到几乎在瞬间无意识地解出字谜，这有助你训练自己复杂的联想能力．同时，你也会发现这种字谜能够帮助你从后向前、上下颠倒甚至以三角形的形式读出原文字．因为这种“重新叙述”问题的行为会使你的思维更开阔．

(b) 另一种非常有趣的文字游戏是破解密码，即破译一段通过替换单个字母加密的文字（例如，将 A 用 L 代替，B 用 G 代替，等等）．如果你做到不动笔就几乎能破译所有的密码，便能提高联想能力、演绎能力和专注能力．

(c) 标准的纵横字谜游戏也很有趣，但在这里我不准备着重推荐大家玩这个，因为它只适合训练简单的联想．数独游戏也是一样，因为它包含着很标准的逻辑思维．实际上，它们都可以训练你的专注能力和逻辑思维，特别是在你想找到新的解题战略时．但千万别沉迷于这些游戏，我们还有很多其他的事情需要思考．

(d) 我们也可以玩一些战略游戏，如国际象棋或者围棋．如果你玩纸牌，可以试着在玩牌时记下别人出的牌．

(e) 学习一门乐器，如果你以前学过，那从现在开始重新练习吧．

(f) 学习一种“冥想”运动项目，比如瑜伽、太极、合气道等. 西式的运动项目如高尔夫球和保龄球也可以.

(g) 看看名著和别人的解迷过程. 我最喜欢的小说有艾伦 · 坡（他也是破译密码的天才）的《金甲虫》, 柯南 · 道尔的《福尔摩斯探案》系列（演绎和推断方面的名著）, 奥根 · 海瑞格（一个到日本学习剑术的西方人，他真正学到了怎样集中精神）的《剑术与禅心》，以及阿尔弗雷德 · 兰辛的《坚忍号》（讲述了在南极洲遇到海难后通过顽强的毅力而逃生的真实故事）.

题 2.1.12 如果你很难做到长时间集中精力，可以试试下面的训练：学习一些心算. 首先，计算 1 到 32 的平方，并记下结果，然后使用恒等式 $x^2 - y^2 = (x - y)(x + y)$ 快速心算，例如，要计算 87^2，我们可以使用等式：

$$\begin{aligned} 87^2 - 3^2 &= (87 - 3)(87 + 3) \\ &= 84 \times 90 \\ &= 10 \times (80 \times 9 + 4 \times 9) \\ &= 7560. \end{aligned}$$

因此 $87^2 = 7560 + 3^2 = 7569$. 练习该方法，直到能快速、准确地心算出两位数的平方. 然后再尝试计算三位数的平方，例如：

$$\begin{aligned} 577^2 &= 600 \times 554 + 23^2 \\ &= 332\,400 + 529 \\ &= 332\,929. \end{aligned}$$

这样的心算能力会让你的朋友们留下深刻印象！虽然这只是简单的练习题，但做这些题有助于你集中精力，这种锻炼听觉和视觉记忆的方法可以使你在解决更困难的问题时更易于集中精力.

题 2.1.13 什么时候研究问题并不重要，重要的是你要花费时间思考. 但要注意自己的习惯和规律. 例如，如果你思维最活跃的时间是在早晨淋浴后或午夜听完摇滚音乐后，那么你就应该在每天选择这些时间来思考问题.（研究发现走路或跑步有益于思考，不信你可以尝试一下.）

题 2.1.14 如果你现在已经建立了适合自己思考的时间规律，那么就请尝试偶尔去打破这一规律. 比如，如果你习惯在早晨找个安静的地方思考，那么偶尔去尝试一下在晚上听音乐会时或者其他时间来考虑问题. 这就是我们在第 18 页提到的“打破规则”的方法.

题 2.1.15 下面请做个思维创新的练习，这项练习非常有趣：选一个物体，比如砖块，然后尽可能快速地给出它的更多用途，尝试不受任何思维的约束，甚至用一些可笑的想法.

题 2.1.16 一类趣味问题的来源是“横向思维”难题. 例如，见文献 [28]. 这些问题通常都来源于日常生活，但要解决这些问题需要运用大量的周边视觉能力. 我推荐将这些问题作为热身题.

题 2.1.17 将非负整数分成如下三组：

$$\begin{aligned} A &= \{0, 3, 6, 8, 9, \cdots\}, \\ B &= \{1, 4, 7, 11, 14, \cdots\}, \\ C &= \{2, 5, 10, 13, \cdots\}. \end{aligned}$$

请你解释这样分组的依据.

题 2.1.18 你被困在一座长宽高都为 15 米，且离地 30 米高的房子里. 房子拐角处靠近地板的地方有一扇打开的窗户，窗边有一个很结实的钩子固定在地板上. 所以，如果你有一根 30 米长的绳子，就可以把绳子的一头系在钩子上，然后沿着绳子爬下去逃生. 现有两根长为 15 米的绳子被固定在天花板上，靠近中央，相距 0.3 米. 假定你能够轻松顺绳子攀爬，擅长给绳子打结，而且带有一把锋利的小刀，除此之外再无其他工具（甚至连衣服都没有）. 绳子非常结实，足以承受你的体重，但不能纵向切割绳子. 你能够从离地面不超过 3 米高的地方跳下逃生. 问：怎样做才能从房中逃生？

题 2.1.19 一群相互嫉妒的教授被锁在房里，每人只有一支铅笔和一小片纸. 他们想找出所有人的平均（是平均数，而不是中位数）薪酬，以确定自己的工资是否比其他人高. 但每个人都想保密, 不让其他人知道有关自己薪酬的信息. 问: 在这种每个人都只知道自己的薪酬, 而不知道其他人薪酬的**任何**信息的情况下, 能确定他们所有人的平均薪酬吗? 类似"三个人的工资之和超过 40 000 元"或"每个人的工资都不超过 90 000 元"的信息是不允许的.

题 2.1.20 A 瓶装有 1/4 瓶牛奶, B 瓶装有 1/4 瓶黑咖啡. 把 B 瓶中一部分咖啡倒入 A 瓶中搅拌, 然后再从 A 瓶中倒入一部分液体到 B 瓶中, 直到每瓶中液体的体积相等. 问: A 瓶中咖啡的量与 B 瓶中牛奶的量之间有何关系?

题 2.1.21 印第安纳 · 琼斯一行四人要过一座在大峡谷上摇摇欲坠的 1 公里长的绳索桥. 天非常黑, 没有手电筒根本就没办法过桥, 此外, 这座桥只能承受两个人的重量. 这队人只带有一支光线较弱的手电筒, 所以无论什么时候最多只能让两个人一组过桥, 且以过桥速度较慢的人的速度走路. 琼斯花 5 分钟就可以过桥, 他的女朋友却要花 10 分钟才能过桥, 他爸爸则要 20 分钟才行, 他爸爸的朋友需要 25 分钟. 为逃避恶人, 他们必须在 1 小时之内全部安全过桥. 他们能做到吗?

题 2.1.22 我们对帕斯卡三角(见第 9 页题 1.3.16)已经有了初步的了解. 请你寻找一种从帕斯卡三角中得到斐波那契数列的方法(见第 9 页题 1.3.17).

题 2.1.23 例 1.1.2 中我们猜想:

$$\frac{1}{1\times 2}+\frac{1}{2\times 3}+\frac{1}{3\times 4}+\cdots+\frac{1}{n(n+1)}=\frac{n}{n+1}.$$

试验并猜想更一般的类似的公式, 其中分母是三项乘积, 并进行进一步推广.

题 2.1.24 如图所示, 你可以不走重复路线地一笔画出图 A 所示的图形. 但无论如何, 看上去你都不可能一笔画出图 B 所示的图形. 你能找到快速确定某个图形是否能一笔画出的标准吗?

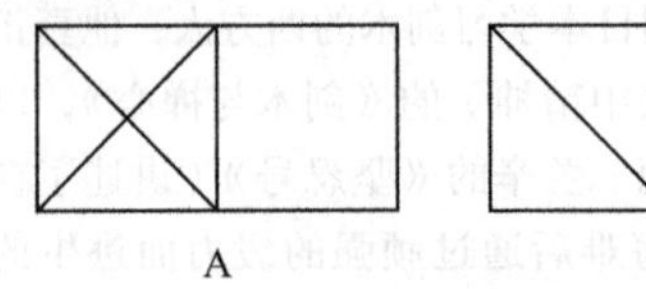

题 2.1.25 欺骗性的问题. 下面的所有问题看上去好像都有明显的解, 但实际并非如此, 这些明显的解并不正确. 请思考并解决如下问题.

(a) 一天, 玛莎说: "我已经经历了 5 个'某十年代'." 通过四舍五入到整数, 她最年轻的年龄可能是多少?

(b) 从图书馆随意找一本书, 你找到的书有 90% 的可能含有插图. 从所有含有插图的书中随意找一本, 则有 90% 的概率能拿到含有彩色插图的书. 如果图书馆藏有 10 000 本书, 则含有彩色插图的书至少有多少本?

(c) 向上抛一枚均匀硬币, 你至少需要抛多少次, 才使得最少有 50% 的概率连续出现至少三次正面朝上?

(d) 现有两个多面体(即有多个面的固体), 所有的边长都为 1. 其中一个为底面是正方形的棱锥, 另一个是四面体(一个四面体是由四个三角形组成的). 假定我们将两个多面体沿着三角形的一面粘在一起(粘在一起的两个面完全重合). 问: 新的多面体有几个面?

2.2 开始分析问题的战略

读完上一节关于解题的心理战略, 你可能会感到一片茫然. 也许你会问: "如果都不知道如何开始分析问题, 怎么能学会解决问题呢?" 到现在为止, 我们已经提到了四种非常实用的战略: 例 1.2.1 中提及的**倒推法**和**化抽象为具体**的战略, 例 2.1.1 中提及的**异想天开**和**化难为易**的战略. 可以说这些战略再加上其他几种战略足以帮助我们进行解题前的分析.

就像之前所讲的一样，任何成功的解题过程都包含两步：分析问题与论证问题. 一般来说，相对于精练正式的论证过程，分析过程总是让人觉得晦涩难懂. 但分析是解决问题的关键. 分析的过程总是伴随着曲折、错误以及对题意的误解. 一旦问题得到解决，就能很容易回头检查自己长长的分析过程，并思考为什么花了那么长时间才找到解题的关键. 对每个人来说，这就是解决问题的本质：只有当你长时间付出大量的精力，有时甚至得不到任何成果，才会灵光一现，找到解决问题的关键. 因此，

> 鼓励大家去分析的事情就是好事情.

下面是一些特定的建议.

第一步：问题的定位

在解决问题前必须要做的一些事：

- 仔细看题. 注意措词，如正还是负、有限还是无限等.
- 开始归类：是“解答”题还是“证明”题？该问题是否和你以前见过的题目类似？
- 仔细辨别假设和结论.
- 尝试一些快捷的基本的头脑风暴：
  - 试着引入一些方便的记号.
  - 一些特定的论证方法（见 2.3 节）是否貌似可信？
  - 你能否凭直觉猜出一个可能的结果？相信你的直觉！
  - 题中是否含有看上去很重要的关键词或概念？例如，素数、完全平方数或无限序列等概念是否在题中扮演重要角色？

当你完成这些工作后，（千万不要着急！）回头再重新做一遍. 多看几遍题目是非常有好处的. 当你重新思考题目的类别、假设和结论时，问问自己是否能用公式化语言**重新叙述**题目. 例如，题目的假设第一眼看上去并不重要，你在第一次看完题后只是在心里将它逐字地重复了一遍. 但如果尝试着去重新叙述一遍时，你也许会从中发现新的信息. 有时仅仅用新的概念重新表述一遍假设和结论就能给解题带来重要帮助（如第 4 页例 1.2.1）. 同样，可以注意下如何通过重新叙述题目的方法来解决户口调查员问题（第 2 页例 1.1.3）. 大家还可以回想在第 17 页例 2.1.7 中，我们是怎样更巧妙地重新叙述序列 $1, 11, 21, 1211, 111221, \cdots$ 来解题的. 通常大家可能都是默默地阅读问题，但有些人喜欢通过**大声地朗读**题目来激发解题的灵感（如将“1211”读成“一二一一”而不是“一千二百一十一”就能很快找到答案了）.

在考虑问题的结论时，特别是解答类型的题，有时自己先“猜想”一个答案，

然后将它代到题中来重新阅读问题是非常有帮助的．你猜想的答案有可能是错误的，但脑中带着这个答案重新阅读问题，将有助于你明白为什么这个答案是错误的，从而认识到问题中一些更重要的限制条件．

不要在问题的定位上花太多的时间．一旦你清楚了问题和问题的条件，你就已经完成了对问题的定位．你可以花些时间猜测问题的答案或方法，但不要对此有太多期待．通常这需要进一步分析．

我已经完成了定位，接下来怎么做呢

这时，你已经理解了问题问什么，也许对接下来的工作也有了一些想法．这里我再重复一遍，这涉及我们已经学过的四个基本“启动”战略：**倒推法**、**化抽象为具体**、**异想天开和化难为易**．接下来我们将详细地讨论这些战略．

化抽象为具体 这一战略做起来比较容易，而且也比较有趣，需要发散思维并做试验．即根据题目意思，代入一个个具体的数字，直到能从具体的结果中找到规律，然后接着做下去，看是否能总结出产生你所找到规律的原因．大部分人可能不知道，很多高水平的数学研究都是通过这种低技术含量的方法做出来的．被大家公认为历史上最伟大的数学家之一的高斯（见第 63 页），就是这一方法的狂热痴迷者．有一次，他曾经很疯狂地计算满足不等式 $x^2+y^2 \leqslant 90\,000$ 成立的整数对个数.[①]

倒推法 当你知道问题的结论以后，不妨想一想：“什么样的条件才能通过一步就推得这一结论？”有时你一旦想到这一点，往回倒推一步就非常“明显”了．你的做题经验越丰富，就越能明显地看出前一步条件．例如，假定 A 和 B 是两个看上去没有什么关系的奇怪表达式，然而你必须要证明 $A=B$．往回倒推一步应该是分别证明 $A \geqslant B$ 和 $B \geqslant A$．如果你要想证明 $A \neq B$，往回倒推一步，也许你可以证明 A 总是偶数，而 B 总是奇数，从而使结论成立．当你碰到问题时，都应该花些时间思考下从结论往回倒推一步可能的结果是什么．当然，这样做有时可能会失败，但有时这一方法的确可以作为一种证明的战略（见后面的 2.3 节）．

异想天开和化难为易 这两个战略主要是通过将心理与数学相结合的方法来突破开始时的僵局．你可以想一想：是什么限制条件使得问题变得很难解决？然后，想办法把这一条件排除掉！题目也许并不允许你这样做，但有谁会在意这些呢？暂时避开问题最难的部分能使你的解题工作取得进展，也许还能从中找到突破点．例如，如果题中涉及又大又讨厌的数，就用一个很小很漂亮的数代替它．如果题中涉及复杂的代数分式或开方数，我们可以试着解决一个没有这一项的相似问题．在最理想的情况下，暂时避开问题的困难部分将能使你得到很有启发性的解，如第 14 页例 2.1.1．而在最不理想的情况下，你还是不得不将精力集中在问题的关

---

① 答案是 282 697，有兴趣的读者请阅读文献 [16] 第 33 页．

键难点上，但至少可以构想出一个中间问题，该问题的解可能对你解决手头上的问题有所帮助. 并且，像这样暂时撇开问题的最难部分，还能给自己带来乐趣，增强自信心. 即使你最终没能解决原问题，至少你还能解决得到的较容易的问题.

下面通过讲解几个例题来阐释如何使用上述战略. 这里，我们的目的不是解决问题，而仅仅是对问题做一些**初步的探讨**. 重要的是要记住：只要取得进展就好. 不要着急把问题彻底解决！分析的过程也很重要. 也许你不相信我说的，但可以自己尝试一下：

花在思考上的时间都是值得的，哪怕看上去你没有取得任何进展.

例 2.2.1 (俄罗斯 1995 年竞赛题) 对序列 $a_0, a_1, a_2, \cdots$，等式

$$a_{m+n} + a_{m-n} = \frac{1}{2}(a_{2m} + a_{2n}) \tag{2.2.1}$$

对所有的非负整数 m 和 n（$m \geqslant n$）都成立. 若 $a_1 = 1$，则 a_{1995} 的值是多少?

部分解答 这一题如果不代入数字进行试验，等式 (2.2.1) 真的很难理解. 我们给 a_n 代入一些值，先从简单的开始，假设 $m = n = 0$，则 $a_0 + a_0 = a_0$，即 $a_0 = 0$. 现在我们知道 a_0 和 a_1 的值了，把 $m = 1, n = 0$ 代入 (2.2.1) 中，则 $2a_1 = \frac{1}{2}(a_2 + a_0) = a_2/2$，即 $a_2 = 4a_1 = 4$. 一般来说，我们固定 $n = 0$，有 $2a_m = a_{2m}/2$ 或 $a_{2m} = 4a_m$. 现在我们令 $m = 2, n = 1$，则

$$a_{2+1} + a_{2-1} = \frac{1}{2}(a_4 + a_2).$$

由 $a_4 = 4a_2 = 4 \times 4 = 16$，有 $a_3 + a_1 = \frac{1}{2}(16 + 4)$，得到 $a_3 = 9$. 此时，我们大胆地猜测：对所有的 $n = 1, 2, 3, \cdots$，$a_n = n^2$ 都成立. 如果这个猜测是正确的，最好的证明方法就是**数学归纳法**. 数学归纳法的具体步骤请参阅第 43 页，此例题的完整解答请参阅第 45 页.

例 2.2.2 (AIME 1985) 数列

$$101, 104, 109, 116, \cdots$$

的通项公式为 $a_n = 100 + n^2$ $(n = 1, 2, 3, \cdots)$. 对每个 n，d_n 是 a_n 和 a_{n+1} 的最大公因数[①]. 对正整数 n，求 d_n 的最大值.

部分解答 如果我们仅仅把 a_n 的前几项列出来，就会推测 d_n 的最大值为 1，因为该序列的连续项看上去都是互素的. 但我们可以先看一个简单的情况，因为在这一关于 a_n 的定义中，数 100 除了能写成 $100 = 10^2$ 之外，也许并没有其他的特殊之处. 我们看看由表达式 $a_n = u + n^2$ 定义的数列，其中 u 是固定的数. 对不同的 u 作表如下：

① 关于最大公因数概念的更多内容可查看例 3.2.4、题 3.2.15 以及 7.1 节.

u	a_1	a_2	a_3	a_4	a_5	a_6	a_7
1	2	**5**	**10**	17	26	37	50
2	3	6	11	**18**	**27**	38	51
3	4	7	12	19	28	**39**	**52**

我们在每行中用黑体字标出了使得最大公因数在该行中最大的一对连续项（至少在那一行的前七项中是最大的）. 我们注意到，当 $u=1$ 时，a_2 与 a_3 有最大公因数 5；当 $u=2$ 时，a_4 与 a_5 有最大公因数 9；当 $u=3$ 时，a_6 与 a_7 的最大公因数为 13. 从中我们发现规律：对任何固定的正整数 u，a_{2u} 与 a_{2u+1} 的最大公因数为 $4u+1$. 我们可以通过下面的代数变换说明这一推测：

$$a_{2u}=u+(2u)^2=u+4u^2=u(4u+1),$$

而

$$a_{2u+1}=u+(2u+1)^2=u+4u^2+4u+1=4u^2+5u+1=(4u+1)(u+1),$$

从表达式可知，a_{2u} 与 a_{2u+1} 有公因数 $4u+1$.

这是一个很鼓舞人心的进步，但还没有完成证明，我们仅仅得到 $4u+1$ 是 a_{2u} 与 a_{2u+1} 的**公因数**，还没有证明它是**最大**公因数. 我们还需要证明 $4u+1$ 是这一数列的连续两项之间的最大公因数. 如果你懂得一些简单的数论知识，证明这些结论应该不是难事. 我们将在第 216 页例 7.1.8 中继续讨论该题.

例 2.2.3 所有的橱柜排成一行并标有编号 $1,2,3,\cdots,1000$. 起初，所有的橱柜都是锁着的. 一个人经过这里，并每隔一个就打开一个橱柜. 他从 2 号橱柜开始打开，因此编号为 $2,4,6,\cdots,998,1000$ 的橱柜都被打开了. 然后有第二个人经过，并从第三个橱柜开始每三个就改变一个橱柜的状态（即如果原来的橱柜是打开的，就将其锁上，若原来的橱柜是锁着的就将其打开）. 接着再有第三个人经过这些橱柜，并从第四个橱柜开始每四个就改变一个橱柜的状态. 将这一过程一直继续下去，直到再也没有能改变状态的橱柜. 问：最后哪些橱柜是锁着的?

部分解答 在本题中，1000 这个数并没有什么特殊之处. 首先我们通过**化难为易**的战略将问题变简单：换一个小一些的数，我们选择 10. 然后我们再使用**化抽象为具体**的战略动手做一个表格，并使用标志“o”来表示橱柜是打开的，“x”来表示橱柜是锁着的. 开始时（第 1 步）所有的 10 个橱柜都是锁着的. 下表显示的是每次有人经过以后橱柜的状态. 共列有 10 行，因为从第 11 步开始每次有人经过橱柜时便不再影响橱柜的状态.

步	橱柜编号									
	1	2	3	4	5	6	7	8	9	10
1	x	x	x	x	x	x	x	x	x	x
2	x	o	x	o	x	o	x	o	x	o
3	x	o	o	o	x	x	x	o	o	o
4	x	o	o	x	x	x	x	x	o	o
5	x	o	o	x	o	x	x	x	o	x
6	x	o	o	x	o	o	x	x	o	x
7	x	o	o	x	o	o	o	x	o	x
8	x	o	o	x	o	o	o	o	o	x
9	x	o	o	x	o	o	o	o	x	x
10	x	o	o	x	o	o	o	o	x	o

我们发现最后锁着的是编号为 $1,4,9$ 的橱柜，一种合理的猜测就是：最终编号为完全平方数的橱柜是锁着的. 我们在这里不证明该猜测，但可以通过**倒推法**为最终完成解答实现实质性的进展. 是什么因素决定了一个橱柜是锁着还是开着呢? 当把橱柜状态表填完以后，你就会知道答案：锁的状态改变次数的**奇偶性**. 最终锁的状态由打开或锁上橱柜的次数的奇偶性来决定. 我们再次用倒推法的思路：什么导致锁的状态改变? 我们尽量把问题处理得更简单些，仅仅把注意力集中在一只橱柜的锁上，比如说 6 号橱柜. 它在第 1, 2, 3, 6 步，共四次改变状态（这是一个偶数，因此锁仍旧是开着的）. [①] 再看 10 号橱柜，其状态在第 1, 2, 5, 10 步改变. 于是我们明白：

> *第 n 只锁在第 k 步改变状态，当且仅当 n 能被 k 整除.*

因此我们把前面的猜测重新表达为下面仍需要证明的等价形式：

> *证明：整数有奇数个因数当且仅当该整数是完全平方数.*

要证明这个特定的问题有很多种方法. 本书第 64 页的讨论和题 6.1.21 给出了两种完全不同的方法.

例 2.2.4 (LMO 1988) 25 个人围坐在桌旁，每人手中有两张纸牌. 每张纸牌上都以 $1,2,3,\cdots,25$ 中的某一个数进行编号，且每一个数恰好出现在两张纸牌上. 每个人都把自己手中编号较小的一张纸牌传给他右边相邻的人，如此继续下去. 请证明：最终会有一个玩家手中的两张纸牌的编号相同.

部分解答 乍一看该问题，好像难以下手. 怎样才能证明类似这样的问题呢? 我们还是利用化抽象为具体和化难为易的战略. 将问题化难为易将有助于我们理

① 必须假设开始时（第 0 步）所有的橱柜都是开着的，然后第 1 步有一个人改变所有的橱柜的状态（都锁上）. 这样，6 号橱柜的状态第 1 步从“o”变为“x”、第 2 步从“x”变为“o”、第 3 步从“o”变为“x”、第 6 步从“x”变为“o”. 最终，锁的状态和开始时一样，仍旧是开着的. ——译者注

解该问题. 虽然我们看到该题中的数 25, 马上就能想到它既是奇数又是完全平方数, 但它可能并没有什么特殊之处. 我们就以 2 个人为例. 如果每个人都有两张分别编号为 1 和 2 的纸牌, 我们发现按题中所述方法传递纸牌会产生周期性的结果: 每个人都把编号为 1 的纸牌传给与他相邻的人, 这样每个人总是持有分别编号为 1 和 2 的两张纸牌, 所以题中的结论对两个人而言是**不成立**的. 那么是否是人数的**奇偶性**影响结果呢? 也许是! 我们使用记号 $\frac{a}{b}$ 来表示某个人手中持有编号为 a 和 b 的两张纸牌. 现在我们考虑四个人的情况, 假设开始时他们持有纸牌的情况为:

1	1	2	2
3	3	4	4

.

我们发现每一圈传递完成以后, 每个人持有的纸牌中的一张是 1 或 2, 另一张为 3 或 4. 所以题中的结论还是不成立. 只要参与游戏的人数为偶数, 我们都能保证该题的结论不成立. 例如, 如果有 $10 = 2 \times 5$ 人参加, 只要在开始时给每个人的两张纸牌中, 其中一张是 $\{1, 2, \cdots, 5\}$ 中的某一个数, 另一张是 $\{6, 7, \cdots, 10\}$ 中的某一个数, 这样, 每一圈传递以后, 每个人持有的纸牌其中一张都标有 1–5 中的某一个数, 而另一张则是标有 6–10 中的某一个数. 所以没有人持有两张编号相同的纸牌.

现在, 我们看参与游戏的人数为奇数的情况. 下面的例子是 5 个人的情况.

1	2	3	1	4
3	4	5	2	5

在这张表中我们将每个人的编号较小的纸牌安排在第一行, 这样我们就能知道这行纸牌是下一圈每个人需要传递的纸牌. 传递一圈以后, 我们再重新安排使第一行的编号比相应的第二行的编号小.

1	2	3	1	4
3	4	5	2	5

$\xrightarrow{(传递)}$

4	1	2	3	1
3	4	5	2	5

$\xrightarrow{(排序)}$

3	1	2	2	1
4	4	5	3	5

这时, 我们可以再重复上述过程. 但在此之前, 我们观察到排序之后的表格中, 第一行中的最大数和第二行中的最小数相等. 所以在进行了一次排序之后, 每一圈的再次传递后就不再需要排序了. 经过多次传递, 我们发现最终第一行中的 3 将会和第二行中的 3 相遇.

3	1	2	2	1
4	4	5	3	5

$\xrightarrow{(传递)}$

1	3	1	2	2
4	4	5	3	5

$\xrightarrow{(传递)}$

2	1	3	1	2
4	4	5	3	5

$\xrightarrow{(传递)}$

2	2	1	3	1
4	4	5	3	5

大家观察到了什么? 我们发现刚好有两个 3 同时集中到其中一个人手上. 这个结论是不是在所有情况下都成立呢? 你能得到更一般的结论吗? 5 这一奇数在例题中起到什么作用呢? 也许用 7 个人做进一步的试验就可以帮助你回答这些问题了.

在下一例题中，我们不仅没能解答问题，甚至得出的猜测都是错误的! 然而，我们还是有一些收获的，尽管没能得到完整的解答，但这对于我们理解该问题还是很有帮助的.

例 2.2.5 (普特南 1983) 令 $f(n)=n+\lfloor\sqrt{n}\rfloor$ ①，请证明: 对任意的正整数 m，序列

$$m, f(m), f(f(m)), f(f(f(m))), \cdots$$

中存在某个整数的平方数.

部分解答 读完题，感觉非常难. 函数 $f(n)$ 的定义非常奇怪，问题的结论也让人难以理解. 因此我们的思考过程就这样开头: 问题要求我们证明某一涉及函数 $f(m)$ 及其与自身形成的复合函数的结论对**所有的**正整数 m 都成立. 唯一的战略就是化抽象为具体. 我们需要理解函数 $f(m)$ 的变化规律，因此我们开始做试验列出不同变量对应的函数值，见下表:

m	1	2	3	**4**	5	6	7	8	**9**
$f(m)$	2	3	4	**6**	7	8	9	10	**12**

m	10	11	12	13	14	15	**16**	17	18
$f(m)$	13	14	15	16	17	18	**20**	21	22

函数的变化规律看上去比较简单: $f(m)$ 随着 m 增加一个单位而增加 1，直到 m 是完全平方数时增加 2（具体见表中黑体部分）. 当你观察到某种规律的时候，应该试着寻找产生这一规律的原因. 在这一题中，我们不难发现其内在原因. 例如，如果 $9\leqslant m<16$，数 $\lfloor\sqrt{m}\rfloor$ 恒等于 3，因此，当 $9\leqslant m<16$ 时，$f(m)=m+3$. 同理，当 $16\leqslant m<25$ 时，$f(m)=m+4$，我们只需要在 m 是完全平方数时增加一次函数值的跳跃即可.

既然我们已经明白了函数 f 的变化规律，接下来我们再来看看该函数与自身复合后的情况. 我们还是利用列表做试验的方法! 并标记:

$$f^{r}(m)=f(f(\cdots f(m)\cdots)), \tag{2.2.2}$$

① $\lfloor x\rfloor$ 表示小于等于 x 的最大整数. 更多信息见第 139 页.

其中等式右边为 r 个 f 复合而成的函数，并在表中用黑体字标出会产生跳跃项的完全平方数. 注意：我们不再试验 m 是完全平方数时的函数值，而是试验当 m 比某一完全平方数大时的结果. 尽管我们在上一表格中得到了 m 与 $f(m)$ 之间的变化规律，但在这里我们仍把它们填到表格中，这是一个非常重要的解题习惯：

不要吝惜在试验上花费的时间！多花点时间观察表格，直到你能理解其中的变化规律为止，然后再多花些时间来分析.

m	$f(m)$	$f^2(m)$	$f^3(m)$	$f^4(m)$	$f^5(m)$	$f^6(m)$
5	**7**	**9**	12	15	18	22
6	8	10	13	**16**	20	24
7	**9**	12	15	18	22	26
8	10	13	**16**	20	24	28
50	57	**64**	72	80	88	97
51	58	65	73	**81**	90	99
101	111	**121**	132	143	154	166
102	112	122	133	**144**	156	168
103	113	123	134	145	157	**169**

从这个表中我们能发现更多的规律. 从表上看，如果 $m=n^2+1$（其中 n 为整数），那么 $f^2(m)$ 是完全平方数. 同样地，如果 $m=n^2+2$，那么 $f^4(m)$ 是完全平方数. 对于形如 n^2+3 的整数，如 7 和 103，却没有这一规律：$f^6(103)$ 是完全平方数，但 $f^6(7)$ 不是完全平方数，反而 $f(7)$ 是完全平方数. 所以我们得出下面的“推测”是不正确的：

如果 $m=n^2+b$，那么 $f^{2b}(m)$ 是完全平方数.

然而，异想天开战略要求我们至少要验证一下这个假设，毕竟要证明的是：对于任意正整数 m，存在整数 r 使得 $f^r(m)$ 是完全平方数. 在研究这一结论之前，我们先考虑一个问题：这一题的主要难点在哪儿？我想难点就在于不易理解的 $\lfloor\sqrt{m}\rceil$ 这一项，所以我们首先应将注意力放在这一表达式上. 一旦我们理解了这一项，就能真正找到 $f(m)$ 的变化规律了. 定义 $g(m)=\lfloor\sqrt{m}\rceil$. 那么 $g(n^2+b)$ 等于什么呢？如果 b 足够小，则有 $g(n^2+b)=n$，我们可以很容易地得出这一结论. 那么当 m 为何值时有 $g(m)=n$ 呢？答案是：

$$n^2 \leqslant m<(n+1)^2=n^2+2n+1.$$

即：

当且仅当 $0 \leqslant b<2n+1$ 时，$g(n^2+b)=n$.

现在我们再回头看看原来的“猜测”，例如，考虑 $b=1$ 时的情形，即 $m=n^2+1$ 且 $g(m)=n$，则有：

$$f(m)=m+g(m)=n^2+1+n.$$

将函数 f 与其本身复合，有：

$$\begin{aligned}f^2(m)=f(n^2+n+1)&=n^2+n+1+g(n^2+n+1)\\&=n^2+n+1+n=n^2+2n+1=(n+1)^2,\end{aligned}$$

所以原来的“猜测”在 $b=1$ 的条件下是成立的.

现在我们再来检验在 $b=2$ 条件下的结论. 这时有 $m=n^2+2$ 且 $g(m)=n$，对于任意正整数 n，$2<2n+1$ 都成立，可得：

$$f(m)=m+g(m)=n^2+2+n,$$

而且

$$f^2(n^2+2)=n^2+n+2+g(n^2+n+2).$$

既然 $n+2<2n+1$ 对任意的 $n>1$ 都成立，可以得出 $g(n^2+n+2)=n$，所以当 $n>1$ 时，

$$f^2(n^2+2)=n^2+n+2+n=(n+1)^2+1.$$

从上式中我们发现一个很有趣的规律，即：如果 m 比某一完全平方数大 2 且满足 $m>1^2+2=3$ 时，将函数 f 与其本身二次复合以后得到的值则比某一个完全平方数大 1. 从前面的分析中我们可以知道，将函数 f 与其本身二次复合两次后可以得到一个完全平方数. 比如令 $m=6^2+2=38$，可得 $f(m)=38+6=44$，$f(44)=44+6=50$，而 $f^2(50)=64$（见上页表），所以有 $f^4(38)=64$. 形如 n^2+2 但不遵守这一规律的情况是 $1^2+2=3$，因为 $f(3)=4$.

至此，我们已经取得了卓有成效的进展. 已经知道如果 $m=n^2+1$ 或 $m=n^2+2$，那么将函数 f 进行有限次的复合之后可以得到一个完全平方数，而且我们也找到了正确的解题方向. 我们的目标是得到一个完全平方数，为实现这一目标，我们所采取的方法是将所有的整数写成 n^2+b 的形式，且 $0\leqslant b<2n+1$，其中 b 是一个“余数”. 另一个更有趣的猜测是：

如果 m 有余数 b，那么 $f^2(m)$ 就有余数 $b-1$.

如果我们能证明这一猜测，那么通过将函数反复复合最终可使得余数为零. 但不幸的是这一猜测还是不成立的. 例如：若 $m=7=2^2+3$，则 $f^2(7)=12=3^2+3$. 尽管这一猜测是错误的，但上面非常详细的分析过程仍然是有价值的. 从这些分析出发将最终能得到完整的解答. 我们将后面的分析过程留给读者自己完成.

例 2.2.6 (普特南 1991) $\boldsymbol{A}$ 和 $\boldsymbol{B}$ 是两个不同的 $n\times n$ 实数矩阵. 如果 $\boldsymbol{A}^3=\boldsymbol{B}^3$ 且 $\boldsymbol{A}^2\boldsymbol{B}=\boldsymbol{B}^2\boldsymbol{A}$，矩阵 $\boldsymbol{A}^2+\boldsymbol{B}^2$ 可逆吗?

解答 这是连线性代数学得非常好的学生都很怕的一道题. 但是，如果你对自己充满信心，这道题其实并不是那么难. 首先，注意到条件为：$\boldsymbol{A}\neq\boldsymbol{B},\boldsymbol{A}^3=\boldsymbol{B}^3$ 且 $\boldsymbol{A}^2\boldsymbol{B}=\boldsymbol{B}^2\boldsymbol{A}$. 而要结论的是确定矩阵 $\boldsymbol{C}:=\boldsymbol{A}^2+\boldsymbol{B}^2$ 是否可逆，即 $\boldsymbol{C}$ 是否可逆. 那么, 怎样才能确定一个矩阵是否可逆呢? 一种方法就是证明该矩阵的行列式非零. 该方法在这一题中看上去并不可行，因为题中的矩阵是 $n\times n$ 维的，而 n 是任意的整数. 当 $n\geqslant 3$ 时，行列式的计算公式是非常复杂的. 另一种可证明矩阵 $\boldsymbol{C}$ 是可逆的方法是证明对任意的基向量 $\boldsymbol{b}_1,\boldsymbol{b}_2,\cdots,\boldsymbol{b}_n$ 有 $\boldsymbol{C}\boldsymbol{b}_i\neq\boldsymbol{0}$，但这样做也非常困难，因为还需要找到一组基向量.

既然很难找到能证明矩阵可逆的前提条件，那么我们何不考虑一下能否证明该矩阵不可逆呢. 这样做就显得简单多了, 因为要做的就是找到一个非零的向量 $\boldsymbol{v}$ 使得 $\boldsymbol{C}\boldsymbol{v}=\boldsymbol{0}$，可见这是一个行得通的方法. 那如何去找呢? 我们现在也不知道，但根据异想天开和化难为易的战略，我们来分析一下解题的途径.

接下来需利用已知条件来进行分析，我们就从矩阵 $\boldsymbol{C}$ 开始分析，试图以某种方式得到零. 异想天开战略再一次告诉我们应分析矩阵 $\boldsymbol{A}^3-\boldsymbol{B}^3$ 的构造，因为 $\boldsymbol{A}^3=\boldsymbol{B}^3$，而 $\boldsymbol{C}=\boldsymbol{A}^2+\boldsymbol{B}^2$，我们马上就想到将立方差项进行分解（记住矩阵乘法是不能应用交换律的，所以 $\boldsymbol{B}^2\boldsymbol{A}$ 不一定等于 $\boldsymbol{A}\boldsymbol{B}^2$）:

$$(\boldsymbol{A}^2+\boldsymbol{B}^2)(\boldsymbol{A}-\boldsymbol{B})=\boldsymbol{A}^3-\boldsymbol{A}^2\boldsymbol{B}+\boldsymbol{B}^2\boldsymbol{A}-\boldsymbol{B}^3=\boldsymbol{A}^3-\boldsymbol{B}^3+\boldsymbol{B}^2\boldsymbol{A}-\boldsymbol{A}^2\boldsymbol{B}=\boldsymbol{0}.$$

现在我们完成了! 因为 $\boldsymbol{A}\neq\boldsymbol{B}$，得矩阵 $\boldsymbol{A}-\boldsymbol{B}\neq\boldsymbol{0}$. 因此存在向量 $\boldsymbol{u}$ 使得 $(\boldsymbol{A}-\boldsymbol{B})\boldsymbol{u}\neq\boldsymbol{0}$. 令 $\boldsymbol{v}=(\boldsymbol{A}-\boldsymbol{B})\boldsymbol{u}$，可得:

$$\boldsymbol{C}\boldsymbol{v}=\left((\boldsymbol{A}^2+\boldsymbol{B}^2)(\boldsymbol{A}-\boldsymbol{B})\right)\boldsymbol{u}=\boldsymbol{0}\boldsymbol{u}=\boldsymbol{0}.$$

因此，矩阵 $\boldsymbol{A}^2+\boldsymbol{B}^2$ 总是不可逆的. ■

例 2.2.7 (列宁格勒数学奥林匹克竞赛 1988) $p(x)$ 是一实系数多项式. 请证明: 如果

$$p(x)-p'(x)-p''(x)+p'''(x)\geqslant 0$$

对于任意的实数 x 都成立，则对任意的实数 x 都有 $p(x)\geqslant 0$.

部分解答 如果你以前从未见过类似的题型，看到这题后就会感觉很迷惑. 导数与函数是否为非负有什么关系? 为什么要强调 $p(x)$ 是一个多项式?

我们可以把这个问题简单化. 本题最难的部分是什么? 很明显，应该是复杂的表达式 $p(x)-p'(x)-p''(x)+p'''(x)$. **因式分解**是一项很重要的代数技巧（见第 142 页）. 受因式分解的思想启发，则

$$1-x-x^2+x^3=(1-x)(1-x^2),$$

我们有：

$$p(x)-p'(x)-p''(x)+p'''(x)=(p(x)-p''(x))-(p(x)-p''(x))'.$$

换言之，如果令 $q(x)=p(x)-p''(x)$，则

$$p(x)-p'(x)-p''(x)+p'''(x)=q(x)-q'(x).$$

所以接下来让我们看一个简单一些的问题：

> 如果 $q(x)$ 是多项式且对任意的实数 x 满足 $q(x)-q'(x)\geqslant 0$，那么 $q(x)$ 满足什么结论呢？

是否有可能 $q(x)\geqslant 0$ 对任意的实数 x 都成立？这一推论有可能正确，但即使正确，也可能对我们解决原来的问题没有什么帮助，但它的确值得我们去思考. 异想天开战略要求我们对这个问题进行深入研究探讨.

不等式 $q(x)-q'(x)\geqslant 0$ 等价于 $q'(x)\leqslant q(x)$，于是，如果 $q(x)<0$，则 $q'(x)$ 也一定为负值. 因此，如果函数 $y=q(x)$ 的图像（从左到右）穿过 x 轴到达其下方，则它必定停留在 x 轴的下方，则函数 $q(x)$ 单调递减！下面分三种情况讨论：

(1) $y=q(x)$ 的图像穿过 x 轴. 由于上述原因，该图像将仅仅穿过 x 轴一次，即函数值从正值变为负值并逐步递减（因为一旦函数值为负值，就会永远为负）. 且由于 $q(x)$ 是多项式，可知：

$$\lim_{x\to-\infty} q(x)=+\infty \quad 且 \quad \lim_{x\to+\infty} q(x)=-\infty,$$

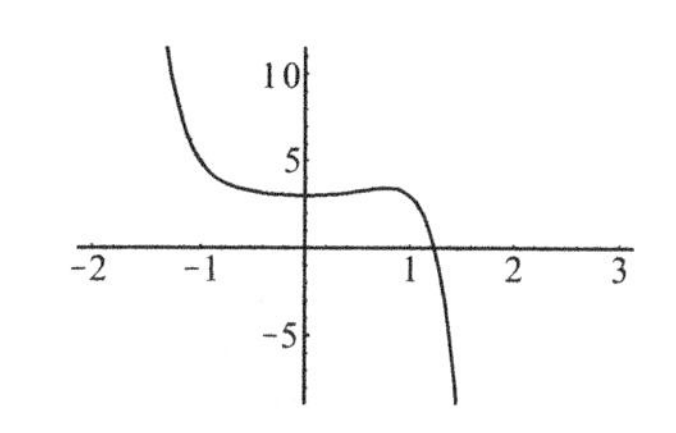

因为当 x（不论正负）足够大时，任何多项式 $q(x)=a_nx^n+a_{n-1}x^{n-1}+\cdots+a_0$ 的值都是由其最高幂次项 a_nx^x 决定. 因此，$q(x)$ 的最高次幂 n 一定为奇数且满足 $a_n<0$. 例如，多项式 $q(x)=-x^7+x^2+3$ 的图像大致如右图所示，但该多项式并不满足不等式 $q'(x)\leqslant q(x)$. 由 $q(x)=-x^7+x^2+3$ 可得 $q'(x)=-7x^6+2x$. 这两个多项式的值都由其最高项决定. 当 x 是一个很大的正数时，$q(x)$ 与 $q'(x)$ 都为负值，但由于 $q(x)$ 的最高次幂为 7，而 $q'(x)$ 的最高次幂是 6，因此，其绝对值要比 $q'(x)$ 的大. 即如果正数 x 足够大，可得 $q(x)<q'(x)$. 我们把上述分析总结如下：如果 $y=q(x)$ 的图像穿过 x 轴，则不等式 $q'(x)\leqslant q(x)$ 并不是对所有 x 值都是成立的. 因此这种情况是不可能的.

(2) 函数 $y=q(x)$ 的图像始终在 x 轴的下方（或仅仅有相切的部分）. 因为 $q(x)$ 是多项式，所以其最高次幂一定为偶数，最高项系数为负. 例如 $q(x)=-5x^8-200$ 的图像就属于该类型. 然而，我们前面提到的问题仍然存在，即：当正数 x 足够大时，会得到 $q(x)<q'(x)$. 所以这种情况也是不可能的.

(3) 函数 $y=q(x)$ 的图像始终在 x 轴的上方（或仅仅有相切的部分），即 $q(x)\geqslant 0$. 这种情况一定满足条件，因为我们已经把其他的可能性全部排除了！但我们仍需要理解为什么这种情况是满足条件的. 满足该图像要求的 $q(x)$ 其最高次幂一定为偶数且系数为正数. 例如 $q(x)=x^2+10$ 的图像就满足上述要求. 但是现在 $q'(x)=2x$. 当 x 为足够大的正数时，因为两者的系数都为正，便有 $q(x)>q'(x)$. 这就是解题的关键.

无论如何，我们都证出了一个非常漂亮的推断：

> 如果 $q(x)$ 是实系数多项式，且 $q(x)\geqslant q'(x)$ 对于任意的实数 x 都成立，那么 $q(x)$ 的首项系数为正，最高次幂为偶数，且该多项式恒为非负数.

得到该结论将使我们对最终解决原来的问题充满信心. 我们知道 $q(x)=p(x)-p''(x)$ 的最高次幂为偶数且首项系数为正，因此多项式 $p(x)$ 也满足这一条件. 因此我们可将原来的问题转化成下面这个简单些的问题：

> 证明：设 $p(x)$ 是首项系数为正的最高次幂为偶数的多项式，如果 $p(x)-p''(x)\geqslant 0$ 对任意实数 x 成立，则对任意实数 x 都有 $p(x)\geqslant 0$.

例 2.2.8　(普特南 1990) 请找出所有的连续可微函数 f 使得如下方程对任意的 x 成立，

$$(f(x))^2=\int_0^x [(f(t))^2+(f'(t))^2]\,\mathrm{d}t+1990.$$

部分解答　这一题最困难的部分是什么？是该方程中即包含微分又有积分. 微分方程就已经很难解了，而积分–微分方程就更难求解了！所以采取的战略就应该是**化难为易**，将方程两边关于 x 求导：

$$\frac{\mathrm{d}}{\mathrm{d}x}(f(x))^2=\frac{\mathrm{d}}{\mathrm{d}x}\left(\int_0^x [(f(t))^2+(f'(t))^2]\,\mathrm{d}t+1990\right).$$

左边是 $2f(x)f'(x)$（根据链式求导法则），而右边变成 $(f(x))^2+(f'(x))^2$（常数 1990 微分后就消失了）.

这样我们就将原来的问题转化成了下面的求微分方程问题，

$$2f(x)f'(x)=(f(x))^2+(f'(x))^2.$$

虽然现在还是不太完美，但比原来的问题要简单多了，你知道接下来该怎么做吗？

问题与练习

对于下面的这些问题，你的任务仅仅是通过试验和用化抽象为具体的战略来进行推测. 不要担心你现在能否证明这些推测. 这样做的目的就是要让你放松自己的心情，让自己的思维不受任何约束，享受那种天马行空般的感觉. 其中有些问题需要你推测出一个公式或某一**算法**. “算法”一词指的是一些计算过程，而并不是简单的公式，不过解释和实现起来还是相当简单的. 例如，$f(n) = \sqrt{n!}$ 是一个公式，而下面的一段话则是算法：

> 将 n 进行三进制展开后，计算每第三个数字之和，如果这个和是偶数，则就是 $f(n)$ 的值. 否则，$f(n)$ 等于这个和的平方.

后面我们还会再提到这些问题并给出更严格的证明. 但**现在**更重要的事是化抽象为具体并思考这些问题. 我们再次重申：现在你能否完全解决这些问题并不重要. 能取得一些进展，或者能提出可能正确的猜测就已经是很理想. “暂时搁置”的问题能给你一个好心情，从而激发你的大脑产生各种思想来解决它. 这种激发过程有些是有意识的，有些则不是. 同时，这些想法有的能解决问题，有的却不能. 但无论如何，想法是多多益善的！（顺便说一句，有一小部分问题我故意出得和例题很相似. 但要记住，看到问题时最开始的战略就是要问自己：“这和我看到的例题有相似的吗?”）

题 2.2.9 定义 $f(x) = 1/(1-x)$ 且用 f^r 表示函数 f 与其自身复合 r 次形成的复合函数 [见第 29 页等式 (2.2.2)]. 请计算 $f^{1999}(2000)$.

题 2.2.10 (普特南 1990) 令

$$T_0 = 2, \quad T_1 = 3, \quad T_2 = 6,$$

且当 $n \geqslant 3$ 时有：

$$T_n = (n+4)T_{n-1} - 4nT_{n-2} + (4n-8)T_{n-3}.$$

则该数列的前几项分别是

$$2, 3, 6, 14, 40, 152, 784, 5168, 40\,576, 363\,392.$$

请将 T_n 改写为形如 $T_n = A_n + B_n$ 的公式形式，其中 A_n 和 B_n 是另外两个著名的数列.

题 2.2.11 令 $\mathbb{N}$ 为自然数集 $\{1, 2, 3, 4, \cdots\}$. 对所有 $n \in \mathbb{N}$ 函数 f 满足 $f(1) = 1$, $f(2n) = f(n)$, $f(2n+1) = f(2n) + 1$. 请寻找一个简洁的算法来描述 $f(n)$. 你的算法应最多只有一句话.

题 2.2.12 如图所示，画出或者自己动手做几个（至少 8 个）**多面体**. 下面是两个例子：一个长方体和一个三维 L 型. 对于每个多面体，计算顶点、面和棱的个数. 例如，我们知道长方体有 8 个顶点，6 个面和 12 条棱. 而图中的 L 型有 12 个顶点，8 个面和 18 条棱. 请找到或猜测多面体的顶点、面和棱之间的数量关系.

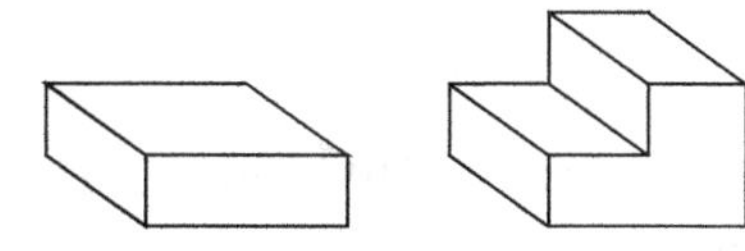

题 2.2.13 **一般位置**的 n 条直线（任何两条直线都不平行，任何三条直线不相交于一点）能将平面分成多少个区域?

题 2.2.14 球上的**大圆**就是绕着球的赤道画出的圆. 因此，大圆的圆心就是球心. 现在一个球上有 n 个大圆，且任意三个圆都不在同一位置相交. 问：这些圆将球面分成了多少个区域?

题 2.2.15 对任意的整数 $n>1$，试求两个不同的正整数 x 和 y 满足

$$\frac{1}{x}+\frac{1}{y}=\frac{1}{n}.$$

题 2.2.16 对任意的正整数 n，求满足下列方程的正整数 $x_1, x_2, \cdots, x_n$.

$$\frac{1}{x_1}+\frac{1}{x_2}+\cdots+\frac{1}{x_n}+\frac{1}{x_1x_2\cdots x_n}=1.$$

题 2.2.17 考虑坐标平面上的三角形，所有顶点都在平面的**格点**上，即顶点坐标为整数．令 A、B 和 I 分别代表此三角形的面积、边界上格点数和内部格点数．例如，对于顶点位于 $(0,0),(2,0),(1,2)$ 的三角形有（请验证！）$A=2$, $B=4$, $I=1$. 对于任意顶点在格点上的三角形，你能找到 A、B 和 I 之间的一个简单的关系式吗?

题 2.2.18 (英国数学奥林匹克竞赛 1996) 定义

$$q(n)=\left\lfloor\frac{n}{\lfloor\sqrt{n}\rfloor}\right\rfloor \quad (n=1,2,\cdots).$$

求所有使得 $q(n)>q(n+1)$ 成立的正整数 n，并证明之.

题 2.2.19 湾区快餐店出售炸鸡块，并将这些鸡块打包出售，一包中包含 7 块或 11 块鸡块. 求最大正整数 n，使得你无论鸡块包怎么组合都不能恰好得到 n 块炸鸡块．你能将此推广吗?

题 2.2.20

(a) 为

$$1+2+3+\cdots+n$$

找一个简洁的公式，其中 n 为任意正整数.

(b) 为

$$1^3+2^3+3^3+\cdots+n^3$$

找一个简洁的公式，其中 n 为任意正整数.

(c) 试验并猜想上述事实的推广形式：对于任意正整数 k,

$$1^k+2^k+3^k+\cdots+n^k$$

是否存在一个简洁的公式?

题 2.2.21 定义 $s(n)$ 为能将 n 表示为由至少一个正整数组成的有序和的方法的数量. 例如:

$$\begin{aligned}4&=1+3=3+1=2+2=1+1+2\\&=1+2+1=2+1+1=1+1+1+1,\end{aligned}$$

因此 $s(4)=8$. 猜想一个一般的公式.

题 2.2.22 (土耳其 1996) 令

$$\prod_{n=1}^{1996}\left(1+nx^{3^n}\right)=1+a_1x^{k_1}+a_2x^{k_2}+\cdots+a_mx^{k_m},$$

其中 $a_1, a_2, \cdots, a_m$ 非零，且 $k_1<k_2<\cdots<k_m$. 求 a_{1996}.

题 2.2.23 **画廊问题**． 一个展览馆画廊的墙形成一个 n 边形（不必为正多边形，甚至不必为凸多边形）．保安位于画廊内某些固定位置．假设保安能转头，但不能走动，为了保证每寸墙都能被保安看到，最少需要多少保安? 当 $n=3$ 或 $n=4$ 时，显然一个保安就足够了．对于 $n=5$ 来说这也是正确的，尽管需要一些图形才能让人信服（非凸的情形比较有意思）．但对于 $n=6$，存在一种需要两个保安的画廊．下面是 $n=5$ 和 $n=6$ 时的图形．黑点表示保安的位置.

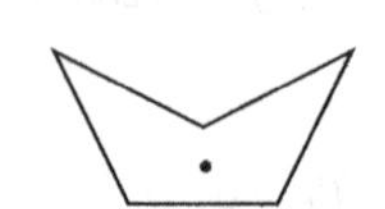

你能发现一个描述保安数量的一般公式（作为 n 的函数）吗?

题 2.2.24 **约瑟夫问题**．一组 n 个人站成一个圆，他们被从 1 到 n 顺时针连续编号．从 2 号开始，我们按顺时针方向每隔 1 人便去掉一个人，例如，如果 $n=6$，被去掉的人按顺序为 $2,4,6,3,1$，则最后剩下的人是 5 号．令 $j(n)$ 代表最后剩下的人.

(a) 若 $n=2,3,\cdots,25$，计算 $j(n)$.

(b) 寻找一种方法，使得对于所有 $n>1$，都可以计算出 $j(n)$. 你或许不能得到一个“漂亮”的公式，但尝试寻找一种简便的算法，使之容易用手工或计算机进行计算.

题 2.2.25 令 $g(n)$ 代表帕斯卡三角中第 n 行中奇数的个数. 例如, $g(6)=4$, 因为在如下所示的行中包含 4 个奇数.

$$1, 6, 15, 20, 15, 6, 1$$

猜想 $g(n)$ 的一般公式 (或者简单计算方法).

题 2.2.26 折纸游戏 (感谢雅姆 · 唐东)

(a) **龙分形**. 我们从一长条纸开始, 把右端折叠到左端, 这时如果展开它, 中间会有一个 $\vee$ 形折痕. **但不要展开纸**! 相反, 从右到左再折叠一次. 换言之, 把形成折痕的"闭合"端折叠到"开放"端. 现在, 如果展开纸条, 你将看到折痕图案从左到右依次为 $\vee\vee\wedge$.

现在, 探索当你总是从右到左不断重复这个折叠过程时会发生什么 (这很快就会进行不下去, 因为纸张会变得太厚了). 你能预测第 3 次折叠后的折痕吗? 第 5 次呢? 第 n 次呢? 这和分形有什么关系?

(b) **二元折叠**. 我们从一条长度为 1 的纸条开始, 假设它左端为 0, 右端为 1. 标记中点 (即 0.5). 然后把纸条的**左端**折叠到标记处, 展开纸条 (现在折痕位于 0.25). 接下来, 把**右端**折叠到折痕处. 现在继续这个过程: 把左端折叠到最新折痕处, 展开, 把右端折叠到最新折痕处, 等等. 如果无限地折叠下去, 应该会收敛到纸条上的两点. 这两点位于何处? 接下来, 假设我们不是交替地从左端、右端进行折叠, 而是任意地进行有限次折叠. 你能预测最后一道折痕的位置吗? 尝试一些例子, 如 LL、LRR、$RRRRRR$ 或 LLLLLLL,[①]等等. 最后, 如果不是从中点 (0.5) 开始, 而是从任意点 x 开始, 会发生什么?

题 2.2.27 (普特南 1991) 对于整数 $n \geqslant 0$, 令 $S(n)=n-m^2$, 其中 m 是满足 $m^2 \leqslant n$ 的最大整数. 定义序列 $(a_k)_{k=0}^{\infty}$, $a_0=A$ 且 $a_{k+1}=a_k+S(a_k)$ $(k \geqslant 0)$, 对于哪些正整数 A, 这个序列最终变为常数?

题 2.2.28 令 $\{x\}$ 代表最接近实数 x 的整数, 例如, $\{3.1\}=3$, $\{4.7\}=5$. 现在定义 $f(n):=n+\{\sqrt{n}\}$. 证明对于所有正整数 m, 序列

$$f(m), f(f(m)), f(f(f(m))), \cdots$$

不包含完全平方数. (将此题与第 29 页例 2.2.5 做比较.)

题 2.2.29 康威的售票员问题. 伟大的数学家约翰 · 康威[②] 认为户口调查员问题有一个美学上的缺陷, 因为这个问题的陈述涉及一个特定的整数. 他写下了以下巧妙的问题, 它有一个唯一的整数答案, 但没有提到具体的整数!

我坐在公交车上, 无意中听到两个售票员的谈话. 售票员 A 说: "我有正整数个孩子, 他们的年龄是正整数. 他们的年龄之积是我自己的年龄, 年龄之和就是这辆公交车的号码." 售票员 B 看了看车号说: "也许你告诉我你的年龄和你有多少个孩子, 我就可以算出他们的年龄了?" A 回答: "不, 你还是会被难住的." 突然 B 喊道: "我终于知道你的年龄了!"

问: 公交车的号码是多少?

题 2.2.30 警世寓言. 人们很容易被试验–假设的轻松性所诱惑, 但试验和假设只是数学研究的一部分. 有时信息不足的研究会让我们误入歧途. 下面是两个例子. 类似地也有很多其他的例子, 参见文献 [12] 中精彩的讨论.

(a) 令 $f(n):=n^2+n+41$, 对于所有正整数 n, $f(n)$ 是否都是素数?

(b) 令 $t(n)$ 为用圆周上 n 个点之间所有可能的连线段划分圆后所能得到的最大的区域数. 容易检验 (请验证!)

$$t(1)=1,\ t(2)=2,\ t(3)=4,\ t(4)=8,\ t(5)=16.$$

人们事实上会不可避免地作出 $t(n)=2^{n-1}$ 这样的猜想. 然而 $t(6)=31$, 而不是 32, (请再次验证!) 因此应该有另一种解释方法. 无论如何, 你能推导出 $t(n)$ 正确的公式吗?

---

① L 表示左端, R 表示右端. ——译者注

② 见第 98 页例 3.4.16.

2.3　论证方法

正如我们先前所说，每个问题的求解都包含两个部分：分析（通过它你能发现问题是怎么回事）和论证（通过它你能让别人或者自己信服你的发现）. 开始的分析可能暗示着一种尝试性的论证方法. 当然，有时一个问题可以分为几种情况或者几个子问题，其中的每种情况或子问题也许都需要完全不同的论证方法.

论证应该严格而清晰. 然而，“严格性”和“清晰性”都是主观术语. 在你的推理中应该避免出现逻辑错误或者上下脱节. 当然说起来容易做起来难. 论证越复杂，确定它逻辑上是否正确就越困难. 类似地，当然也应该避免有意的模糊陈述，不过你的论证最终的清晰性更多地取决于目标读者. 例如，许多职业数学家会接受把“将平衡的线段数量最大化!”作为“积极行为问题”（第 18 页例 2.1.9）完整而清晰的解答.

相比于优雅的数学论证，本书更关心问题的分析和发现过程. 然而，如果不能让其他人理解，思路再巧妙也是没有用的. 进一步来说，数学论证的流畅性会帮助你驾驭并修正你的分析. ①

你至少应该适应三种不同的论证风格：**直接推理**（也被称为“直接证明”），**反证法和数学归纳法**. 在下面我们将会探索这些方法，但首先是一些关于论证风格的简要说明.

常见缩写词和格式上的约定

1. 大多数好的数学论证始于假设和结论的清晰陈述. 成功论证的结尾处通常用符号作出标记. 我们使用 Halmos 符号，其他的选择是使用缩写词，如：

QED 源于拉丁语“quod erat demonstrandum”（这就是要证明的）或者英文“相当优美地完成”（quite elegantly done）;

AWD 表示“我们已经完成了”（and we’re done）;

W⁵ 表示“这就是我们要的解答”（which was what we wanted）.

2. 类似于通常的阐述，数学论证应该是具有名词和动词的完整句子. 常见的数学动词包括

$$=,\quad \neq,\quad \leqslant,\quad \geqslant,\quad <,\quad >,\quad \in,\quad \subset,\quad \Longrightarrow,\quad \Longleftrightarrow.$$

（最后四个符号意思分别是“属于”“包含于”“蕴含”“等价于”.）

3. 复杂的公式应该永远单独显示在一行中，并且标注公式编号（如果将来要使用到的话）. 例如

$$\int_{-\infty}^{\infty} \mathrm{e}^{-x^2}\,\mathrm{d}x = \sqrt{\pi}. \tag{2.3.1}$$

① 本节写得比较简略，如果你想了解关于逻辑和论证方法（如数学归纳法）的更多内容，可参考文献 [10] 的第 0 章和 4.1 节.

4. 当你考虑论证（或子论证）的倒数第二步时，你通常希望向读者标明. 缩写词 **TS**（to show，为了证明）和 **ISTS**（it is sufficient to show，这也就是要证明）对于这个目的来说相当有用.

5. 一个来自计算机科学并逐渐在数学中通行的漂亮记号是“:=”，它表示“定义为”. 例如 $A := B+C$ 引入了一个新变量 A 并定义它为先前定义的变量 B 和 C 之和. 将冒号看作箭头，我们永远要把左边和右边区分开. “:=”的左边表示新的定义（通常是一个简单变量），右边是一个由已有定义的变量组成的表达式. 关于这个符号的一个例子见例 2.3.3.

6. 一个正式的严格论证可能会遇到很多逻辑上类似的情形. 有时单独写出一个代表性的情形或例子就能清楚地说明问题. 每当此时，我们总是用 **WLOG**（without loss of generality，不失一般性）来提醒读者. 但是你需要确定，通过一个具体情形能真正地证明一般情形. 例如，假设你想要证明 $1+2+3+\cdots+n = n(n+1)/2$ 对于所有正整数 n 都成立. 如下论证是错误的：“不失一般性，令 $n = 5$，则 $1+2+3+4+5 = 15 = 5\times 6/2$. 证毕.”这个论述显然不具备一般性！

推理和符号逻辑

这儿的“推理”与福尔摩斯完全没有关系，推理也被称为“直接证明”，仅仅是逻辑证明的最简单的形式. 一个推理证明一般使用“如果 P，则 Q”或者“$P \implies Q$”或者“P 蕴含 Q”的形式. 有时整个论证的结构是推理式的，但局部使用其他的方式. 如果已经推出了倒数第二步，那么你已经将问题简化为：

$$\text{倒数第二步成立} \quad \implies \quad \text{结论.}$$

当然，倒数第二步的建立可能包含其他形式的论证.

有时 $P \implies Q$ 和 $Q \implies P$ 都成立. 在这种情形下我们说 P 和 Q 是**逻辑等价的**，或者 $P \iff Q$. 为了证明等价性，我们首先证明一个方向（例如 $P \implies Q$），然后证明它的**逆**（$Q \implies P$）.

请注意你所使用的“蕴含”的方向. 回忆 $P \implies Q$ 在逻辑上并**不**等价于它的逆 $Q \implies P$. 例如，考虑这样的命题“狗是哺乳动物”. 这等价于“如果你是只狗，那么你是哺乳动物”. 那么它的逆命题“如果你是哺乳动物，那么你是只狗”当然不正确了！

然而，$P \implies Q$ 的**逆否命题**是“(非 Q) $\implies$ (非 P)”，这两者是在逻辑上**是**等价的. 前面那个显然正确的命题“狗是哺乳动物”的逆否命题是真命题“非哺乳动物不是狗”.

从整体上来说，大多数论证都有一个简单的推理结构. 但从局部来说，每段独立的论证可以有很多替代形式. 现在我们将讨论这些替代形式中最常见的形式，也就是反证法.

反证法

反证法并不尝试直接证明问题，而是先假设结论不成立，然后说明这个假设会导致一个荒谬的结论. 反证法通常对直接证明某事**不可能**发生很有帮助. 下面是数论中的一个简单的例子.

例 2.3.1 证明

$$b^2+b+1=a^2 \tag{2.3.2}$$

没有正整数解.

解答 我们想要证明等式 (2.3.2) 不可能成立. 用反证法，假设等式 (2.3.2) 成立，如果 $b^2+b+1=a^2$，则 $b<a$ 且 $a^2-b^2=b+1$. 正如在第 32 页例 2.2.7 中那样，我们使用因式分解这种有用的战术，得到

$$(a-b)(a+b)=b+1. \tag{2.3.3}$$

因为 $a>b\geqslant 1$，必然有 $a-b\geqslant 1$ 和 $a+b\geqslant 2+b$，因此等式 (2.3.3) 左边大于等于 $1\times(b+2)$，这严格大于等式 (2.3.3) 右边，这是不可能的，因此原假设不成立，也就是说，"等式 (2.3.2) 成立"这个命题一定是假的. ■

下面是另一个涉及不可能性的证明，它是古希腊一个经典的论证.

例 2.3.2 证明 $\sqrt{2}$ 不是有理数.

解答 为了寻找矛盾，假设 $\sqrt{2}$ 是有理数. 则 $\sqrt{2}$ 能表示为两个正整数的商（不失一般性，我们假设分子分母都是正的）. 现在我们将使用极端原理①，即：在满足上述条件的所有可能的表示方法中，我们选择分母最小的那个.

记 $\sqrt{2}=a/b$，其中 $a,b\in\mathbb{N}$ 且 b 尽可能地小. 这意味着分数 a/b 是既约的，因为如果不是这样的话，我们能同时将 a 和 b 用一个大于 1 的正整数整除，使 a 和 b 都变得更小，这与 b 的最小性矛盾. 特别地，a 和 b 不可能都是偶数.

然而，$\sqrt{2}=a/b$ 蕴含着 $2b^2=a^2$，因此 a^2 是偶数（因为它等于一个整数的 2 倍）. 但这蕴含着 a 必须也是偶数（因为如果 a 是奇数，a^2 也会是奇数），即 a 等于一个整数的 2 倍. 因此我们能记 $a=2t$，其中 $t\in\mathbb{N}$. 代入原式，我们得到

$$2b^2=a^2=(2t)^2=4t^2,$$

因此 $b^2=2t^2$. 但现在通过完全相同的推理，我们得到 b 也是偶数！这是不可能的，这样我们就导出了原假设（即 $\sqrt{2}$ 是有理数）的矛盾. ■

反证法也能被用作证明"肯定"的命题. 请考虑下面的例子.

例 2.3.3 (希腊 1995) 如果 a,b,c,d,e 是实数，并使如下方程

$$ax^2+(c+b)x+(e+d)=0$$

① 见 3.2 节.

有大于 1 的实根，证明以下方程

$$ax^4 + bx^3 + cx^2 + dx + e = 0$$

至少有一个实根.

解答 条件是 $P(x) := ax^2 + (c+b)x + (e+d) = 0$ 有大于 1 的实根，并且希望得到的结论是 $Q(x) := ax^4 + bx^3 + cx^2 + dx + e = 0$ 至少有一个实根. 让我们假设结论不成立，即 $Q(x)$ **没有**实根. 因此 $Q(x)$ 对于所有实数 x 恒正或者恒负. 不失一般性，我们假设 $Q(x) > 0$ 对于所有实数 x 成立. 在这种情况下 $a > 0$.

现在我们的战略是使用包含 Q 的不等式来构造一个矛盾，其中可能要以某种方式利用关于 P 的假设. 怎样把这两个多项式关联起来? 我们能写

$$\begin{aligned} Q(x) &= ax^4 + bx^3 + cx^2 + dx + e \\ &= ax^4 + (c+b)x^2 + (e+d) + bx^3 - bx^2 + dx - d, \end{aligned}$$

因此

$$Q(x) = P(x^2) + (x-1)(bx^2 + d). \tag{2.3.4}$$

现在令 y 是 P 的一个根，根据假设，$y > 1$. 因此，如果令 $u := \sqrt{y}$，我们有 $u > 1$ 且 $P(u^2) = 0$. 将 $x = u$ 代入等式 (2.3.4) 得到

$$Q(u) = P(u^2) + (u-1)(bu^2 + d) = (u-1)(bu^2 + d).$$

回忆我们假设 Q 恒正，因此 $(u-1)(bu^2 + d) > 0$. 但我们也能将 $x = -u$ 代入等式 (2.3.4)，得到

$$Q(-u) = P(u^2) + (-u-1)(bu^2 + d) = (-u-1)(bu^2 + d).$$

因此现在 $(u-1)(bu^2 + d) > 0$ 和 $(-u-1)(bu^2 + d) > 0$ 同时成立. 但这不可能，因为 $u-1$ 和 $-u-1$ 分别是正数和负数（记住 $u > 1$）. 我们已经得到了矛盾，因此 Q 恒正的原假设不成立. 我们得到 Q 必须至少有一个实根. ■

在这个例子中，为什么反证法会起到作用? 当然，要证明多项式至少有一个实根还有其他方法. 在这个问题中帮助我们解决问题的是如下事实，即结论的否定形式产生了一些容易利用的条件. 一旦我们假设 Q 没有实根，我们便得到了一个漂亮而又很有帮助的不等式. 当你开始思考一个问题时，永远应该先想想下面这个问题："如果将结论否定会发生什么呢? 我们会得到一些容易利用的结果吗?" 如果答案是"会的"，那么请尝试利用反证法证明这个问题. 虽然反证法并不总是有用，但这是研究的本性. 回到我们先前的登山的比喻，我们正尝试攀登数学的高山. 有时结论看起来像一面垂直的玻璃墙，但它的否定形式可能有很多的"攀登点". 因此其否定形式相比起原结论来更容易研究. 它们拥有一个相同的潜在的**机会主义**战略原理:

任何有助于你的研究的事都值得尝试.

下面的例子涉及了一些基础数论. 我们将会在第 7 章中详细研究这个理论. 然而, 尽早地学习哪怕只是一点"基本生存"的数论也是很重要的. 在本章和下一章中我们将会讨论几个数论问题. 首先引入一些极其有用和重要的符号.

令 m 为一个正整数. 如果 $a-b$ 是 m 的倍数, 则记为

$$a \equiv b \pmod{m}$$

(读作"a 与 b 模 m 同余"). 例如,

$$10 \equiv 1 \pmod{3},\ 17 \equiv 102 \pmod{5},\ 2 \equiv -1 \pmod{3},\ 32 \equiv 0 \pmod{8}.$$

这个由高斯发明的符号用起来非常方便. 下面是一些你可以立即验证的事实:

- 如果 a 除以 m 得到余数 r, 则 $a \equiv r \pmod{m}$.
- 命题 $a \equiv b \pmod{m}$ 等价于说存在一个整数 k, 使得 $a = b + mk$.
- 如果 $a \equiv b \pmod{m}$ 且 $c \equiv d \pmod{m}$, 则 $a+c \equiv b+d \pmod{m}$ 且 $ac \equiv bd \pmod{m}$.

例 2.3.4　证明如果 p 是素数, 那么关于模 p, 每个非零的数都存在唯一的乘法逆. 即: 如果 x 不是 p 的倍数, 那么存在唯一的 $y \in \{1,2,3,\cdots,p-1\}$ 使得 $xy \equiv 1 \pmod{p}$. [例如, 如果 $p=7$, 则 $1,2,3,4,5,6$ 的乘法逆(模 7)分别为 $1,4,5,2,3,6$.]

解答　令 $x \in \{1,2,3,\cdots,p-1\}$ 模 p 非零, 即 x 不是 p 的倍数. 现在考虑下列 $p-1$ 个数

$$x, 2x, 3x, \cdots, (p-1)x.$$

关键的思路是证明这些数模 p 都不相同. 我们将用反证法来证明这一点. 假设它们并非不同的. 那么一定存在 $u, v \in \{1,2,3,\cdots,p-1\}$ 且 $u \neq v$, 有

$$ux \equiv vx \pmod{p}, \tag{2.3.5}$$

但等式 (2.3.5) 蕴含

$$ux - vx = (u-v)x \equiv 0 \pmod{p},$$

也就是说, $(u-v)x$ 是 p 的倍数. 但根据假设, x 不是 p 的倍数, 并且 $u-v$ 非零且绝对值最大为 $p-2$ (因为当 u, v 中一个为 1 而另一个为 $p-1$ 会产生最大的差值). 因此 $u-v$ 也不可能是 p 的倍数. 因为 p 是素数, 故 $(u-v)x$ 不可能是 p 的倍数. 这便是我们想要得到的矛盾: 我们已经证明了 $x, 2x, 3x, \cdots, (p-1)x$ 模 p 都不相同.

因为这 $p-1$ 个不同的数模 p 均非零, (为什么?) 于是其中必须恰好有一个数模 p 等于 1. 因此, 在集合 $\{1,2,3,\cdots,p-1\}$ 中存在唯一的 y 使得 $xy \equiv 1 \pmod{p}$.

■

数学归纳法

这是一个非常强大的工具，用来证明那些用整数作为“指标”的命题. 例如：

- 任意 n 边形的内角和为 $180 \times (n-2)$ 度.
- 不等式 $n! > 2^n$ 对于所有正整数 $n \geqslant 4$ 都成立.

上述每个命题都可以写为下面的形式：

$$P(n) \text{ 对于所有整数 } n \geqslant n_0 \text{ 都成立.}$$

其中 $P(n)$ 是与 n 有关的命题，而 n_0 是“起点”. 数学归纳法有两种形式：标准归纳法和强归纳法.

标准归纳法

下面是标准归纳法的使用方法：

(1) 证明关于 $P(n_0)$ 的事实. 这称为“基础情形”，并且证明起来通常很简单.

(2) 假设 $P(n)$ 对于任意整数 n 均成立，这称为**归纳假设**. 然后证明归纳假设蕴含着 $P(n+1)$ 也成立.

这就证明了 $P(n)$ 对于所有整数 $n \geqslant n_0$ 均成立，因为根据 (1)，$P(n_0)$ 成立，并且 (2) 蕴含着 $P(n_0+1)$ 也成立，而此时 (2) 又蕴含着 $P(n_0+1+1)$ 也成立，以此类推.

下面是一个类比. 假设你将无穷多个多米诺骨牌摆成一条直线，它们分别对应于命题 $P(1), P(2), \cdots$. 如果你让第一个骨牌倒向右边，那么你能确信所有骨牌都会倒下，因为任意一块骨牌倒下时都会推倒与它相邻的右边那块骨牌.

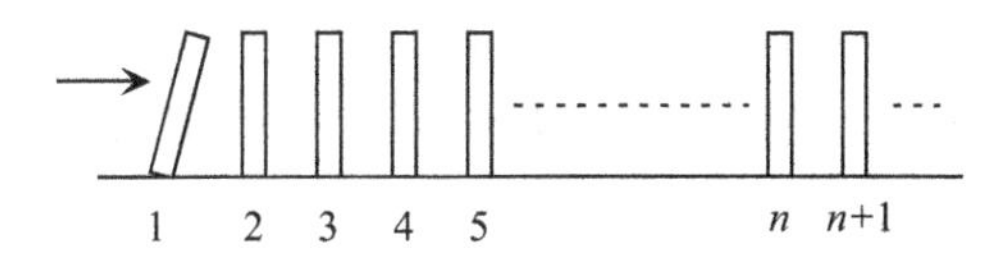

推倒第一块骨牌相当于建立了基础情形. 说明倒下的骨牌会推倒相邻的骨牌也就证明了对于所有 $n \geqslant 1$，$P(n)$ 成立蕴含 $P(n+1)$ 也成立.

让我们使用数学归纳法来证明前面的两个例子.

例 2.3.5 证明任意 n 边形的内角和等于 $180 \times (n-2)$ 度.

部分解答 基础情形（$n_0 = 3$）是如下著名事实，即三角形内角和为 180 度（见题 8.2.7 关于证明的提示）. 现在假设这个命题对于 n 边形（$n \geqslant 3$）成立. 下面我们证明这蕴含着命题对于 $n+1$ 边形也成立，即任何 $n+1$ 边形的内角和为 $180 \times (n+1-2) = 180 \times (n-1)$ 度.

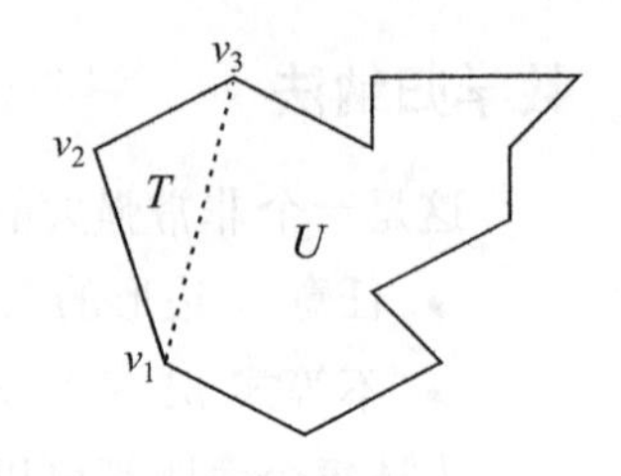

令 S 为任意 $n+1$ 边形，顶点为 $v_1, v_2, \cdots, v_{n+1}$. 将 S 分解为顶点为 v_1, v_2, v_3 的三角形 T 和顶点为 $v_1, v_3, \cdots, v_{n+1}$ 的 n 边形 U.

S 的内角和等于 T 的内角和（为 180 度）加上 U 的内角和 [根据归纳假设，其为 $180 \times (n-2)$]. 因此和为 $180 + 180 \times (n-2) = 180 \times (n-1)$，这正是我们所需要的.

上述证明之所以被称为“部分解答”，是因为我们的论证中存在一个小瑕疵，我们怎么知道能“在边界上”提取一个三角形从而分解整个多边形呢？如果多边形是凸的，这当然没有问题. 但如果是凹的（正如例子中的一样），要说总能提取一个三角形，这并不那么显而易见.

例 2.3.6 证明：如果 n 是大于 3 的整数，则 $n! > 2^n$.

解答 基础情形（$n_0 = 4$）显然成立：$4! > 2^4$. 现在假设对于某个 n，$n! > 2^n$ 成立. 我们希望以此来证明“下一个”情形，即 $(n+1)! > 2^{n+1}$. 让我们战略性地思考这个问题：归纳假设的左边是 $n!$，而“目标”的左边为 $(n+1)!$. 如何从前者得到后者？当然是在归纳假设两边同乘以 $n+1$. 在不等式的两边同乘以一个正数不影响不等式的成立，因此有

$$(n+1)! > 2^n(n+1).$$

这几乎是我们想要的结果，因为“目标”的右边为 $2^{n+1} = 2^n \times 2$，而 $n+1$ 显然大于 2，也即

$$(n+1)! > 2^n(n+1) > 2^n \times 2 = 2^{n+1}. \quad \blacksquare$$

归纳论证用起来可能相当精妙. 有时充当“指标”n 的变量并不明显，而有时关键性的一步就在于巧妙地选择这个变量，或者是从 $P(n)$ 推导 $P(n+1)$ 的简洁的算法. 下面是一个例子.

例 2.3.7 平面被若干条直线分为一些区域. 证明：永远能做到用两种颜色给每个区域涂色，且相邻的区域颜色不同（就像棋盘格一样）.

解答 问题的陈述与整数并无直接关系，然而，当我们进行试验时，自然会从一条直线开始，然后是两条直线，等等. 因此“归纳”变量的一个自然选择便是我们所画的直线数量，也就是说，我们将证明命题 $P(n)$：“如

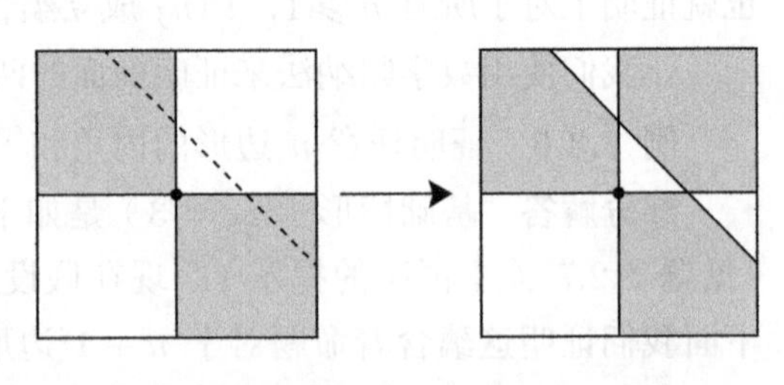

果用 n 条直线划分平面，则能用两种颜色为所得的区域染色，使得相邻两块的颜

色永不相同.”我们称这样的染色方式为“好的”. 显然，$P(1)$ 成立. 现在假设 $P(n)$ 成立. 然后画第 $n+1$ 条直线，并且“反转”这条直线右边的染色方式.

直线左侧区域仍有“好的”染色方式，直线右侧区域也有“好的”染色方式（只是反转了原来区域的颜色）. 根据图形还可以发现，以这条直线作为公共边界的两块区域有着不同的颜色. 因此，新的染色方法是“好的”，这便得到了 $P(n+1)$. ■

强归纳法

顾名思义，强归纳法使用了一个“更强”的归纳假设. 在建立了基础情形后，我们假设对于某个 n，下面**所有**命题均成立：

$$P(n_0), P(n_0+1), P(n_0+2), \cdots, P(n).$$

然后利用此假设来证明 $P(n+1)$ 成立. 有时标准归纳法不能推出结论，而强归纳法却能. 在标准归纳法中，我们只使用 $P(n)$ 成立来导出 $P(n+1)$ 成立. 但有时，为了证明 $P(n+1)$ 成立，我们需要知道一些关于“早期”情形的结论. 如果你喜欢多米诺骨牌的类比法，请考虑如下情形，即每块骨牌都有弹簧阻止其倒下，当 n 增大时弹簧逐渐变硬，为了使骨牌 $n+1$ 倒下，不仅需要前一块的推力，也需要左边**所有**倒下的骨牌的推力.

关于强归纳法的第一个例子是继续研究第 25 页例 2.2.1 提出的问题.

例 2.3.8 回顾一下，序列 $a_0, a_1, a_2, \cdots$ 满足 $a_1 = 1$ 且

$$a_{m+n} + a_{m-n} = \frac{1}{2}(a_{2m} + a_{2n}) \tag{2.3.6}$$

对于所有非负整数 m 和 n（$m \geqslant n$）均成立. 我们归纳得到 $a_0 = 0, a_2 = 4$ 且 $a_{2m} = 4a_m$ 对于所有 m 均成立，然后猜测 $P(n)$ 成立，即 $a_n = n^2$.

解答 基本情形 $P(0)$ 和 $P(1)$ 显然成立. 现在假设 $P(k)$ 成立，其中 $k = 0, 1, \cdots, u$. 我们有 [在等式 (2.3.6) 中令 $m = u, n = 1$]

$$a_{u+1} + a_{u-1} = \frac{1}{2}(a_{2u} + a_2) = \frac{1}{2}(4a_u + a_2) = 2a_u + 2.$$

强归纳假设允许我们利用 $P(u)$ 和 $P(u-1)$ 成立的事实. 因此得到

$$a_{u+1} + (u-1)^2 = 2u^2 + 2,$$

故

$$a_{u+1} = 2u^2 + 2 - (u^2 - 2u + 1) = u^2 + 2u + 1 = (u+1)^2.$$ ■

前面的例子需要 $P(u)$ 和 $P(u-1)$ 成立的事实. 下面的例子对于 k 的两个任意值，利用了 $P(k)$ 成立的事实.

例 2.3.9 集合的一个**分划**是将这个集合分为一些不交子集的一种分解. 多边形的一个**三角剖分**是将多边形分为若干个三角形的一种分划，这些三角形的顶点

都是原多边形的顶点. 一个给定的多边形可以有很多不同的三角剖分. 右图是某个九边形的两个不同的三角剖分.

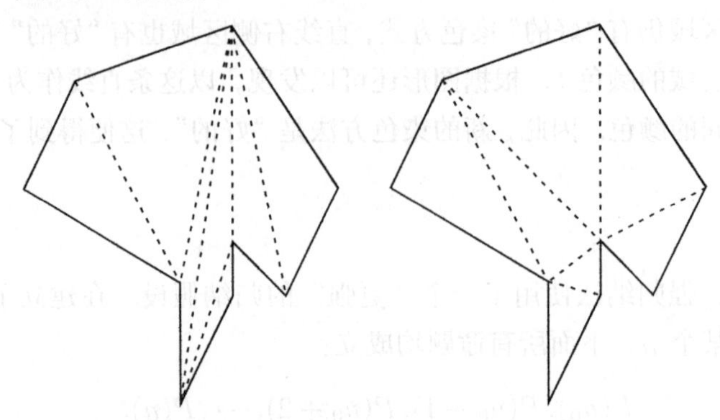

给定一个三角剖分，如果两个顶点由某个三角形的边相连接，则称它们是**相邻**的. 假设我们决定将一个已进行三角剖分的多边形的顶点染色，问：我们需要多少种颜色才能保证相邻的顶点不是相同的颜色？当然，我们至少需要三种颜色，因为对于单个三角形来说就需要那么多种颜色. 下面是一个惊人的事实：

三种颜色对于多边形的任意三角剖分都已足够.

证明 我们将对多边形的顶点数 n 进行归纳. 我们想要对所有整数 $n \geqslant 3$ 证明如下命题 $P(n)$：

对于 n 边形的任意三角剖分，我们能够用三种颜色对顶点染色，使得没有两个相邻的顶点有相同颜色.

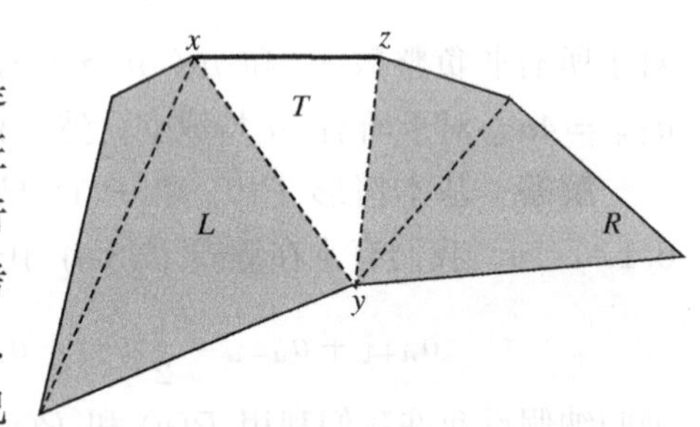

基础情形 $P(3)$ 显然成立. 归纳假设是 $P(3), P(4), \cdots, P(n)$ 都成立. 我们接下来证明这蕴含着 $P(n+1)$ 成立. 给定一个已进行三角剖分的 $n+1$ 边形，选择任一条边，并考虑包含这条边的顶点为 x, y, z 的三角形 T. 这个三角形将 $n+1$ 边形截为两个更小的已进行三角剖分的多边形 L 和 R [分别为左（left）和右（right）的缩写]. 事实上，L 和 R 中的一个可能不存在（当 $n = 4$ 时这便会发生），但这不影响接下来的证明. 将 L 的顶点涂成红色、白色和蓝色，使得没有相邻的顶点拥有相同的颜色. 根据归纳假设，这能够做到！

注意我们也已经将 T 的两个顶点（x 和 y）进行了染色，并且其中一个顶点也是 R 的顶点. 不失一般性，假设 x 是蓝色的，y 是白色的.

根据归纳假设，可以用红、白和蓝三种颜色对 R 染色，使其没有两个顶点颜色相同. 但我们必须注意，因为 R 与 T 共用两个顶点（y 和 z），因此，顶点 z 一定是红色的. 而顶点 y 是白色的. 如果我们足够幸运, R 的染色方式会与 T 的染色方式相符. 但如果不相符怎么办呢? 没问题, 只要将颜色重新命名就可以了! 也就是说, 将 R 的染色方式中的红色、蓝色和白色进行交换. 例如, 如果在 R 原来的染色方式中 y 是红色的而 z 是蓝色的, 只需将 R 的红色顶点重新染成白色, 将蓝色顶点重新染成红色, 并且将白色顶点重新染成蓝色.

至此, 我们已经成功地将任意三角剖分的 $n+1$ 边形用三种颜色染色, 使其没有两个相邻的顶点拥有相同颜色. 因此 $P(n+1)$ 成立. ■

注意: 在这个例子中, 我们确实需要强归纳假设. 或许我们本可以像第 43 页例 2.3.5 中那样处理, 将 $n+1$ 边形分解为一个三角形和一个 n 边形, 但在三角剖分得到的三角形中, 存在一个 "边界" 三角形可供我们选择, 这点并不显而易见. 选择任意一条边, 然后假设 $P(k)$ 对**任意** $k \leqslant n$ 成立, 这样证明更为容易些.

强归纳法背后隐藏着一个思想: 要灵活地定义假设和结论. 在下面的例子中, 为了取得进展, 我们需要一个不同寻常的强归纳假设.

例 2.3.10 证明

$$\left(\frac{1}{2}\right)\left(\frac{3}{4}\right)\cdots\left(\frac{2n-1}{2n}\right) \leqslant \frac{1}{\sqrt{3n}}.$$

解答 首先令 $P(n)$ 代表上述命题. $P(1)$ 显然成立, 因为 $1/2 \leqslant 1/\sqrt{3}$. 现在我们在归纳假设 $P(n)$ 成立的条件下, 尝试证明 $P(n+1)$ 也成立. 我们想要证明

$$\left\{\left(\frac{1}{2}\right)\left(\frac{3}{4}\right)\cdots\left(\frac{2n-1}{2n}\right)\right\}\left(\frac{2n+1}{2n+2}\right) \leqslant \frac{1}{\sqrt{3n+3}}.$$

提出大括号中的量, 并利用归纳假设, 只需证明

$$\frac{1}{\sqrt{3n}}\left(\frac{2n+1}{2n+2}\right) \leqslant \frac{1}{\sqrt{3n+3}}.$$

但很不幸, 这个不等式不成立! 例如, 如果将 $n=1$ 代入, 便会得到

$$\frac{1}{\sqrt{3}}\left(\frac{3}{4}\right) \leqslant \frac{1}{\sqrt{6}},$$

这蕴含着 $\sqrt{2} \leqslant 4/3$, 显然不成立.

这是怎么回事呢? 我们使用了异想天开战略, 结果却失败了, 这种情况常常发生. 我们想要证明的不等式, 虽然成立但非常微妙 (左式只比右式小一点点), 特别是对于比较小的 n. 开始关于 $P(1)$ 的假设太弱而不能得到 $P(2)$, 于是我们注定会失败.

正解 从一开始就加强假设. 让我们将 $3n$ 用 $3n+1$ 代替. 记如下命题

$$\left(\frac{1}{2}\right)\left(\frac{3}{4}\right)\cdots\left(\frac{2n-1}{2n}\right) \leqslant \frac{1}{\sqrt{3n+1}}$$

为 $Q(n)$. 当然 $Q(1)$ 成立. 事实上，这是一个等式（$1/2 = 1/\sqrt{4}$），几乎是不等式所能达到的极限！因此让我们尝试将 $Q(n)$ 作为归纳假设来证明 $Q(n+1)$ 成立. 和前面一样，我们尝试显而易见的代数证明，并且希望证明如下不等式：

$$\frac{1}{\sqrt{3n+1}}\left(\frac{2n+1}{2n+2}\right) \leqslant \frac{1}{\sqrt{3n+4}}.$$

两边平方并且交叉相乘，上式变为：

$$(3n+4)(4n^2+4n+1) \leqslant 4(n^2+2n+1)(3n+1).$$

并能化简为（经过一些烦琐的相乘）$19n \leqslant 20n$，这当然成立. 我们完成了. ■

问题与练习

题 2.3.11 令 a, b, c 为满足 $a^2+b^2=c^2$ 的整数. 利用如下两种方法，证明：abc 一定是偶数.

(a) 通过考虑不同的奇偶性情形；

(b) 利用反证法.

题 2.3.12 通过下面的练习，确保你完全理解例 2.3.2.

(a) 证明 $\sqrt{3}$ 是无理数.

(b) 证明 $\sqrt{6}$ 是无理数.

(c) 如果你尝试通过与前面相同的论证方法来证明 $\sqrt{49}$ 是无理数，论证在哪里会不成立?

题 2.3.13 证明不存在最小的正实数.

题 2.3.14 证明 $\log_{10} 2$ 是无理数.

题 2.3.15 证明 $\sqrt{2}+\sqrt{3}$ 是无理数.

题 2.3.16 复数能被排序吗? 也就是说，能否定义一个"不等"关系，使得任意两个复数 $a+bi$ 和 $c+di$ 能进行比较，并且能够确定哪一个"更大"，哪一个"更小"，或者两者相等?（利用范数函数 $|x+iy| = \sqrt{x^2+y^2}$ 的构造方法不算数，因为这将每个复数都转换成实数，而回避了任意两个复数能否比较的问题.）

题 2.3.17 证明如果 a 是有理数而 b 是无理数，则 $a+b$ 是无理数.

题 2.3.18 判断下面的论断正确与否并说明原因：如果 a 和 b 都是无理数，则 a^b 是无理数.

题 2.3.19 证明第 42 页关于同余关系的讨论中所给出的命题.

题 2.3.20 证明第 42 页例 2.3.4 的如下推广：

> 令 m 为正整数，令 S 表示小于 m 并且与 m 互素（即与 m 没有除 1 以外的公因数）的正整数组成的集合. 那么对于每个 $x \in S$，存在唯一的 $y \in S$ 使得 $xy \equiv 1 \pmod{m}$.

例如，如果 $m = 12$，则 $S = \{1, 5, 7, 11\}$. 每个 $x \in S$ 模 12 的"乘法逆"为：$5 \times 5 \equiv 1 \pmod{12}$，$7 \times 7 \equiv 1 \pmod{12}$，以此类推.

题 2.3.21 存在无穷多个素数. 在所有关于这一重要事实的证明中，最古老的或许是由古希腊人发现，并由欧几里得写下的. 这是一个利用反证法的经典证明. 我们从假设只存在有限多个素数 $p_1, p_2, p_3, \cdots, p_N$ 开始，现在考虑数 $Q := (p_1p_2p_3\cdots p_N)+1$（这是精妙而关键的一步）.

请完成接下来的证明!

题 2.3.22 (普特南 1995) 令 S 为一个关于乘法封闭（也就是说，如果 a 和 b 属于 S，那么 ab 也属于 S）的实数集合. 令 T 和 U 为 S 的不交子集，它们的并为 S. 假设任意三个（不必不相同）T 中的元素之积属于 T，任意三个 U 中的元素之积属于 U，证明 T 和 U 中至少一个集合关于乘法是封闭的.

题 2.3.23 如果你尚未完成第 35 页题 2.2.13，请回到那个问题，正确答案是 $(n^2+n+2)/2$. 现在利用归纳法进行证明.

题 2.3.24 证明有 n 个元素的集合共有 2^n 个子集，包括空集和它本身. 例如，集合 $\{a,b,c\}$ 有 8 个子集:

$$\varnothing,\{a\},\{b\},\{c\},\{a,b\},\{a,c\},\{b,c\},\{a,b,c\}.$$

题 2.3.25 证明几何级数的求和公式.

$$a^{n-1}+a^{n-2}+\cdots+1=\frac{a^n-1}{a-1}.$$

题 2.3.26 证明几个实数或者复数和的绝对值至多等于它们的绝对值之和. 提示：你需要首先验证**三角不等式**，即 $|a+b|\leqslant|a|+|b|$ 对于任意实数或者复数 a 和 b 均成立.

题 2.3.27 证明对于所有正整数 n，7^n-1 均能被 6 整除.

题 2.3.28 (德国 1995) 令 x 为使得 $x+x^{-1}$ 为整数的实数. 证明对于所有正整数 n 来说，x^n+x^{-n} 都是整数.

题 2.3.29 证明**伯努利不等式**：如果 $x>-1$，$x\neq 0$ 并且 n 是大于 1 的正整数，则

$$(1+x)^n>1+nx.$$

题 2.3.30 在研究了第 35 页题 2.2.11 后，你可能已经得到如下结论：$f(n)$ 等于 n 的**二进制**表示中“1”的个数. [例如 $f(13)=3$，因为 13 的二进制表示为 1101.] 请利用归纳法证明 $f(n)$ 的这个特征.

题 2.3.31 (湾区数学奥林匹克竞赛 2006) 假设一个无限大的正方形网格中开始时有 n 格为灰色，剩下的方格为白色. 在每一步中，新的网格在前一步的基础上以如下方式形成：对于网格中的每一格，检查此方格、其上方的方格和右边的方格. 如果在这三个方格中有两个或三个是灰色的，那么在下一张网格图中，将那个位置涂成灰色，反之则涂为白色. 证明在至多 n 步之后所有方格都会变为白色.

下面是 $n=4$ 时的一个例子. 第一张网格图显示了初始状态，第二张网格图则显示了经过一步变化后的状态.

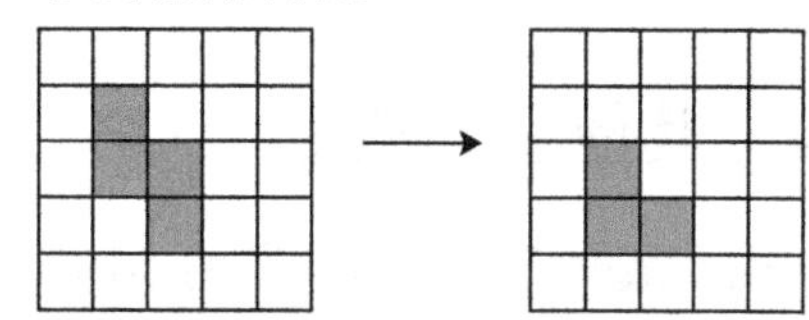

题 2.3.32 在例 1.3.17 中已经定义了斐波那契数列 $f_1,f_2,f_3,\cdots$. 证明：对于所有正整数 n，以下每个命题都成立.

(a) $f_1+f_3+f_5+\cdots+f_{2n-1}=f_{2n}$.

(b) $f_2+f_4+\cdots+f_{2n}=f_{2n+1}-1$.

(c) $f_n<2^n$.

(d) $f_n=\dfrac{1}{\sqrt{5}}\left\{\left(\dfrac{1+\sqrt{5}}{2}\right)^n-\left(\dfrac{1-\sqrt{5}}{2}\right)^n\right\}$.

(e) 如果 $\boldsymbol{M}$ 是矩阵 $\begin{bmatrix}1&1\\1&0\end{bmatrix}$，则

$$\boldsymbol{M}^n=\begin{bmatrix}f_{n+1}&f_n\\f_n&f_{n-1}\end{bmatrix}.$$

(f) $f_{n+1}f_{n-1}-f_n^2=(-1)^n$.

(g) $f_{n+1}^2+f_n^2=f_{2n+1}$.

题 2.3.33 如果你完成了第 36 页题 2.2.17，你应该发现，对于一个位于坐标平面内的三角形，如果它的所有顶点都在格点上，那么

$$A=\frac{1}{2}B+I-1,$$

其中 A、B 和 I 分别代表此三角形的面积、边界格点数和内部格点数. 这是**皮克定理**的一个特殊情形，这个定理对于顶点在格点上的**任意**多边形都成立（包括非凸的多边形）. 利用归纳法证明皮克定理. 较简单的版本是：假设这对三角形成立（即假设基础情形正确）. 较难的版本是：首先证明这对三角形成立!

题 2.3.34 考虑一个 $2^{1999}\times 2^{1999}$ 的正方形，去掉其中一个 1×1 的正方形，证明无论被去掉的小正方形位于何处，都能够用一些形如“大正方形减去小正方形”的 L 型铺满剩余部

分（见第 9 页题 1.3.18 中另一个涉及用 L 型来平铺的问题）

题 2.3.35 (IMO 1997) 一个 $n \times n$ 的矩阵的元素都属于集合 $S=\{1,2,\cdots,2n-1\}$，如果对于每个 $i=1,\cdots,n$，第 i 行和第 i 列的元素包含了 S 的所有元素，则该矩阵称为银矩阵. 证明对于无穷多个 n 存在银矩阵.

2.4 其他重要战略

很多战略能在分析问题的不同阶段使用，而不仅仅是开始阶段. 下面我们只专注于一些重要的方法. 在任何研究分析过程中，都要将它们牢牢记在脑子里. 在后面的章节中我们将会讨论更多的高级战略.

作图!

要成为一名有创造力的解题者，其开放思维的核心就是随时注意到问题能否用不同的方式来表示. 一般情况下，将一些问题转化为图形形式往往会得到意想不到的结果. 例如，和尚爬山问题（第 15 页例 2.1.2）就有一种令人惊讶的富有创造性的解法. 但如果我们用一个简单的距离–时间图来理解它，会有什么结果呢?

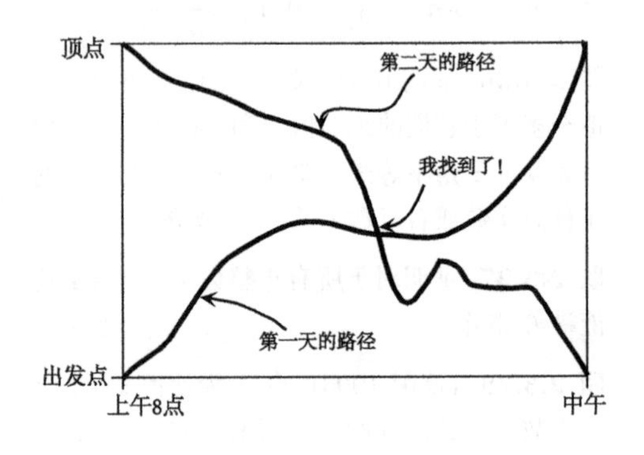

显然，无论如何画两条路径，它们一定会在某个地方相交!

当一个问题涉及一些代数变量时，花些时间思考这些变量能否被理解为坐标总是值得的. 接下来的这个例子将利用向量和格点来解题.（见第 36 页题 2.2.17 和第 49 页题 2.3.33 中关于格点的练习.）

例 2.4.1 求共有多少满足 $0<s,t<1$ 的有序实数对 (s,t)，使得 $3s+7t$ 和 $5s+t$ 都是整数?

解答 你可能会想要把 (s,t) 理解为平面上的点，但这对解题并没有多大帮助. 另一种方法是将 $(3s+7t,5s+t)$ 看作一个点. 对于任何 s,t 我们都有

$$(3s+7t,5s+t)=(3,5)s+(7,1)t.$$

条件 $0<s,t<1$ 意味着 $(3s+7t,5s+t)$ 是一个在顶点为 $(0,0)$, $(3,5)$, $(7,1)$ 和 $(3,5)+(7,1)=(10,6)$ 的平行四边形内部的向量的终点. 下图展现了 $s=0.4$, $t=0.7$ 时的情形.

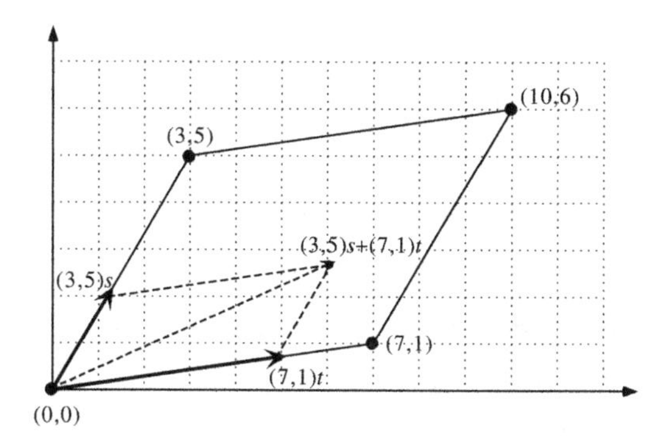

既然 $3s+7t$ 和 $5s+t$ 都必须是整数，则 $(3s+7t,5s+t)$ 是格点. 因此，计算满足 $0<s,t<1$ 并使得 $3s+7t$ 和 $5s+t$ 都是整数的有序实数对 (s,t) 的个数，等价于计算在上述平行四边形中的格点数. 这很容易，答案是 31. ■

利用皮克定理（第 49 页题 2.3.33），这个问题能得到很好的推广. 见第 57 页题 2.4.26.

使用图形没有帮助？用其他方法转化问题！

将一个问题从文字形式转化为图形形式的方法，只是周边视觉战略的一个基本方面. 发散你的思维用其他方法来重新理解问题. 你已经遇到过的一个例子是第 17 页例 2.1.7，那道题中一个看起来像是数列的序列，实际上是关于数的**描述**的序列. 另一个例子是橱柜问题（第 26 页例 2.2.3），在那道题中，一个组合数学问题变形为数论问题. “组合数学 $\longleftrightarrow$ 数论”是这些“交叉”问题中的应用最广泛并且最富有成效的，但也有很多其他的可能的交叉方法. 数学中的最显著的一些进步恰恰出现在某人发现了一种新的重新表述方法之后. 例如，笛卡儿将几何问题转化为数值和代数形式，并推动了解析几何的发展，进而推动了微积分的发展.

我们的第一个例子是个很经典的问题.

例 2.4.2 从国际象棋棋盘[①]中去掉两个处在斜对角方位的方格，我们能用 31 个 2×1 的多米诺骨牌来**平铺**覆盖棋盘上剩下的区域吗？（也就是说，每个方格都被覆盖，并且骨牌不能重叠.）

解答 起初这看起来像一个几何/组合数学问题，并有着很多情形和子情形. 但实际上这只是一个关于颜色计数的问题. 不失一般性，假设被去掉的两个方格都是白色的，因此我们感兴趣的形状中包含 32 个黑色方格和 30 个白色方格. 然而任何放置在棋盘上的骨牌必然恰好占据一个黑色的方格和一个白色的方格. 因此 31 块骨牌需要 31 个黑色的和 31 个白色的方格，故这样的平铺是不可能的. ■

① 国际象棋棋盘由黑白相间的 8×8 个方格组成. ——译者注

引入染色思想来将问题变形，这是个很古老的方法. 然而，过了数年后才有人想到用这种方法来证明画廊问题（第 36 页题 2.2.23）. 这个问题首先由维克托 · 克莱在 1973 年提出，并很快就被瓦茨拉夫 · 赫瓦塔尔解决，不过他的证明方法着实复杂. 1978 年，菲斯克发现了下面这个优美的染色论证. ① 如果你还没有思考过画廊问题，请在继续阅读前先进行独立思考.

例 2.4.3 画廊问题的解. 如果令 $g(n)$ 表示 n 边画廊最少需要的保安数，通过简单的试验，有 $g(3) = g(4) = g(5) = 1$ 和 $g(6) = 2$. 尽可能地尝试画出有“暗室”的画廊，结果看起来似乎并不存在需要超过两名保安的 7 边或 8 边画廊. 然而，我们可以利用 6 边画廊需要 2 个保安的例子（第 36 页）来构造一个看起来需要 3 名保安的 9 边画廊. 右图是 8 边画廊和 9 边画廊的例子，图中的点表示保安.

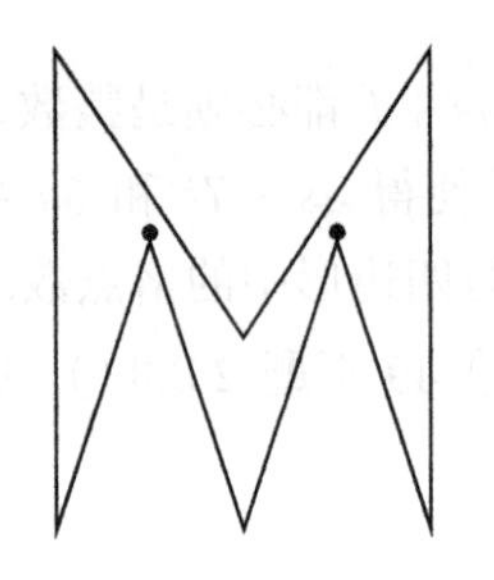

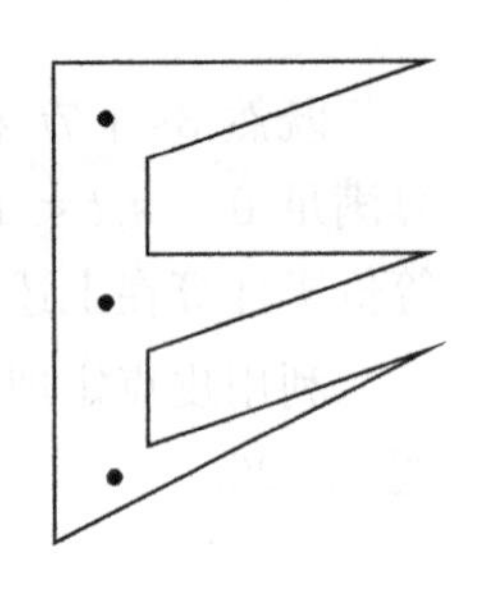

如果这种情形成立，我们便有一个尝试性的猜想，即 $g(n) = \lfloor n/3 \rfloor$. 这个问题的一个关键性困难是，即使我们画出了画廊，也难以确定需要多少个保安. 并且随着 n 逐渐变大，画廊可能变得相当复杂.

利用染色方法进行转化能为该问题求解提供帮助:将画廊多边形进行三角剖分. 回忆我们在第 45 页例 2.3.9 中已经证明的结论:能用三种颜色将三角剖分得到的三角形的顶点进行染色，使得没有相邻的顶点有相同的颜色. 现在选择一种颜色，并且将保安放在所有那种颜色的顶点上，这些保安将能观察到整个画廊，因为在三角剖分中每个三角形都保证有一个保安在顶点上！右图是 15 边画廊三角剖分的例子.

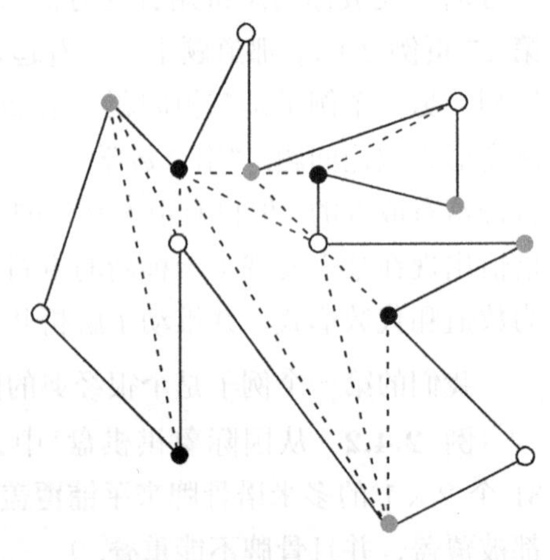

这个过程对于所有三种颜色都成立. 必定有一种颜色最多在 $\lfloor n/3 \rfloor$ 个顶点上出现（否则的话，如果每种颜色都在多于 $\lfloor n/3 \rfloor$ 个顶点上出现，加起来总共会超过 n 个顶点），选择那种颜色，于是我们便证明了最多需要 $\lfloor n/3 \rfloor$ 个保安.

因此 $g(n) \leqslant \lfloor n/3 \rfloor$. 为了证明 $g(n) = \lfloor n/3 \rfloor$，只需要对于每个 n 构造一个例子，其中需要 $\lfloor n/3 \rfloor$ 个保安. 这很容易做到，只要利用前面的 9 边形中的构造方法就可以了. 如果 $\lfloor n/3 \rfloor = r$，只要作出 r 个“尖刺”问题就解决了，以此类推. ■

---

① 赫瓦塔尔的证明方法的讨论可参考文献 [17]，其详尽的解题过程和相关问题可参考文献 [23] .

下面的例子（曾用在 1996 年 IMO 美国队训练中）是相当造作的．第一眼看上去它像是一个复杂的代数问题，但事实上它是另一个问题的粗糙伪装（至少对于三角学记忆深刻的人来说是这样的）．

例 2.4.4 求解以下方程

$$5\left(\sqrt{1-x}+\sqrt{1+x}\right)=6x+8\sqrt{1-x^2}.$$

解答 注意常数 $5,6,8$ 和 $\sqrt{1-x^2}$ 和 $\sqrt{1\pm x}$ 这几项．它们看起来像是三边为 3-4-5 的三角形（也可能是三边为 6-8-10 的三角形）．回忆如下基本公式：

$$\sin^2\theta+\cos^2\theta=1,\quad \sin\frac{\theta}{2}=\sqrt{\frac{1-\cos\theta}{2}},\quad \cos\frac{\theta}{2}=\sqrt{\frac{1+\cos\theta}{2}}.$$

首先进行**三角换元** $x=\cos\theta$．此处之所以选择余弦函数而非正弦函数，是因为上述半角公式包含 $\sqrt{1\pm\cos\theta}$，而不包含 $\sqrt{1\pm\sin\theta}$．通过这个恰当的三角换元，我们立即得到 $\sqrt{1-x^2}=\sin\theta$，且

$$\sqrt{1\pm x}=\sqrt{1\pm\cos\theta}=\sqrt{2}\sqrt{\frac{1\pm\cos\theta}{2}}.$$

因此原方程变为

$$5\sqrt{2}\left(\sin\frac{\theta}{2}+\cos\frac{\theta}{2}\right)=6\cos\theta+8\sin\theta. \tag{2.4.1}$$

这里我们引入一个简单的三角**工具**，给定形如 $a\cos\theta+b\sin\theta$ 的表达式，可以写为

$$a\cos\theta+b\sin\theta=\sqrt{a^2+b^2}\left(\frac{a}{\sqrt{a^2+b^2}}\cos\theta+\frac{b}{\sqrt{a^2+b^2}}\sin\theta\right).$$

这很有用，因为 $\dfrac{a}{\sqrt{a^2+b^2}}$ 和 $\dfrac{b}{\sqrt{a^2+b^2}}$ 分别是 $\alpha:=\arctan(a/b)$ 的正弦和余弦．

因此，

$$\begin{aligned}a\cos\theta+b\sin\theta&=\sqrt{a^2+b^2}(\sin\alpha\cos\theta+\cos\alpha\sin\theta)\\&=\sqrt{a^2+b^2}\sin(\alpha+\theta).\end{aligned}$$

特别地，我们有

$$\sin x+\cos x=\sqrt{2}\sin\left(x+\frac{\pi}{4}\right).$$

应用上述等式，方程 (2.4.1) 变为（注意 $\sqrt{6^2+8^2}=10$）

$$5\sqrt{2}\sqrt{2}\sin\left(\frac{\theta}{2}+\frac{\pi}{4}\right)=10\left(\frac{3}{5}\cos\theta+\frac{4}{5}\sin\theta\right).$$

因此，如果 $\alpha = \arctan(3/4)$，我们有

$$\sin\left(\frac{\theta}{2}+\frac{\pi}{4}\right)=\sin(\alpha+\theta).$$

角度相同，得 $\theta = \pi/2 - 2\alpha$. 因此

$$x=\cos\theta=\sin(2\alpha)=2\sin\alpha\cos\alpha=2\left(\frac{3}{5}\right)\left(\frac{4}{5}\right)=\frac{24}{25}.$$ ■

将一个问题转化为几何或者图形形式通常有助于解答，但在一些情形下反过来做也能对解题提供帮助. 经典的例子当然是解析几何啦，它将图形转化为代数. 下面是一个更奇异的例子，它从表面上看是几何问题，但本质上却不是.

例 2.4.5 给定空间中 n 个星球，其中 n 为正整数. 每个星球都是一个完美的球体并且有相同的半径 R. 对于星球表面上的一点，如果从其他任何星球上都看不到这一点，则称此点为**私有的**.（忽略星球上人的身高、云的遮挡以及视角等等问题. 另外，假设星球两两之间不接触.）很容易验证，如果 $n=2$，所有星球私有面积的总和是 $4\pi R^2$，这恰好是一个星球的表面积. 当 $n=3$ 时你能得到什么结论呢? n 为其他值的情形又是怎样的呢?

部分解答 通过一些试验我们知道，如果 $n=3$，总的私有面积仍然等于一个星球的表面积. 对于更大的 n 进行试验也得到相同的结果. 因此我们猜想：总的私有面积总是等于一个星球的表面积，而不管这些星球位置如何. 在立体几何中，这是一个看起来非常棘手的问题，但它确实是这样吗? “私有”和“共有”的概念似乎有着对偶关系，或许这个问题本质上就不是几何问题，而是**逻辑问题**. 首先我们需要一些“记号”，假设存在一个统一坐标系统，比如经度和纬度，因此我们能在任何星球上确定“同一”位置. 例如，如果这些星球是在房间内飘浮的小球，那么“北极”就意味着星球上最靠近天花板的点.

取定一个统一坐标系统，则对于某个以 x 为私有点的星球 P 来说，我们能得到什么结论呢? 不失一般性，令 x 为“北极”，显然其他星球的中心一定位于 P 的“赤道”平面的南边，但这却将除 P 以外的星球的“北极”变为共有的，因为它们的北极一定能从 P 的南半球上的某个点（或者在其与 P 之间的某个星球的南半球）看到. 也就是说，我们非常轻松地证明了如下结论：

> 如果某坐标点 x 在一个星球上是私有的，那么它在其他所有星球上都是共有的.

在得到这个漂亮的发现之后，倒数第二步就非常清楚了，证明

> 给定任一坐标点 x，它一定是某个星球上的私有点. [①]

我们将此留作练习.（或者这是一个问题?）

---

① 细心的读者也许会发现我们在此掩盖了一个细节，即也许存在不满足这一规律的点，但这些点的测度为零，因此并不影响我们的结果.

上面的例子仅仅触及广阔的交叉思想的一点皮毛. 尽管重新表述问题的概念是战略性的，它的实现却是战术性的，而且经常需要专业知识来支持. 在第 4 章我们将会继续讨论其他的一些交叉思想.

改变你的视角

改变视角是周边视觉战略的另一种表现形式. 有时问题看起来很难只是因为我们选择了“错误”的视角. 花一些时间来寻找“自然”的视角会有很大收获. 下面是一个经典的例子.

例 2.4.6 一个人从一座桥上跳入河中，并且逆流而上以匀速游了一个小时. 然后她掉头以相同的速率顺流而下游泳. 当游泳者游到桥下的时候，一个路人告诉她，当她一开始跳入水中时，她的帽子就掉入水里了. 这名游泳者继续以相同的速率顺流而下，在下游相距桥 1 公里处追上了帽子. 求水流的速度是每小时多少公里?

解答 当然可以用常规方法来解这道题，通过令 x 等于水流速度，y 等于游泳速度，等等. 但如果我们以**帽子的视角**来看问题会怎样呢? 帽子并不认为它自己在移动，在它看来，游泳者开始抛弃了它，然后以某个速度（即水流速度加上游泳速度）朝远离它的方向游了一个小时，然后这个游泳者掉头**以相同速度**游了回来. 因此，游泳者在掉头后恰好过了一小时的时间赶上了帽子. 整个过程花了 2 个小时，而在此期间帽子顺流而下移动了 1 公里，因此水流的速度是每小时 0.5 公里. ■

另一个展示“自然”视角威力的例子请见“四只虫子”问题（第 61 页例 3.1.6）. 这个经典的问题结合了聪明的视角与**对称性**的基本战术.

问题与练习

题 2.4.7 **三角数**是指始于 1 的连续整数之和. 最开始的几个三角数分别是

$$1, 1+2=3, 1+2+3=6, 1+2+3+4=10.$$

请证明如果 T 是一个三角数，那么 $8T+1$ 是完全平方数. 当然你可以用代数方法证明，但希望你在此能使用图形证明.

题 2.4.8 可以很轻松地使用归纳法证明如下事实: 前 n 项连续完全立方数的和等于第 n 个三角数的平方. 你可以用图形证明这一结论吗?

题 2.4.9 证明: **除了 2 的幂以外的**所有正整数都可以写成至少两个连续正整数之和. 请尝试用图形而不是代数方法来证明.

题 2.4.10 帕特在城市工作并与萨尔一起住在郊区. 每天下午，帕特登上一列恰好在下午 5 点到达郊区站的火车. 萨尔则在下午 5 点前离开家并且以匀速开车，从而能恰好在下午 5 点到达火车站接帕特. 萨尔的行驶路线从未改变.

有一天，这个传统被打破了，因为帕特工作的地方停电了. 帕特只能提前回家，并且赶上了一列在下午 4 点到达郊区站的火车. 帕特没有打电话给萨尔让她早点来接他，而是决定步行回家以锻炼身体，并且沿着萨尔来接他的路线步行，因为他知道在途中会碰到萨尔然后能坐上车一起回家. 事实确实如此，最后帕特比平常提前了 10 分钟到家. 假设帕特的步行速度是常数，开车掉头不需要时间，萨尔驾驶速度是常数，问帕特步行了多长时间?

题 2.4.11 不用代数方法，证明前 n 个正奇数之和为 n^2.

题 2.4.12 城市 A 和 B 通过一条公路相连. 日出时，帕特开始沿着这条路从 A 骑自行车到 B，与此同时，达娜开始从 B 骑自行车到 A. 两个人都匀速骑行，并在正午相会. 帕特在下午 5 点到达 B，而达娜则在晚上 11:15 到达 A. 请问几点日出?

题 2.4.13 一只虫子在坐标系中从 $(7,11)$ 往 $(-17,-3)$ 爬行，这只虫子在第二象限（x 为负 y 为正）以外的地方以每秒一个单位长度的速度匀速爬行，而在第二象限中则以每秒 0.5 个单位长度的速度匀速爬行. 问这只虫子应该走哪条路径才能用时最短? 请推广此问题!

题 2.4.14 12 点以后，时针和分针何时第一次相遇? 这是一个有趣的并有中等难度的代数问题，如果你以前没做过，那么试一试吧. 不过，如果你抛弃复杂的代数方法，而从自然视点看待这个问题，那么便能在几秒钟内口算解决. 现在就尝试一下吧!

题 2.4.15 索尼娅沿着一个向上的自动扶梯行走. 如果每秒钟走一级台阶，到达顶端时她共走了 20 步. 如果每秒钟走两级台阶，到达顶端时共走了 32 步. 她从未跳过任何一级台阶. 请问这个自动扶梯共有多少级台阶?

题 2.4.16 是否可以使用红色、白色和蓝色为 27 个相同的 $1\times1\times1$ 立方体的面染色，以便将它们排列成所有外部面都为红色的 $3\times3\times3$ 立方体；然后重新排列成所有外部面都为蓝色的 $3\times3\times3$ 立方体；最后，重新排列成所有外部面都为白色的 $3\times3\times3$ 立方体? 一般情况下呢（n 种颜色和 $n\times n\times n$ 立方体）?

题 2.4.17 请完成第 54 页例 2.4.5 行星问题的解答过程.

题 2.4.18 (普特南 1984) 求

$$(u-v)^2+\left(\sqrt{2-u^2}-\frac{9}{v}\right)^2$$

的最小值，其中 $0<u<\sqrt{2}$ 且 $v>0$.

题 2.4.19 在单位立方体的一角上有一只虫子，它希望爬到对角去. 如果虫子能够从立方体的内部爬行的话，那么它的最短爬行距离当然是 $\sqrt{3}$. 但现在虫子只能从立方体的表面爬行，那么它爬行的最短路径是多长呢?

题 2.4.20 (AIME 2006) 令 x,y,z 是满足以下条件的实数:

$$x=\sqrt{y^2-\frac{1}{16}}+\sqrt{z^2-\frac{1}{16}},$$

$$y=\sqrt{z^2-\frac{1}{25}}+\sqrt{x^2-\frac{1}{25}},$$

$$z=\sqrt{x^2-\frac{1}{36}}+\sqrt{y^2-\frac{1}{36}}.$$

求 $x+y+z$.

题 2.4.21 令 a,b 是大于 1 的整数，且这两个数没有公因数. 请证明等式

$$\sum_{i=1}^{b-1}\left\lfloor\frac{ai}{b}\right\rfloor=\sum_{j=1}^{a-1}\left\lfloor\frac{bj}{a}\right\rfloor,$$

并求上式的值.

题 2.4.22 令 a_0 是大于 0 小于 1 的任意实数，定义数列 $a_1,a_2,a_3,\cdots$ 满足条件 $a_{n+1}=\sqrt{1-a_n}\,(n=0,1,2,\cdots)$，证明: 无论 a_0 取何值都有

$$\lim_{n\to\infty}a_n=\frac{\sqrt{5}-1}{2}.$$

题 2.4.23 对正整数 n，定义 S_n 是下列和式的最小值

$$\sum_{k=1}^{n}\sqrt{(2k-1)^2+a_k^2}.$$

其中 $a_1,a_2,\cdots,a_n$ 取正值且满足

$$a_1+a_2+\cdots+a_n=17.$$

求 S_{10}.

题 2.4.24 数列 $a_1, a_2, a_3, \cdots$ 满足 $a_1 = 1$ 且

$$a_{n+1} := \sqrt{\frac{1-\sqrt{1-a_n^2}}{2}}.$$

求

$$\lim_{n\to\infty} 2^n a_n.$$

题 2.4.25 第 45 页例 2.3.9 介绍了三角剖分. 令 $t(n)$ 是 n 边形的不同三角剖分的数目，你能找到 $t(n)$ 的公式或算法吗?例如,(请验证!)

$$t(3)=1,\ t(4)=2,\ t(5)=5,\ t(6)=14.$$

题 2.4.26 (中国台湾 1995) 设 a, b, c, d 均是整数，满足 $ad-bc=k>0$ 且

$$\gcd(a,b)=\gcd(c,d)=1.$$

证明存在 k 个有序实数对 (x_1, x_2)，使得当 $0 \leqslant x_1, x_2 < 1$ 时，ax_1+bx_2 和 cx_1+dx_2 都是整数.

题 2.4.27 将

$$(1+x^7+x^{13})^{100}$$

展开并化简后共有多少项?

题 2.4.28 再谈皮克定理 回忆皮克定理(第 49 页题 2.3.33)，它指出顶点位于格点的多边形的面积是 $I+B/2-1$，其中 I, B 分别是多边形内部和边界上的格点数. 下面是使用动态观点来证明皮克定理的梗概.

(a) 首先，将皮克定理简化为“基础情形”，即对于顶点为格点且边界上和内部没有其他格点的所有三角形，面积为 1/2. 同样地，对于顶点为格点且边界上和内部没有其他格点的任何平行四边形 P，面积为 1.

(b) 现在想象用 P 平铺整个平面，接下来，想象一个大的形状 S，用 $[S]$ 表示它的面积. 令 L 表示 S 内部的格点数. 接下来，想象放大 S 并保持它的形状. 解释为什么如果 S 足够大，比率 $[S]/L$ 应该非常接近 1.

(c) 注意 P 的每个副本对 L 贡献了 4 个格点，但是这些格点中的“大部分”被计算了 4 次. 因此，如果 S 足够大，$[S]/(L[P])$ 应该非常接近 1.

(d) 解释为什么这可以让你得出 $[P]$ 必须正好是 1 的结论.

题 2.4.29 在周长为 1 米的圆形轨道上有几个小球，轨道的宽度和小球的半径忽略不计. 随机指定每个小球顺时针或逆时针运动. 在 0 点时，每个小球开始以每分钟 1 米的速度运动，其运动方向就是开始指定的方向. 当有两个小球相碰时，它们均反弹并以相同的速度朝反方向运动(遵守弹性碰撞定律).

一分钟以后，相对于他们开始运动时的位置，小球现在可能位于何处? 这里要考虑三个因素：小球的数量，它们起始的位置和它们初始的方向.

第 3 章 问题求解的战术

现在来考虑解决问题的战术层面. 前面说过, 所谓**战术**是被广泛应用的数学方法, 并且常常能起到简化问题的作用. 仅仅使用战略很少能解决问题, 若想完成一项工作, 需要更多地关注战术能力(当然了, 也要经常关注高度专业化的**工具**). 尽管有很多不同的战术, 但在本章中我们只阐述一些能被用于诸多不同数学框架中的最重要的战术.

在第 2 章中已经阐述了很多战略思想, 那些都只是些普通的常识. 相比较而言, 本章中的战术思想虽容易使用, 但并不显而易见. 我们暂时把目光回到对登山问题的分析上, 一项爬山战术很不明显但很重要, 那就是:

把你的臀翘起来!

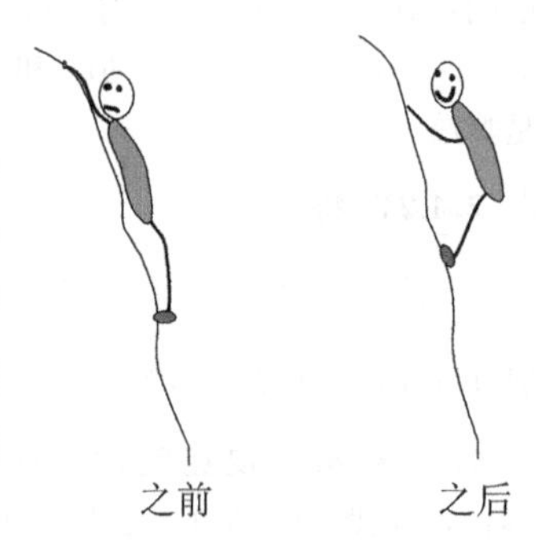

一个典型的例子是: 登山初学者在登山时可能会有意识地抱住大石头, 因为他认为这样才不至于从岩石上掉下来. 但实际上只要他有足够的勇气, 咬紧牙关, 将臀部向后翘起, 奇迹就会发生. 由于登山者垂直于岩石表面的重力增大, 他的脚和岩石之间的摩擦力便增加了, 因此在登山时这样做更加安全.

同样地, 你会发现后面的某些战术思想也比较特殊. 但只要掌握了它们, 解决问题的能力就会有长足的进步.

很多解决问题的基础战术都会涉及**寻找次序**. 一些问题很难解决, 是因为它们看起来"混乱"或无序, 问题可能显得缺少某些部分(事实、变量、模式), 或者各部分之间看不出有什么联系. 发现(并利用)这些次序就能很快地简化这类问题. 下面我们将要开始学习解决这类问题的战术, 以帮助找到或发现那些表面上没有而实际上却存在的次序. 第一个主题是**对称**, 它是次序问题中一种最典型的形式.

对称是指用具体的方式去寻找或展现问题中的次序, 例如通过镜像对称的方法. 而用其他的战术去寻找或是发现问题中的次序, 都是通过抽象的甚至是"隐喻"的方式来完成的. 下面就要讨论三种"准对称"的方式, 它们仅仅需要简单的观察, 但往往能得出令人吃惊的有用信息. 第一个战术是**极端原理**, 这一战术可使用在积极行为问题(第 18 页例 2.1.9)中, 其关键是将思维集中在问题中的最大和最小的实体上. 第二个战术是**鸽笼原理**, 这一战术起源于一个看似没有意义的事实, 即如果你的客人比你所拥有的空房间要多, 那么其中的一些客人便不得不共用一些房间. 最后一个战术是**不变量**的概念, 即当你将注意力集中在问题中你认为不可能变化的方面（比如说奇偶性）时, 你能从中得到多少信息, 这是一个非常有用的数学基础概念, 很多看上去不同的战术和工具都来源于这一思想.

3.1 对称

我们对对称性都有一种直观的感受, 例如, 每个人都知道圆是对称的, 这对我们认识问题是很有帮助的. 然而, 如果能用一种正式的方式去定义对称, 就有助于加深我们对它的理解. 如果存在一个或者多个非平凡的“操作”使得物体没有发生变化, 就称这个物体是**对称的**. 将有上述特性的操作称为**对称操作**. [①]

我们允诺给出正式的定义, 但是上面的定义显得相当含糊不清, 所谓的“操作”到底是什么意思? 几乎什么意思都有. 在这里故意说得含糊, 是因为我们的目的是要让你在尽可能多的情形中理解对称性. 下面是一些例题.

例 3.1.1 正方形是关于对角线对称的, 镜像对称是正方形多种对称性之一. 其他的对称性包括顺时针旋转 90 度对称, 以及关于两对边中点的连线对称.

例 3.1.2 圆有无穷多的对称, 例如, 对任意给定的 α, 按顺时针方向旋转 α 度, 圆都对称.

例 3.1.3 无穷数列

$$\cdots,3,1,4,3,1,4,3,1,4,\cdots$$

是对称的, 因为“将任意的数向左或向右平移三个位置”的操作不改变原数列.

对称性为什么非常重要呢? 因为它能提供“免费的”信息, 起到简化问题的作用. 比如说, 如果你已经知道某一物体围绕某个点顺时针旋转 90 度对称, 那么此时我们只需要关注这个物体的四分之一部分即可. 而且, 你还知道旋转中心是个很特殊的点, 值得进一步研究, 这对于深入分析问题是很有价值的. 这些思想将在后面的问题中得到应用, 但在开始分析问题之前, 在考虑是否使用对称思想时应该牢记以下两点.

- 周边视觉和打破规则的战略告诉我们应在一些看似不太可能的地方寻找对称, 而不要担心某些地方“看起来不那么对称”. 在这些情形下, 最聪明的办法就是将该事物当成是对称的并继续做下去, 因为或许从中可以得到一些有用的结果.
- 对称的另一非正式定义是“和谐”. 这比我们“正式的”定义更加含糊不清, 但并非毫无价值. 每当我们观察问题时, 都先寻找和谐与美. **即便我们不知道怎么定义这两个词**, 但是, 当我们使得自己做的东西更和谐或更美时, 就已经走上了正确的道路.

① 我们在叙述中有意地避开了精准数学定义中所需的“变换”或者“同构”等术语.

几何对称

大部分几何问题都用到了对称关系. 做题之前要先问下列关于对称的问题.

- 对称的关系是否存在?
- 如果不存在的话, 能否找到一个近似的对称?
- 如何发现对称关系?

这里给大家讲解一个很简单但很具代表性的例子.

例 3.1.4 一正方形中有一内切圆, 同时, 另一正方形又内接于该圆. 请问: 这两个正方形的面积之间存在怎样的比例关系?

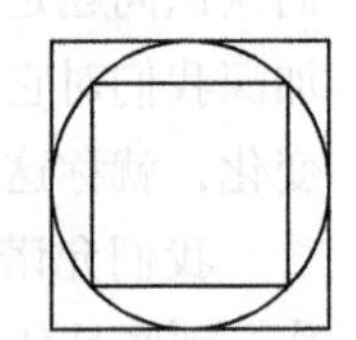

解答 这个问题当然可以通过代数的方法来解决 (设小正方形的边长为 x, 然后用勾股定理或其他的方法来处理). 但是, 这个问题还有一个更好的解决方法. 以上的图形中充满了对称, 可以自由地对很多形状进行旋转或镜像对称变换, 而仍然保持这两个正方形的面积不变. 如何从上述可能性中进行选择呢? 需要用到一个假设, 即这些图形是相互嵌入的. 如果将小的正方形旋转 45 度, 那么它的四个顶点刚好与圆和大正方形的四个切点重合, 因此马上就能得到结论了. 即: 小正方形的面积显然是大正方形面积的一半! ■

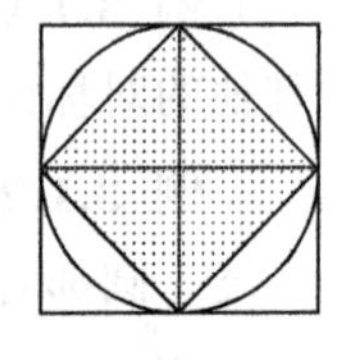

最简单的几何对称问题是旋转对称和镜像对称. 请始终关注旋转对称或者是镜像对称是否能帮你发现问题中的次序. 下一个例子展现了镜像对称在处理问题中的作用.

例 3.1.5 有一条自西向东流淌的河, 你家在距这条河北部 2 公里的地方, 奶奶的家位于你家西方 12 公里北方 1 公里的地方. 每天你都会从自己家到奶奶家去, 途中要先经过这条河 (为奶奶挑水), 问怎样选择路径才会使走的路程最短?

解答 首先, 作图! 将你家所在的位置记为点 Y, 奶奶家所在的位置记为点 G, 这个问题当然可以通过微积分学来处理, 但是这样做的话难度很大 (对初学者而言, 你需要对两个根式之和求微分). 该问题从表面上看似乎没有任何对称性可言, 但是河实际上起到了镜像对称的作用. 画一个简单路径, (如图所示先走 YA 再走 AG) 观察一下是否有对称之处? 我们称 Y' 和 G' 分别为你家的房子和奶奶家的房子关于小河的镜像对称点.

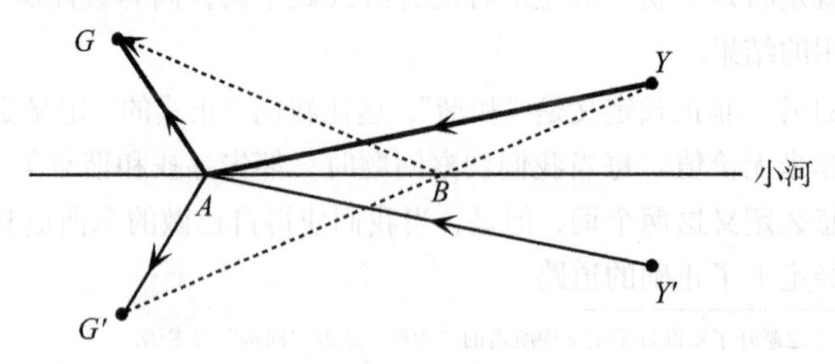

对于你到达河边然后挑水到奶奶家所走的路径，我们在河的南面做出一条关于小河对称的路径. 注意到 $AG = AG'$，所以你到奶奶家房子的对称点与到奶奶家的路径长度**相同**，因此，在这两点间的最短距离是直线 YBG'. 最终你选择的路径则是先走 YB，再走 BG，因为 YBG 的长度与 YBG' 的长度是相等的. 该长度刚好是一个直角边长分别是 12 公里和 5 公里的直角三角形的斜边长，因此答案是 13 公里. ■

当考虑一个对称情形时，应该将注意力集中在那些对称以后不变的“固定”物体上. 比如，如果某一物体是关于轴镜像对称的，那么该轴是固定的并值得对其展开分析（如上一题的河流就是对称轴）. 下面是另一个例子，这是一个关于旋转对称和关键不动点的经典例题.

例 3.1.6 有四只虫子分别位于单位正方形的四个顶点上. 突然，每只虫子都按逆时针的方向朝它相邻的虫子所在的位置爬去. 已知虫子的爬行速度为每分钟 1 个单位长度，那么经过多长时间这四只虫子可以在某一位置相遇?

解答 这是一个有关旋转对称的问题，由于这些虫子中并没有哪只是很“杰出”的，如果它们开始的形状是个正方形，那么它们将会一直保持着这种形状，这是问题的关键所在，并且是非常有效的突破口. 信不信由你.

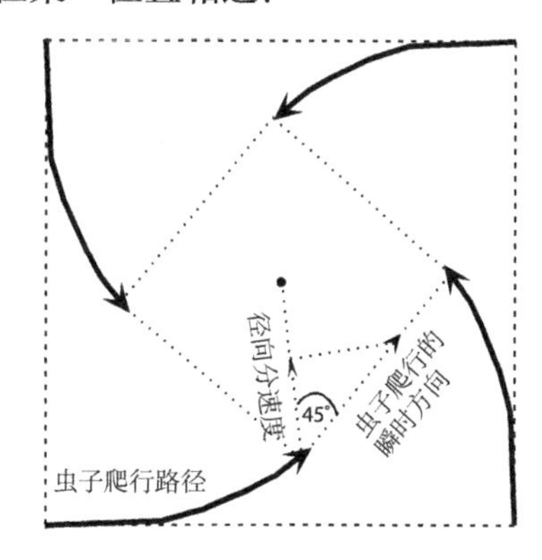

随着时间一点一滴地过去，这些虫子们的爬行路径形成了一个按逆时针方向收缩的正方形，但是正方形的中心点并未改变. 这个中心点是个很“特殊”的点，所以下面我们就来重点分析一下这个点. 一旦将注意的焦点转移到自然参照系上，许多看似棘手的问题就会变得容易. 在这种情况下，我们应考虑极坐标系，比如说，可以挑出其中的一只虫子，（对于选哪一只并没有特殊要求!）观察从正方形的中心与这只虫子所在点间的线段. 这个线段将会按逆时针方向旋转，并且（更重要的是）它会收缩. 当它收缩到 0 时，这只虫子刚好与另外的虫子相遇. 那么这个线段收缩的速度是多少呢? 此时我们似乎已经忘掉了线在转动的这个事实. **从这条辐形线的观点来看**，这只小虫总是按照 45° 角在行进. 已知小虫的行进速率是每分钟 1 个单位长度，那么它的径向分速度则是每分钟 $1 \times \cos 45^\circ = \sqrt{2}/2$ 个单位长度，也就是说，该射线是以这个速率在收缩. 已知该辐形线的原始长度是 $\sqrt{2}/2$，所以这些小虫一分钟后能够相遇. ■

下面是一个简单的计算问题，该问题亦能用传统方法很容易地解决. 然而，下面的方法则展示了利用图形的对称性和画图战略相结合来解决此类问题的威力. 该方法还能用在其他许多更难的问题上.

例 3.1.7　口算定积分 $\int_0^{\frac{1}{2}\pi} \cos^2 x\,\mathrm{d}x$ 的值.

解答　画出从 0 到 $\frac{1}{2}\pi$ 这段上的正弦和余弦曲线，然后就会注意到这两个图像是关于直线 $x=\frac{1}{4}\pi$ 对称的. 因此：

$$\int_0^{\frac{1}{2}\pi} \cos^2 x\,\mathrm{d}x = \int_0^{\frac{1}{2}\pi} \sin^2 x\,\mathrm{d}x.$$

从而，我们所要求的值即为：

$$\frac{1}{2}\int_0^{\frac{1}{2}\pi} (\cos^2 x+\sin^2 x)\,\mathrm{d}x = \frac{1}{2}\int_0^{\frac{1}{2}\pi} 1\,\mathrm{d}x = \frac{\pi}{4}.$$ ■

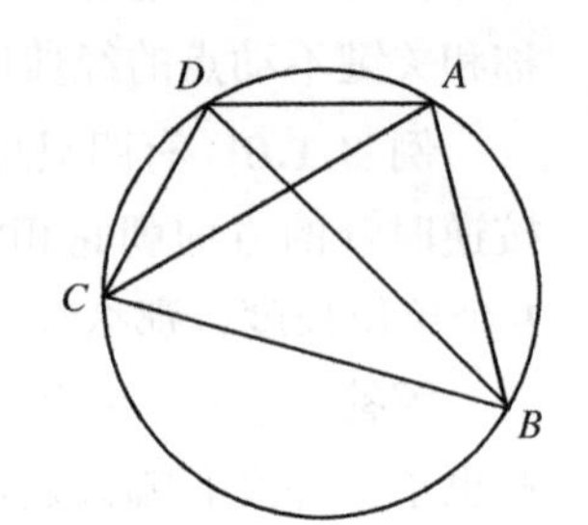

下面这个问题来自 1995 年国际数学奥林匹克竞赛，它比其余的问题要难，但也只是难在技巧上. 想要解决这类问题，必须对**托勒密定理**有所了解. 定理叙述如下：

> 令 $ABCD$ 是圆内接四边形，即四个顶点在圆上的四边形，则
>
> $$AB\cdot CD + AD\cdot BC = AC\cdot BD.$$

见题 8.4.29 和题 8.5.49 中不同的证明思想. 圆内接四边形的一个重要特征（见第 251 页）简述如下：

> 一个四边形是圆内接四边形当且仅当它的对角互补（即两角之和等于 180 度）.

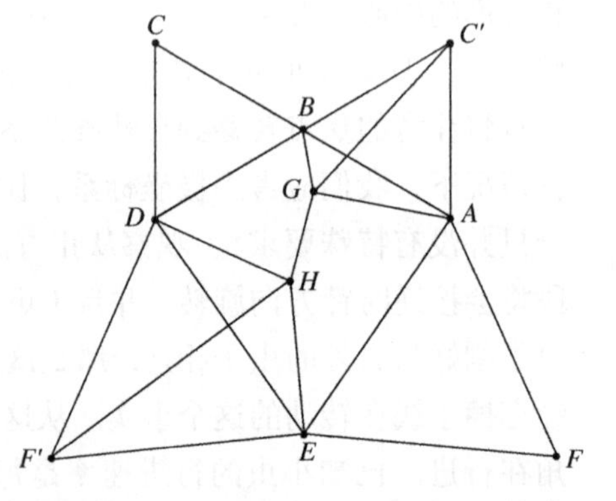

例 3.1.8　在凸六边形 $ABCDEF$ 中，有 $AB=BC=CD$, $DE=EF=FA$, $\angle BCD=\angle EFA=\pi/3$. 设点 G 和 H 是这个六边形内部的点，满足 $\angle AGB=\angle DHE=2\pi/3$. 证明：

$$AG+GB+GH+DH+HE \geqslant CF.$$

解答　就所有的几何题而言，第一步需要做的就是按题意用铅笔、圆规和直尺作出一幅准确的图形. 通过寻找图中的对称关系，注意到 $\triangle BCD$ 和 $\triangle EFA$ 都是等边三角形，所以就有 $BD=BA$ 和 $DE=AE$. 通过图形的对称性，用直线 BE 作为镜像对称轴看起来比较好. 作点 C 和 F 关于直线 BE 的镜像对称点，分别记为点 C' 和 F'.

一种往往对导出几何不等式行之有效的战术是将若干个长度的总和与单个长度作比较，因为两点间直线最短. 四边形 $AGBC'$ 和四边形 $HEF'D$ 都是圆内接四

边形（因为对角互补）. 应用托勒密定理，则有 $AG\cdot BC'+GB\cdot AC'=C'G\cdot AB$，因为 $\triangle ABC'$ 是等边三角形，则 $AG+GB=C'G$. 同理，$DH+HE=HF'$. 两点间最短的路径是直线，所以就有：

$$CF=C'F'\leqslant C'G+GH+HF'=AG+GB+GH+DH+HE,$$

其中当且仅当点 G 和 H 都在线段 $C'F'$ 上时等号成立. ■

代数对称

不要只将注意力限制在物质形态或几何体所存在的对称关系上. 比如说，数列也可以具有对称关系，像帕斯卡三角如下的一行：

$$1,6,15,20,20,15,6,1.$$

这只是个开始，在任何情况下，只要能想象出"成对"的东西，就可以考虑其中存在的对称关系. 考虑了对称关系通常会给你带来回报.

高斯对偶定理

卡尔 · 弗里德里希 · 高斯（1777 − 1855）无疑是有史以来最伟大的数学家之一. 有很多称颂他的早熟和过人智慧的故事，但是没有人知道这些故事的真实性有多高，因为大多数故事都是由高斯本人述说的. 下面这件关于他的轶事有很多种不同的版本，在这里我们就向大家介绍一种广泛流传的说法吧.

在高斯 10 岁的时候，有一次，老师在班上提出了一道看上去计算很冗长的连加题以惩罚学生，题目是这样的：

$$1+2+3+\cdots+98+99+100.$$

当其他小朋友都还在慢慢地将这些数逐个做加法的时候，小高斯却找到了解决这个问题的捷径，所以很快得到了答案 5050，而且他是唯一做出正确答案的学生. 他注意到 1 与 100、2 与 99、3 与 98 等相加后的结果都是 101，这样就可以找到 50 个 101，因此结果就是 $101\times 50=5050$. 更正式的方法是把这道题目书写两遍，第一遍按照题目给的顺序，第二遍则将此顺序颠倒一下：

$$\begin{aligned} S &= \ 1 \ + \ 2 \ +\cdots+99+100, \\ S &= 100+99+\cdots+ \ 2 \ + \ 1. \end{aligned}$$

然后，显然有 $2S=100\times 101$. 这种方法的好处是不需要去管所给的数的个数是偶数还是奇数（注意：这种方法就是最初采用的配对方法）.

这是个非常聪明的技巧，尤其是对于一个只有 10 岁的小孩. 这种方法的应用范围也是相当广泛的，并不仅仅局限在求和上. 发现问题中任何形式的**对称关系**，然后仔细思考是否能通过建立配对的关系起到简化问题的作用. 下面我们来研究一下"橱柜问题", 它首次出现在第 26 页例 2.2.3 中. 当时我们已经将它简化为:

证明: $d(n)$ 是奇数当且仅当 n 是完全平方数.

这里 $d(n)$ 表示 n 的因数(包括 1 和 n)的个数. 现在我们可以运用高斯配对工具了. 这里的对称关系是 n 的任一因数 d 总有另一因数 n/d 与其相对应. 例如, 当 $n = 28$ 时, 它的因数显然包括 2 和 14. 因此, 当我们找到 n 所有的因数时, 会注意到任何一个因数都有唯一和它"配对"的另一个因数, **但当 n 是一个完全平方数时除外**, 此时 $\sqrt{n}$ 与其本身配成一对. 例如, 28 的因数是 $1, 2, 4, 7, 14, 28$, 它们可以被重新排列为 $(1, 28), (2, 14), (4, 7)$ 这种成对的关系, 显然, $d(28)$ 是偶数. 另一方面, 完全平方数 36 的因数是 $1, 2, 3, 4, 6, 9, 12, 18, 36$, 它们配成对的形式为 $(1, 36), (2, 18), (3, 12), (4, 9), (6, 6)$, 注意到 6 是和 6 本身配成一对的, 所以它实际的因数个数是奇数(因为在这个例子里 6 只能算一个因数). 所以我们可以得到结论: 当且仅当 n 是完全平方数时 $d(n)$ 是奇数. ① ■

上面所讨论的方法在下例中几乎可以完全照搬使用, 虽然它们的内容完全不同. 下面这个例子是证明一个在数论中非常有名的定理.

例 3.1.9　威尔逊定理. 证明对于所有的素数 p, 都存在以下的关系:

$$(p-1)! \equiv -1 \pmod{p}.$$

解答　首先我们来举个例子, 假设 $p = 13$, 那么题目中的乘积可以表示为 $1 \times 2 \times 3 \times 4 \times 5 \times 6 \times 7 \times 8 \times 9 \times 10 \times 11 \times 12$. 求出此乘积模 13 的值的方法之一就是把它乘出来, 但这并不是我们要使用的方法! 我们要寻找更小的部分乘积从而能很轻易地算出模 p 的值. 对于乘法而言, 最简单的数是 0、1 和 -1. 由于 p 是素数, 故在 $1, 2, 3, \cdots, p-1$ 这些因数中, 没有任何一个因数模 p 与 0 同余. 同样地, 没有任何部分乘积模 p 与 0 同余. 另一方面, p 是素数这个特性确保了任何非零数都有**唯一的**模 p 乘法逆元. 即, 如果 x 不是 p 的倍数, 那么就存在唯一的 $y \in \{1, 2, 3, \cdots, p-1\}$ 满足 $xy \equiv 1 \pmod{p}$. (回忆第 42 页例 2.3.4 对上述命题的证明.)

有了上述信息, 就可以像橱柜问题那样操作: 将所有的 $x \in \{1, 2, 3, \cdots, p-1\}$ 与它"自然的"对偶 $y \in \{1, 2, 3, \cdots, p-1\}$ 相配对, 使得 $xy \equiv 1 \pmod{p}$. 例如, 假设 $p = 13$, 相匹配的对偶为

$$(1, 1), (2, 7), (3, 9), (4, 10), (5, 8), (6, 11), (12, 12).$$

我们可以把

$$12! = 1 \times 2 \times 3 \times 4 \times 5 \times 6 \times 7 \times 8 \times 9 \times 10 \times 11 \times 12$$

① 实际上, 解此题还有一种完全不同的使用计数和对称技术的方法, 见第 185 页题 6.1.21.

写为

$$1\times(2\times7)(3\times9)(4\times10)(5\times8)(6\times11)\times12\equiv1\times1\times1\times1\times1\times1\times12\equiv-1 \pmod{13}.$$

我们注意到，1 和 12 是仅有的和自身配对的元素，也注意到 $12\equiv-1 \pmod{13}$. 把它推广到一般的情形：当且仅当 $x=\pm1$ 时，x 是它自身的模 p 乘法逆元. 这很容易理解：如果 $x^2\equiv1 \pmod{p}$，那么：

$$x^2-1=(x-1)(x+1)\equiv0 \pmod{p}.$$

因为 p 是素数，这意味着 $x-1$ 或 $x+1$ 中一个是 p 的倍数，因此，**仅有的**可能是 $x\equiv\pm1 \pmod{p}$. ■

多项式及不等式中的对称

代数学中常会涉及具有多个变量或者是高次的问题，这些问题往往是很难处理的，除非可以从题中探索出内在的对称关系来解题. 下面是一个很有意思的例子.

例 3.1.10 解方程 $x^4+x^3+x^2+x+1=0$.

解答 这道题有其他的解法（见第 118 页），但在这里我们要采用的方法是：以系数的对称性为起点，找出各项阶数的更多的对称性. 将等式两边同时除以 x^2：

$$x^2+x+1+\frac{1}{x}+\frac{1}{x^2}=0.$$

这样处理后看上去并没有起到化简的作用，但你可以经过进一步将题目变形后使之显得更对称了，具体形式如下：

$$x^2+\frac{1}{x^2}+x+\frac{1}{x}+1=0. \tag{3.1.1}$$

现在运用**代换**，令 $u:=x+\dfrac{1}{x}$，则有：

$$u^2=x^2+2+\frac{1}{x^2},$$

故 (3.1.1) 变为 $u^2-2+u+1=0$ 或 $u^2+u-1=0$，能求出：

$$u=\frac{-1\pm\sqrt{5}}{2}.$$

因为 $x+\dfrac{1}{x}=u$，将等式变形为 $x^2-ux+1=0$，或是：

$$x=\frac{u\pm\sqrt{u^2-4}}{2}.$$

将上面这些式子联列，即有：

$$x=\frac{\dfrac{-1\pm\sqrt{5}}{2}\pm\sqrt{\left(\dfrac{-1\pm\sqrt{5}}{2}\right)^2-4}}{2}=\frac{-1\pm\sqrt{5}\pm\mathrm{i}\sqrt{10\pm2\sqrt{5}}}{4}.$$ ① ■

最后几步纯粹是“技巧方面的细节”．解决该题的关键步骤就在于增加问题的对称性，然后作对称替换 $u=x+x^{-1}$.

在下一个例子中，我们将运用对称的方法来化简不等式.

例 3.1.11　证明：对任意的正数 a,b,c，不等式

$$(a+b)(b+c)(c+a)\geqslant 8abc$$

成立，当且仅当 $a=b=c$ 时等号成立.

解答　可以观察到上述不等式存在对称关系，如果改变这些变量的顺序，原不等式的结果并不会改变．这就说明没必要把左边的式子全都乘出来，（真是个明智的方法!）而只要观察各个乘数项，对于序列

$$a+b,\quad b+c,\quad c+a,$$

我们只要看看项 $a+b$，然后**循环置换** $a\mapsto b, b\mapsto c, c\mapsto a$ 一次，然后再做一次.

含有两个变量的**算术-几何平均不等式**意味着（详细内容见 5.5 节）：

$$a+b\geqslant 2\sqrt{ab},$$
$$b+c\geqslant 2\sqrt{bc},$$
$$c+a\geqslant 2\sqrt{ca}.$$

通过将上面三个不等式相乘，即可得到所要的不等式.　■

下面我们有必要详细地介绍一下循环置换的概念，给定一个含有 n 个变量的表达式 $f(x_1,x_2,\cdots,x_n)$，**循环和**定义如下：

$$\sum_{\sigma} f(x_1,x_2,\cdots,x_n):=$$
$$f(x_1,x_2,\cdots,x_n)+f(x_2,x_3,\cdots,x_n,x_1)+\cdots+f(x_n,x_1,\cdots,x_{n-1}).$$

例如，假设变量是 x,y,z，则有

$$\sum_{\sigma} x^3=x^3+y^3+z^3 \quad 和 \quad \sum_{\sigma} xz^2=xz^2+yx^2+zy^2.$$

下面就用这个概念来分解一个三变量对称立方式.

① 原方程是一元四次方程，恰有 4 个复根．此处给出 $2^3=8$ 个根，其中有 4 个是增根．经验算，原方程的 4 个根是：$\frac{1}{4}\left(-1+\sqrt{5}\pm\mathrm{i}\sqrt{10+2\sqrt{5}}\right)$，$\frac{1}{4}\left(-1-\sqrt{5}\pm\mathrm{i}\sqrt{10-2\sqrt{5}}\right)$. ——译者注

例 3.1.12 分解因式：$a^3+b^3+c^3-3abc$.

解答 上式存在一种对称关系，让我们大胆设想，小心求证. 最简单的猜测是其中一个因式可能是 $a+b+c$，所以我们将 $a+b+c$ 与 $a^2+b^2+c^2$ 相乘，就能得到立方项，同时会得到一些误差项. 具体来说，我们有：

$$\begin{aligned}
a^3+b^3+c^3-3abc &= (a+b+c)(a^2+b^2+c^2)-\sum_{\sigma}(a^2b+b^2a)-3abc \\
&= (a+b+c)(a^2+b^2+c^2)-\sum_{\sigma}(a^2b+b^2a+abc) \\
&= (a+b+c)(a^2+b^2+c^2)-\sum_{\sigma}(ab(a+b+c)) \\
&= (a+b+c)\left(a^2+b^2+c^2-\sum_{\sigma}ab\right) \\
&= (a+b+c)(a^2+b^2+c^2-ab-bc-ac).
\end{aligned}$$

符号 $\sum_{\sigma}$ 可以起到节省时间的作用，一旦熟练运用这个符号，也可以减少发生错误的机会.

问题与练习

题 3.1.13 求从点 (3,5) 到点 (8,2) 的既接触到 x 轴又接触到 y 轴的最短路径的长度.

题 3.1.14 在第 4 页例 1.2.1 中，可以看到四个连续整数的乘积总是比某一个完全平方数小 1. 那么任意的等差数列的四个连续项的乘积（例如 $3\times8\times13\times18$）满足什么结论呢？

题 3.1.15 找出（并证明）任意整数的所有因数的乘积所满足的公式. 例如，如果 $n=12$，那么它的所有因数的乘积为：

$$1\times2\times3\times4\times6\times12=1728.$$

你可以在公式中使用 $d(n)$ 函数（该函数在第 64 页的橱柜问题中定义）.

题 3.1.16 请问集合 $\{1,2,3,4,\cdots,30\}$ 有多少个子集具有所有元素的和大于 232 的属性？

题 3.1.17 (普特南 1998) 给定 $0<b<a$，以点 (a,b) 为三角形的一个顶点，另一顶点在 x 轴上，第三个顶点在直线 $y=x$ 上，求这个三角形的最小周长.（假设存在最小周长的三角形.）

题 3.1.18 如果对一个含有多个变量的多项式的变量进行相互替代以后多项式不变，那么就称这个多项式是**对称的**. 例如，多项式

$$f(x,y,z):=x^2+y^2+z^2+xyz$$

是对称的，因为

$$\begin{aligned}
f(x,y,z)&=f(x,z,y)=f(y,x,z)=f(y,z,x)\\
&=f(z,x,y)=f(z,y,x).
\end{aligned}$$

如果一个含有多个变量的多项式所有项都是 r 次的，就称该多项式为 r **次齐次多项式**. 比如，$g(x,y):=x^2+5xy$ 就是 2 次齐次多项式.（$5xy$ 这一项被视为 2 次，因为它是两个 1 次项的积.）一般而言，具有 k 个变量的多项式 $g(x_1,x_2,\cdots,x_k)$ 是 r 次齐次多项式，如果对于所有的 t，都有：

$$g(tx_1,tx_2,\cdots,tx_k)=t^rg(x_1,x_2,\cdots,x_k).$$

给定三个变量 x,y,z，定义几个**初等对称函数**：

$$s_1:=x+y+z,$$

$$s_2:=xy+yz+zx,$$

$$s_3 := xyz.$$

这些初等对称函数 s_k 都是 k 次齐次对称，并且所有项的系数都等于 1. 初等对称函数可以用任意多个变量来定义，例如，对于四个变量 x, y, z, w 有：

$$s_1 := x + y + z + w,$$

$$s_2 := xy + xz + xw + yz + yw + zw,$$

$$s_3 := xyz + xyw + xzw + yzw,$$

$$s_4 := xyzw.$$

(a) 验证

$$\begin{aligned} x^2 + y^2 + z^2 &= (x+y+z)^2 - 2(xy + yz + zx) \\ &= s_1^2 - 2s_2, \end{aligned}$$

其中 s_i 是三个变量的初等对称函数.

(b) 同样地，$x^3 + y^3 + z^3$ 也可以表示为由初等对称函数组成的多项式.

(c) 对 $(x+y)(x+z)(y+z)$ 同样成立.

(d) 对 $xy^4 + yz^4 + zx^4 + xz^4 + yx^4 + zy^4$ 也成立.

(e) 是否任何含有三个变量的对称多项式都可以写成由初等对称函数组成的多项式?

(f) 是否任何一个含有三个变量的多项式（不一定是对称的）都可以写成由初等对称函数组成的多项式?

(g) 请把它推广到具有更多变量的多项式上，如果你被弄糊涂了，看看具有两个变量的多项式（$s_1 := x + y, s_2 := xy$）.

(h) 循环和与初等对称函数之间有关系吗? 如果有，是什么关系呢?

题 3.1.19 回想一下例 3.1.6 中提到的四只虫子问题. 它们是按照旋转的方法来爬行的，例如一个虫子开始时是面朝正北方向行进的，但逐渐面对正西了，此时它转了 90°. 虫子的旋转角度可能会超过 360°. 当四只虫子相遇时，每只虫子已经转了多少度呢?

题 3.1.20 考虑下面的双人游戏. 每位选手轮流将硬币放置在矩形桌面上，但放置硬币时不能碰到已经放在桌上的硬币，游戏开始时桌子上是没有硬币的，合法地放置最后一枚硬币的选手获胜. 请问第一位选手有必赢的策略么?

题 3.1.21 如图所示，一个直径无穷小的台球在射线 $\overrightarrow{BC}$ 的 C 点处以角度 α 入射，台球沿着由“入射角等于反射角”规定的路径在线段 $\overline{AB}$ 和 $\overline{BC}$ 之间弹跳. 如果 $AB = BC$，请确定台球在这两条线段之间弹跳的次数（包括在点 C 处的第一次弹跳）. 请以包含 α 和 β 的函数形式表达.

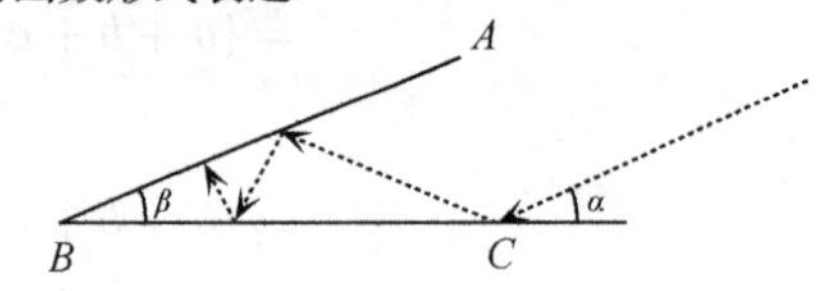

题 3.1.22 椭圆是平面上到两定点（焦点）的距离之和等于常数的所有点的轨迹. 证明**椭圆的反射原理**，即：若一球桌的边缘是椭圆形，从椭圆的一个焦点处向**任意**点击出小球，该小球经过反射后一定经过另一焦点.

题 3.1.23 抛物线是平面上到定点（焦点）的距离与到定直线（准线）的距离相等的所有点的轨迹. 证明**抛物线的反射原理**，即：一束光线垂直于准线入射，碰到抛物线凹面的任一点，光线将沿镜面反射后经过焦点.

题 3.1.24 设球心为 $(0,0,0)$ 半径为 20 的球面上的任一点 (x,y,z) 的温度为 $T(x,y,z) := (x+y)^2 + (y-z)^2$. 球面的平均温度是多少?

题 3.1.25 (普特南 1980) 计算

$$\int_0^{\pi/2} \frac{\mathrm{d}x}{1 + (\tan x)^{\sqrt{2}}}.$$

题 3.1.26 (匈牙利 1906) 从菱形的 4 条边各自向外作正方形，K, L, M, N 是这 4 个正方形的中心. 证明四边形 $KLMN$ 是个正方形.

题 3.1.27 (塞缪尔 · 范德维尔德) 在标准的 8×8 国际象棋棋盘上放置 8 个车，使得不会有两个车在同一行或同一列，即没有车能够互相攻击. 现在把没有被车占据的方格中的 27 个染成红色. 证明总是可以将车移动到一组不同的 8 个未染色的方格（即，至少有一个以前是空的方格上现在有一个车），使得这些车仍然不能互相攻击. 证明: 如果把 28 个方格染成红色, 就不一定能够做到这点.

题 3.1.28 概率中的对称. 设想在区间 $[0,1]$ 上任取三个点, 则这个区间就被分割为四段. 那么每段的平均长度是多少? 显然该问题的答案"应该"是 1/4, 如果这四段中每段长度(平均值、标准差等)的概率分布是相同的, 那么确实是这样. 想象一下, 如果我们不是在一条线段上任取三个点, 而是在一个周长为 1 的圆周上任取四个点, 无论第四个点取在何处, 将这个圆在此处切断并"展开", 就会形成上述被分成四段的单位区间. 考虑这段话的意义, 然后再尝试思考下面的几个问题!

(a) 一副有四个 A 的纸牌经过洗牌以后, 再将牌一张张地抽走, 直到抽到第 1 张 A, 那么平均有多少张牌已被抽走了呢?

(b) (吉姆 · 普罗普) 给定一副有 52 张牌的纸牌, 随机取出 26 张, 有 $\binom{52}{26}$ 种取法, 然后将取出的 26 张牌放在原来纸牌的上面, 放置的顺序就是它们被抽出的顺序, 现在这副牌中占据相同位置的牌的数量的期望是多少? (关于期望的更多问题见第 210 页.)

(c) (感谢安德鲁 · 斯托克) 如图所示, 一个由 13 座桥梁组成的系统将一条河流的北岸与南岸连接起来. 对于每一座桥, 抗议游行将阻塞该桥的概率为 50%, 并且这些概率是独立的(想象对每座桥抛一枚硬币). 能够从此岸到达彼岸的概率有多大?

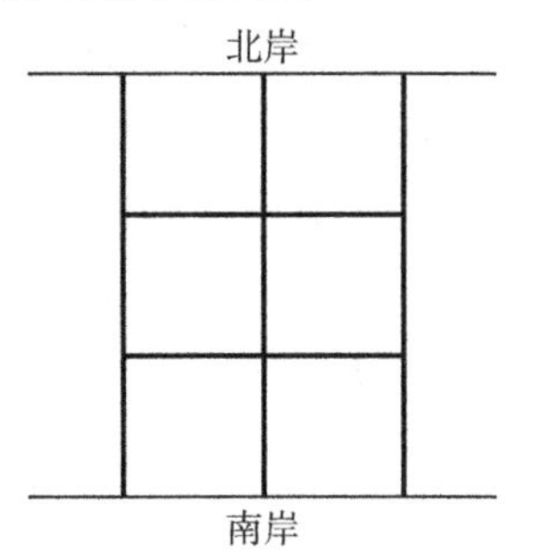

(d) (普特南 1992) 在球面上随机选择 4 个点, 以这 4 个点为顶点构造一个四面体. 球心位于四面体内部的概率是多少?

(e) (湾区数学竞赛 1999) 在球面上随机选取 11 个点, 这 11 个点都位于球的某个半球上的概率是多少?

3.2 极端原理

当你开始解决问题时, 遇到的困难之一就是有太多的东西需要去记录并且理解. 一个问题中可能会涉及含有多个(也可能是无穷多个)元素的数列. 一道几何题可能会用到许多不同的直线和其他的形状. 一个解题能手**总是**会试图把这些方面组织好. **极端原理**是解决这类问题的一种基本的战术:

> 如果可能的话, 把你要解决的问题中的各个元素假想为是"有顺序"的. 关注其中的"最大"和"最小"的元素, 它们也许会形成一种令人感兴趣的结果.

这个话题已经是老生常谈了, 但是在处理很多问题时很有效果(例如, 见第 18 页的积极行为问题.) 下面来给大家举个简单的例子.

例 3.2.1 令 B 和 W 分别代表有限个白色和黑色的点的集合, 在平面上, 任何连接两个同色点的线段上还有一个不同色的点. 证明所有点必定在同一线段上.

解答 通过试验，我们发现这些点若不在同一直线上，则这些点有无穷多个. 通过画很多复杂的图表，发现“总能画出一个新的点”，这样可能就能证明结论，但是这样做并不简单. 利用极端原理就能使问题迎刃而解：假设所有点不全在同一直线上，那么它们至少构成一个三角形. **考虑面积最小的三角形**，它的两个顶点同色，因此它们中间必有一点与顶点不同色，这样就又形成了一个更小的三角形——矛盾! ■

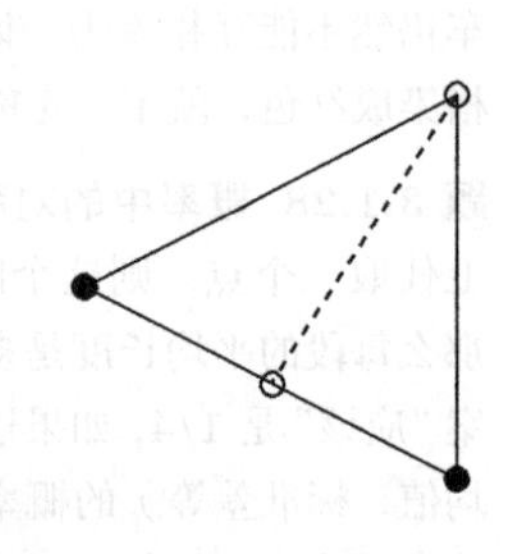

请记下极端原理如何使问题迎刃而解的，它简单得就像作弊了一样. 前面用到的论证结构是非常典型的反证法论证，即：先假设你想证明的结果不成立，然后观察最小（或者最大）的元素，并且论证存在一个更小（或者更大）的元素，最后便得到需要的矛盾. 一个由实数组成的集合只要是有限的，它总有一个最小的和一个最大的元素. 而无穷集合可能不包含极限值（例如，考虑无穷集合 $\{1,2,1/2,2^2,1/2^2,2^3,1/2^3,\cdots\}$，它既没有最小元素也没有最大元素），但如果集合由正整数组成，我们可以使用如下的**良序原理**：

非空正整数集合有最小元素.

下面是另一个简单的例子，它使用的战术是极端原理. 关键之处在于灵巧的几何构造.

例 3.2.2 (韩国 1995) 假设平面上存在有限个点，选择其中的任意三点 A,B,C 构成三角形 ABC，其面积总是小于 1. 请证明所有这些点都位于一个面积小于 4 的三角形的内部或三条边上.

解答 假设在给定的点构成的所有三角形中，$\triangle ABC$ 是其中面积最大的一个. 用 $[ABC]$ 表示 $\triangle ABC$ 的面积，那么有 $[ABC]<1$. 假设 $\triangle ABC$ 是 $\triangle LMN$ 的**中位线三角形**（换句话说，$\triangle LMN$ 的三条边上的中点分别是 A,B,C，如右图所示）.

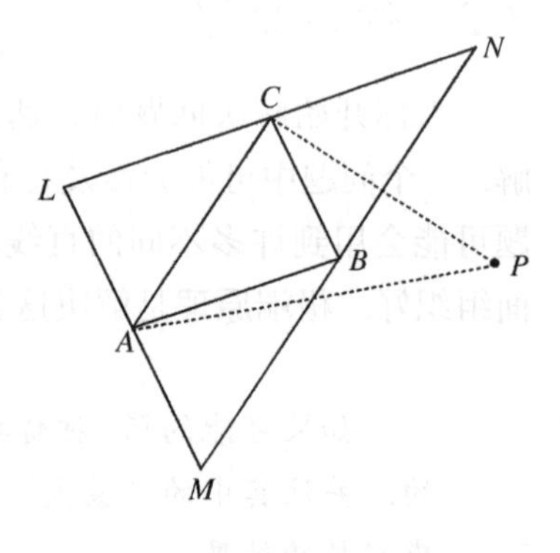

我们有 $[LMN]=4[ABC]<4$，且题中所说的点都位于 $\triangle LMN$ 内部或三条边上. 假设有一点 P 位于 $\triangle LMN$ 的外部，我们能够连接点 P 与 $\triangle ABC$ 的两个顶点，形成一个面积大于 $[ABC]$ 的三角形，这与 $[ABC]$ 是最大的矛盾. ■

我们必须认识到问题中的次序及最大最小值，如果可能的话，要假设这些元素都是按照一定次序排列的（我们称之为**单调化**）. 把这些都看作“免费信息”，这样就可以起到简化问题的作用. 下一个例子再一次说明了极端原理是极其关注所给出的元素中的最大值（和最小值）的. 我们第一次遇到的类似问题是第 2 页例 1.1.4. 处理这样的问题时需将其分解为两部分：首先是分析问题，然后是正式的书写.

例 3.2.3 有一次，我请了 10 对夫妇来我家参加宴会，我问所有参加宴会的人（包括我妻子在内）他们和多少人握过手，结果得知每个人的握手次数都不相同，当然我没有问自己. 假定没有人与自己的配偶握手，也不考虑每个人自己同自己握手，那么请问我妻子与多少人握过手?（我没有问自己任何问题.）

分析 这个问题似乎很难处理，题中并没有提供足够的信息. 不过我们可以通过分析比较简单的情形从而**化难为易**. 例如假设除了男女主人之外只有两对夫妇参加宴会的情形.

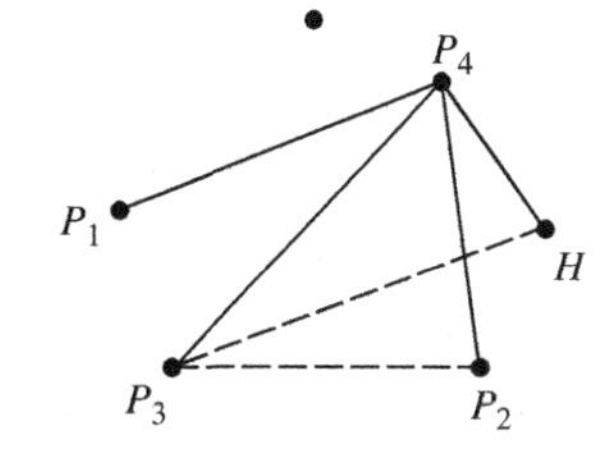

主人发现他询问的 5 个人中，有 5 个不同的“握手数”，包含了从 0 到 4（没有人与自己的伴侣握手）的 5 个数，分别是 $0,1,2,3,4$. 我们将这 5 个人分别记为 $P_0,P_1,\cdots,P_4$. 然后使用**作图战略**，作包括主人（标记为 H）在内的图.

我们可以找到握手数最少和最多的两个人，即 P_0 和 P_4. 分析 P_0 这位宴会上“最不热情的”成员，他或她没与任何人握过手. 那么“最热情的”人 P_4 呢? P_4 与所有可能的人都握过手，这就意味着任何人（除了 P_4 的配偶）都与 P_4 握过手! 即除了 P_4 的配偶以外的任何人的握手数都不是 0，所以 P_4 和 P_0 一定互为配偶!

此时可以轻松一点了，因为突破口已经找到了. 直觉告诉我们 P_3 和 P_1 可能也是一对配偶. 该如何证明这点呢? 试着修改刚才使用过的论证方法，P_3 与除了他（她）的配偶以及 P_0 外的其他所有人都握手了，P_1 则只与一个人握过手. 我们还有更多的信息吗? 有的，那就是 P_4 是 P_1 唯一握过手的人，并且 P_4 与 P_3 握过手. 换句话说，**如果不考虑 P_4 和他（她）的配偶** P_0，那么 P_1 和 P_3 将扮演 P_0 和 P_4 的角色，也就是说，他们分别是最不热情和最热情的人. 与上段论述同理，他们肯定是配偶（P_3 与其他三人 P_1,P_2,H 中的两人握过手，同时知道 P_1 没有与 P_3 握过手，所以能与 P_3 成配偶的人只可能是 P_1）.

我们完成了，因为只剩下 P_2 和 H 两个人，他们一定是一对夫妻，所以 P_2 是女主人，她与两个人握过手. 很容易将上述论证推广到 n 对夫妇的一般情形.

正式解答 我们将使用归纳法. 对任何正整数 n，定义命题 $P(n)$ 为:

> 假设男主人邀请了 n 对夫妇，同时假设没有人与他（她）的配偶握手，并且被主人询问过的所有 $2n+1$ 个人的握手数均不相同，那么女主人必与 n 个人握过手.

通过作图，并考虑逻辑上唯一的可能性，很容易确定 $P(1)$ 成立. 下面要利用 $P(n)$ 来推导 $P(n+1)$，如果这成立，我们便完成了证明. 假设对于某个正整

数 n，$P(n)$ 成立. 考虑有 $n+1$ 对夫妇（除了男女主人之外）的宴会，并且该宴会满足条件（没有人与其配偶握手，所有的握手数均不相同）. 那么所有的从 0 到 $2(n+1)=2n+2$（含两端）的整数都将在男主人的询问 $2n+3$ 人的握手数中出现. 考虑某人 X，他握手次数最多，为 $2n+2$. 这个人与参加聚会的 $2n+4$ 人中除两人之外的其他人都握了手. 因为没有人与他（她）自己以及配偶握手，X 已经与所有可以握手的人握了手，因此唯一可能是 X 的配偶 Y 的握手数为 0. 这是因为所有其他的人都与 X 握过手，因此不可能是 X 的配偶.

下面我们将不再考虑宴会中的 X 和 Y. 如果不再计算这两人的握手数，参加宴会的夫妇将减少为 n 对，每个人的握手数（除了男主人，我们没有任何关于他的信息）都会减少一次，因为每个人都与 X 握手但没有人与 Y 握手. 但是归纳假设 $P(n)$ 说明，在这个"精简"了的宴会上，女主人与 n 个人握过手，然而实际上，女主人还多握了一次手，就是我们刚才去掉的 X. 所以在这个有 $n+1$ 对夫妇参加的宴会上，女主人握过 $n+1$ 次手，因此 $P(n+1)$ 得证. ■

很多情况下，问题会涉及极端原理和特殊的论证风格的同时应用，比如反证法或者数学归纳法. 一个常用战术是利用极限值将原问题分割为更小的问题，正如我们前面所做的，然后正式的论证中则利用数学归纳法. 下面我们再举个例子，这道题同上题一样，我们先将解法分解为一个非正式的分析，然后再将它正式书写出来.

例 3.2.4 (圣彼得堡数学奥林匹克竞赛 1996) 黑板上写有一些正整数，每次去掉两个不同的正整数，然后写下这两个数的最大公因数和最小公倍数作为替代. 证明：黑板上的数最终会不再变化.

分析 在正式解题之前，我们提及几个简单的数论定义. 详情请参见第 7 章.

- 对整数 a 和 b 而言，符号 $a|b$ 的含义是"a 整除 b"，也就是说存在一个整数 m，使等式 $am=b$ 成立.
- a 和 b 的**最大公因数**定义为同时满足 $g|a$ 和 $g|b$ 的最大整数 g，符号记为 $\gcd(a,b)$，有时也记为 (a,b).
- a 和 b 的**最小公倍数**定义为同时满足 $a|u$ 和 $b|u$ 的最小**正**整数 u，符号记为 $\operatorname{lcm}(a,b)$，有时也记为 $[a,b]$. 限定最小公倍数是正整数，否则就可能是 $-\infty$ 了！

我们先以两个正整数 10 和 15 来举个简单的例子. 它们的最大公因数和最小公倍数分别为 5 和 30，而在之后的替换过程中不会改变，因为有 $5|30$. 下面再举个复杂点的例子. 我们用黑体字来表示被去掉并且被替代的那两个数.

$$\begin{array}{cccc} 11 & \mathbf{16} & \mathbf{30} & 72 \\ \mathbf{11} & 2 & 240 & \mathbf{72} \\ 1 & 2 & \mathbf{240} & \mathbf{792} \\ 1 & 2 & 24 & 7920 \end{array}$$

我们再一次发现替换过程在到达上述情形后就不会再发生改变，因为有

$$1|2, \quad 2|24, \quad 24|7920.$$

经过更多的试验，（试试看！）容易得出以下猜想：

> 最终，上述数列将会形成一条链，其中每个数都能整除下一个数（当按适当顺序排列后）．此外，这条链中的最小的元素和最大的元素分别是最初给定的数列的最大公因数和最小公倍数．

那么该如何运用极端原理来证明这个猜想呢？请关注在每个阶段中数列的最小元素．在以上例子中，最小元素分别是 $11, 2, 1, 1$．同样，也请关注最大元素，在这个例子中，最大元素分别是 $72, 240, 792, 7290$．可以观察到最小元素的序列是非递增的，同时最大元素的序列是非递减的．这为什么成立呢？设 $a < b$ 是两个被去掉的正整数，它们被替换为

$$\gcd(a, b), \quad \operatorname{lcm}(a, b).$$

注意到如果 $a|b$，那么就有 $a = \gcd(a, b)$ 且 $b = \operatorname{lcm}(a, b)$，所以序列没有变化．否则，就有 $\gcd(a, b) < a$ 且 $\operatorname{lcm}(a, b) > b$．因此，如果 x 是当前最小元素，在下一次替换后，会发生下面两种情况中的一种．

- 去掉 x 和另外一个元素 y（当然，假定 x 不整除 y），并用 $\gcd(x, y) < x$ 代替 x，这便产生了一个新的更小的最小元素．
- 去掉两个不等于 x 的元素．在这种情况下，两个新产生的元素中较小的一个或者小于 x（即产生一个新的最小元素），或者大于等于 x（此时 x 仍旧是最小元素）．

类似地，可采用与上述相同的步骤来分析如何产生最大元素．但在现阶段，还是先将注意力集中在最小元素上面．我们知道最小元素或者保持不变，或者在每次擦掉并替换的过程中逐渐减小，直至最终不再变小．这是为什么呢？因为我们可能碰到的最大值是原来所有元素的最小公倍数，所以在变换的每个阶段中，序列中都只有有限多个数．最终，要么序列不再变化，则我们完成了证明，要么此序列会重复出现．因此我们能够找到一个**最小的**最小元素，也就是在序列变化过程中可能出现的最小的最小元素 ℓ．我们知道 ℓ 一定可以整除该序列中出现的所有其他元素，否则，如果存在某个 x 不能被 ℓ 整除，那么将 ℓ 与 x 去掉，则能用更小的元素 $\gcd(\ell, x) < \ell$ 替换，这与 ℓ 是序列中最小的元素矛盾．

为什么这样就可以了呢? 这是因为一旦找到了最小的最小元素 ℓ，就可以忽略它，因为 ℓ 可以整除序列中所有其他元素，并且通过擦掉并替换包含 ℓ 在内两个元素的方法使得序列不再改变. 因此原序列中"活跃的"元素就减少一个.

我们已经做好使用数学归纳法的准备工作了，接下来我们写出正式证明.

正式解答 我们使用数学归纳法来证明这个命题. 假定序列中有 n 个元素，基础情形 $n=2$ 是显然的，a,b 经过一次变换后替换为

$$\gcd(a,b), \quad \operatorname{lcm}(a,b),$$

则该序列不再变化.

现在我们假定序列有 n 个元素，经过有限次地"去掉–替换"操作后，序列不再变换. 考虑如下 $n+1$ 个元素的序列

$$u_1, u_2, \cdots, u_n, u_{n+1}.$$

我们将对这个序列重复进行"去掉–替换"操作，使得每一步操作后都会使序列发生变化，在每一步操作完，我们都将原序列按从小到大的次序重新排列. 可以观察到如下简单事实:

(1) 在每个可能的阶段，序列中的最小元素至少等于最初的序列中所有元素的最大公因数;

(2) 在每个可能的阶段，序列中的最大元素至多等于最初的序列中所有元素的最小公倍数;

(3) 任意给定变换阶段的最小元素总是小于等于前一阶段序列中的最小元素;

(4) 因为我们每次变换后将序列从小到大重新排序过，则事实 (1) 和 (2) 表明只可能有有限次的序列变换.

当我们对序列每采取一次"去掉–替换"操作后，令 ℓ_i 表示序列经过第 i 次操作后的最小值，将会出现如下两种可能的情况:

- 最终我们将不能继续改变序列，在这种情况下，最小元素序列 $\ell_1, \ell_2, \ell_3, \cdots$ 将会终结;
- 在某一阶段 (例如第 k 阶段)，我们将会回到之前出现过的序列 (观察前面的事实 (4) 可得). 因此最小元素序列 $\ell_1, \ell_2, \ell_3, \cdots$ 可能是无限的，但满足 $\ell_k = \ell_{k+1} = \ell_{k+2} = \cdots$，这可观察前面的事实 (3) 得到.

因此，对于各种初始序列 $u_1, u_2, \cdots, u_n, u_{n+1}$，根据将来序列变化情况的不同，存在某个第 k 阶段，并存在某个数 $\ell := \ell_k$，这个数在各个阶段出现的那些最小元素中是最小的.

数 ℓ 必将整除序列在第 k 阶段和之后阶段出现的所有其他元素，因为不然，我们能够擦掉 ℓ 并用其他元素替换，从而得到一个更小的最小元素，这与 ℓ 的最小

性矛盾. 因此, 只要到达第 k 阶段, 最小元素 ℓ 便与接下来的阶段毫不相干——我们只能通过擦掉并替换剩余的 n 个元素才能产生变化. 但归纳假设表明, 最终这 n 个元素将不再变化. 因此, 开始时的 $n+1$ 元素序列最终也将不再发生变化. ■

在更复杂的问题中, 要将哪些对象进行单调化并不明显, 并且良序原理对无限集并不总是成立. 在涉及无限集的情形, 极端原理有时成立, 但仍然需要审慎处理.

例 3.2.5 设 $f(x)$ 表示 n 次实系数多项式, 使得对所有 $x \in \mathbb{R}$ 有 $f(x) \geqslant 0$. 定义 $g(x) := f(x) + f'(x) + f''(x) + \cdots + f^{(n)}(x)$. 证明对所有 $x \in \mathbb{R}$ 有 $g(x) \geqslant 0$.

解答 这道题中有很多地方可以应用极端原理. 因为 $f(x) \geqslant 0$, 我们可能希望考察那些使 $f(x)$ 达到最小值的 x. 首先要证明 x 的存在性, 也就是说, 存在 $x_0 \in \mathbb{R}$ 使得 $f(x_0)$ 达到最小值. [这并不是对所有的函数都成立, 比如说 $f(x) = 1/x$.] 记

$$f(x) = a_n x^n + a_{n-1} x^{n-1} + \cdots + a_1 x + a_0,$$

其中每个 $a_i \in \mathbb{R}$. 由于 $f(x)$ 恒为非负, 首项系数 a_n 肯定是正数, 因为当 x 是一个大的正数或是负数时, $f(x)$ 的值取决于第一项 $a_n x^n$, 所以我们知道 n 是偶数, 有:

$$\lim_{x \to -\infty} f(x) = \lim_{x \to +\infty} f(x) = +\infty,$$

因此 $f(x)$ 有最小值. 注意到 $g(x)$ 与 $f(x)$ 的首项是相同的, 所以 $g(x)$ 同样有最小值. 事实上, $g(x)$ 才是需要关注的. 我们想要证明这个多项式恒为非负, 因此一种有希望的战略是反证法. 假设当 x 取一些值时 $g(x) < 0$, 考虑当 $x = x_0$ 时 $g(x)$ 达到**最小值**. 则 $g(x_0) < 0$. 那么 $g(x)$ 与 $f(x)$ 之间存在怎样的关系呢? 因为 $f(x)$ 是 n 次的, 所以就有 $f^{(n+1)}(x) = 0$ 且

$$g'(x) = f'(x) + f''(x) + \cdots + f^{(n)}(x) = g(x) - f(x).$$

因为 $g(x_0) < 0$, 且由题设知 $f(x_0) \geqslant 0$, 所以

$$g'(x_0) = g(x_0) - f(x_0) < 0.$$

但是这与当 x 取 x_0 时 $g(x)$ 达到最小值的结果相矛盾, 因为那样的话 $g'(x_0)$ 应该等于 0. ■

下一个例子取自 1994 年在中国香港举行的国际数学奥林匹克竞赛, 运用高斯对偶定理和单调化方法可以帮助解决这个相当困难的问题.

例 3.2.6 设 m, n 是正整数, $a_1, a_2, \cdots, a_m$ 是集合 $\{1, 2, \cdots, n\}$ 中互不相同的元素, 只要存在 i, j ($1 \leqslant i \leqslant j \leqslant m$) 满足 $a_i + a_j \leqslant n$, 则存在 k ($1 \leqslant k \leqslant m$) 使得 $a_i + a_j = a_k$. 证明:

$$\frac{a_1 + a_2 + \cdots + a_m}{m} \geqslant \frac{n+1}{2}.$$

解答 这不是一道容易的题目, 问题的一部分难点是搞清问题的叙述! 我们称具有题中所描述性质的数列为“好”数列. 换句话说, 一个好数列是这样

的 $a_1, a_2, \cdots, a_m$，它们是集合 $\{1, 2, \cdots, n\}$ 中互不相同的元素，只要存在 i, j（$1 \leqslant i \leqslant j \leqslant m$[①]）满足 $a_i + a_j \leqslant n$，则存在 k（$1 \leqslant k \leqslant m$）使得 $a_i + a_j = a_k$. 我们从为 m 和 n 赋简单的值入手，比如令 $m = 4, n = 100$，我们得到了一个由 1 到 100（含两端）的不相同的正整数组成的数列 a_1, a_2, a_3, a_4. 一个可能的数列是 $5, 93, 14, 99$，这是个好数列吗？注意到 $a_1 + a_2 = 98 \leqslant 100$，所以我们需要一个能使 $a_k = 98$ 的 k，但可惜这样的 k 是不存在的. 我们尝试改进这个数列，改为 $5, 93, 98, 99$. 现在试着在该数列中找两个和不超过 100 数. 那么能找出的两个数只能是 $(5, 93)$，可以确定，它们的和就是这个数列中的一项，所以这个数列是一个好数列. 下面计算出它的平均数，事实上，我们得到

$$\frac{5 + 93 + 98 + 99}{4} \geqslant \frac{100 + 1}{2}.$$

但是为什么这个不等式能够成立呢？我们来试着构造 $m = 6, n = 100$ 的另一个好数列. 假设数列的前两项是 $11, 78$，因为 $11 + 78 = 89 \leqslant 100$，那么数列中一定包含 89 这一项，则数列的前三项为 $11, 78, 89$. 注意到 $89 + 11 = 100 \leqslant 100$，所以 100 一定也在数列中，那么这个数列就是 $11, 78, 89, 100$. 如果想在数列中添加另一个更小的数时就需要小心了. 例如，如果添加的数是 5，这就需要在数列中添加 $11 + 5 = 16, 78 + 5 = 83, 89 + 5 = 94$，但是这是不可能的，因为我们的数列只有 6 项. 从另一方面说，添加两个大一点的数不存在困难. 一个可能的数列是 $11, 78, 89, 100, 99, 90$. 那么又得到：

$$\frac{11 + 78 + 89 + 100 + 99 + 90}{6} \geqslant \frac{101}{2}.$$

我们仍需指出为什么存在这种情况. 等式两边同时乘以 6，得到：

$$11 + 78 + 89 + 100 + 99 + 90 \geqslant 6 \times \frac{101}{2} = 3 \times 101,$$

它强烈暗示我们尝试将数列中 6 个数分为三组，并将每组的两个数相加得到三个和，它们都比 101 大. 实际上这是很容易做到的：

$$11 + 78 + 89 + 100 + 99 + 90 = (11 + 100) + (78 + 89) + (99 + 90).$$

在一般情况下也能这样做吗？我们希望也能这样做，但实际上需要证明一个稍强的结论. 毕竟，数列中的项并不总是恰好成对的，正如上述情形，尽管如此序列中所有项的和总是很大的. 然而，尝试证明一个更强的命题不会对我们的证明造成什么妨碍. 有时候更强的结论证明起来反倒更容易.[②]

---

① 后面的证明过程要求 $i \neq j$，当 m 是偶数时这是可行的. 但当 m 是奇数时，这就行不通了. 可以通过重新构造示例来挽救这个证明，见第 325 页的附录. ——译者注

② 附录中的证明过程从这之后接续. ——译者注

我们试着提出一种适用于 $m=6, n=100$ 情形下所有序列的论证方法. 首先是**单调化**! 这能起到简化问题的重要作用. 不失一般性，假设我们得到的数列是好数列，并且

$$a_1 < a_2 < a_3 < a_4 < a_5 < a_6.$$

由于好数列的每一项都**不相同**，所以上式是严格不等式，这正是好数列的特征之一.

我们想知道是否能将这些项配成对，从而使得每一对的和大于等于 $n+1$. 让我们先暂停并思考一下战略. 已经假设这个数列是好数列（并且是单调的），我们希望得到的结论是三个不等式. 要想直接证明三个不同的不等式是困难的（如果 n 更大，那么证明就会更难）. 反证法则是一种更有希望的方法，因为只需假设其中一个不等式不成立，如果这与已知条件矛盾，那么我们就证明了想要的命题. 不仅仅是这样，如果假设两数相加的结果小于 $n+1$，也就是说两数之和 $\leqslant n$，这恰好符合定义中的好数列的要求，因此这样的方法看起来确实很有希望成功! 所以，利用单调数列的对称性，假设下列和式

$$a_1+a_6, \quad a_2+a_5, \quad a_3+a_4$$

中至少有一个小于等于 n. 选出 a_1+a_6 这一项，如果这个和小于等于 n，好数列的性质意味着存在某一项 a_k 等于 a_1+a_6，但这是不可能的，因为 a_i 是正数并且数列是**单调的**，这样就出现矛盾了!

现在试着假设 $a_2+a_5 \leqslant n$，它们的和是 a_k，其中 k 是某个 1 到 6 之间的整数. 上述和是严格大于 a_5 的，所以一定有 $a_2+a_5=a_6$. 到目前为止还没有出现矛盾. 但我们尚未充分利用数列是“好的”这一假设条件. 由单调性可知 a_1+a_5 严格小于 a_2+a_5，因此 $a_1+a_5=a_j$，其中 j 是某个 1 到 6 之间的整数. 但是 $a_j > a_5$，这导致 $a_j=a_6$. 但是这是不可能的，因为 a_1+a_5 严格小于 $a_2+a_5=a_6$，而所有的项都是**不同的**. 再次出现矛盾.

同样地，如果假设 $a_3+a_4 \leqslant n$，好数列的性质意味着 a_3+a_4 等于 a_5 或 a_6. 但是 a_1+a_4 和 a_2+a_4 也 $\leqslant n$，并且都比 a_4 大且**互不相同**. 这就出现了矛盾，即我们有三个不同的和（$a_3+a_4, a_2+a_4, a_1+a_4$），却只有两个可能的值（$a_5$ 和 a_6）.

最终，我们可以构造一个一般性的论证. 在你看这个论证之前，先试着自己写出来. 以下论述中假设 m 是偶数. 当 m 是奇数时，只需对已有论证稍作修改.

已知数列 $a_1, a_2, \cdots, a_m$ 是好数列，并不失一般性地假设

$$a_1 < a_2 < \cdots < a_m.$$

我们将要通过证明“$a_1+a_m, a_2+a_{m-1}, \cdots, a_{m/2}+a_{m/2+1}$ 中每一组数都大于等于 $n+1$”这个更强的结论，来证明 $a_1+a_2+\cdots+a_m \geqslant m(n+1)/2$. 假设这个更强的结论不成立，对某个 $j \leqslant m/2$，一定有 $a_j+a_{m+1-j} \leqslant n$. 好数列的性质意味着

存在 $k, 1 \leqslant k \leqslant m$，使得 $a_j + a_{m+1-j} = a_k$. 而实际上 $k > m+1-j$，因为每一项都是正数且数列是单调递增的. 同样地，下列 j 个和式

$$a_1 + a_{m+1-j}, a_2 + a_{m+1-j}, \cdots, a_j + a_{m+1-j}$$

中的每一个都小于等于 n，且互不相同，并且每一个和都大于 a_{m+1-j}. 好数列的性质意味着上述每一个和都等于某个 a_l，其中 l 是满足 $l > m+1-j$ 的正整数. 对正整数 l 而言，只有 $j-1$ 种不同的选择，但是共有 j 个不同的和. 这样便找到了我们想要的矛盾. ■

问题与练习

题 3.2.7 想象一下，在一个无限大的国际象棋棋盘上的每个格子内都有一个正整数，假定每个格子内的值等于与它相邻的东、南、西、北方向四个格子中的数的平均值，证明：所有格子内的值都是相等的.

题 3.2.8 已知圆周上有 2000 个点，且每个点上都有一个数，每个数都等于与这个数相邻的两个数的平均值. 证明：所有的数都是相等的.

题 3.2.9 (湾区数学奥林匹克竞赛 2004) 平面的平铺是将多边形放置在平面内并使得多边形内部互不重叠，而多边形的每个顶点都与另一个多边形的顶点重合，并且平面上没有未被覆盖的点. 单位多边形是指所有边长都是 1 的多边形.

用无穷多个单位正方形铺满平面是很容易做到的. 同样地，用无穷多个单位等边三角形铺满平面也是很容易做到的.

(a) 证明用无穷多个单位正方形和无穷多个单位等边三角形也能铺满平面.

(b) 证明用无穷多个单位正方形和有限个（至少一个）单位等边三角形不能铺满平面.

题 3.2.10 假设你有有限枚硬币且位于同一个平面，但这些硬币的直径各不相同. 证明一枚硬币最多只能与其他五枚硬币相切.

题 3.2.11 (加拿大 1987) 设 $n > 1$，有 n 个人站在宽广平坦的运动场上，每个人到其他人的距离各不相同. 每个人都拿着水枪射击离他最近的人. 当 n 是奇数时，证明至少有一个人没被水射到. 当 n 为偶数时此结论仍成立吗?

题 3.2.12 正方形的每个顶点上各有一只青蛙. 每分钟，一只青蛙跳过另一只青蛙，“被跳过”的青蛙位于线段的中点，“跳跃者”位于线段的起点和终点. 青蛙是否可能占据**更大**的正方形的顶点?

题 3.2.13 用折纸证明 $\sqrt{2}$ 是无理数.（感谢约翰·康威.） 如果 $\sqrt{2}$ 是有理数，那么就存在一个纸做的等腰直角三角形，三条边都是整数. 将纸三角形折叠起来，使得直角和一条腰与斜边齐平. 完成接下来的证明!

题 3.2.14 把整数 $1, 2, 3, \cdots, n^2$ 按任意顺序（不重复地）填在 $n \times n$ 国际象棋棋盘里，每个方格只能填一个整数. 证明存在两个相邻的方格，它们中填入的数相差至少为 $n+1$.（相邻指水平的、垂直的或是对角的相邻.）

题 3.2.15 数论中的极端原理. 在第 72 页例 3.2.4 中，我们知道了最大公因数和最小公倍数的概念. 现在我们要介绍另一个简单的数论思想——**带余除法法则**.

> 设 a 和 b 是正整数，$b \geqslant a$，那么存在整数 q, r 满足 $q \geqslant 1$ 且 $0 \leqslant r < a$，使得
>
> $$b = qa + r.$$

换句话说，b 除以 a，所得的商是正整数 q，余数是 r，r 至少是 0（当 $a|b$ 时，$r = 0$），但

小于 a. 带余除法法则是"显而易见"的概念，你在小学时就已经看到过这个法则了，它实际上是良序原理的一个推论.

(a) 作为准备工作，通过考虑当 t 取所有可能的正整数时，使 $b-at$ 为最小非负值，从而严格证明带余除法法则.

(b) 另一准备工作：证明（只需两秒！）若 $a|b$ 且 $a|c$，则对于任意整数 x, y（正或负或零）$a|(bx+cy)$ 都成立.

(c) 证明若 $a|m$ 且 $b|m$，则 $\text{lcm}(a,b)|m$.

(d) 最后证明：对任意整数 a, b，a 和 b 的最大公因数等于 $ax+by$ 的最小正值，此处 x 和 y 可以是所有整数（正或负或零）. 例如：若 $a=7, b=11$，可得 $\gcd(7,11)=1$（因为 7 和 11 都是素数，除了 1 之外没有其他公因数），同时我们有 $1=(-3)\times 7+2\times 11$.

题 3.2.16 设 $P(x) = a_nx^n + a_{n-1}x^{n-1} + \cdots + a_0$ 是整系数多项式，q 是素数. 如果 q 是 $a_{n-1}, a_{n-2}, \cdots, a_1, a_0$ 的因数，但 q 不是 a_n 的因数，q^2 不是 a_0 的因数，那么 $P(x)$ 在有理数范围内是不可约的. 也就是说，$P(x)$ 不能被分解成两个系数是有理数的非常数多项式.

3.3 鸽笼原理

初级鸽笼原理

鸽笼原理[①]可以最简单地陈述为：

> 如果你拥有的鸽子比鸽笼要多，当你打算把这些鸽子放进这些鸽笼里时，至少有一个鸽笼要装最少两只鸽子.

令人惊讶的是，这个看上去并不重要的观点被很多数学家所重视，它被认为与高斯对偶定理一样重要. 例如，鸽笼原理在处理 1994 年普特南数学竞赛的至少三分之一的问题时都起到了至关重要的作用. 下面的几个例子将会使你相信其不同凡响的作用.

例 3.3.1 已知平面内的所有点分别被涂成了红色或蓝色. 证明无论怎样去涂色，一定存在两个相距 1 公里的点，其所涂的颜色相同.

解答 随便想想，很快就能找到解决方案. 任选一个点，不失一般性地，我们选择一个红色的点. 画出以这个点为圆心，半径是 1 公里的一个圆. 如果这个圆的圆周上的某一个点是红色的，那么我们就完成了证明. 如果这个圆的圆周上的所有的点都是蓝色的，那么我们也已证明了结论，因为我们可以在圆周上找到两个相距 1 公里的蓝色点.（为什么?）

这很容易，但并未用上鸽笼原理. 请思考：想象边长是 1 公里的等边三角形的顶点，若三角形的三个顶点上只涂两种颜色，鸽笼原理告诉我们其中两个顶点上所涂的颜色一定相同！ ■

下面是另一个简单的例子.

① 为纪念 19 世纪著名数学家彼得 · 狄利克雷，鸽笼原理有时也称为狄利克雷原理. 又称"抽屉原理".

例 3.3.2 给定一个单位正方形，如果有五个点在这个正方形的内部或是边上，那么这五个点中有两个点的距离最多是 $\frac{\sqrt{2}}{2}$ 个单位长度.

解答 将单位正方形分割为四个 $\frac{1}{2} \times \frac{1}{2}$ 的小正方形. 运用鸽笼原理，某个小的正方形一定包含至少两个点，因为每个小正方形的对角线长度是 $\frac{\sqrt{2}}{2}$，那么这个距离就是两点间的最大距离. ■

能够快速得到完美的解决方案是鸽笼原理典型的特点. 以上的例子非常简单. 大多数这种类型的问题的解决过程常常需要以下三个步骤.

1. 先确定这个问题可能需要运用鸽笼原理来解决.

2. 确定什么代表鸽子，什么代表鸽笼. 这常常是解决问题的突破口.

3. 在应用了鸽笼原理以后，常常还有更多的工作要去做. 有时候鸽笼原理可以得到“倒数第二步”，有时候得到的仅仅是个中间结果. 熟练运用技巧的解题者会想出一个战略方法来处理这个问题.

这里我们举个简单的例子来说明运用鸽笼原理可以得到倒数第二步. 在以后的解题过程中遇到很多其他问题时，你可以把这个问题作为一种解题基础.

例 3.3.3 在任意 $n+1$ 个正整数中，一定存在两个数，它们的差是 n 的整数倍.

解答 很显然，倒数第二步便是要意识到两个想要的数除以 n 后必须有相同的余数. 因为这 $n+1$ 个数仅仅可能有 n 个余数. 这就证明完了. ■

下一个例子会有一点复杂，我们同样要注意在解答问题时自信是一个非常重要的战略. 对勇敢和有顽强斗志的人来说，这并不是一个非常困难的题目.

例 3.3.4 (IMO 1972) 证明：在 10 个互不相同的两位数（十进制）组成的集合中，存在两个不相交的子集，这两个子集中元素的和是相等的.

解答 我们想要得到的是元素和相同的两个子集，所以将子集作为鸽子来看是很合理的，所得的和就视为笼子了. 该如何正确地将鸽子放置在笼子里呢? 首先我们先看看那些和. 可能的最小的和是 10，可能的最大的和是 $99+98+97+\cdots+90$. 运用高斯对偶定理，就有 $189 \times 5 = 945$. 最终有 $945 - 10 + 1 = 936$ 种不同的和.

我们来数数鸽子的个数. 非空子集的个数（见 6.1 节）是 $2^{10} - 1 = 1023$. 由于 $1023 > 936$，即鸽子数要比笼子数多，所以我们就证明出来：在所有子集中，一定存在两个子集的元素和是相同的.

我们真的已经证明完了吗? 还没有. 问题中明确要求的是两个不相交的子集! 不要紧张. 当然，放弃现在已经证明出的部分是个很糟糕的解题方法，因为我们至少已经证明了一部分，即存在两个不同的（可能是有交集的）子集，其元素和是相等的. 那么我们是否能够用这个条件去找具有相同的元素和的两个不相交的子集呢? 这是可以做到的. 设 A, B 是元素和相等的两个集合，则会出现两种情况：

- A 和 B 没有交集. 符合题意!

- A 和 B 有交集. 将两个集合中相同的元素去掉后就得到两个不相交的集合了，那么此时的元素和仍然是相等的，（为什么？）这就完成了证明. ■

你可能会产生疑问：如果去掉相同的元素后，其中一个集合会不会没有任何元素了呢？这是绝对不可能的. 为什么呢？

中级鸽笼原理

下面是鸽笼原理更详细的描述，它在实际使用中比上述基本鸽笼原理的出现频率要高得多. [符号 $\lceil x \rceil$（x 的**上取整**）的含义是指大于等于 x 的最小整数. 例如，$\lceil \pi \rceil = 4$. 更多的信息见第 139 页.]

如果有 p 只鸽子和 h 个鸽笼，那么至少有一个鸽笼装有至少 $\lceil p/h \rceil$ 只鸽子.

注意，基本鸽笼原理是如下情况的推论：已知 $p > h$，那么 $\lceil p/h \rceil$ 的结果至少为 2.

你可以通过下面几个例子来验证自己是否真的理解了“中级鸽笼原理”中的这句话. 确保让自己真正理解为什么上述陈述是正确的.

如果幸运的话，只需将这一战术简单漂亮地应用一次就能解决问题. 但通常情况下，我们并不总是那么幸运，一些问题的求解需要多次运用鸽笼原理，这并不奇怪. 每次使用鸽笼原理时，都能得到一些信息. 下面的例子多次运用中级鸽笼原理.

例 3.3.5 （亚历山大 · 索伊费尔和赛茵 · 斯洛博德尼克）10×10 的国际象棋棋盘上放置着 41 个车，证明一定存在 5 个互不攻击的车（两个在同一行或同一列上的车将会互相攻击）.

解答 当你看到 41 与 10 同时出现时，就会想到鸽笼原理可能会被用上，因为 41 仅比 4×10 大 1. 一旦想到鸽笼原理，就不禁会注意到 $\lceil 41/10 \rceil = 5$，这时候会很受鼓舞，因为这就是我们要找的棋子数. 当然至此问题还没有解完，但这确实提醒我们要使用鸽笼原理来解题.

让我们来这样做吧. 我们需要找到 5 个互不攻击的车. 两个不同行且不同列的车是不会互相攻击的，所以需要找到 5 个车，它们分布在不同的行，也分布在不同的列. 初步的设想是：找到 5 个不同的行，每一行上都有“很多”车，然后可以从其中的一行中任选一个车，找到位于其他行但**不同列的**另一个车，等等. 已知 41 个车分布在 10 行中，鸽笼原理告诉我们，某一行上一定包含至少 $\lceil 41/10 \rceil = 5$ 个车. 这只是开始. 可以再次运用鸽笼原理以得到更多的信息吗？当然可以了！**其他**行将是什么样的情形呢？我们想找到有很多车的其他行. 已经找到了至少有 5 个车的行，后面就不再考虑这一行了！我们最多会去掉 10 个车，剩下的 9 行中至少包含 31 个车. 鸽笼原理告诉我们，这 9 行中的某一行一定包含至少 $\lceil 31/9 \rceil = 4$ 个车.

现在存在一种递推关系. 不考虑这一行，再次运用“鸽笼原理”，我们知道一定有某一行上至少包含 $\lceil 21/8 \rceil = 3$ 个车. 继续做下去，（检验一下！）可以发现另一行上至少包含了两个车，还有最后一行一定至少包含一个车.

所以我们得到棋盘上 5 个特定的行，每一行分别至少包含 5, 4, 3, 2, 1 个车. 现在可以构建“和平共处五胞胎”：首先选出至少包含一个车的一行；其次找出至少含有两个车的一行，这一行上至少有一个车不会与第一行已选的那个车在同一列，此时就把该行这个不同列的车作为第二个车；再次找到至少包含三个车的第三行，即这三个车中的某一个既不与第一个车在同一列也不与第二个车在同一列，则选择这个车作为第三个车. 这样继续下去，我们就完成证明了！ ■

这个经过详细阐述的问题完美地展示了鸽笼原理和异想天开战略，那就是不要放弃. 当你认为某个问题也许用鸽笼原理可以解答时，那就尝试着认真地去做吧. 如果能找到题中的鸽子和鸽笼的话，就能很快地解决问题了. 如果用鸽笼原理解决不了问题，请不要放弃！如果使用鸽笼原理后得到的是一个能为下一步提供信息的结论的话，那么就再用一次鸽笼原理吧. 记住一定要保留已经得到的信息！

高级鸽笼原理

下面的问题都是有一定难度的. 有些问题很难，是因为解题时需要将鸽笼原理与其他某些数学思想相结合. 有的问题仅仅需要运用初级鸽笼原理，但是题中的鸽子和（或）鸽笼并不明显.

下面要做的数论问题用到的仅仅是初级鸽笼原理，但是对鸽子的选择上却是很巧妙的.

例 3.3.6 (科罗拉多州春季数学奥林匹克竞赛 1986) 设 n 是正整数. 证明：如果有 n 个整数，那么这些整数中或者存在某一个整数是 n 的倍数，或者存在某几个整数之和是 n 的倍数.

解答 我们需要找到某些数是 n 的倍数. 那么如何应用鸽笼原理来解题呢？参见例 3.3.3，就可以知道答案：设鸽笼是除以 n 后的 n 种不同的余数，如果有两个数在同一个鸽笼里，那么它们的差将会是 n 的倍数.（为什么?）

但在例 3.3.3 中，我们是将 $n+1$ 只鸽子放在 n 个笼子里. 而在本题中，只给了 n 个数. 那么如何去创造 $n+1$ 只或是更多的鸽子呢？同样地，该如何选择鸽子以便我们能够得到 n 的倍数是原来 n 个数中的某一个或是若干个数之和呢？

如果能够回答上述两个问题，我们就完成了证明. 第一个问题是非常神秘的，因为题中所给的信息实在太少了. 但第二个问题有一个直观的可能的答案，即设鸽子是这些整数的和，如果选择了恰当的鸽子，那么鸽子之间的差将仍然是原来的整数的和. 我们该怎么做呢？将这些整数视为数列 $a_1, a_2, \cdots, a_n$. 考虑以下数列：

$$\begin{aligned}
p_1 &= a_1, \\
p_2 &= a_1 + a_2, \\
&\vdots \\
p_n &= a_1 + a_2 + \cdots + a_n.
\end{aligned}$$

我们用字母 p 表示鸽子，也就是说，p_k 表示的是第 k 只鸽子．注意到对任何两个不同的下标 i,j，若 $i<j$，那么 p_j-p_i 就等于 $a_{i+1}+a_{i+2}+\cdots+a_j$．所以说这样定义鸽子是恰当的，但是不幸的是，这样的鸽子只有 n 只．不过这并不像我们所见的那样糟糕．有时候（如例 3.3.4）可以通过**分割问题**来减少鸽笼的个数．

我们现在有 n 只鸽子 $p_1,p_2,\cdots,p_n$，那么有下面两种情况：

- 某一只鸽子除以 n 后的余数是 0，证明完成！（为什么？）
- 没有任何一只鸽子除以 n 后的余数是 0，那么现在只须考虑 $n-1$ 个鸽笼了．对于 n 只鸽子而言，它们中的两只一定有相同的余数，所以它们的差（是某几个原来的整数的和）是 n 的倍数，证明完成． ■

下一个例子是非常著名的问题，由著名数学家保罗·爱尔特希[1]提出，这个问题之所以显得不平常，是因为解题的难点在于鸽笼的选择而不是鸽子的选择．

例 3.3.7 设 n 是正整数，从集合 $\{1,2,\cdots,2n\}$ 中选择任意 $n+1$ 个元素组成子集．请证明该子集中一定含有两个整数，这两个整数中的一个可以整除另一个．

分析 这个问题中的语言让我们想到尝试去使用鸽笼原理，把选定的子集中的 $n+1$ 个数设为鸽子．我们需要创造至多 n 个鸽笼，因为有 $n+1$ 只鸽子．我们想让选择出来的鸽笼使得若有两个数放在同一个鸽笼里时，这两个数能满足一个数能被另一个数整除的关系．那么每一个鸽笼则是具有下列特征的整数集合：如果 a 和 b 是这个集合中的两个元素，那么 a 是 b 的整数倍或者 b 是 a 的整数倍．

我们试着构建这样的集合，如果该集合中含有 7，那么所有其他数或是 7 的因数或是 7 的倍数．设该集合中的另一个数是 21，那么现在其他数或是 21 的倍数或是 7 的因数，等等．所以，如果 7 是这个集合中最小的数，那么该集合中的元素一定是以下列形式出现的一列数：$7,7a,7ab,7abc,7abcd,\cdots$，这里的 $a,b,c,d,\cdots$ 都是正整数．

下一步的任务就是要将集合 $\{1,2,\cdots,2n\}$ 分割为最多 n 个具有上述特征的不相交的子集，这并不是件容易的事．这时最好就是给 n 赋上一些较小的值做下试验．例如，设 $n=5$．试着将集合 $\{1,2,3,4,5,6,7,8,9,10\}$ 分割为 5 个具有上述特征的不相交的子集，每个集合中都有最小的元素，我们需要选出 5 个这样的“种子”．在寻求一般性方法（适用于任意 n 的方法）的过程中，唯一“自然”的 5 个种子的选择是 $1,3,5,7,9$．（$2,4,6,8,10$ 这列数中不包含 1，而 1 必然是某一个集合的最小元素，所以这组数列不是我们要找的种子的“自然的”候选者．）

注意到每个种子都是奇数，为了得到剩下的数，我们将每个种子乘以 2．但是这并不是很有效果，因为这并不能得到所有的数．但如果就这样一直做乘法，我们便得到了分割

$$\{1,2,4,8\};\quad \{3,6\};\quad \{5,10\};\quad \{7\};\quad \{9\}.$$

① 爱尔特希，逝世于 1996 年，享年 83 岁，是现代最多产的数学家，一生共写作或参与写作了 1000 多篇论文．

上述鸽笼选取得非常巧妙. 如果从 $\{1,2,\cdots,10\}$ 中任选 6 个数，那么必有两个数属于上述分割后的 5 个集合中的某一个，由于某些集合（在本例中只有 2 个）只含有一个元素，所以这两个数不可能属于那些只有一个元素的集合中，因此这两个数一定属于集合 $\{1,2,4,8\},\{3,6\},\{5,10\}$ 中的某一个. 我们完成了证明，因为这两个数中的其中一个必定是另一个的倍数.

一般情形下的解答可由此简单推出.

正式解答　集合 $\{1,2,\cdots,2n\}$ 中的每一个元素都能够写成唯一的 $2^r q$ 的形式，其中 q 是奇数，r 是非负整数. 每一个不同的奇数 q 定义了一个鸽笼，即集合 $\{1,2,\cdots,2n\}$ 中具有 $2^r q$（r 为非负整数）的形式的所有整数组成的子集（例如，如果 $n=100$，当 $q=11$ 时，该鸽笼定义为集合 $\{11,22,44,88,176\}$）. 因为从 1 到 $2n$ 恰好有 n 个奇数，就可以定义 n 个互不相交的子集（这些集合一定得不相交，否则他们就不是“鸽笼”了）. 我们已经完成了证明，因为根据鸽笼原理，任意 $n+1$ 个数中必有 2 个同时属于这 n 个鸽笼中的某一个，因此这两个数中必有一个是另一个的整数倍. ■

接下来的问题是 1994 年的普特南数学竞赛试题，其中涉及一些线性代数的知识，这使得问题本身就很困难，但最有趣的部分是两个关键步骤：定义一个函数，对多项式的根使用鸽笼原理. 这两种战术都有着很广泛的应用.

例 3.3.8　设 $\boldsymbol{A}$ 和 $\boldsymbol{B}$ 是整数元素的 2×2 矩阵，$\boldsymbol{A},\boldsymbol{A}+\boldsymbol{B},\boldsymbol{A}+2\boldsymbol{B},\boldsymbol{A}+3\boldsymbol{B}$, $\boldsymbol{A}+4\boldsymbol{B}$ 都是可逆矩阵，且它们的逆矩阵中的每个元素也都是整数. 证明：$\boldsymbol{A}+5\boldsymbol{B}$ 是可逆矩阵，且它的逆矩阵中的每个元素也都是整数.

解答　如果 $\boldsymbol{X}$ 是整数元素的可逆矩阵，且它的逆矩阵的每个元素也都是整数，那么 $\det\boldsymbol{X}=\pm 1$. 这是因为 $\det\boldsymbol{X}$ 和 $\det(\boldsymbol{X}^{-1})$ 都是整数，且 $\det(\boldsymbol{X}^{-1})=1/\det\boldsymbol{X}$. 反之，如果一个整数元素的矩阵的行列式等于 ± 1，那么这个矩阵的逆矩阵中的每个元素也都是整数.（为什么?）

现在定义函数 $f(t):=\det(\boldsymbol{A}+t\boldsymbol{B})$，因为 $\boldsymbol{A}$ 和 $\boldsymbol{B}$ 都是整数元素的 2×2 矩阵，则 $f(t)$ 是关于 t 的整系数二次多项式（请检验!）. 因为 $\boldsymbol{A},\boldsymbol{A}+\boldsymbol{B},\boldsymbol{A}+2\boldsymbol{B},\boldsymbol{A}+3\boldsymbol{B}$, $\boldsymbol{A}+4\boldsymbol{B}$ 都是可逆矩阵，且它们的逆矩阵的元素也都是整数，我们知道下列五个数

$$f(0),f(1),f(2),f(3),f(4)$$

仅仅取值为 1 或 -1. 运用鸽笼原理，可得其中至少有 3 个数有相同的值. 不失一般性，我们假设该值为 1，当 t 取 3 个不同的值时二次多项式 $f(t)$ 的值都等于 1，这意味着 $f(t)$ 一定是常数多项式，即 $f(t)\equiv 1$. 因此 $\det(\boldsymbol{A}+5\boldsymbol{B})=f(5)=1$，所以 $\boldsymbol{A}+5\boldsymbol{B}$ 是可逆矩阵且逆矩阵中的每个元素都是整数. ■

上面的例子从数学角度来说是非常复杂的，这并不仅仅是因为含有线性代数的缘故. 在这一题我们使用了如下两个新的战术思想.

- 当 x 取 3 个不同的值时，二次多项式 $P(x)$ 不可能等于相同的值. 这是代数基本定理 (见第 5 章) 的一个应用.
- **定义一个函数**工具，它是在尝试解决问题之前将问题的范畴**推广**的战略中的一部分.

我们以下面这个例子结束本节，除了其他精巧的观点外，它还包含了一个巧妙的思想，即将鸽笼原理应用到无限集合上. 请你在看问题的解答之前一定要先花时间自己思考下问题.

例 3.3.9 已知 S 是平面上的某个区域（不必是凸的），其面积大于正整数 n. 请证明能够通过平移 S（也就是说，S 是在同一平面上的移动而不是旋转或扭转），使得它所覆盖的部分至少有 $n+1$ 个格点.

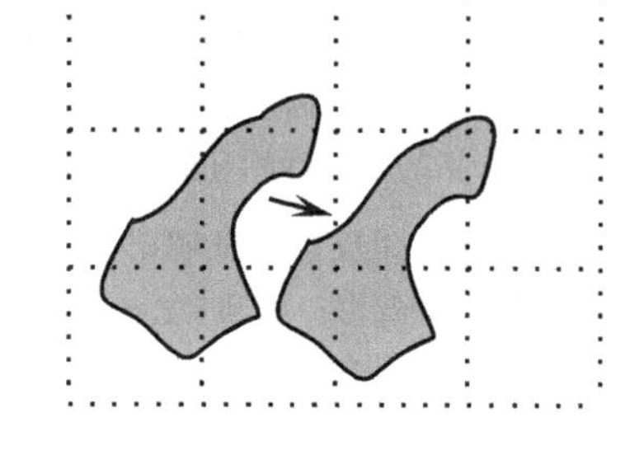

解答 先举个具体的例子. 如右图所示，区域 S 的面积是 1.36 个单位. 最初，S 只覆盖了一个格点，但我们可以通过将它向下并向右平移使其覆盖两个格点.

如何将结论扩展到一般的情况呢? 先定义一个算法，这个算法将对例子中的区域 S 起作用，它也将作用于任何区域. 这个算法包含了如下三个步骤.

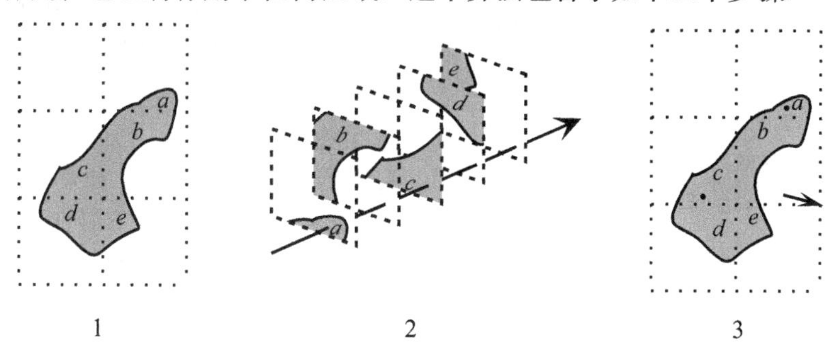

1. 首先，将 S 分割为有限个小区域，每个小区域都是在自己的方格内，在刚才的例子中，S 被分为 a, b, c, d, e 五个区域.

2. 其次，在各自所属的方格内把每个小区域“提起来”，把这些小区域看成是画在单位方格里的图画. 如图，再将每个方格整齐地堆叠在一起，现在想象我们用钉子将这些方格固定，那么钉子将从每个方格的同一个地方穿过，因为 S 的面积大于 1，那么一定可以在方格上找到一点，使得钉子从该点穿过并刺穿至少两个图画. 在该例中，钉子刺穿的是 a 区域和 c 区域，为什么? 因为鸽笼原理! 如果不存在这样的点，则 S 的总面积将小于等于单个方格的面积. 另一个思考的角度是: 想象一下将每个小区域从方格中剪下，并试着不重叠地把它们放在同一个小方格里，这是不可能做到的，因为它们的面积之和大于 1.（类似地，如果它们的面积

之和大于整数 n，就可以找到一点，使得钉子刺穿至少 $n+1$ 个小区域.）

3. 最后，记住被刺穿的那一点并重建 S，被刺穿那一点用黑点表示. 因为黑点位于各自方格的同一位置，现在就可以将 S 平移（如箭头所示），使得两个黑点都平移到格点上. 我们完成了证明! ■

问题与练习

题 3.3.10 用反证法证明中级鸽笼原理.

题 3.3.11 证明：在任何人数有限的聚会上，至少有两个人认识的与会人员数量相同（假设“认识”指的是一种相互的关系）.

题 3.3.12 用反证法证明下面这个很有用的鸽笼原理的变形：已知 $a_1, a_2, \cdots, a_n$ 都是正整数. 如果有 $(a_1+a_2+\cdots+a_n)-n+1$ 只鸽子放在 n 个鸽笼中，则对某个 i，“第 i 个鸽笼中至少含有 a_i 只鸽子”这一表述一定是正确的.

题 3.3.13 注意到第 80 页例 3.3.2 中的关于鸽笼原理的讨论非常简单，请指出下面的“解题方案”有什么错误?

> 将四个点放在正方形的四个顶点上，此时这四个点之间的相互距离最大. 那么第五个点一定与其他四个点中的某一个点的距离在 $\frac{\sqrt{2}}{2}$ 内，这是因为当第五个点位于正方形的中心时，该点离四个顶点的距离最远，且该距离恰好等于 $\frac{\sqrt{2}}{2}$.

题 3.3.14 证明有理数的十进制小数展开式最终必定是循环的.

题 3.3.15 已知单位正六边形内部有 7 个点. 证明至少有两个点的距离最多为 1.

题 3.3.16 已知单位正方形内部有 101 个点. 证明其中的某三个点形成的三角形的面积不会超过 0.01.

题 3.3.17 证明任意 $n+2$ 个整数中存在两个整数，两者的差是 $2n$ 的倍数，或两者之和能被 $2n$ 整除.

题 3.3.18 从集合 $\{1, 2, \cdots, 2n\}$ 中任意选取 $n+1$ 个元素作为子集. 证明这个子集中一定含有两个互素的整数.

题 3.3.19 已知客人围坐在饭店里的一个圆桌旁. 食物被放置于桌子中心处的圆形平台上，并且这个圆形平台是可旋转的（这在中国的饭店里是很常见的，尤其是在宴会上）. 每个人都点一道不同的菜，并且将每个人所点的菜都不放在他面前. 证明：通过旋转这个平台至少可以使得有两个人的面前是他们所点的菜.

题 3.3.20 (湾区数学奥林匹克竞赛 2016) 在 $n \times n$ 国际象棋棋盘的不同方格中放置 $2n$ 个相同的棋子. 证明无论怎样做，其中的 4 个棋子必定是平行四边形的顶点.

题 3.3.21 考虑由 N 个正整数组成的数列，它包含 n 个不同的整数. 如果 $N \geqslant 2^n$，证明存在一串连续的整数，它们的乘积是完全平方数. 这个不等式存在改进的空间吗?

题 3.3.22 (韩国 1995) 对任意正整数 m，证明存在整数 a, b 满足

$$|a| \leqslant m,\ |b| \leqslant m,\ 0 < a+b\sqrt{2} \leqslant \frac{1+\sqrt{2}}{m+2}.$$

题 3.3.23 证明对任意正整数 n，存在一个正数只包含数字 7 和 0 并且是 n 的倍数.

题 3.3.24 为了更好地理解例 3.3.7，请明确构造当 $n=25$ 时的鸽笼. 验证在这个情况下结论也成立.

题 3.3.25 有一个棋手准备参加锦标赛，她要在 8 周时间内参加一些练习比赛来为锦标赛做准备. 她每天至少进行 1 场比赛，但是一周最多进行 11 场. 证明必存在连续的几天，在这几天中她正好进行了 23 场比赛.

题 3.3.26 (普特南 1994) 证明：给直角边长为 1 的等腰直角三角形各点染色，假如任意两个距离不小于 $2-\sqrt{2}$ 的点不能染成同种颜色，则不可能用 4 种颜色将其染色.

题 3.3.27 (湾区数学奥林匹克竞赛 2005) 设整数 $n \geqslant 12$，$P_1, P_2, \cdots, P_n, Q$ 是平面上不同的点，证明：存在某个 i，使得

$$P_1P_i, P_2P_i, \cdots, P_{i-1}P_i, P_{i+1}P_i, \cdots, P_nP_i$$

这些距离中至少有 $\dfrac{n}{6}-1$ 个比 P_iQ 小.

题 3.3.28 第 81 页例 3.3.5 用了几次鸽笼原理来解决问题. 有一个形式上很有趣的简单解答，只需用一次中级鸽笼原理. 你能找到吗?

题 3.3.29 下面的问题是从非常容易的例 3.3.1 演变过来的. 但是，不是所有的变形都很容易. 祝你解题愉快!

(a) 用三种颜色将平面染色. 证明存在两个颜色相同的点刚好相隔一个单位长度.

(b) 用两种颜色将平面染色. 证明其中必有一种颜色包含了在**各个**距离上的点对.

(c) 用两种颜色将平面染色. 证明总是存在顶点颜色相同的等边三角形.

(d) 用两种颜色将平面染色. 证明存在这样一种染色方法使得平面上不存在顶点颜色相同的边长为 1 的等边三角形.

(e) 用两种颜色将平面的格点染色. 证明存在顶点颜色相同的矩形.

3.4 不变量

我们对极端原理的讨论强调了从问题最初显现的混沌状态中提取关键信息的重要性. **战略**就是通过一定办法“简化”问题从而将注意力集中在本质的几点上. 在 3.2 节中，我们提到的实现这些战略的**战术**就是将注意力集中在极端值上. 在同样的战略指导下，还可以采用其他几种不同的战术. 这里我们就介绍一下**不变量**这个充满内涵的主题.

顾名思义，不变量是问题中不随其他量变化而改变的量（通常是一个数值）. 这里有一些例子.

例 3.4.1 汽车旅馆房间悖论. 回顾第 18 页例 2.1.8，我们提到这样一个问题，三个女人要入住一家汽车旅馆，设 g, p, d 分别表示顾客所有花费的总量、收银员收取的费用以及旅馆行李工的收入. 于是

$$g-p-d$$

是一个不变量，总是等于 0.

例 3.4.2 圆幂定理. 给定点 P 和一个圆，通过 P 作直线交圆于点 X 和 Y. 点 P 关于这个圆的幂定义为数值 $PX \times PY$.

圆幂定理（也称为 **POP**）表明这个数值是一个不变量. 也就是说，它不随所作直线的改变而改变. 例如，看右图，

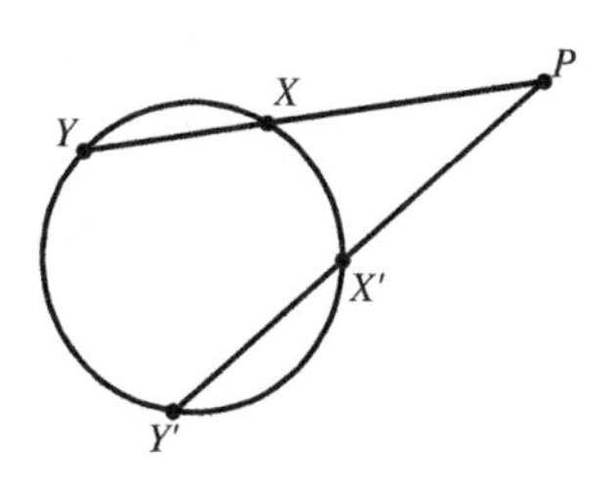

$$PX \times PY = PX' \times PY'.$$

相信你们已经在初等几何中学过这个定理，至少学过当点 P 在圆内时的这一定理. 证明见例 8.3.11.

例 3.4.3 **欧拉公式.** 最初遇到这个问题是在第 35 页题 2.2.12，要求推断任意多面体的顶点、棱、面之间的数量关系. 结论是这样的，假设 v, e, f 分别表示一个无“孔”的多面体的顶点、棱、面的数量，于是有

$$v - e + f = 2$$

成立. 也就是说，数值 $v - e + f$ 是一个不变量. 这个就是所谓的**欧拉公式**. 至于如何证明它可以参看题 3.4.37 中的一些提示.

例 3.4.4 **对称性.** 虽然在本章第 1 节中我们花了一节的篇幅来讲对称性，但是这个主题从逻辑上来讲应该归入不变量的概念这个范畴. 如果某个物体有（几何的或非几何的）对称性，则在某个变换或一系列变换下它自己就等同于一个不变量. 例如，正方形绕其中心旋转 0, 90, 180, 270 度时就是一个不变量.

更深入地讨论，通过变量代换 $u := x + x^{-1}$，例 3.1.10 中的方程

$$x^4 + x^3 + x^2 + x + 1 = 0$$

得以解决，这是因为这里的 u 在根的置换意义下是一个不变量. ①

例 3.4.5 **被 9 整除.** 设 $s(n)$ 表示正整数 n 的各位十进制数字之和. 则

$$n - s(n) \text{ 总是可以被 9 整除.}$$

例如，如果 $n = 136$，则：

$$n - s(n) = 136 - (1 + 3 + 6) = 126 = 9 \times 14.$$

这是一个非数值不变量的例子，尽管我们可以换一个说法使之成为数值不变的，例如，$n - s(n)$ 除以 9 的余数是不变量 0.

这里有关于整除性不变量的另外一个例子.

例 3.4.6 假设一开始房间是空的，之后每分钟要么进去一个人，要么出来两个人. 请问，3^{1999} 分钟之后，房间里的人数有可能是 $3^{1000} + 2$ 吗?

解答 如果现在房间里有 n 个人，那么一分钟之后，房间里的人数变为 $n + 1$ 或 $n - 2$. 两种可能的结果出现的差为 3. 继续下去，我们得出以下结论：

在任意给定的时刻 t，房间里人数的所有可能值之间的差都是 3 的倍数.

3^{1999} 分钟之后，有一种可能就是房间里正好有 3^{1999} 个人（假设每分钟都进去一个人）. 这是 3 的倍数，于是房间里人数的**所有**可能值都是 3 的倍数. 因此，最后房间里的人数不可能是 $3^{1000} + 2$. ■

最简单的整除性不变量是**奇偶性**，这在第 26 页例 2.2.3 和第 27 页例 2.2.4 中都有用到. 接下来让我们探究这个概念的更多细节.

① 这一思想是 19 世纪数学最伟大的成就之一——**伽罗瓦理论**的萌芽，伽罗瓦理论发展了一种系统的方法用来判断多项式是否可用根式求解. 更多的信息见贺斯汀的名著 [15].

奇偶性

整数可以分为两类：奇数和偶数．偶数能被 2 整除，奇数则不行．注意 0 是偶数．下面的事实可以很轻松地证明，（试试看！）不过你应该从小就熟知这两点的．

- 当且仅当一些整数中奇数的个数是奇数这些整数的和是奇数．
- 当且仅当一些整数中没有偶数这些整数的积是奇数．

你也许会认为奇偶性是很粗糙的东西，毕竟整数有无数个，奇偶却只有两种可能，但是关于奇偶性的知识有时候正是我们所需要的，特别是问题陈述已经涉及奇偶性的时候．这里举一个最基本的例子，这是个有很多种表现形式的问题．这个版本出现在 1986 年的科罗拉多州春季数学奥林匹克竞赛上．

例 3.4.7 假设有 127 人参加网球单打锦标赛，证明锦标赛结束时，参加过奇数场比赛的人数是偶数．

解答 很多人解不出这题是因为假设这个锦标赛有一个特殊的制度，比如两败淘汰制或循环制，等等，但是这个问题并没有指定赛制．其内在的含义就是说**不管在哪种赛制下**参加过奇数场比赛的人数始终是偶数．例如，可能有一场锦标赛就是谁都没有参加比赛，这样参加过奇数场比赛的人数就是 0 个，是偶数，符合要求．

看上去约束条件似乎很少．但有没有呢？有，每场比赛只能有两个人参加．换句话说，假如 A 和 B 比赛，这场比赛就会被计算**两次**，一次算在 A 的比赛场数内，一次算在 B 的比赛场数内．更精确地讲，假设 g_i 表示选手 i 在锦标赛结束时参加的比赛场数，则它们的总和

$$g_1 + g_2 + g_3 + \cdots + g_{127}$$

一定是偶数，因为这个总和里面每场比赛都被计算了两次！注意，这个总和总是偶数，不仅在锦标赛结束时是，在任何时候都是．

现在得出结论：上述总和是偶数，并且它是奇数个（127 个）数的和．如果其中包含的奇数是奇数个，那么它们的和不可能是偶数，所以 g_i 中有偶数个奇数．■

下面这个问题出自 1906 年的匈牙利数学奥林匹克竞赛．这里介绍两种解法：解法一就是奇偶性的直接应用，解法二首先要巧妙地构造新的不变量．

例 3.4.8 设 $a_1, a_2, \cdots, a_n$ 是 $1, 2, 3, \cdots, n$ 的任意排列．证明：如果 n 是奇数，则

$$(a_1 - 1)(a_2 - 2)(a_3 - 3)\cdots(a_n - n)$$

是偶数．

解法一 了解一下具体的例子当然是有帮助的，例如 $n = 11$，利用倒推法战略，我们自问，什么导致了乘积

$$(a_1 - 1)(a_2 - 2)(a_3 - 3)\cdots(a_{11} - 11)$$

是偶数？显然，只要证明

$$a_1-1, a_2-2, a_3-3, \cdots, a_{11}-11$$

这些数中有一个是偶数就足够了. 如何证明这点呢？一个好战略就是用反证法，因为我们要证明其中有一个是偶数，但不知道是哪一个. 但是如果假设所有数都是奇数，那么就有非常详细具体的信息来推导了. 所以我们假设

$$a_1-1, a_2-2, a_3-3, \cdots, a_{11}-11$$

中每一个都是奇数. 现在我们就能得出每个 a_i 的奇偶性. 我们发现其中 6 个：

$$a_1, a_3, a_5, a_7, a_9, a_{11}$$

是偶数，剩下的 5 个：

$$a_2, a_4, a_6, a_8, a_{10}$$

是奇数. 矛盾！因为 $a_1, a_2, \cdots, a_{11}$ 是 $1, 2, 3, \cdots, 11$ 的一个排列，而这些数中包含 5 个偶数和 6 个奇数. 明显这样的论证对一般情况也适用，我们唯一用到的事实就是 11 是一个奇数. ■

解法二 关键步骤是考虑序列的和. 我们有：

$$\begin{aligned}
&(a_1-1)+(a_2-2)+\cdots+(a_n-n)\\
&=(a_1+a_2+\cdots+a_n)-(1+2+\cdots+n)\\
&=(1+2+\cdots+n)-(1+2+\cdots+n)\\
&=0.
\end{aligned}$$

由此可见，这个和是一个不变量，不管怎么排列它始终等于 0. 奇数个整数的和等于 0（一个偶数），则这些数中必定包含至少一个偶数. ■

两种解法都很漂亮，但是第二种更加巧妙些. 请尝试将这里学到的新的方法应用到将来碰到的问题中去.

> 注意寻找"简单"的不变量. 看看是否能通过重新安排问题从而得到像 0 或 1 这样简单的数.

例 3.4.9 设 $P_1, P_2, \cdots, P_{1997}$ 是平面上不同的点，用线段 $P_1P_2, P_2P_3, \cdots, P_{1996}P_{1997}, P_{1997}P_1$ 连接这些点. 能不能画一条直线穿过所有这些线段的内部？

解答 这里奇偶性的作用体现得并不明显，但是你必须把奇偶性牢记在心.

> 只要问题涉及整数，问问自己它有没有奇偶性的约束. 必要的话尝试与已知条件不同的值.

这个问题涉及 1997 个点. 尝试一下数量很少的一些点，（试试看！）你会发现当且仅当点的个数是偶数时才能画出这样的直线. 由此可见奇偶性的重要性. 我们来对（比如说）7 个点这种特殊情况进行严格的论证.

同样，我们再用反证法，因为“能画出这样的直线”的假设给了我们很多能利用的具体信息. 所以，假设存在直线 L，它穿过了所有线段的内部. 这条直线把平面分成“左”和“右”两部分. 不失一般性，不妨假设 P_1 在 L 的左边，这就导致 P_2 在 L 右边，以此类推，P_3 在 L 的左边，P_4 在 L 的右边……重要的是最后得出 P_7 也在 L 的左边，与 P_1 在同一边. 因此，L 不可能穿过线段 P_1P_7 的内部，矛盾.

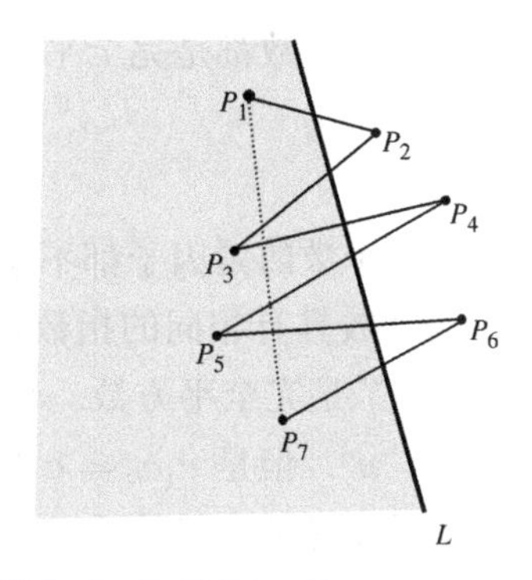

这个论证具有普遍性. 只要 n 是奇数，P_1 和 P_n 就会在 L 的同一边. ■

下面是一个很复杂的问题，要求将奇偶性分析与鸽笼原理的深化与重复应用相结合.

例 3.4.10 (IMO 1985) 考虑由 1985 个正整数组成的集合，集合中元素可以重复出现，并且其中没有一个数的素因子超过 23. 证明这个集合中一定存在 4 个整数，它们的乘积是某个整数的 4 次幂.

解答 我们将用简单粗略的方式来表达解答过程. 具体细节留给读者补充.

集合中的每个数都可以写成如下形式：

$$2^{f_1}3^{f_2}5^{f_3}7^{f_4}11^{f_5}13^{f_6}17^{f_7}19^{f_8}23^{f_9},$$

其中指数 $f_1, f_2, \cdots, f_9$ 是非负整数. 两个这样的数，$2^{f_1}\cdots 23^{f_9}$ 和 $2^{g_1}\cdots 23^{g_9}$，它们的乘积是完全平方数（某个整数的平方），当且仅当对应的指数有相同的奇偶性（奇数或偶数）. 换句话说，

$$(2^{f_1}\cdots 23^{f_9})\times(2^{g_1}\cdots 23^{g_9})$$

是完全平方数当且仅当 f_1 和 g_1 有相同的奇偶性、f_2 和 g_2 有相同的奇偶性、……、f_9 和 g_9 有相同的奇偶性.（回忆 0 是偶数.）集合中的每一个数都对应一个由它的指数的奇偶性组成的 9 元组. 例如，数 $2^{10}3^5 17^1 23^{111}$ 对应 9 元组（偶，奇，偶，偶，偶，偶，奇，偶，奇）.

一共有 512 种不同的 9 元组的可能性. 通过反复应用鸽笼原理，我们推出集合中的 1472 个整数可以归为 736 对：

$$a_1, b_1;\quad a_2, b_2;\quad \cdots;\quad a_{736}, b_{736},$$

每对包含的两个数的指数奇偶性 9 元组完全相同. 因此，每对中两个数的乘积是完全平方数. 换句话说，如果我们假设 $c_i := a_ib_i$，则数列

$$c_1, c_2, \cdots, c_{736}$$

中的每一个数都是完全平方数，因此数列

$$\sqrt{c_1}, \sqrt{c_2}, \cdots, \sqrt{c_{736}}$$

中每一个数的素因子都不超过 23. 再次应用鸽笼原理，我们推出上述数列中至少有两个数具有相同的指数奇偶性 9 元组. 不失一般性，记为 $\sqrt{c_k}$ 和 $\sqrt{c_j}$. 因此 $\sqrt{c_k}\sqrt{c_j}$ 是完全平方数. 也就是说，存在某个整数 n，使得 $\sqrt{c_k}\sqrt{c_j} = n^2$，因此 $c_k c_j = n^4$. 但是 $c_j c_k = a_j b_j a_k b_k$，所以我们就从由 1985 个整数组成的原集合中找到了乘积是某个整数的 4 次幂的 4 个数. ■

我们用一个著名问题来结束对奇偶性的讨论，这个问题（以不同的形式）源自德布鲁因 [5]. 它已经有至少 14 种不同的解法，其中有几种是不变量的不同方式的应用（对这些解法的简单易懂的介绍见文献 [36]）. 我们这里介绍的应用奇偶性的解法，也许是最简单的，是由安德列 · 格涅普提出的. 这是一个漂亮的解法. 我们建议你在看这个解法之前先对问题本身进行思考，这样你将深刻体会到这个问题的困难程度，以及格涅普的解法的巧妙之处了.

例 3.4.11 一个大矩形由一些小矩形平铺而成，每个小矩形至少有一条边的长度是整数. 证明大矩形至少也有一条边的长度是整数.

解答 下面是一个例子. 大矩形放在以单位长度标记的网格平面上，左下顶点与一个格点重合. 注意，每个小矩形都至少有一条整数边，4×2.5 的大矩形也有这样的性质.（图中的圆圈在我们下面的论证中有用，将在下面解释.）

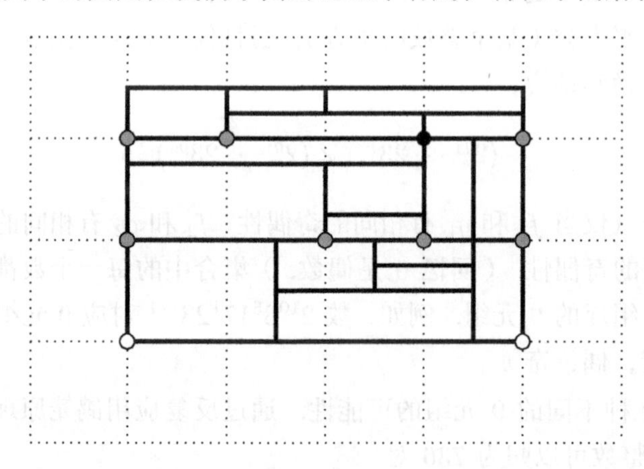

首先要找到一个比较合理的倒数第二步. 把至少具有一条整数边的性质称为“好的”. 如何证明大矩形是“好的”呢？定位它的左下顶点是一个格点是关键：

> 如果大矩形不是“好的”，那么它将只会有一个格点顶点. 但是如果矩形是“好的”，那么它或者有两个格点顶点（一条边的长度是整数），或者有四个格点顶点（长和宽都是整数）.

换句话说，奇偶性扮演了这样一个角色：一个左下顶点是格点的矩形是“好的”当且仅当它的格点顶点数是偶数！我们来计算格点顶点数，并希望可以证明大矩形的格点顶点数是偶数.

当然我们必须用到“每个小矩形都是好的”这个假设. 考虑小矩形的顶点，它可能没有格点顶点，或者它可能有两个或者四个格点顶点，但是由于它是好的，就绝不可能有一个或者三个格点顶点. 因此，如果我们计算每个小矩形的格点顶点数，然后把它们都加起来，并将这个和记为 S，则 S 一定是偶数.

但是我们重复计算了一些格点顶点. 例如在上面的图中，所有的格点顶点都用圆圈作了标记. 一共有 10 个具有格点顶点的小矩形，并且每个都恰好有两个格点顶点，所以 $S=20$. 白色的圆圈只被计算了一次，灰色的被计算了两次，而黑色的被计算了四次，所以 S 的另外一种计算方法就是：

$$
\begin{aligned}
S &= 1\times(\#\ \text{白色的圆圈})+2\times(\#\ \text{灰色的圆圈})+4\times(\#\ \text{黑色的圆圈})\\
&= 1\times 2+2\times 7+4\times 1=20.
\end{aligned}
$$

一般情况下，在计算 S 时，肯定会重复计算一些顶点. 下面是两个很容易验证的简单结果.

- 我们只会计算每个顶点一次，两次或者四次——但不可能是三次.
- 只被计算一次的顶点只可能是大矩形的顶点.

像例子中一样给格点染色，我们将会发现，如果用 w,g,b 分别代表白色、灰色、黑色圆圈的数量，那么：

$$S=w+2g+4b.$$

因此 $w=S-2g-4b$ 就是大矩形的格点顶点数. 因为 S 是偶数，所以 $S-2g-4b$ 也是偶数，即大矩形是“好的”！ ■

这个解法很有启发性. 一个有经验的解题者可能将其中的要点理解为“定位大矩形的一个顶点为格点，然后考虑格点顶点个数的奇偶性”. 这个聪明的解法有两个关键步骤：首先是把左下顶点定位在一个格点上（构造“免费”信息），其次是推导出“好的”这种性质的奇偶性规律. 剩下的就是些基本的论证了（就像你将会在第 6 章中看到的那样，用两种或者两种以上的方法计算某个数这种战术是很普遍的）.

模算术和染色

奇偶性起到的作用是惊人地好，但是同时它也是比较粗糙的. 毕竟，我们将无限的整数空间缩减为只包含“奇数”和“偶数”这两个实体的微小世界. 有时候我们需要开拓出一片更广阔的天地. 例 3.4.5 和例 3.4.6 分别用到了有 9 个和 3 个可能值的不变量. 它们都是**模算术**的例子，即：根据我们的意愿巧妙地选择 m，模 m 后就将整数的无限集缩减为只有有限个可能值的有限集.

作为练习，下面是例 3.4.5 中提到的断言的快速证明. 你或许想要回顾下第 42 页讲述的同余关系的基本性质. 不失一般性，设 n 是 4 位 10 进制数，表示为 $abcd$. 于是

$$n = 10^3a + 10^2b + 10c + d.$$

因为 $10 \equiv 1 \pmod 9$, 对任意的非负整数 k，我们有 $10^k \equiv 1^k = 1 \pmod 9$. 因此，

$$n = 10^3a + 10^2b + 10c + d \equiv 1 \times a + 1 \times b + 1 \times c + d \pmod 9.$$

同余符号并不是必需的，但是这是一种方便的速记，可能有助于你理清思路. 更重要的是要注意如下可能性，即不变量可能等于一个量模一个恰当的 m.

例 3.4.12　一个气泡室里包含三种类型的亚原子粒子：10 颗 X 粒子、11 颗 Y 粒子和 111 颗 Z 粒子. 当一颗 X 粒子和一颗 Y 粒子碰撞时，它们两个都会变成 Z 粒子. 类似地，Y 粒子和 Z 粒子碰撞时会变成 X 粒子，X 粒子和 Z 粒子碰撞时会变成 Y 粒子. 气泡室里的粒子有可能演化为只剩下一种类型的粒子吗?

解答　将任意时刻的各粒子数量记为一个有序三元组 (x, y, z). 让我们做些试验. 开始时各粒子数量为 $(10, 11, 111)$. 如果一颗 X 粒子和一颗 Y 粒子碰撞，新的数量将变为 $(9, 10, 113)$. 这里有什么不变量吗? 我们发现，像以前一样，Y 粒子仍然比 X 粒子多 1 颗. 然而，相比一开始时 Z 粒子比 Y 粒子多 100 颗，现在多了 103 颗. 这个结果看上去还没什么规律可循，但是我们要保持镇定，并进行更多的试验. 再进行一次 X-Y 碰撞后得到 $(8, 9, 115)$，X 和 Y 粒子之间数量差还是 1，但是 Y 和 Z 粒子之间的数量差增长到了 106. 现在我们让 X-Z 相碰撞，新的数量变为 $(7, 11, 114)$. X-Y 数量差从 1 增长到 4，Y-Z 数量差回落到 103.

如果你不熟悉模算术，那么数量差从 1 到 4 或者从 100 到 103 到 106 再回到 103 这些变化就显得杂乱无章了. 但是现在就可以猜想

数量差是模 3 的不变量.

为了正式证明它，假设 (x, y, z) 是某个确定时刻各粒子的数量. 不失一般性，考虑 X-Z 碰撞，新的数量将变为 $(x-1, y+2, z-1)$，能很容易地证明，X 粒子和 Z 粒子之间的数量差没有变化，而 X 粒子和 Y 粒子之间的数量差变化了 3（Y 粒子与 Z 粒子之间的数量差也一样）.

我们以最初的数量 $(10, 11, 111)$ 为出发点推出结果. X-Y 数量差是 1，因此它总是模 3 同余 1 的，从而 X 粒子与 Y 粒子的数量不可能相同，所以这两种粒子的数量不可能同时都是 0. 同理可得：其他两对粒子的数量也不可能同时都是 0. ■

除非我们并不关心整数的代数性质，不然染色的应用跟奇偶性和模算术相关. 一个有关染色的例子就是多米诺问题（第 51 页例 2.4.2），这个问题本来可以也表述为一个奇偶性问题. 下面是另外一个例子，用到了 12 种颜色.

例 3.4.13　是否可以用多个 12×1 小矩形平铺一个 66×62 大矩形?

解答 显然，一个能够用 12×1 矩形平铺的大矩形的面积一定能够被 12 整除. 实际上，$66\times 62=12\times 341$. 所以可能性还没有被排除. 不过，通过对性质相同但尺寸更小的矩形（即 $m\times n$ 矩形，其中 m 和 n 都不是 12 的倍数，但 mn 是 12 的倍数）的试验使我们猜测 66×62 矩形**不能**用 12×1 矩形平铺.

所以我们先假设存在这样的平铺，然后去寻找矛盾. 用 12 种颜色将 66×62 矩形染成如下所示的循环“对角”花纹（假设高是 66，宽是 62）：

1	12	11	10	9	8	7	6	5	4	3	$\cdots$	1	12
2	1	12	11	10	9	8	7	6	5	4	$\cdots$	2	1
3	2	1	12	11	10	9	8	7	6	5	$\cdots$	3	2
$\vdots$	$\vdots$	$\vdots$	$\vdots$	$\vdots$	$\vdots$	$\vdots$	$\vdots$	$\vdots$	$\vdots$	$\vdots$	$\ddots$	$\vdots$	$\vdots$
5	4	3	2	1	12	11	10	9	8	7	$\cdots$	5	4
6	5	4	3	2	1	12	11	10	9	8	$\cdots$	6	5

这样染色有很好的性质，即平铺的每个 12×1 矩形由 12 种不同颜色的方格构成. 如果能够平铺成大矩形，就能够用 $66\times 62/12=341$ 个 12×1 矩形平铺，因此这个大矩形必须包含 12 种颜色中每种颜色的方格各 341 块. 重要的并不是数 341，而是每种颜色的方格数量相同这个事实. 我们把这种染色叫作“齐次的”.

让我们进一步观察染色后的 66×62 大矩形. 把它分割成 4 个子矩形：

60×60	60×2
6×60	6×2

很容易验证 60×60, 60×2 和 6×60 这 3 个子矩形都是齐次的，因为这 3 个子矩形都有一条边的长度是 12 的倍数. 但是 6×2 子矩形被染成如下样子：

1	12
2	1
3	2
4	3
5	4
6	5

因此，整个大矩形不是齐次的，这与平铺假设矛盾. 所以不可能存在平铺. ■

单调变量

单调变量是这样一个变量，它在问题的各个阶段可能变化或者保持不变，但是当它变化时，变化方向是**单调的**（只朝一个方向变动）. 单调变量又叫**半不变量**.

单调变量常常用来分析演变的系统，来证明某个特定的最终状态必定会出现，并且（或者）确定系统的持续时间. 许多单调变量的论证也会用到极端原理（至少是良序原理）. 下面是一个非常简单的例子.

例 3.4.14 在双人比赛的淘汰制锦标赛（如国际象棋或柔道）中，一旦你输了，就会被淘汰出局，锦标赛一直持续到只剩下最后一个人. 找出有 n 名参赛者的淘汰制锦标赛所需比赛场数的公式.

解答 随着时间的推移，留在锦标赛中的人数显然是一个单调变量. 每结束一场比赛，这个数就减 1. 因此，如果开始时有 n 名参赛者，那么锦标赛结束时正好进行了 $n-1$ 场比赛！ ■

这里有一个更精妙的问题，它展现了单调变量与极端原理相结合的重要性.

例 3.4.15 将 n 张纸牌（其中 n 是任意的正整数）用 $1,2,\cdots,n$ 编号. 开始时纸牌按任意顺序摆放，重复如下操作：如果第 1 张纸牌的编号是 k，则颠倒前 k 张纸牌的顺序. 证明第 1 张纸牌的编号最终将会是 1（于是不会再有新的变化发生了）.

分析 例如，如果 $n=6$，并且开始时的顺序是 362154，则纸牌的顺序变化如下：

$$362154 \to 263154 \to 623154 \to 451326 \to 315426$$
$$\to 513426 \to 243156 \to 423156 \to 132456.$$

如果第 1 张纸牌的编号单调减少的话将非常好，但是情况并非如此（这个序列是 $3,2,6,4,3,5,2,4,1$）. 不过，这个序列还是值得思考的. 我们将应用一个非常简单然而很重要很普遍的原理：

> *如果当某物发生变化时只会出现有限种状态，那么或者某个状态会重复出现，或者变化最终将会终止.*

在我们的问题中，或者第 1 张纸牌的编号组成的序列中会出现重复的编号（因为只有有限多个编号），或者第 1 张纸牌的编号最终将会是 1（然后变化终止）. 我们希望证明是后者. 那么如何排除编号重复出现的可能性呢？毕竟，在这个例子中，出现了很多重复的编号！

极端原理再一次扭转了局势. 因为在序列变化过程中只有有限种可能，所以第 1 张纸牌的编号必定有一个**最大值**，我们记为 L_1（在上面的例子中 $L_1=6$）. 所以，在序列变化过程中的某个时刻，第 1 张纸牌的编号是 L_1，从那以后，第 1 张纸牌的编号绝不会大于 L_1. 第 1 张纸牌的编号变成 L_1 后会发生什么呢？我们会颠倒前 L_1 张纸牌的顺序，所以第 L_1 张纸牌的编号是 L_1. 我们知道第 1 张纸牌的编号绝不会大于 L_1，但是否可能再次等于 L_1 呢？回答是不可能. 只要第 1 张纸牌的编号小于 L_1，颠倒顺序就绝不会再涉及第 L_1 张纸牌. 我们也绝不可能颠倒

超过 L_1 张纸牌（因为 L_1 的最大性），所以移动编号为 L_1 的纸牌的唯一途径就是正好颠倒 L_1 张纸牌. 但是这就意味着第 1 张和第 L_1 张纸牌的编号都是 L_1，而这是不可能的.

这就是关键所在. 现在我们来观察在 L_1 出现在第 1 个位置上之后，这个位置上纸牌的编号. 这些编号肯定**严格**小于 L_1. 记这些编号的最大值为 L_2. 当 L_2 出现在第 1 个位置上之后，通过与前面相同的讨论得知，第 1 个位置上纸牌的编号构成的子序列的所有值都严格小于 L_2.

因此我们可以定义一个由第 1 个位置的编号的最大值构成的**严格递减**序列. 最终，这个序列将达到 1，得证！

上面的证明有点含糊. 给出一个更正式的证明是很有指导意义的，特别是对于符号和下标的熟练运用.

正式解答 对于 $i = 1, 2, \cdots$，设 f_i 表示第 i 步之后第 1 张纸牌的编号. 我们希望能够证明对某个 m 有 $f_m = 1$（因此，对所有 $n \geqslant m$，都有 $f_n = 1$）. 因为 $1 \leqslant f_i \leqslant n$，所以数

$$L_1 := \max\{f_i : i \geqslant 1\}$$

存在. 同时也定义

$$t_1 := \min\{t : f_t = L_1\},$$

即 t_1 就是使得第 1 张纸牌的编号首次达到 L_1 的步骤数. 在上面的例子中，$L_1 = 6$ 且 $t_1 = 3$.

我们断言如果 $t > t_1$，则有 $f_t < L_1$. 为了证明它，注意，由 L_1 的定义可知，f_t 不可能大于 L_1. 现在通过反证法来证明 f_t 不可能等于 L_1. 假设 t 是 t_1 之后**首次**使得 $f_t = L_1$ 的步骤数. 在第 t_1 步，前 L_1 张纸牌的顺序被颠倒了，编号为 L_1 的纸牌被放在了第 L_1 个位置上. 对 t 与 t_1 之间的所有步骤 s，我们有 $f_s < L_1$，这就意味着位于第 L_1 个位置上编号为 L_1 的纸牌没有被移动过. 因此在第 t 步，$f_t = L_1$ 是不可能的，因为这就意味着第 1 张和第 L_1 张纸牌的编号相同（除非 $L_1 = 1$，而这种情况下命题已经得证）. 这个矛盾就使得刚才的断言成立.

现在定义两个序列. 对于 $r = 2, 3, \cdots$，定义

$$L_r := \max\{f_i : i > t_{r-1}\} \quad \text{且} \quad t_r := \min\{t > t_{r-1} : f_t = L_r\}.$$

（在我们的例子中，$L_2 = 5, t_2 = 6$ 且 $L_3 = 4, t_3 = 8$.）同上，对于每个 $r \geqslant 1$，我们断言只要 $L_r > 1$，如果 $t > t_r$，则有 $f_t < L_r$.

因此，序列 $L_1, L_2, \cdots$ 严格递减，于是其中某个 L_r 将会等于 1，所以，最终对某个 m 有 $f_m = 1$. ■

我们将以约翰 · 康威著名的“棋子问题”来结束本章，此问题非常巧妙地运用了单调变量.

例 3.4.16　在 y 坐标小于等于 0 的平面的每个格点（坐标是整数的点）上放一颗棋子. 唯一允许的移动就是水平或者垂直的“跳跃”. 具体就是说一颗棋子能越过另一颗相邻的棋子，到达离原来位置上、下、右或左两个单位长度的地方（假设目标位置上没有其他棋子）. 一次跳跃结束以后，把被越过的棋子的从平面上移去. 这里有一个例子.

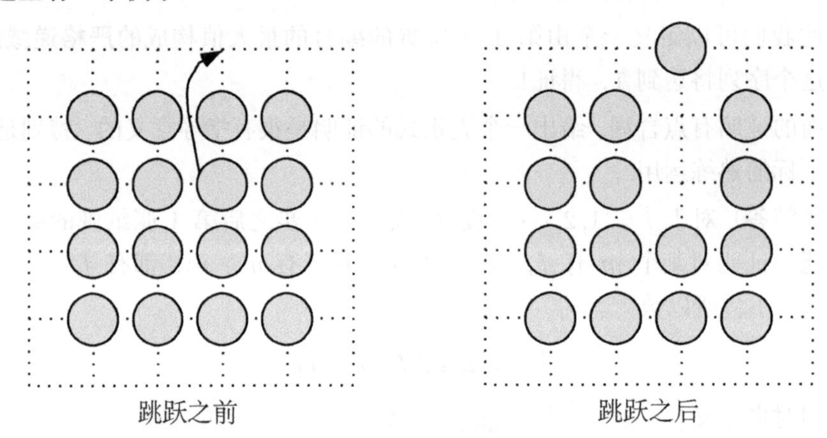

有没有可能通过有限次允许的移动使得一颗棋子到达 $y=5$ 这条线上?

解答　通过试验，很容易将一颗棋子移到 $y=2$ 这条线上，再多尝试一些可以到达 $y=3$ 上. 但是这些例子不能说明什么是可能的什么是不可能的.

关键的想法如下：通过一个能够反映棋子的各种特性的数来定义一个单调变量，按照我们的目标使之只朝一个方向变动.

不失一般性，假设目标点是 $C=(0,5)$. 对平面上的每个点 (x,y)，计算它到 C 的“出租车距离”（沿网格线的最短路径的长度）. 例如，点 (3,4) 到点 (0,5) 的距离为 $3+1=4$. 给每个到点 C 的距离为 d 的点赋予值 ζ^d，其中

$$\zeta=\frac{-1+\sqrt{5}}{2}.$$

关于 ζ 有三个关键点. 第一点，它满足

$$\zeta^2+\zeta-1=0. \tag{3.4.1}$$

第二点，它是正的. 最后，$\zeta<1$.

对任意布局的（无限个）棋子，将平面上每个棋子赋予的值加起来. 我们记这个和为“康威和”. 我们断言，这就是要找的单调变量. 我们需要验证一连串事情.

首先，这个和是否存在?是的. 我们要考虑无限多个无穷几何级数，[①] 但是幸运的是，它们是收敛的. 让我们来计算开始状态下的康威和. 在 y 轴上（点 C 正下方）的

① 关于无穷几何级数的更多信息见第 154 页.

棋子具有值 $\zeta^5, \zeta^6, \cdots$. 更一般地，在直线 $x = \pm r$ 上的棋子具有值 $\zeta^{5+r}, \zeta^{6+r}, \cdots$. 因此整个“半平面”的康威和为

$$\begin{aligned}(\zeta^5+\zeta^6+\cdots)+2\sum_{r=1}^{\infty}(\zeta^{5+r}+\zeta^{6+r}+\cdots) &= \frac{\zeta^5}{1-\zeta}+2\sum_{r=1}^{\infty}\frac{\zeta^{5+r}}{1-\zeta}\\ &= \frac{1}{1-\zeta}\left(\zeta^5+\frac{2\zeta^6}{1-\zeta}\right)\\ &= \frac{1}{1-\zeta}\left(\frac{\zeta^5(1-\zeta)+2\zeta^6}{1-\zeta}\right)\\ &= \frac{1}{1-\zeta}\left(\frac{\zeta^5+\zeta^6}{1-\zeta}\right).\end{aligned}$$

由 (3.4.1)，我们发现 $1-\zeta=\zeta^2$. 因此上面的表达式化简为：

$$\frac{\zeta^5+\zeta^6}{\zeta^4}=\zeta+\zeta^2=1.$$

因此，开始状态下的康威和为 1，而所有其他状态的康威和都可以计算.

其次，必须证明康威和是一个单调变量. 考虑一个水平移动，将一颗棋子往离开目标点 C 的方向移动. 例如，假设我们将一颗棋子从 $(9,3)$（其值为 ζ^{11}）跳跃到 $(11,3)$. 康威和将会如何改变？我们移去 $(9,3)$ 和 $(10,3)$ 上的棋子，并且放一颗棋子在 $(11,3)$ 上. 康威和的变化量为

$$-\zeta^{11}-\zeta^{12}+\zeta^{13}=\zeta^{11}(-1-\zeta+\zeta^2).$$

但是根据 (3.4.1)，$-1-\zeta+\zeta^2=-2\zeta$. 因此，这个变化量是负的，整个和减少. 显然这一般情况（如果你不确定可以验证其他情况）：无论何时只要一颗棋子往离开 C 的方向移动，康威和就减少.

另一方面，如果一颗棋子往靠近 C 的方向移动，情况就不一样了. 例如，假如我们将棋子从 $(9,3)$ 移到 $(7,3)$，我们就要移去 $(9,3)$ 和 $(8,3)$ 上的棋子，并且放一颗棋子在 $(7,3)$ 上，康威和的变化量为

$$-\zeta^{11}-\zeta^{10}+\zeta^9=\zeta^9(1-\zeta-\zeta^2)=0.$$

实际上，这就是一开始 ζ 的由来！当棋子远离目标点时康威和变小，当棋子靠近目标点时康威和不变，这就是它的巧妙设计之处.

还有一种情况就是离 C 的距离保持不变的移动，例如，从 $(1,4)$ 到 $(-1,4)$ 的跳跃. 很容易验证（试试看！）这样的移动会使康威和减少.

因此康威和是一个初始值为 1 且绝不递增的单调变量. 然而，如果一个棋子到达了 C，它的值将为 $\zeta^0=1$，所以康威和将严格大于 1（因为必有其他棋子还在平面上，且 $\zeta>0$）. 我们推出到达 C 是不可能的. ■

问题与练习

题 3.4.17 (湾区数学奥林匹克竞赛 2006) 教室里的所有椅子排列成 $n \times n$ 方阵（n 行 n 列），每个椅子上坐一个学生. 老师决定按照以下两条规则来重新安排学生的座位:

- 每个学生必须移到新的座位.
- 每个学生只能移到同行或者同列的相邻椅子上. 换句话说，每个学生只能水平或者垂直移动一个椅子的距离.

（注意：这个规则允许两名相邻的学生互换位置.）证明：如果 n 是偶数，则这个过程能实现；如果 n 是奇数，则不能.

题 3.4.18 将三只青蛙放在正方形的三个顶点上. 每一分钟都有一只青蛙会越过另一只青蛙，使得“被跨越者”正好位于“跳跃者”行走线段（线段的两端正好是跳跃着的起跳点和着陆点）的中点. 能否有一只青蛙到达这个正方形在初始状态时没有青蛙的那个顶点?

题 3.4.19 (湾区数学奥林匹克竞赛 1999) 一把锁有 16 把钥匙，排成 4×4 行列. 每把钥匙定位为竖直或者水平方向. 为了打开锁，每把钥匙必须都是竖直方向. 如果改变一把钥匙的方向，那么与它处在同一行和同一列的所有钥匙都会自动改变方向（见下图）. 证明：不管开始时各把钥匙的方向如何，总可以打开这把锁.（每次只能转动一把钥匙.）

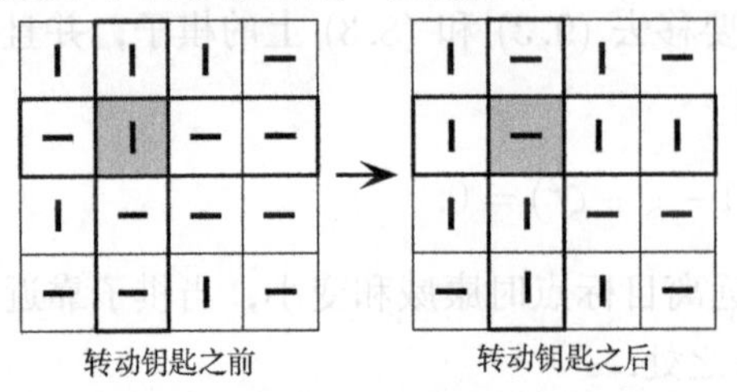

题 3.4.20 一个邪恶的巫师囚禁了 64 个数学极客. 巫师说：“明天我要你们排成一列，给每人头上戴一顶帽子. 这些帽子被染成白色或者黑色. 你们能够看见你们前面的人的帽子，但是看不见你们自己以及你们后面的人的帽子.（不允许转头.）我一开始将让队尾的人猜自己头上帽子的颜色. 如果猜对了，他将得到一块甜饼；如果猜错了，我就杀了他. 然后接着问队里的下一个人，依次下去. 你们只有在轮到回答时才能说‘黑’或‘白’，在其他时候禁止相互交流. 虽然你们不能看到排在你们后面的人头上的帽子，但是可以听到他们的回答正确与否.”

这些极客可以在严酷的考验开始之前制定一个策略. 请问最多能够保证几个极客存活下来?

题 3.4.21 同胞竞争. 假设有无限多的台球，每个球都有一个正整数编号. 对于每个正整数，都有无限多的具有该编号的球.

你有一个盒子，里面有很多（有限个）这样的球.（例如，盒子里可能有六个 #3 球、十二个 #673 球和一百万个 #2 球.）你的目标是清空盒子. 你每次可以取出任何一个球. 但是，每当你取出一个球，你的弟弟就会得到一个机会，他可以在盒子里放入**任何数量有限的**球，只要每个球的编号都小于你取出的球的编号. 例如，如果你取出一个 #3 球，你的弟弟可以放入 50 个 #2 球和 2013 个 #1 球.

但是，如果你取出一个 #1 球，你的弟弟就不能放入任何东西，因为没有编号更小的球.

是否有可能在有限的时间内清空盒子?

题 3.4.22 开始有一个格点. 每秒钟我们可以执行以下操作中的一步:

1. 点 (x, y) 产生点 $(x+1, y+1)$.
2. 如果 x 和 y 都是偶数，则点 (x, y) 产生点 $(x/2, y/2)$.
3. 点 (x, y) 和点 (y, z) 产生点 (x, z).

例如，如果开始时为点 $(9,1)$，操作 #1 产生新的点 $(10,2)$，然后操作 #2 产生 $(5,1)$，再连续 9 次执行操作 #1 就得到 $(14,10)$，操作 #3 使得 $(14,10)$ 和 $(10,2)$ 产生 $(14,2)$，等等. 如果开始时的格点为 $(7,29)$，请问最终能否产生点 $(3,1999)$?

题 3.4.23 给定序列 $1,2,\cdots,100$，每分钟除去任意两个数 u 和 v，并且用 $uv+u+v$ 的值来代替. 显然，99 分钟之后将只剩下一个数. 请问这个数依赖于我们的选择吗?

题 3.4.24 证明无法找到三个不同的整数 a,b,c 使得

$$(a-b)|(b-c),\ (b-c)|(c-a),\ (c-a)|(a-b).$$

题 3.4.25 (汤姆 · 赖克) 给定集合 $\{3,4,12\}$，可以用 $0.6a-0.8b$ 和 $0.8a+0.6b$ 代替集合中的任意两个数 a 和 b. 请问能否将集合转变成 $\{4,6,12\}$?

题 3.4.26 两个人轮流分割一块 6×8 巧克力块. 每次分割必须沿着小方格的边界并且只能是直线. 例如，你可以把原始的巧克力块分割成 6×2 和 6×6 两块，而后者又可以分割成 1×6 和 5×6 两块. 最后分割巧克力的人获胜（可以吃这块巧克力）. 先分割或后分割的人是否存在获胜策略? 一般情况（开始时是 $m\times n$ 巧克力块）又怎么样呢?

题 3.4.27 考虑一行 $2n$ 个方块，它们被交替染成黑色和白色. 一步合法的操作包含了选择任意多个连续的方块（一个或者更多个方块，但是若选择多个方块则各方块必须相邻，也就是说不允许有"间隙"），并且改变它们的颜色. 使整行方块都变为同种颜色的最少操作步骤数是多少? 显然，n 步操作可以做到（例如，改变第 1 块的颜色，然后第 3 块，依次下去），但是你能做得比这更好吗?

题 3.4.28 若开始时为一个 $2n\times 2n$ 的"国际象棋棋盘"，合法的操作包含选择任意一个子矩形并且改变它们的颜色，请回答上题的问题.

题 3.4.29 证明：如果房屋内每个房间都有偶数扇门，那么房屋的外部入口也有偶数扇门.

题 3.4.30 体重都是整数的 23 个人决定要踢足球，分成每队 11 人的两队，再加上一个裁判. 为了保证公平，分好的两个队的总体重必须一致. 已知无论选择哪个人当裁判，这一点总可以做到. 证明这 23 个人的体重一定都相同.

题 3.4.31 考虑三维空间的 9 个格点. 证明存在一个格点位于某两个格点连线段的内部.

题 3.4.32 某一数列的前6项是 $0,1,2,3,4,5$. 后面的每一项都是之前 6 项的和的个位数. 也就是说，第 7 项是 5（因为 $0+1+2+3+4+5=15$），第 8 项是 0（因为 $1+2+3+4+5+5=20$），以此类推. 问：子序列 $1,3,5,7,9$ 有没有可能出现在数列中的某个位置?

题 3.4.33 康威棋子问题（例 3.4.16）的解法着实巧妙，几乎像是作弊. 为什么不能将点 C 赋予其他值呢，比如 10^{100}? 而这将会导致你无法完成解题. 出了什么问题?

题 3.4.34 确保**真的**理解了例 3.4.10 的做法. 例如，问题中确切用到了多少次鸽笼原理? 阅读完解答之后，看看你能不能很好地向别人（一些能问聪明问题的人）讲解. 如果你解答得不能令人满意，那么回过头去重新阅读解答过程，摘下关键步骤，发现并解决相关问题等. 扎实地理解这个例题将对你解决下个问题有帮助.

题 3.4.35 (IMO 1978) 一个国际组织包含了来自 6 个不同国家的成员. 成员名单上有 1978 个名字，编号为 $1,2,\cdots,1978$. 证明：至少有一个成员，他的编号正好是与他来自同一个国家的另外两个成员编号的和，或者是某个与他来自同一个国家的成员编号的两倍.

题 3.4.36 (中国台湾 1995) 考虑一个操作，它将一个 8 项的数列 $x_1,x_2,\cdots,x_8$ 转变成一个新的 8 项的数列

$$|x_2-x_1|,|x_3-x_2|,\cdots,|x_8-x_7|,|x_1-x_8|.$$

找到所有具有如下性质的 8 项整数序列，即经过有限步操作，数列中只留下一个数，即所有的项都相等.

题 3.4.37 **欧拉公式**. 考虑多面体 P. 我们希望证明 $v-e+f=2$，其中 v,e,f 分别代表 P 的顶点、棱、面的数量. 想象 P 由白色橡胶制成，棱画成黑色，顶点画成红色. 小心切去一个面（但不移去任何点和棱），然后将新

形成的物体展开成一个平面. 例如，下面就是立方体经过“手术”后的样子:

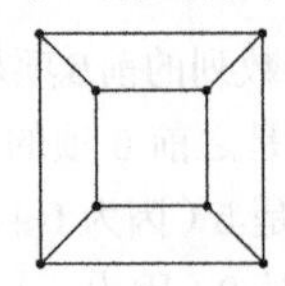

现在我们要证明，对于新的图形，$v-e+f=1$. 为此，我们开始一次移去一条棱和（或）一个顶点. 这对 $v-e+f$ 的值有什么影响呢? 最终会怎么样呢?

题 3.4.38 保加利亚纸牌. 从一堆或多堆有限数量的豆子开始. 每一轮，从每堆中取出一个豆子，并形成新的一堆. 一直玩下去，直到重复. 例如，如果从分成 3,5 两堆的 8 个豆子开始，那么演化过程将是 $3,5 \to 2,2,4 \to 1,1,3,3 \to 2,2,4$. 注意，这是两项的重复. 然而，如果从分成 3,3 两堆的 6 个豆子开始，演化将以 1,2,3 结束，然后停留在那里：一个“不动点”. 证明：当并且仅当开始时豆子的数量是一个三角数时，不管豆子是如何成堆排列的，最终都将结束于不动点.

魔术

不变量可以用于变魔术. 观众看着一个对象以一种看似随机的方式演变，却不知道该对象的某些方面保持不变. 这里有两个例子.

题 3.4.39 看到的手指. 一个蒙着眼睛的魔术师走到一张桌子前，桌上放着一些纸牌，有的正面朝上，有的正面朝下. 魔术师只知道有 17 张纸牌是正面朝上的. 她拿起纸牌，手放到背后去做一些事情，现在奇迹般地把纸牌排列成两堆，每堆都有相同数量的正面朝上的纸牌. 她是如何做到的? 这与第 22 页题 2.1.20 有什么关系?

题 3.4.40 赫默洗牌. 赫默洗牌（以魔术师鲍勃·赫默的名字命名）是在一叠纸牌上进行的，由两个操作组成. 首先，前两张牌作为一个整体翻转. 因此，如果这叠牌的顶部是面朝上的方块 7 和面朝下的梅花 K，那么现在是面朝上的梅花 K 和面朝下的方块 7. 然后**切牌**，也就是将顶部的任意数量的纸牌作为一个整体放在这叠牌的底部（不改变纸牌的朝向）. 例如，如果纸牌从上到下编号为 1 到 n，则在切前 k 张牌后，新的第 1 张牌是旧的第 $k+1$ 张牌，新的第 2 张牌是旧的第 $k+2$ 张牌，旧的第 1 张牌是新的第 $(n-k+1)$ 张牌，以此类推.

(a) **近乎完美的读心术?** 魔术师给参与者从 A 到 10 按顺序排列的 10 张牌，所有牌都面向同一方向. 参与者进行几次赫默洗牌，彻底打乱牌. 魔术师蒙上眼睛. 然后，参与者开始依次读出这叠打乱的纸牌，告诉魔术师这是什么牌. 魔术师能猜出纸牌是正面朝上还是正面朝下，准确度几乎完美无瑕（比随机猜测的 50% 的正确率好得多）! 这是如何做到的?

(b) **同花顺赫默.** 魔术师拿了大约半副牌，展示给被邀请洗牌的参与者. 魔术师随机地打乱牌面方向（正面朝上或朝下）. 然后魔术师邀请参与者用几次赫默洗牌把牌打乱. 接着魔术师把牌分成两叠，再把它们放在一起，然后展开这些牌. 正好 5 张牌正面朝下. 它们奇迹般地形成了同花顺! 这是如何做到的?

第 4 章　三个重要的交叉战术

交叉（首次出现在第 51 页）就是用巧妙的方式联系两个或更多个不同数学分支的方法. 在这一章中, 我们将介绍三种最常用的交叉：图论、复数和生成函数.

这三个课题的内容都非常丰富, 在这里我们只讨论其中最浅显的内容. 我们的叙述将结合阐述与问题, 以供读者思考. 也许你会发现, 先阅读第 5–7 章, 或者将这 3 章与本章一起阅读, 会更加有趣, 因为下面的一些例子中隐含了相对错综复杂的数学问题.

这一章的结尾不是交叉战术, 而是我们最喜欢的"园地"——组合游戏的精彩世界的介绍.

4.1　图论

图的概念非常简单：仅仅是**顶点**和**边**组成的有限集合. 顶点通常用小圆点来表达, 而边就是连接一些顶点对或所有顶点对的线. 如果两个顶点由一条边连接, 则称它们是**相邻**顶点. 并且约定, 图中不包含多重边（两条或者更多条边连接相同的两个顶点）和环（连接一个顶点到它自身的边）. 假如图中出现了多重边或者环, 那么我们称之为**多重图**. 在下图中, 左侧的是一个图, 右侧的则是一个多重图.

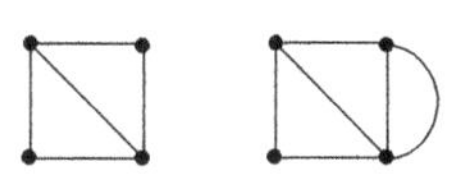

大家已经见过图的很多例子. 积极行为问题（第 18 页例 2.1.9）可以被重新叙述成如下有关于图的问题.

> 任意给定一个图, 证明一定可以通过如下方式将其顶点染成黑色和白色：每个白色点的黑色相邻顶点个数不少于它的白色相邻顶点的个数, 反之亦然.

同样, 握手问题（1.1.4）以及画廊问题（2.4.3）的解答都可以重新表示为图的问题, 而不仅仅是人与握手或者管道网络的问题.

由此发现图论在解题中有着令人称奇的作用. 只要是隐含了"物体"之间"关系"的情形都可以转化为图, 图中的顶点就是"物体", 如果对应的物体是"相关的", 我们就用边把它们连接起来. 这里的关系是必须是相互的（如果 x 与 y 相关, 那么 y 必须与 x 相关）.

如果你还不相信，请看下面的问题，请不要立即阅读分析过程.

例 4.1.1 (USAMO 1986) 在某次报告会上，有五位数学家每人都恰好睡了两次. 对任意两位数学家，总有某一时刻他们都在睡觉. 证明：存在某个时刻，他们中有三个人都在睡觉.

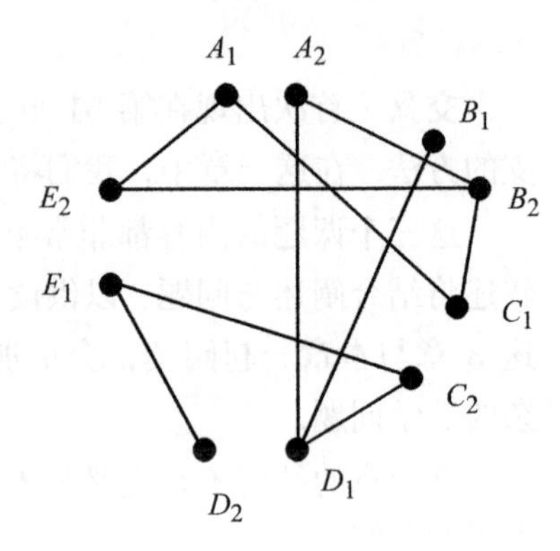

部分解答 我们将五位数学家分别记为 A, B, C, D, E，设他们睡觉的时间区间分别为 A_1, A_2, B_1, B_2 等. 现在我们定义一个图，它的 10 个顶点分别代表这些时间区间，如果两个时间区间有交集就用边把它们连接. 数学家两两配对的情况共有 $\binom{5}{2}=10$ 种，[1]所以这个图一定至少有 10 条边. 这里是其中一个例子，具体情况为数学家 A 的第一次睡觉区间与 C 的第一次睡觉区间以及 E 的第二次睡觉区间有交集，等等. 注意，由于每个数学家都睡了两次觉，所以 A_1 和 A_2 不能用边连接，B_1 和 B_2 也不能……

这个特殊的图包含了一个回路[2] $C_1A_1E_2B_2C_1$. 回路是有用的，因为它限制了睡觉的相交区间，通过"堆叠"这些区间可以很容易发现这一点. 下图所示的是一种可能性. 时间由水平线来度量. 我们发现每个睡觉区间都要与竖直方向上的相邻区间交叠.

C_1
B_2
E_2
A_1
C_1

我们将证明必有三个不同的区间会交叠. 因为 C_1 和 B_2 交叠，且 C_1 和 A_1 交叠，如果 B_2 和 A_1 在 C_1 内部交叠则得证. 如果它们不交叠（就像上面的例子），在 B_2 的末尾和 A_1 的开头之间就会存在一段空隙. 然而，E_2 必须跨越这段空隙，因为它与 B_2 和 A_1 都交叠. 因此，C_1, B_2, E_2 交叠（同理，C_1, E_2, A_1 交叠）.

这个论述包含了一个 4 阶回路（回路中有 4 个点），但是更进一步的思考（请拿出纸做些试验）就会发现这对任意有限长度的回路都适用. 因此该问题能简化为一个"纯"图论问题：

如果一个图包含 10 个顶点和 10 条边，它是否一定存在回路？

---

① 如果你不理解 $\binom{n}{r}$，请参阅 6.1 节.

② 通路开始于一个顶点，结束于一个顶点，其中只允许从一个顶点移动到相邻顶点. 换句话说，沿着边进行"旅行". 路径是没有重复顶点的通路，回路是一个通路，其中唯一重复的顶点是开始和结束顶点.

连通性和回路

既然已经看到图论是如何完全转化问题的，我们就应该研究有关图的一些简单性质，特别是顶点和边的数量与回路存在性之间的关系．由一个特定的顶点出发的边的数量叫作这个顶点的**度**．顶点 x 的度通常记为 $d(x)$．很容易验证以下重要事实，此事实通常叫作**握手引理**（如果需要提示，请重新阅读第 89 页例 3.4.7）．

在任何图中，所有顶点的度的总和等于边数的两倍．

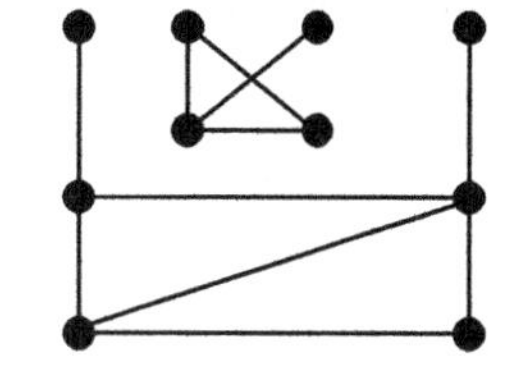

如果图中任意两个顶点之间都有一条通路，则这个图是**连通的**．如果一个图不是连通的，那么总可以将它分解为若干个**连通分支**．例如，右图有 10 个顶点，11 条边，2 个连通分支．观察发现握手引理并不要求连通性．在这个图中，顶点的度分别为（从左到右，从上到下）$1,2,1,1,3,3,2,4,3,2$．总和为 $22 = 2 \times 11$．

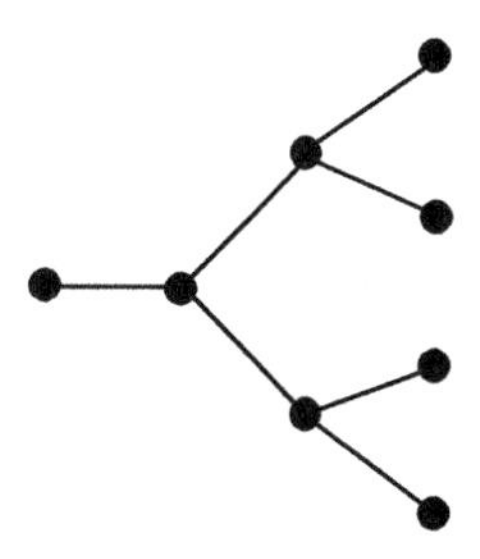

一个不含回路的连通图叫作**树**．[①] 举个例子，右边的 8 个顶点的图就是一棵树．在一棵树上，我们将度是 1 的顶点称为**叶子**．[②]

当然了，每棵树都必须有叶子看上去才合理．事实上，

包含两个或者两个以上顶点的树至少有两片叶子．

不严格地说，这是显而易见的．因为树没有回路，所以它一定包含了起点和终点不同的路径．这两个顶点度都为 1．但是这样说有点含糊．下面是一个用极端原理和反证法论述的严格证明．

给定一棵树，任意取一个顶点．现在考虑通过这个顶点的所有路径并取其中**最长的**，也就是说，这条路径包含的顶点最多．因为这是一棵树，没有回路，所以这里不存在问题——没有一条路径可以回到起点．并且，树是连通的，可以确保能够找到这样的路径．

设 $P := x_1x_2\cdots x_n$ 为最长的路径，其中 x_i 表示顶点．我们断言 x_1 和 x_n 的度都是 1．假设 x_1 的度大于 1．x_1 的相邻顶点中包括了顶点 x_2 和 y．显然，y 不可能是 $x_3, x_4, \cdots, x_n$ 中的任何一个，因为这会导致回路出现！但是如果 y 不是它们中的一个，我们就能构造一个**更长的路径** $yx_1x_2\cdots x_n$，这与 P 最长的路径假设矛盾．因此 $d(x_1) = 1$，类似地可以证明 $d(x_n) = 1$． ■

一个连通图什么时候是一棵树呢? 直观上看，对树而言，相对于顶点，边的数量是很少的，实际上，试验（尝试看看！）很确凿地表明

对树而言，边的数量正好比顶点的数量少 1.

---

① 一个不含回路的非连通图叫作**森林**，它的每个连通分支就是一棵树．

② 这个术语并不是很标准．习惯上指定某个顶点为“根”，根的度可能是 1 也可能不是 1．这种“有根树”形成了一套完整的理论，这在计算机科学上很重要，但是这里就不作讨论了．详情见文献 [34]．

这个猜想是数学归纳法的自然结论. 对顶点的数量 v 进行归纳, 由 $v=2$ 开始. 这棵只有两个顶点的树由一条边连接两个顶点组成, 所以基础情形是正确的. 现在假设所有含 v 个顶点的树正好有 $v-1$ 条边. 考虑一棵有 $v+1$ 个顶点的树 T, 我们将证明 T 有 v 条边. 取一片叶子 (我们知道 T 必定有叶子), 移去这个顶点以及由它延伸出来的边, 剩下的是什么? 一个仍然是连通的有 v 个顶点的图 (因为 T 是连通的, 除去一片叶子不会使它不连通), 并且也没有回路 (因为 T 没有回路, 除去一片叶子也无法创造回路). 因此新的图也是一棵树. 由归纳假设, 它一定有 $v-1$ 条边. 所以 T 有 $v-1+1=v$ 条边. ■

题 4.1.2 推广上面的结论, 证明: 一些分离的树的聚合 (当然就是**森林**) 有 k 个连通分支、e 条边、v 个顶点, 那么 $e=v-k$.

题 4.1.3 证明:

> 如果一个图有 e 条边、v 个顶点, 且 $e \geqslant v$, 那么这个图一定包含回路.

注意: 这与图是否连通没有关系.

现在我们回头再思考例 4.1.1, 即关于数学家睡觉的问题. 这个问题的图含有 10 条边和 10 个顶点. 由题 4.1.3, 它一定包含回路.

欧拉通路和哈密顿通路

第 22 页题 2.1.24 有一个简单的图论归纳:

> 找出一个连通图 (或者多重图) 能够被一条通路遍历且每条边恰好被遍历一次的条件.

为了纪念首次正式研究图论的 18 世纪瑞士数学家欧拉, 这样的通路就叫作**欧拉通路**. 下面是两个出现在题 2.1.24 中的例子, 以及第三个例子 (一个多重图).

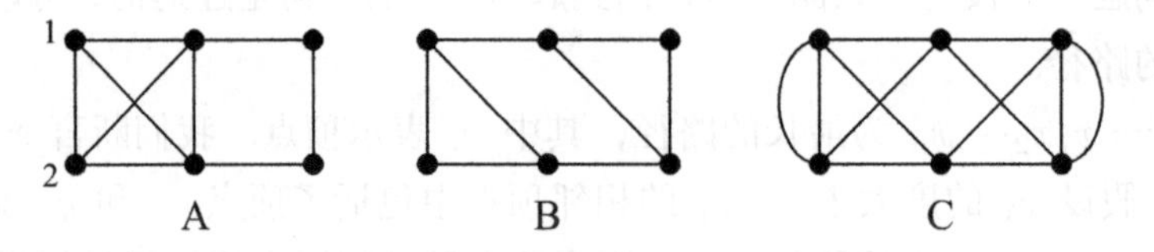

图 A 和图 C 有一条欧拉通路, 但是图 B 没有. 此外, 图 A 的欧拉通路不是闭合的: 它必须在顶点 1 和 2 处开始和结束. 我们称之为**欧拉迹**. 图 C 的欧拉通路是闭合的: 起点可以是任何顶点, 并且结束于起点. 称之为**欧拉圈**. ①

如果你画了足够多的图 (以及多重图), 一定会不可避免地关注奇数度的顶点. 设 v 是具有欧拉通路的图中度是奇数的顶点. 存在三种情况:

① 与路径 (没有重复顶点的通路) 不同, 迹是没有重复边的通路. 闭合的迹 (起始和终止顶点相同) 称为圈. 我用来记录路径、迹、回路、圈等术语的助记方法是想到电影 "E. T.", 因此迹涉及边, 而圈是迹. 注意, 所有的回路都是圈, 但是反过来并不成立.

1. 通路可以从 v 开始.

2. 通路可以到 v 结束.

3. 通路开始和结束都在其他顶点，或者是一个封闭通路（没有起始和结束）. 这是不可能的，因为无论什么时候只要通路沿着一条边达到 v，它就一定要沿另外一条边离开 v. 这就意味着 $d(v)$ 是偶数.

因此如果一个图有一条欧拉通路，它一定没有奇数度的顶点或者有两个奇数度的顶点. 事实上，这也是一个充分必要条件. 更准确地来讲，

> 一个连通图（或者多重图）拥有一条欧拉通路当且仅当它有 0 个或者两个奇数度的顶点. 在前面的情况下，通路是一个圈. 在后面的情况下，通路一定开始和终止于这两个奇数度的顶点.

可以用（强）归纳法证明这个结论，实际上，下面的讨论可以很容易地改写成用归纳法证明的形式. 但是介绍一种新的证明方法会更有指导性——一个**算法**证明，在这个算法证明中我们给出分析欧拉通路的一般方法.

首先考虑恰好有两个奇数度的顶点的图，将这两个顶点分别记为 s 和 f. 尝试从 s 开始单纯地画一条欧拉通路. 随机进行遍历，我们不会迷路：如果到达了一个偶数度的顶点，那么我们一定可以离开它，并且与这个顶点相连的尚未遍历的边不是 0 条就是还有偶数条，而在后者情况下稍后还是可以将其遍历.

但是这个办法行不通. 考虑右边的图（实际上这是一个多重图，但是现在我们用“图”这个术语也不会引起混淆）. 边用大写字母标记，顶点用小写字母标记. 如果从顶点 s 开始，按照顺序 A, B, C, D, E, F, G, H 进行遍历，会怎么样呢？我们将会被困在顶点 f，没有路可以“撤退”去遍历其他的边. 在这种情况下，让我们临时先移去已经遍历过的边. 这样就剩下一个包含边 I, J, K, L 的**子图**. 这个子图有 4 个顶点，每个顶点的度都是偶数. 因为原来的图是连通的，所以子图与移去的一些边“交叉”，例如，在顶点 u 就是这样. 现在从顶点 u 开始，将“单纯”算法应用在子图上，按顺序 J, K, L, I 遍历，最后回到顶点 u 结束. 这并不是偶然，因为子图中所有顶点的度都是偶数，所以除非回到出发点，要不然我们无法停止.

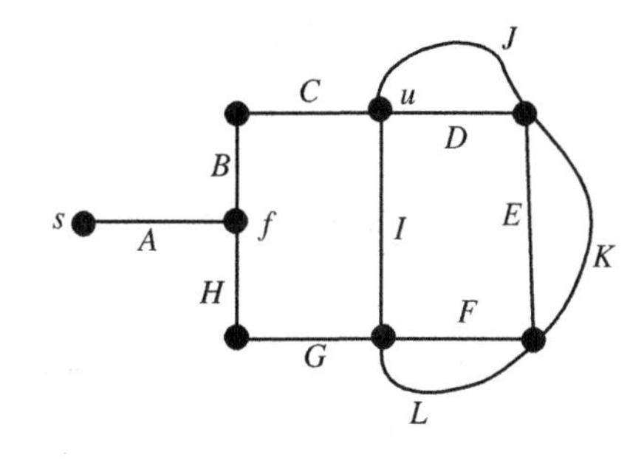

所以现在可以对原来的路径进行“重造手术”，从而得到整个图的欧拉通路.

1. 跟前面一样，由 s 开始，沿着边 A, B, C 遍历直到到达顶点 u.

2. 现在沿着子图（边 J, K, L, I）遍历，回到顶点 u.

3. 沿着边 D, E, F, G, H 完成剩下的遍历，到达顶点 f.

这个方法是通用的. 可能要重复步骤"移去已遍历的边和遍历子图"好几次(因为在还没有遍历完子图的所有边时我们可能已经被困在出发点了),但是因为图是有限的,所以最终可以完成. ■

题 4.1.4 如果你不相信上面的论断,在下面的多重图上尝试这个算法. 这样你就会理解这个算法了.

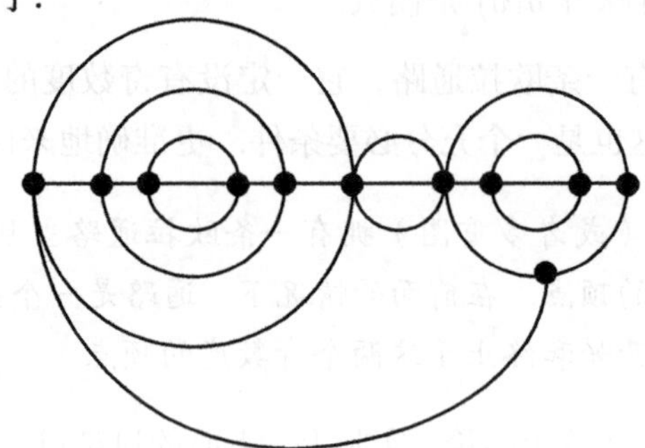

题 4.1.5 **有向图**是给定每条边一个方向(通常用箭头表示)的图(或多重图). 换句话说,有向图就像单行道组成的网络. 找出有向图或有向多重图具有欧拉通路的充分必要条件.

欧拉迹的"对偶"就是**哈密顿路径**(根据 19 世纪爱尔兰数学家命名),即每个顶点仅被遍历一次的路径. 如果路径是封闭的,就叫作哈密顿回路. 虽然欧拉通路拥有一套"完整的理论",但是人们对哈密顿路径却知之甚少. 到目前为止,哈密顿路径的充分必要条件还未知. 这很不幸,因为很多实用问题都要涉及哈密顿路径. 例如,给一群人在圆桌旁安排座位,使得没有人坐在他不喜欢的人旁边. 我们就构造一个图,人们就是图上的顶点,将朋友用边连接. 如果存在一条哈密顿路径的话,就给了我们一个排座位计划. 许多涉及网络路径时序安排和最优化的问题都可以转化为寻找哈密顿路径的问题.

下面给出了一个非常弱的命题,它是哈密顿路径的一个**充分**条件.

题 4.1.6 *设 G 是一个有 v 个顶点的图(不是多重图). 如果每个顶点的度至少是 $v/2$, 那么 G 有哈密顿回路.*

这个结论很弱,因为假设条件太强了. 例如,假设 G 有 50 个顶点,则 G 的每个顶点的度至少是 25 才能保证哈密顿路径存在.

我建议你自己证明题 4.1.6. 提示:你要做的前几件事情之一是根据假设条件证明 G 是连通的.

两位登山者

我们的目的并不是使读者能够全面地学习图论,而仅仅是介绍一下这个课题,从而提供一个解决问题的新技巧,并使你们在可能的情况下能够敏锐地思考如何将一个问题转化成图论问题. 如果你希望更多了解这一主题, 有很多文献可以参阅, [13], [26], [34] 都是不错的选择 (尤其是 [13]).

我们以一个经典问题来结束本节, 这个问题乍看上去与图论并没有关系.

例 4.1.7 两位登山者. 两个人位于山脉的两端, 处于同一海拔高度. 如果整个山脉永远不会降低到这一起始海拔高度以下, 有没有可能这两个人沿着山脉走, 最后都到达对方的出发点, 并且他们一直处于相同的海拔高度上?

分析 下图是"山脉"的一个例子. 不失一般性, 可以认为它是"分段线性的", 也就是说, 由若干段直线段组成的. 两个人的初始位置由两个圆点表示.

首先, 这看起来并不难. 只要允许往回走, 那么保持在同一海拔高度上对这两个人来说很容易. 让我们用字母来标记那些山脉上的"有趣"位置 (与山峰和低谷处于同一海拔高度的位置).

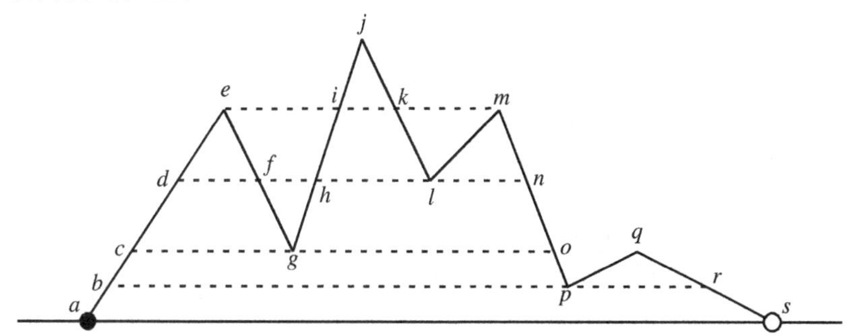

黑色圆点从 a 走到 c, 同时, 白色圆点从 s 走到 q. 接着, 黑色圆点从 c 往回走到 b, 同时, 白色圆点从 q 走到 p, 等等. 很容易就可以写出向前走和向后走的步骤的精确序列.

但是**为什么**这样就行了呢? 我们如何保证这样做总是行得通, 甚至对很复杂的 (没有低于初始海拔高度的低谷的) 山脉也可行呢? 在往下阅读之前, 请花点时间试着给出一个**令人信服的**证明. 这并不容易! 这样你就会更加喜欢我们的图论解答了.

解答 与上图类似, 标记出所有"有趣"的位置. 我们把它记为集合 I, 在例子中 $I = \{a, b, c, \cdots, s\}$. 随着圆点的移动, 可以将其联合位置用形如 (x, y) 的有

序对表示，其中 x 表示黑色圆点的位置，y 表示白色圆点的位置. 使用这个记法，两个圆点的运动过程就可以简记为

$$(a,s)\to(c,q)\to(b,p)\to(e,m)\to(f,l)\to\cdots\to(s,a),$$

其中最后的 (s,a) 表明这两个圆点最终交换了位置.

现在定义一个图 Γ，它的顶点是有序对 (x,y)，其中 $x,y\in I$ 且 x 和 y 在同一海拔高度上. 换句话说，Γ 上的顶点包含这两个圆点有可能到达的所有情况，虽然可能其中的一部分从出发位置是不可能到达的. 我们将只用“一步”就能够到达的两个状态用边连接起来. 换句话说，顶点 (a,s) 不能跟 (c,q) 连接，但是我们可以连接 (a,s) 和 (b,r) 以及 (b,r) 和 (c,q). 下面是 Γ 的一张不完全图，使用了坐标系 [所以初始状态 (a,s) 在左上角]. 这张图遗漏了很多顶点 [例如 $(a,a),(b,b),(c,c),\cdots$]，而且并不是所有连接顶点的边都画出来了.

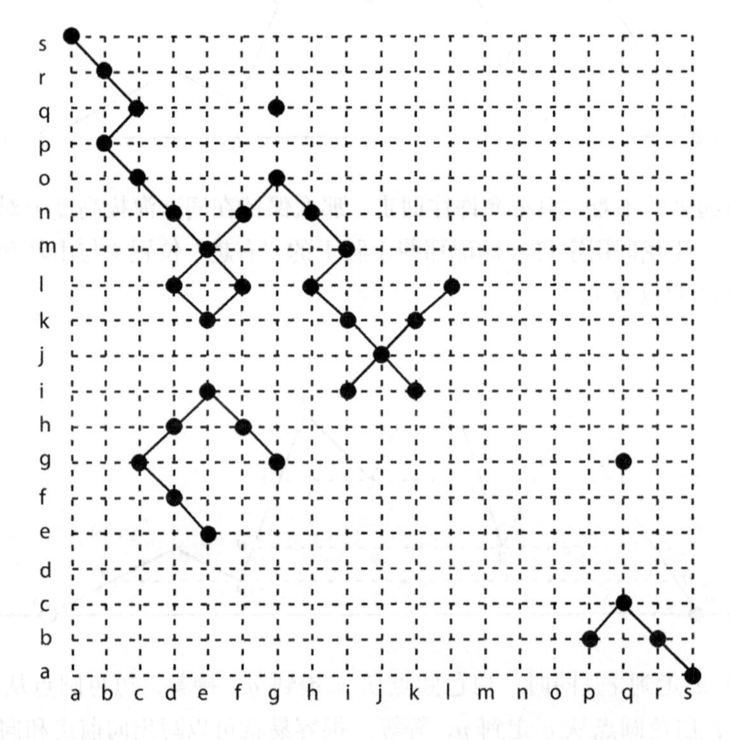

如果能证明存在一条由 (a,s) 到 (s,a) 的路径，命题就得证了. [实际上，因为这个图是对称的，从 (a,s) 到 (j,j) 路径就是关键所在.] 请验证下列事实.

1. 图 Γ 上度为 1 的顶点只有 (a,s) 和 (s,a).
2. 如果一个顶点是（山峰，山峰），那么它的度是 4. 例如，(e,m) 的度就是 4.
3. 如果一个顶点是（山峰，斜坡），那么它的度是 2. 例如 (e,i).
4. 如果一个顶点是（斜坡，斜坡），那么它的度是 2. 例如 (d,n).

5. 如果一个顶点是（山峰，低谷），那么它是孤立的（度为 0）．例如 (g,q).

现在考虑 Γ 中包含顶点 (a,s) 的连通分支．它是 Γ 的子图［不是整个 Γ，因为 (g,q) 和 (q,g) 是孤立的］．由握手引理得，这个子图所有顶点的度之和肯定是偶数．因为度是奇数的顶点仅有两个，即 (a,s) 和 (s,a)，所以这个子图**一定**包含 (s,a)．因此从 (a,s) 到 (s,a) 就有一条路径．这个证明可以推广到任意的山脉，所以命题得证． ■

在最后，我们通过非常简单的奇偶性分析就解决了这个难题．当然，首先要构造一个图，并且关键是要很巧妙地定义它的顶点和边．这个例子的主旨就是：几乎所有的东西都可以用图来分析！

问题与练习

在这些问题中，除非有特殊说明，图都不是多重图（没有环和多重边）.

题 4.1.8 证明每个图都含有度相等的两个顶点.

题 4.1.9 证明：在 6 个人中，要么其中有 3 个人相互是朋友，要么有 3 个人完全陌生.（假设"友谊"是相互的，也就是说，如果你是我的朋友，那么我也是你的朋友）.

题 4.1.10 设聚会上有 17 个人．已知对现场的每对宾客来说，有且仅有以下一种情况是对的："他们素未谋面""他们是好朋友""他们讨厌对方"．证明：一定存在一个 3 人组，他们或者相互都不认识，或者相互都是朋友，或者相互讨厌对方.

题 4.1.11 证明：如果一个图有 v 个顶点，每个顶点的度至少是 $(v-1)/2$，那么这个图是连通的.

题 4.1.12 如果要确保具有 n 个顶点的图是连通的，那么这个图至少需要多少条边?

题 4.1.13 在一所大房子里，每个有奇数扇门的房间中都放有一台电视机．房子只有一个入口．证明：总是可以进入房子并且到达一个有电视机的房间.

题 4.1.14 **二部图**的顶点可以被分割成两个集合 U,V，每条边都是一端在 U 里且另一端在 V 里．下面就是两个二部图．右边的是**完全二部图**，记为 $K_{4,3}$.

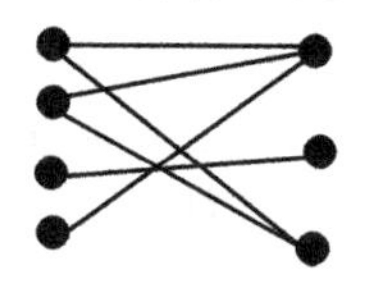

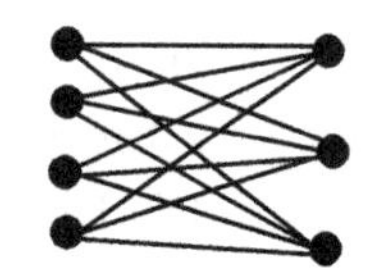

证明一个图是二部图当且仅当它没有奇数长度的回路.

题 4.1.15 若干棋手参加循环制国际象棋锦标赛，每位棋手都要与其他所有人进行一场比赛（1 对 1 比赛，不是团体赛），并且没有和局.

(a) 证明：总是可以将所有棋手排名，第一名的棋手击败第二名，第二名位击败三名，等等，直到最后一名的棋手．因此总可以宣布不仅有冠军，而且所有棋手都有各自的排名.

(b) 给出上述命题的一个图论证明.

(c) 这个排名一定是唯一的吗?

题 4.1.16 一块多米诺骨牌包含两个方格，每个方格上有 0, 1, 2, 3, 4, 5 或 6 个圆点．这里有一个例子.

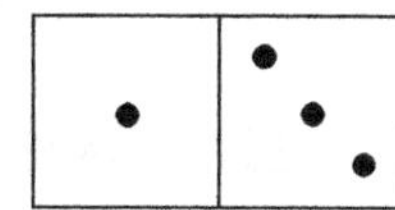

验证一共有 28 种不同的骨牌．有没有可能将这些骨牌排成一圈，使得任意相邻的两块多米诺骨牌的相邻的方格有相同的点数?

题 4.1.17 在 8×8 的国际象棋棋盘上，马①是否能够进行如下移动：在棋盘上能够进行的每种可能的单步移动，都恰好进行一次，且开始并结束于同一个方格？我们认为往任意方向移动一步即为完成一步单步移动.

题 4.1.18 (USAMO 1989) 网球俱乐部的 20 名会员安排了 14 场 1 对 1 比赛，每名会员至少参加一场比赛. 证明：在这个赛程里，存在 6 场比赛，参加的会员是 12 个不同的人.

题 4.1.19 一个 n **方体**，是 n 维立方体除去一些边所得到的图形. 更确切地说，它是一个图，有 2^n 个顶点，每个顶点都用 n 位二进制数标记，并且如果两个顶点的二进制数只有一位有区别，那么就用边连接它们. 证明对任意 $n\geqslant 1$，n 方体都有哈密顿回路.

题 4.1.20 考虑由 27 个中空的小立方体组成的 $3\times 3\times 3$ 立方体. 每两个小立方体之间都由它们表面的门连接.（每个小立方体都有 6 扇门，当然某些小立方体的门是朝“外”开的.）是否可能从中心小立方体开始，把其他每个小立方体都恰好访问一遍？

题 4.1.21 如果将数字 0,1,1,0 顺时针放在一个圆上，从某一个数字开始沿顺时针方向就可以读到从 00 到 11 的任意两位的二进制数. 一般情况下可能吗？

题 4.1.22 构造德布鲁因矩形问题（第 92 页例 3.4.11）的图论模型.

题 4.1.23 (湾区数学奥林匹克竞赛 2008) N 支球队参加美国篮球锦标赛，每两队只打一场比赛. N 支球队中，有 251 支来自加利福尼亚州. 事实证明，阿尔卡特拉斯岛队是唯一的加利福尼亚州冠军（与来自加利福尼亚州的其他球队相比，阿尔卡特拉斯岛队赢得了更多的比赛）. 然而，阿尔卡特拉斯岛队最终成为了这场锦标赛唯一的输家，因为它输的比赛比美国其他任何球队都多！

N 的最小可能值是多少？

题 4.1.24 (湾区数学奥林匹克竞赛 2005) 某国有 1000 个城市，某些城市之间有沙土路连接. 沿着这些沙土路可以从一个城市到达任意其他城市. 证明这个国家的政府可以如此铺路，使得每个城市都有奇数条沙土路与外界连通.

4.2 复数

我们早已学习了如何使用复数 $\mathbb{C}$，即形如 $a+b\mathrm{i}$ 的数的集合，其中 a,b 是实数且 $\mathrm{i}=\sqrt{-1}$. 你可能不知道的是，复数是“交叉”艺术家的梦想：就像光具有波粒二象性一样，复数同时属于代数和几何. 除非你熟悉它们的几何物理性质，否则不可能认识到复数的全部威力. 复数帮助我们将各种各样的问题在代数和几何之间进行流畅的转换.

下面主要以练习和问题的形式介绍复数的基本性质. 这一节很简略，旨在开拓你对于许多有趣事物的眼界. ②

基本运算

题 4.2.1 复数的基本符号与表示方法. 一个很有用的描述复数的方法就是高斯平面（也称复平面）. 取一般的笛卡儿平面，但是将 x 轴和 y 轴相应地用实轴

① 国际象棋的“马”和中国象棋一样走“日”字，但没有“蹩马腿”的规定. ——译者注

② 我们强烈推荐读者阅读本节的主要灵感来源，特里斯坦 · 尼达姆的《复分析：可视化方法》[21]（有中译本，人民邮电出版社出版），至少阅读它的前几章，来获取更多的信息. 这本具有开拓性的书很受欢迎，读起来也很有意思，阐述精辟，并且还包含了许多别处看不到的关于几何的见解.

和虚轴代替. 可以将每个复数 $z=a+b\mathrm{i}$ 视为这个平面上坐标为 (a,b) 的一个**点**. 称 a 为 z 的**实部**, 记为 $a=\operatorname{Re} z$. 类似地, b 就是 z 的**虚部** $\operatorname{Im} z$. 也可以把 $\operatorname{Re} z$ 和 $\operatorname{Im} z$ 看成从原点出发到 (a,b) 的**向量**的实和虚**分量**. 因此, 复数 $z=a+b\mathrm{i}$ 有双重含义: 它既是坐标为 (a,b) 的**点**, 同时也是由原点出发到 (a,b) 的**向量**.

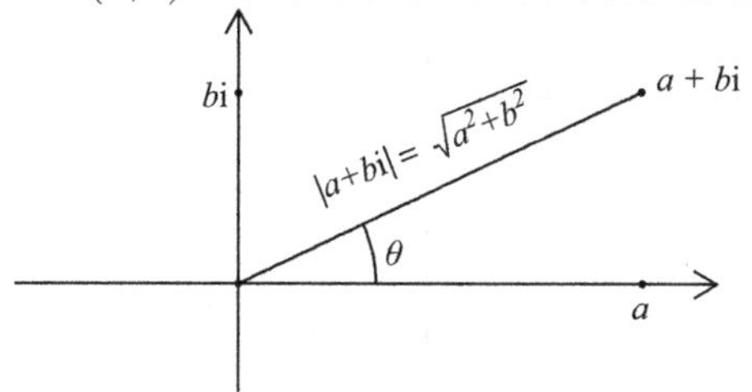

特别要注意, 一个向量可以从任意点开始, 而不仅仅只是原点, 向量是由它的**大小**和**方向**唯一确定的. 复数 $z=a+b\mathrm{i}$ 的"大小"为

$$|z|:=\sqrt{a^2+b^2},$$

当然, 这也是从原点到 (a,b) 的向量的长度. "大小"的其他叫法还有**模**和**绝对值**, 通常称为"长度". 向量的方向习惯上定义为它从水平(实)轴出发逆时针旋转所成的角度. 称为 z 的**辐角**, 记为 $\arg z$. 非正式地, 我们也称之为 z 的"角度". 如果 $\theta=\arg z$ 且 $r=|z|$, 则有

$$z=r(\cos\theta+\mathrm{i}\sin\theta).$$

这个叫作 z 的**极坐标表示**. $\cos\theta + \mathrm{i}\sin\theta$ 可以方便地缩写为 $\operatorname{Cis}\theta$, 因此可以写

$$z=r\operatorname{Cis}\theta.$$

例如(所有角度都用弧度制),

$$57=57\operatorname{Cis}0,\quad -12\mathrm{i}=12\operatorname{Cis}\frac{3\pi}{2},\quad 1+\mathrm{i}=\sqrt{2}\operatorname{Cis}\frac{\pi}{4}.$$

题 4.2.2 共轭. 如果 $z=a+b\mathrm{i}$, 定义 z 的**共轭**为 $\bar{z}=a-b\mathrm{i}$. 从几何上看, $\bar{z}$ 恰好与 z 关于实轴对称.

题 4.2.3 加法与减法. 复数"按分量"相加, 也就是说,

$$(a+b\mathrm{i})+(c+d\mathrm{i})=(a+c)+(b+d)\mathrm{i}.$$

几何上, 复数的相加遵循向量加法的"平行四边形法则": 如果将复数 z 和 w 看成向量, 那么它们的和 $z+w$ 就是以 z 和 w 为两边所组成的平行四边形的对角线, 并且它的一端在原点. 类似地, 它们的差 $z-w$ 是一个向量, 且与由点 w 出发到达点 z 的向量具有相同的大小和方向. 因此, 如果 $z_1,z_2,\cdots,z_n$ 是和为 0 的复数, 那么把它们看成向量, 并且**首尾相接**画出来时, 它们就组成一个封闭的多边形.

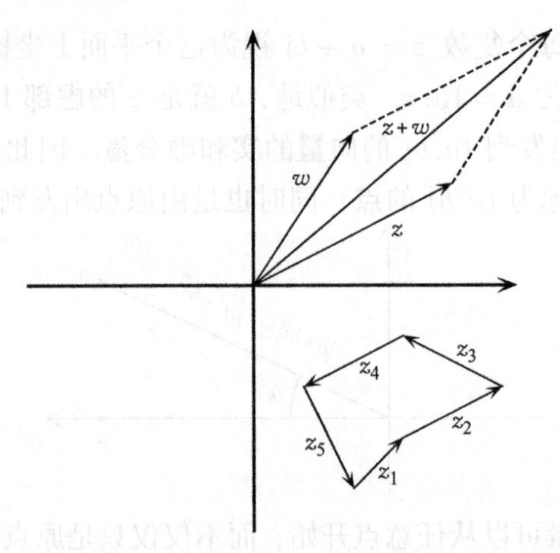

题 4.2.4　乘法. 复数的所有代数运算都遵循通常的规则，再加上 $i^2 = -1$. 例如，

$$(2+3i)(4+5i) = 8+12i+10i+15i^2 = -7+22i.$$

利用复数的三角形式可以直接证明：如果 $z = r\,\text{Cis}\,\alpha$ 且 $w = s\,\text{Cis}\,\beta$，那么

$$zw = (r\,\text{Cis}\,\alpha)(s\,\text{Cis}\,\beta) = rs\,\text{Cis}\,(\alpha+\beta),$$

也就是说，

zw 的长度是 z 和 w 的长度的乘积，zw 的角度是 z 和 w 角度的和.

这个三角函数推导是一个不错的练习，但它没有揭示本质. 它没有真正告诉我们为什么复数的乘积恰好满足这个几何性质. 这里有看待这个问题的一种不同的方式. 来看一个特殊情形：任意复数 z 与 $3+4i$ 的乘积的几何形式. 在极坐标上，$3+4i = 5\,\text{Cis}\,\theta$，其中 $\theta = \arctan(4/3)$，近似等于 0.93 弧度.

1. 因为 $i(a+bi) = -b+ai$，遵循（请画个图！）：

   “乘以 i”相当于“逆时针旋转 $\pi/2$”.

2. 类似地，如果 a 是实数，

   “乘以 a”相当于“伸缩 a”.

例如，将一个复数向量 z 乘以 3 得到的新向量与 z 的方向相同，长度为 z 的 3 倍. 将 z 乘以 1/5，得到的新向量方向相同，但长度为原来的 1/5.

3. 将 z 乘以 $3+4i = 5\,\text{Cis}\,\theta$ 相当于 z 被转化为 $(3+4i)z = 3z+4iz$. 这是两个向量 $3z$ 与 $4iz$ 的和. 第一个是 z 伸长 3 倍. 第二个是 z 逆时针旋转 90 度之后再伸长 4 倍. 所以结果就是（画个图!!!）长度为 $5|z|$ 角度为 $\theta + \arg z$ 的向量.

显然这个推导可以推广到乘以任意复数.

乘以复数 $r\,\text{Cis}\,\theta$ 就是逆时针旋转 θ，同时伸缩 r.

所以我们有第三种思考复数的方法. 每个复数**同时**是一个点、一个向量、一个如上所说的旋转和伸缩的**几何变换**.

题 4.2.5 除法. 现在很容易定义 z/w 的几何意义了, 其中 $z = r\,\text{Cis}\,\alpha$ 且 $w = s\,\text{Cis}\,\beta$. 设 $v = z/w = t\,\text{Cis}\,\gamma$, 则 $vw = z$. 用乘法的规则有

$$ts = r, \quad \gamma + \beta = \alpha,$$

因此有

$$t = r/s, \quad \gamma = \alpha - \beta.$$

因此,

除以 $r\,\text{Cis}\,\theta$ 就是顺时针旋转 θ (逆时针旋转 $-\theta$), 同时伸缩 $1/r$.

题 4.2.6 棣莫弗定理. 乘除法运算规则的一个简单结果就是这个可爱的三角恒等式: 对于任意 (零、正的或负的) 整数 n 和任意实数 θ, 有:

$$(\cos\theta + \mathrm{i}\sin\theta)^n = \cos n\theta + \mathrm{i}\sin n\theta.$$

题 4.2.7 指数形式. 乘法和除法的代数特性应该会让你想到幂运算. 确实, **欧拉公式**指出

$$\text{Cis}\,\theta = \mathrm{e}^{\mathrm{i}\theta},$$

其中 $\mathrm{e} = 2.718\,28\cdots$ 是大家熟悉的自然对数的底, 以前在微积分中已经遇到过. 这是个很有用的记法, 比 $\text{Cis}\,\theta$ 简单, 而且很深刻. 大部分微积分和复分析书籍都用 $\mathrm{e}^x, \sin x, \cos x$ 的幂级数来证明欧拉公式, 但是这样并没有真正给出它为什么成立的深层原因. 这是一个有深度并且有趣的问题, 但是超出了本书的范畴. 请阅读文献 [21] 进行全面了解, 并尝试做题 4.2.28.

题 4.2.8 容易的练习. 用上面的知识验证以下结论.

(a) $|zw| = |z||w|$ 且 $|z/w| = |z|/|w|$.

(b) $\text{Re}\ z = \frac{1}{2}(z + \bar{z})$ 且 $\text{Im}\ z = \frac{1}{2\mathrm{i}}(z - \bar{z})$.

(c) $z\bar{z} = |z|^2$.

(d) 两个复数 z, w 连线的中点是 $(z + w)/2$. 确保形成思维图像!

(e) $\overline{z + w} = \bar{z} + \bar{w}$ 且 $\overline{zw} = \bar{z}\,\bar{w}$ 且 $\overline{z/w} = \bar{z}/\bar{w}$.

(f) $(1 + \mathrm{i})^{10} = 32\mathrm{i}$ 且 $(1 - \mathrm{i}\sqrt{3})^5 = 16(1 + \mathrm{i}\sqrt{3})$.

(g) 通过画图证明 $z = \frac{\sqrt{2}}{2}(1 + \mathrm{i})$ 满足 $z^2 = \mathrm{i}$.

(h) 如果 $a \in \mathbb{C}$ 且 $r \in \mathbb{R}$, 那么对于 $0 \leqslant t \leqslant 2\pi$, 点 $a + r\mathrm{e}^{\mathrm{i}t}$ 的集合描述的就是一个以 a 为圆心, r 为半径的圆.

(i) 设 $a, b \in \mathbb{C}$, 证明 (如果可能的话通过画图证明) 顶点为 $0, a, b$ 的三角形的面积等于 $\text{Im}\ (a\bar{b})$ 的绝对值的一半.

题 4.2.9 稍难的练习. 下面的问题稍微有一点挑战性. 仔细画图，尽量不要被引诱着采用代数方法（除了验算结果）.

(a) 分子和分母同时乘以 $a-b\mathrm{i}$ 很容易就"化简" $\dfrac{1}{a+b\mathrm{i}}=\dfrac{a-b\mathrm{i}}{a^2+b^2}$. 但是有人可以不用任何计算就证明它. 这是怎么做到的?

(b) $|z+w|\leqslant|z|+|w|$，等号成立当且仅当 z 和 w 同向或者反向，也就是说，它们的夹角为 0 或 π.

(c) 设 z 是单位圆上一点，即，$|z|=1$. 不用计算证明 $|1-z|=2\sin\left(\dfrac{\arg z}{2}\right)$.

(d) 设 $P(x)$ 是实系数多项式. 证明，如果 z 是 $P(x)$ 的一个零点，那么 $\overline{z}$ 也是它的零点. 也就是说，实系数多项式的零点在复数域上一定成对出现.

(e) 不用太多计算，分别确定下面两式中 z 的轨迹

$$\operatorname{Re}\left(\frac{z-1-\mathrm{i}}{z+1+\mathrm{i}}\right)=0 \quad \text{和} \quad \operatorname{Im}\left(\frac{z-1-\mathrm{i}}{z+1+\mathrm{i}}\right)=0.$$

(f) 不解方程，证明方程 $(z-1)^{10}=z^{10}$ 的所有 9 个根都在直线 $\operatorname{Re}(z)=\frac{1}{2}$ 上.

(g) 证明：如果 $|z|=1$，那么 $\operatorname{Im}\left(\dfrac{z}{(z+1)^2}\right)=0$.

(h) 设 k 是实常量，a,b 是固定的复数. 描述满足 $\arg\left(\dfrac{z-a}{z-b}\right)=k$ 的 z 的轨迹.

题 4.2.10 格点到圆以及圆到格点. 下面的问题将会使你在考虑复杂变换的同时熟悉几何、代数、解析几何之间的联系. 我们下面分析的变换是一个**莫比乌斯变换**的例子. 更多细节见文献 [21].

(a) 证明下面的简单几何命题（用相似三角形）.

设 AB 是直径为 k 的圆的直径. 考虑直角三角形 ABC，其中角 B 为直角. 设 D 是 AC 与圆的交点（$D\neq A$）. 则

$$AD\cdot AC=k^2.$$

(b) 考虑变换 $f(z)=\dfrac{z}{z-1}$. 这是一个复数域上的函数. 下图是 $f(z)$ 在定义域（$0\leqslant\operatorname{Re}z\leqslant2,-2\leqslant\operatorname{Im}z\leqslant2$）上的（用 Mathematica 软件）计算机输出. 这张图显示了 $f(z)$ 是如何变换矩形网格线的. 注意 f 将高斯平面上的矩形笛卡儿网格变换成了圆，并且都切去点 1［虽然点 1 不属于定义域，并且 1 的附近邻域也不属于定义域，因为 z 必须很大才能使得 $f(z)$ 接近 1］.

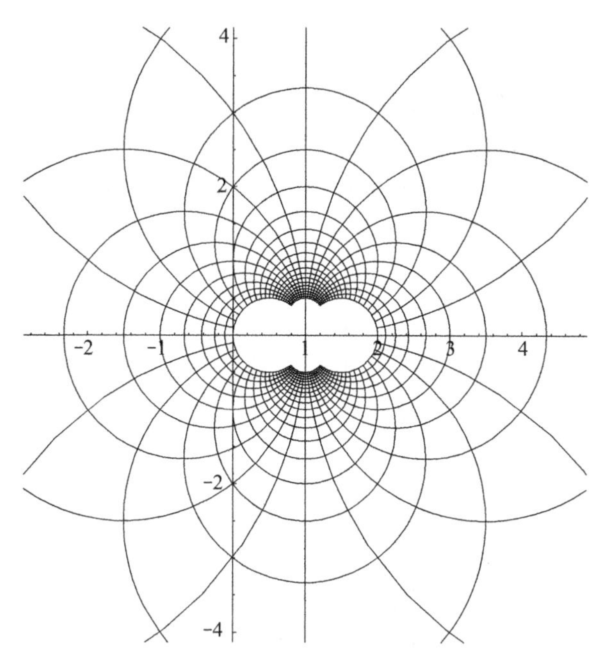

不用计算，而在虚轴上精确地证明这个现象. 证明函数 $f(z)=\dfrac{z}{z-1}$ 把虚轴变换成以 $(\frac{1}{2},0)$ 为圆心，$\frac{1}{2}$ 为半径为的圆. 请尝试下面两种方式.

1. **代数法**. 设虚轴上的一个点为 it，其中 t 是任意实数. 找出 $f(\mathrm{i}t)$ 的实部与虚部，即，将 $f(\mathrm{i}t)$ 写成 $x+y\mathrm{i}$ 的形式. 然后证明 $(x-1/2)^2+y^2=1/4$.

2. **几何法**. 首先，证明 $f(z)$ 是按照下面顺序的 4 个映射的复合：

$$z\mapsto\frac{1}{z},\quad z\mapsto -z,\quad z\mapsto z+1,\quad z\mapsto\frac{1}{z}.$$

换句话说，如果开始为 z，然后取倒数，接着取相反数，再平移一个单位，最后再取倒数，就得到了 $f(z)$.
其次，使用这些 $f(z)$ 的“分解”以及前面已经证明的几何引理，来证明虚轴上的每个点 z 都被映射到圆心在 1/2，直径为 1 的圆上. 画出图形!

(c) 上述命题的“反面”也正确：$f(z)$ 不仅把笛卡儿网格变换成圆，它也把特定的圆变换成笛卡儿网格! 在单位圆（圆心在原点半径为 1 的圆）上直接验证它. 证明 $f(z)$ 把单位圆变换成实部为 1/2 的所有点组成的与 x 轴垂直的直线. 这实际上就是证明

$$f(\mathrm{e}^{\mathrm{i}\theta})=\frac{1}{2}-\frac{1}{2}\mathrm{i}\cot\frac{\theta}{2}.$$

和前面一样，用几何和代数两种不同的方法来证明它. 要准确说明单位圆上的点是如何被映射到直线上的. 例如，很明显，-1 被映射到 1/2. 当你从 -1 开始，逆时针沿着单位圆转动时会怎么样呢?

单位根

方程 $x^n = 1$ 的零点叫作 n 次**单位根**. 这些数有许多漂亮的性质，将代数、几何、数论联系起来. 数学上普遍存在单位根的一个原因就是对称：你在下面就会看到，单位根在某种意义上说是对称的典范.（我们假设你了解关于多项式和求和的一些知识，如果有疑问，请参考第 5 章.）

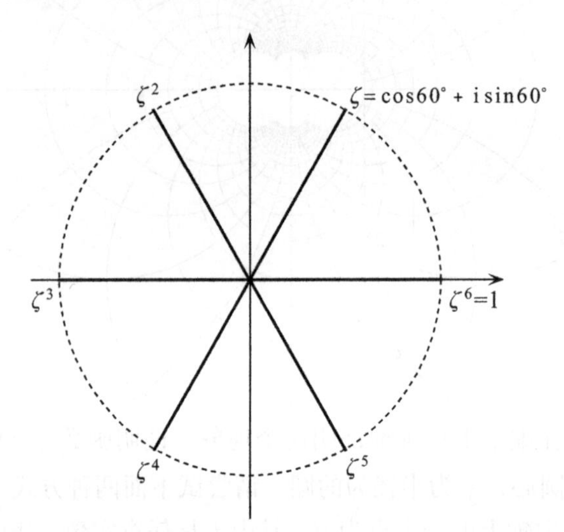

题 4.2.11　对任意正整数 n，存在 n 个不同的 n 次单位根，记为

$$1, \zeta, \zeta^2, \zeta^3, \cdots, \zeta^{n-1},$$

其中

$$\zeta = \mathrm{Cis}\,\frac{2\pi}{n}.$$

几何上，n 次单位根是有一个点为 1，且均匀分布在单位圆（集合 $\{z \in \mathbb{C} : |z| = 1\}$）上的 n 个点.

题 4.2.12　像上题一样设 $\zeta = \mathrm{Cis}\,\frac{2\pi}{n}$. 则对任意正整数 n，任意复数 x，有

(a) $x^n - 1 = (x-1)(x-\zeta)(x-\zeta^2)\cdots(x-\zeta^{n-1})$,

(b) $x^{n-1} + x^{n-2} + \cdots + x + 1 = (x-\zeta)(x-\zeta^2)\cdots(x-\zeta^{n-1})$,

(c) $1 + \zeta + \zeta^2 + \cdots + \zeta^{n-1} = 0$.

不用几何级数的求和公式，你能看出 (c) 为什么成立吗?

一些应用

在本节结束部分，我们将举几个例题说明复数在三角函数、几何和数论等数学分支上的有趣的应用.

例 4.2.13　求计算 $\tan(2a)$ 的公式.

解答 这当然有许多做法，但是复数的方法很灵活，而且对许多其他三角恒等式都有效. 关键想法就是如果 $z=x+\mathrm{i}y$，那么 $\tan(\arg z)=y/x$. 令 $t:=\tan a$ 且

$$z=1+\mathrm{i}t.$$

现在取 z 的平方，我们有

$$z^2=(1+\mathrm{i}t)^2=1-t^2+2\mathrm{i}t.$$

但是

$$\tan(\arg z^2)=\frac{2t}{1-t^2},$$

显然 $\arg z^2=2a$，所以得到

$$\tan 2a=\frac{2\tan a}{1-\tan^2 a}$$

■

例 4.2.14 (普特南 1996) 设 C_1 和 C_2 是圆心相距 10，半径分别为 1 和 3 的两个圆. 找出并证明所有点 M 的轨迹，其中 M 是 C_1 上任意点 X 与 C_2 上任意点 Y 的连线 XY 的中点.

解答 我们的解答阐明了复数作为向量来表示平面上的曲线的重要应用. 考虑一般情况，如下图所示，两个圆都位于复平面上，圆心分别为 a, b，半径为 u, v. 注意 a 和 b 是复数，u 和 v 是实数. 如题中所述，我们假设 v 比 u 大一点.

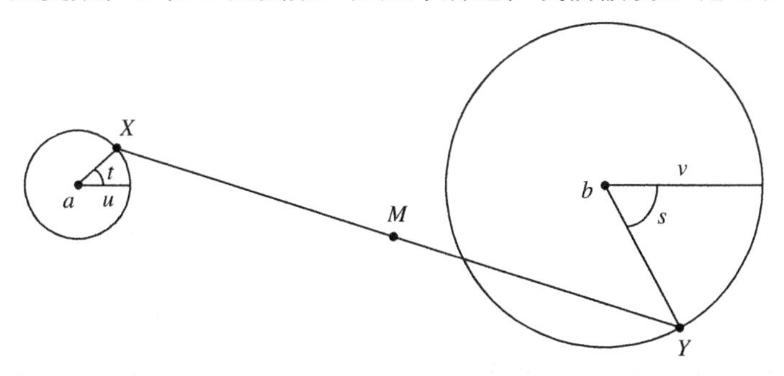

寻求的轨迹就是线段 XY 的中点 M 的集合，其中 X 可以是左边圆上任意一点，Y 可以是右边圆上任意一点.

因此，$X=a+u\mathrm{e}^{\mathrm{i}t}$ 且 $Y=b+v\mathrm{e}^{\mathrm{i}s}$，其中 t 和 s 可以是 0 和 2π 之间的任意值. 我们有

$$M=\frac{X+Y}{2}=\frac{a+b}{2}+\frac{u\mathrm{e}^{\mathrm{i}t}+v\mathrm{e}^{\mathrm{i}s}}{2}.$$

从几何角度来理解它，首先试着理解当 $0\leqslant s,t\leqslant 2\pi$ 时，

$$u\mathrm{e}^{\mathrm{i}t}+v\mathrm{e}^{\mathrm{i}s}$$

看上去像什么. 如果固定 s，那么 $P=v\mathrm{e}^{\mathrm{i}s}$ 是以原点为圆心，v 为半径的圆上的一点. 现在，把 $u\mathrm{e}^{\mathrm{i}t}$ 加到 P 上，并让 t 由 0 到 2π 变化，将得到一个以 P 为圆心，u 为半径的圆（下图中用虚线所示）.

现在让 s 也变化. 虚线画的小圆将沿着大圆的圆周运动，产生一个环面或者充气“指环”. 换句话说，点

$$ue^{it}+ve^{is},\quad 0\leqslant s,t\leqslant 2\pi$$

的轨迹是圆心在原点的圆环

$$v-u\leqslant |z|\leqslant v+u,$$

即为到原点的距离在 $v-u$ 和 $v+u$ 之间的点的集合.

现在就能很容易地解决这个问题了. 因为

$$M=\frac{a+b}{2}+\frac{ue^{it}+ve^{is}}{2},$$

轨迹是一个圆心在两圆连线中点的圆环，也就是说，圆心为点 $(a+b)/2$. 记这个点为 c. 即所求的轨迹就是到点 c 的距离在 $(v-u)/2$ 和 $(v+u)/2$ 之间的点的集合.（一般情况下，这样的圆环不一定会像下图那样与右边的圆相切.） ■

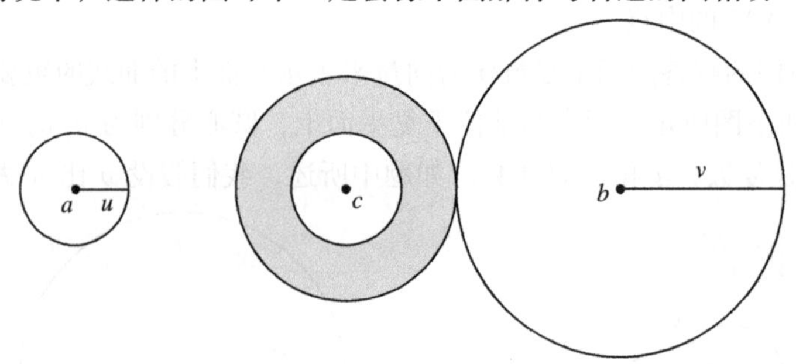

例 4.2.15　(普特南 2003) 设 A, B, C 是圆心在点 O 的单位圆的圆周上的三个距离相等的点，设 P 为此圆内部任意一点. 设 a, b, c 分别是 P 到 A, B, C 的距离. 证明存在以 a, b, c 为边长的三角形，并且其面积只由 P 到 O 的距离决定.

解答　这个问题有一个使用复数方法的既漂亮又简单的解法. 由等边三角形 ABC 使我们想到尝试单位立方根. 这里只讲证明的梗概. 请自己补充细节.

1. 需要证明以 a, b, c 为边长的三角形确实存在. 注意一般情况下这不一定成立，例如假设 $a=b=1, c=10$. 给定三个长度为 a, b, c 的线段，可以通过将它们进行移动使之首尾相接来看能否能组成一个三角形. 利用这样的物理直觉（很有可能还有图形）来证明下面的引理.

设 z_1, z_2, z_3 是三个复数，

$$|z_1|=a,\ |z_2|=b,\ |z_3|=c.$$

如果存在实数 $\alpha,\beta, 0\leqslant\alpha,\beta<2\pi$，使得

$$z_1+e^{i\alpha}z_2+e^{i\beta}z_3=0.$$

那么存在以 a,b,c 为边长的三角形.

2. 令 $\omega = \mathrm{e}^{2\pi\mathrm{i}/3}$. 不失一般性，令 $O=0$（即，设这个圆的圆心在复平面原点），并且 $A=1, B=\omega, C=\omega^2$，还有 $P=z$，其中 z 是复平面上满足 $|z|<1$ 的任意一点.

3. 应用第 1 点证明所给的边长能够组成一个三角形. 你需要仔细地取 α, β 的值，可以从剧作家契诃夫的名言中寻找灵感："如果一把枪在第一幕中出现在壁炉架上，那么它肯定会在第三幕中开火."

4. 最后，应用在第 115 页中已经导出的简单公式计算三角形的面积，然后证明这个面积只取决于 $|z|$，即 P 到 O 的距离.

例 4.2.16 设整数 m 和 n 可以写成两个完全平方数的和. 证明：mn 也具有这个性质. 例如，$17=4^2+1^2$ 且 $13=2^2+3^2$，而

$$17 \times 13 = 221 = 14^2 + 5^2. \tag{4.2.1}$$

解答 设 $m=a^2+b^2, n=c^2+d^2$，其中 a, b, c, d 是整数. 现在考虑乘积

$$z := (a+b\mathrm{i})(c+d\mathrm{i}).$$

注意

$$|z| = |(a+b\mathrm{i})||c+d\mathrm{i}| = \sqrt{(a^2+b^2)(c^2+d^2)}.$$

因此 $mn=|z|^2$. 但是 $|z|^2$ 是两个完全平方数的和，因为 $\operatorname{Re} z$ 和 $\operatorname{Im} z$ 都是整数. 这不仅证明了我们想要的，它还提供了一种计算等式 (4.2.1) 右端的值的算法. ■

本节最后一个例子是一个令人惊奇的问题，说明了如何用单位根构造不变量.

例 4.2.17 (吉姆 · 普罗普) n 盏灯围成一圈，开始时恰好有一盏是亮着的. 现在选定一盏灯，如果它以及其后每过 d 盏灯（其中 d 是 n 的因数且小于 n，这样的灯共有 n/d 盏）的状态相同，那么允许同时改变这 n/d 盏灯的状态. 问当 n 为何值时才有可能通过一系列上述操作使所有灯变亮?

解答 首先必须意识到这不是个关于灯的问题，而是关于单位根

$$1, \zeta, \zeta^2, \cdots, \zeta^{n-1}$$

的问题，其中 $\zeta = \cos\frac{2\pi}{n} + \mathrm{i}\sin\frac{2\pi}{n}$. 把每个灯放在单位圆上的单位根位置. 不失一般性，设位于 1 上的灯开始时是亮着的. 现在，如果 $d<n$ 是 n 的因数，并且位于

$$\zeta^a, \zeta^{a+d}, \zeta^{a+2d}, \cdots, \zeta^{a+(\frac{n}{d}-1)d}$$

上的灯有相同的状态，则我们就可以改变这 n/d 盏灯的状态. 这些数的和为

$$\zeta^a + \zeta^{a+d} + \zeta^{a+2d} + \cdots + \zeta^{a+(\frac{n}{d}-1)d} = \zeta^a(1+\zeta^d+\zeta^{2d}+\cdots+\zeta^{(\frac{n}{d}-1)d}).$$

上式右端括号里的部分是一个几何级数，很容易求和，于是等式右端就化简为

$$\zeta^a\left(\frac{1-\zeta^{\frac{n}{d}d}}{1-\zeta^d}\right) = \zeta^a\left(\frac{1-\zeta^n}{1-\zeta^d}\right) = \zeta^a\left(\frac{1-1}{1-\zeta^d}\right) = 0.$$

这个令人惊奇的事实告诉我们，如果将所有亮着的灯所对应的单位根加起来，这个和不会改变，因为无论何时改变一串灯的状态时，它们加起来都等于 0. 但是一开始的和为 1，且目标是使所有的灯都打开. 这个和将是

$$1+\zeta+\zeta^2+\cdots+\zeta^{n-1}=\frac{1-\zeta^n}{1-\zeta}=\frac{1-1}{1-\zeta}=0\neq 1.$$

所以我们永远不可能将所有灯都点亮！ ■

问题与练习

题 4.2.18 对于 $n=3,4,5$，利用复数推导出关于 $\cos na$ 和 $\sin na$ 的恒等式.

题 4.2.19 测试你对例 4.2.16 的理解程度. 已知 $17=4^2+1^2$ 且 $101=10^2+1^2$，请心算出整数 u,v 的值使得 $17\times 101=u^2+v^2$.

题 4.2.20 证明（如果可以的话不要计算！）

$$\mathrm{e}^{\mathrm{i}t}+\mathrm{e}^{\mathrm{i}s}=2\cos\left(\frac{t-s}{2}\right)\mathrm{e}^{\mathrm{i}(s+t)/2}.$$

题 4.2.21 证明：如果 $x+\dfrac{1}{x}=2\cos a$，那么对任意整数 n，

$$x^n+\frac{1}{x^n}=2\cos na.$$

题 4.2.22 求 $\sin a+\sin 2a+\sin 3a+\cdots+\sin na$ 和 $\cos a+\cos 2a+\cos 3a+\cdots+\cos na$ 的相对的简单公式.

题 4.2.23 因式分解 z^5+z+1.

题 4.2.24 解方程 $z^6+z^4+z^3+z^2+1=0$.

题 4.2.25 设 n 是正整数，求

$$\sin\frac{\pi}{n}\sin\frac{2\pi}{n}\sin\frac{3\pi}{n}\cdots\sin\frac{(n-1)\pi}{n}$$

的一个闭型表达式.

题 4.2.26 考虑单位圆的内接正 n 边形. 这个正 n 边形的所有 $n(n-1)/2$ 条对角线（包括正 n 边形的边）的长度的乘积是多少?

题 4.2.27 (USAMO 1976) 如果 $P(x),Q(x),R(x),S(x)$ 都是多项式，且满足

$$P(x^5)+xQ(x^5)+x^2R(x^5)=(x^4+x^3+x^2+x+1)S(x),$$

证明 $x-1$ 是 $P(x)$ 的因式.

题 4.2.28 (特里斯坦 · 尼达姆) 尝试按照以下方式推导欧拉公式 $\mathrm{e}^{\mathrm{i}t}=\cos t+\mathrm{i}\sin t$:

(a) 假设函数 $f(t)=\mathrm{e}^{\mathrm{i}t}$ 可以按照初等函数求导法则关于 t 求导，即 $f'(t)=\mathrm{i}\mathrm{e}^{\mathrm{i}t}$.（注意这不是自动成立的，因为这个函数的定义域是复数. 需要定义并验证许多东西，但是这里我们就略过了——这是一种直观论证！）

(b) 如果把变量 t 看作时间，函数 $f(t)$ 在复平面上描绘一条曲线，那么等式 $f'(t)=\mathrm{i}\mathrm{e}^{\mathrm{i}t}$ 就隐含了变化率的意义. 回顾前面的乘以 i 就相当于“逆时针旋转 90 度”. 证明这蕴含着 $f(t)$ 是一条圆形路径.

(c) 考虑圆形曲线 $t\mapsto f(t)$ 被描绘出来的速度，然后推出 $\mathrm{e}^{\mathrm{i}t}=\cos t+\mathrm{i}\sin t$.

题 4.2.29 设 $R_a(\theta)$ 表示平面上将任意图形绕点 a 逆时针旋转 θ 的变换. 证明有趣的事实：$R_a(\theta)$ 和 $R_b(\phi)$ 的复合正好是另一个旋转 $R_c(\alpha)$. 找出 c,α 用 a,b,θ,ϕ 表示的公式. 这符合你的直觉吗?

题 4.2.30 证明平面上不存在顶点都是格点（整数坐标）的等边三角形.

题 4.2.31 证明复平面上顶点分别是 a,b,c 的三角形是等边的充分必要条件是

$$a^2+b^2+c^2=ab+bc+ca.$$

题 4.2.32 求方程 $z^2+az+b=0$ 的两个根加上原点组成等边三角形的充分必要条件.

题 4.2.33 (特里斯坦 · 尼达姆) 任意画一个四

边形，再以每条边向外画一个正方形. 画线段连接相对的正方形的中心. 证明这两条线段相互垂直且等长.

题 4.2.34 (特里斯坦 · 尼达姆) 考虑三角形 ABC，点 P, Q, R 在 ABC 的外部，且三角形 PAC, RCB, QBA 两两相似. 证明 ABC 和 PQR 的重心（中线的交点）重合.

题 4.2.35 (特里斯坦 · 尼达姆) 任意画一个三角形，再以每条边向外画一个等边三角形. 证明这三个等边三角形的重心的连线刚好组成一个新的等边三角形. （**重心**是三角形三条中线的交点，也是三角形的质心.）如果三角形的顶点用复数 a, b, c 表示，那么它的重心正好是 $(a+b+c)/3$.

题 4.2.36 (匈牙利 1941) 六边形 $ABCDEF$ 内接于一个圆. 边 AB, CD, EF 的长度都等于圆的半径. 证明另外三条边的中点正好是某个等边三角形的三个顶点.

题 4.2.37 (普特南 1998) 令 s 是单位圆在第一象限上的任意弧. 令 A 表示 x 轴上方 s 下方区域的面积，B 表示 y 轴右方 s 左方区域的面积. 证明 $A+B$ 仅依赖于 s 的长度，与 s 的位置无关.

构造正十七边形

1796 年，高斯发现了一个非同寻常的事实：$\cos 2\pi/17$ 可以用整数的四则运算和平方根来精确计算. 这意味着可以用尺规作图作出正十七边形，这是阿基米德时代以来的一个悬而未决的问题. 题 4.2.38–4.2.41（灵感来源于优秀的文献 [2]）勾勒出高斯的方法：一个深奥的数论思想，它导致了一种极其巧妙的方法来操纵单位根.

题 4.2.38 原根. 令是 p 素数，一个非平凡的定理（第 243 页题 7.5.37）指出：存在模 p **原根**，即存在整数 g，使得 $g^1, g^2, \cdots, g^{p-1}$ 是 $p-1$ 个不同的模 p 的正余数. g 有时也称为生成元.

(a) 验证 2 是模 5 原根.

(b) 验证 2 不是模 7 原根，但 3 是.

(c) 验证 3 是模 17 原根.

题 4.2.39 高斯"时期"具体案例. 给定素数 p 和模 p 原根 g. 令 e, f 是使得 $ef = p-1$ 的正整数. 定义函数

$$P_f(z) := z + z^{g^e} + z^{g^{2e}} + \cdots + z^{g^{(f-1)e}}.$$

只有当 z 是 p 次单位根时，这些函数才有用，所以令 $\zeta = \mathrm{e}^{2\pi\mathrm{i}/p}$. 我们总是假定 $z = \zeta^k$（对于某个整数 k）.

考虑的 $p = 17, g = 3$ 特殊情形，定义

- $H_k := P_8(\zeta^{g^k})\ (k = 0, 1)$；
- $Q_k := P_4(\zeta^{g^k})\ (k = 0, 1, 2, 3)$；
- $E_k := P_2(\zeta^{g^k})\ (k = 0, 1, 2, 3, 4, 5, 6, 7)$.

其中 H, Q, E 分别表示"二分之一（half）""四分之一（quarter）""八分之一（eighth）".

(a) 对于 $k = 0, 1, \cdots, 15$，计算 $P_{16}(\zeta^k)$.

(b) 写出若干个 H, Q, E 展开式，既写为 g 的幂，也写为实际的指数（例如，即写为 ζ^{g^6}，也写为 ζ^{15}）.

(c) 证明这些数都是实数！为什么?

(d) 仔细计算 $H_0 + H_1$, H_0^2, H_1^2，并且用来计算 H_0H_1.

题 4.2.40 高斯"时期"一般情况. 给定素数 p 和原根 g，以及乘积为 $p-1$ 的正整数 e, f. 证明（记住 z 必须是 p 次单位根）:

(a) $P_f(z)^2 = \sum\limits_{r=0}^{f-1} P_f(z^{1+g^{re}})$.

(b) 如果 e 是偶数，则 $P_f(z) + P_f(z^{g^{e/2}}) = P_{2f}(z)$.

这些恒等式的优点是什么? 它们与上题有什么关系?

题 4.2.41 利用上面的想法来验证

$$\cos\frac{2\pi}{17} = -\frac{1}{8} + \frac{1}{8}\sqrt{17} + \frac{1}{8}\sqrt{34 - 2\sqrt{17}} + \frac{1}{4}\sqrt{17 + 3\sqrt{17} - \sqrt{34 - \sqrt{17}} - 2\sqrt{34 + 2\sqrt{17}}}.$$

4.3　生成函数

生成函数交叉战术的威力归功于下面两个简单的事实.

- 将 x^m 乘以 x^n 时，就得到 x^{m+n}.
- 关于多项式或者幂级数 $f(x)$ 系数的“局部”信息往往会反映出 $f(x)$ 行为的“全局”信息，反之亦然.

第一个事实虽然比较浅显，但它是促使事情发生的技术“发动机”，因为它将数的加法和多项式的乘法联系在一起了. 第二个事实则更深入一些，它为我们将要做的事情提供了动力.

介绍性的例子

在开始叙述之前，首先得定义我们的主角. 给定（可能是无限的）序列 $a_0, a_1, a_2, \cdots$，它的生成函数是

$$a_0 + a_1x + a_2x^2 + \cdots.$$

这里有一些简单的例子. 假设读者对数列、多项式、简单的求和公式（第 5 章）、组合数学和二项式定理（第 6 章）、无穷级数（第 5 章和第 9 章）已经有基本的了解. 如果需要复习这些方面的知识，那么现在先略读这节内容，以后回过来再读. 由于生成函数的思想非常有用，越早了解它越好，因此我们不推荐你完全跳过本节.

例 4.3.1　设 $1 = a_0 = a_1 = a_2 = \cdots$. 则对应的生成函数是

$$1 + x + x^2 + x^3 + \cdots.$$

这是一个无穷几何级数，在 $|x| < 1$ 的情况下，收敛到 $\dfrac{1}{1-x}$（见第 154 页）. 一般情况下，我们并不过多担心生成函数的收敛性. 就像将在下面看到的，只要级数收敛到某个值，总可以得到生成函数.

上面用到的无穷几何级数在生成函数里是很常见的. 将它做一下标记，称它为**几何级数工具**. 记住它有两个用法：首先是无穷几何级数求和，其次是展开成无穷级数. 下式就是第二个用法的举例，请仔细研究.

$$\frac{x}{2+x} = \frac{x}{2\left(1-\left(-\frac{1}{2}x\right)\right)} = \frac{1}{2}\left(x - \frac{1}{2}x^2 + \frac{1}{2^2}x^3 - \frac{1}{2^3}x^4 + \cdots\right).$$

例 4.3.2　给定正整数 n，定义序列 $a_k = \binom{n}{k}$, $k = 0, 1, 2, \cdots, n$. 对应的生成函数是

$$\binom{n}{0} + \binom{n}{1}x + \binom{n}{2}x^2 + \cdots + \binom{n}{n}x^n = (x+1)^n \tag{4.3.1}$$

这可以用二项式定理推出. 如果将 $x = 1$ 代入 (4.3.1)，就得到漂亮的恒等式

$$\binom{n}{0} + \binom{n}{1} + \binom{n}{2} + \cdots + \binom{n}{n} = 2^n.$$

这个恒等式当然可以通过其他方法证明（你应该知道其中的几种，如果不知道请参阅 6.2 节），但必须注意，这里的方法很简单，也很容易被推广. 如果令 $x=-1$，就会得到一个全新的恒等式，

$$\binom{n}{0}-\binom{n}{1}+\binom{n}{2}-\cdots+(-1)^n\binom{n}{n}=0.$$

这两个通过代入具体值得到恒等式的例子都体现了典型的"局部 $\leftrightarrow$ 整体"的观点. 整体上看，生成函数仅仅是简单函数 $(1+x)^n$. 我们可以代入想要的任何值. 但是每代入一个值，就得到了一个包含系数 $\binom{n}{k}$（局部信息）的新命题. 关键是在函数及其系数之间来回移动焦点，以获得有用的信息.

例 4.3.3 除了代入具体值，还可以做其他尝试. 如果对 (4.3.1) 两边求导，得到

$$\binom{n}{1}+2\binom{n}{2}x+3\binom{n}{3}x^2+\cdots+n\binom{n}{n}x^{n-1}=n(x+1)^{n-1}.$$

现在如果将 $x=1$ 代入，就得到了一个有趣的恒等式

$$\binom{n}{1}+2\binom{n}{2}+3\binom{n}{3}+\cdots+n\binom{n}{n}=n2^{n-1}.$$

递推关系

到目前为止，还没有用到第 124 页提到的简单事实：$x^mx^n=x^{m+n}$. 现在让我们通过生成函数来分析递推关系（见 6.4 节的例子）.

例 4.3.4 定义序列 (a_n)，满足 $a_0=1$ 且 $a_n=3a_{n-1}+2$, $n=1,2,\cdots$. 求 a_n 的通项公式.

解答 解决这个问题有好几种方法. 实际上，最简单的方法——任何解题者都应该首先尝试的方法——就是算出前几项然后猜测. 前几项是（请验证!）

$$1,5,17,53,161,485,\cdots,$$

这也许会让一个有灵感的人（一个熟悉 3 的幂的人）猜测 $a_n=2\times3^n-1$，事实上这很容易用归纳法证明.

下面介绍另外一种解法——使用生成函数. 虽然相比上面的"猜测然后验证"的方法，它在这个特殊问题上显得效率比较低，但是它可以可靠地应用在有灵感的猜测者束手无策的情形中. 设

$$f(x):=a_0+a_1x+a_2x^2+\cdots=1+5x+17x^2+\cdots$$

是序列 (a_n) 的生成函数. 而

$$xf(x)=a_0x+a_1x^2+a_2x^3+\cdots$$

是平移后的原序列的生成函数. 换句话说，在 $f(x)$ 中 x^n 的系数是 a_n，但在 $xf(x)$ 中 x^n 的系数是 a_{n-1}. 现在利用 a_n 和 a_{n-1} 之间的关系，因为对任意 $n \geqslant 1$ 都有 $a_n - 3a_{n-1} = 2$，所以有

$$f(x) - 3xf(x) = a_0 + 2(x + x^2 + x^3 + \cdots).$$

这看上去很不规则，但是等号右端括号中的表达式正好是一个无穷几何级数. 因此有（记住 $a_0 = 1$）

$$f(x) - 3xf(x) = 1 + \frac{2x}{1-x}.$$

等号左边是 $f(x)(1-3x)$，所以可以轻松解出 $f(x)$，得

$$f(x) = \frac{1}{1-3x} + \frac{2x}{(1-x)(1-3x)} = \frac{x+1}{(1-x)(1-3x)}.$$

我们的目的就是计算出 $f(x)$ 展开成幂级数后的系数. 如果分母仅仅只是 $(1-x)$ 或 $(1-3x)$，就可以利用几何级数工具. 将其化成部分分式[①]，得

$$f(x) = \frac{x+1}{(1-x)(1-3x)} = \frac{2}{1-3x} - \frac{1}{1-x}.$$

对第一项用几何级数工具，得

$$\frac{2}{1-3x} = 2(1 + 3x + 3^2x^2 + 3^3x^3 + \cdots).$$

因为

$$\frac{1}{1-x} = 1 + x + x^2 + x^3 + \cdots,$$

所以

$$\begin{aligned} f(x) &= 2(1 + 3x + 3^2x^2 + 3^3x^3 + \cdots) - (1 + x + x^2 + x^3 + \cdots) \\ &= 1 + (2 \times 3 - 1)x + (2 \times 3^2 - 1)x^2 + (2 \times 3^3 - 1)x^3 + \cdots, \end{aligned}$$

由此立即得到 $a_n = 2 \times 3^n - 1$. ■

这个方法在技巧上显得有些凌乱，因为它涉及几何级数工具以及部分分式的重复应用. 但是不要因为技术细节而感到畏惧，它是可行的，因为将生成函数乘以 x 后就得到了一个序列“平移”之后的生成函数. 同理，除以 x 会使序列朝反方向平移. 当然，这些技巧能够应用在许多类型的递推关系上面.

分划

考虑下面的多项式乘积：

$$P(x) := (x^2 + 3x + 1)(x^2 + 2x + 1) = x^4 + 5x^3 + 8x^2 + 5x + 1.$$

① 如果不记得这个技巧了，可参考任何微积分文献. 基本思想就是先写成 $\frac{x+1}{(1-x)(1-3x)} = \frac{A}{1-3x} + \frac{B}{1-x}$，然后解出未知常量 A 和 B 的值.

如何计算 $P(x)$ 中 x^k 的系数？例如，x^2 项就是如下的和

$$x^2 \cdot 1 + 3x \cdot 2x + 1 \cdot x^2 = 8x^2,$$

所以系数就是 8. 一般情况下，为了得到 $P(x)$ 的 x^k 项，我们观察每一对项，它们其中一个来自第一个因式，另外一个来自第二个因式，并且它们两个指数的和正好是 k. 将每对项相乘，然后把乘积都加起来，这就是要求的结果.

现在重新把 $P(x)$ 写成

$$(x^2 + x + x + x + 1)(x^2 + x + x + 1). \tag{4.3.2}$$

显然，乘积不会改变，例如，x^2 项还是 $8x^2$. 与之相对应的和是

$$x^2 \cdot 1 + x \cdot x + x \cdot x + x \cdot x + x \cdot x + x \cdot x + x \cdot x + 1 \cdot x^2.$$

这里起作用的**实际上**是指数. 我们可以通过两两的和来列出每对指数

$$2+0,\quad 1+1,\quad 1+1,\quad 1+1,\quad 1+1,\quad 1+1,\quad 1+1,\quad 0+2,$$

我们要做的就是算出它们的和（就是 8）. 这里有一个不同的思维方式. 想象 (4.3.2) 中的第一个因式被染成红色，第二个因式被染成蓝色. 我们能用下面方式重新表示计算 x^2 系数的过程：

> 假设有一个红 2、三个红 1 和一个红 0，以及一个蓝 2、两个蓝 1 和一个蓝 0. 那么一共有 8 种不同的方式可以将一个红色数字和一个蓝色数字相加使得其和为 2.

到此，你也许会说，“那又怎么样呢?”. 先看下面的例子.

例 4.3.5 有多少对不同的有序非负整数对 (a, b) 满足

$$2a + 5b = 100\,?$$

解答 先看一看一般情形：设 u_n 是满足方程 $2a + 5b = n$ 的有序非负整数对的个数. 因此 $u_0 = 1, u_1 = 0, u_2 = 1$，等等. 现在要找出 u_{100}，定义

$$A(x) = 1 + x^2 + x^4 + x^6 + x^8 + \cdots,$$
$$B(x) = 1 + x^5 + x^{10} + x^{15} + x^{20} + \cdots,$$

考虑它们的乘积

$$\begin{aligned} A(x)B(x) &= (1 + x^2 + x^4 + \cdots)(1 + x^5 + x^{10} + \cdots) \\ &= 1 + x^2 + x^4 + x^5 + x^6 + x^7 + x^8 + x^9 + 2x^{10} + \cdots. \end{aligned}$$

我们断言 $A(x)B(x)$ 就是序列 $u_0, u_1, u_2, \cdots$ 的生成函数. 考虑到上面的关于“红和蓝”的讨论，不难发现：$A(x)$ 的每项都有 x^{2a} 的形式，其中 a 是非负整数. 同

理，$B(x)$ 的每项都有 x^{5b} 的形式. 因此乘积 $A(x)B(x)$ 的每项的指数都是 $2a+5b$ 的形式. 每对不同的满足 $2a+5b=n$ 的有序对 (a,b) 组成了乘积 $A(x)B(x)$ 的每个单项 x^n. 因此的 x^n 系数就是方程 $2a+5b=n$ 不同解的个数.

现在利用几何级数工具来化简

$$A(x)=\frac{1}{1-x^2} \quad 和 \quad B(x)=\frac{1}{1-x^5}.$$

因此

$$\frac{1}{(1-x^2)(1-x^5)}=u_0+u_1x+u_2x^2+u_3x^3+\cdots. \tag{4.3.3}$$

抽象意义上讲，我们已经“做出来了”，因为有一个形式很漂亮的生成函数. 但是还是不知道 u_{100} 等于多少！不过，这也不难计算. 通过观察，可以算出

$$u_0=u_2=u_4=u_5=u_6=u_7=1 \quad 且 \quad u_1=u_3=0. \tag{4.3.4}$$

然后将 (4.3.3) 化成

$$\begin{aligned}1&=(1-x^2)(1-x^5)\left(u_0+u_1x+u_2x^2+u_3x^3+\cdots\right)\\&=(1-x^2-x^5+x^7)\left(u_0+u_1x+u_2x^2+u_3x^3+\cdots\right).\end{aligned}$$

右端各项乘积的 x^k（$k>0$）的系数必须为 0. 乘出来，系数是

$$u_k-u_{k-2}-u_{k-5}+u_{k-7}.$$

所以对所有 $k>7$，有递推关系

$$u_k=u_{k-2}+u_{k-5}-u_{k-7}. \tag{4.3.5}$$

结合 (4.3.4) 和 (4.3.5) 就可以算出 u_{100}，虽然有点单调，但是确实很简单. 例如，

$$u_8=u_6+u_3-u_1=1,\ u_9=u_7+u_4-u_2=1,\ u_{10}=u_8+u_5-u_3=2,\ \cdots$$

如果仔细琢磨，就会发现一些捷径（试着反向思考，并制作表格来省去一些步骤），最终会算出 $u_{100}=11$. ■

下一个例子本身与计算生成函数的系数没有关系，但是通过把两个生成函数（其中一个形式好，一个形式不好）等同起来，从而解决了问题.

例 4.3.6 设 n 为任意正整数. 证明：质量为

$$1,3,3^2,3^3,3^4,\cdots$$

克的砝码可以称出任何 n 克的物体（砝码可以放在天平的两端），并且只能用一种方式来实现.

解答 例如，如果 $n=10$，则 n 克质量等于 1 克加 9 克的砝码. 对应的算式为

$$10=1+3^2.$$

如果 $n=73$，那么 n 克的质量加一个 9 克的砝码放在一个托盘上，而另一个托盘上放一个 81 克和一个 1 克的砝码. 对应的算式为

$$73+3^2=3^4+1,$$

等价于

$$73=3^4-3^2+1.$$

如果能证明任意正整数都能写成 3 的不同次幂的和或差的形式，并且这样的形式是唯一的，那么命题就得证. 这很像三进制数，但是不允许出现数字 2，取而代之的是“数字” -1. 实际上，仔细地考虑这一想法就可以得出将 n 写成 3 的不同次幂的和或差的算法，但是很难看出它为什么是唯一的.

利用生成函数学[①]的方法，考虑函数

$$f_1(x):=(1+x+x^{-1})(1+x^3+x^{-3}).$$

f_1 的两个因式分别包含指数 $0,1,-1$ 和 $0,3,-3$. 把 f_1 乘出来，得到

$$f_1(x)=1+x+x^{-1}+x^3+x^4+x^2+x^{-3}+x^{-2}+x^{-4}. \tag{4.3.6}$$

每个从 -4 到 4 的整数指数都包含在这个乘积里面了，而且每项的系数都等于 1. 这 9 项中的每一项都是从 f_1 的第 1 个因式里选一项，从第 2 个因式里再选一项，然后相乘（将它们的指数**相加**）得到的. 换句话说，(4.3.6) 中的指数都是通过将数 1 和 3 的组合，或者相加，或者相减，或者忽略得到的.（这里的“忽略”，指的是组合中不必都包含 1 和 3. 例如，组合“+3”就忽略了 1.）

我们继续考虑

$$f_2(x):=(1+x+x^{-1})(1+x^3+x^{-3})(1+x^{3^2}+x^{-3^2}).$$

乘出来以后，结果中的 $3\times3\times3=27$ 项中的每一项都是的 x^a 形式，其中 a 是 3 的次幂的和或差. 例如，如果将第 1 个因式的第 3 项和第 2 个因式的第 1 项以及第 3 个因式的第 2 项相乘，乘积的对应项为

$$(x^{-1})(1)(x^9)=x^{9-1}.$$

当然需要说明的是 f_2 的展开式中每一项的系数都是 1（这意味着没有重复的）且指数的范围是从 $-(1+3+9)$ 到 $+(1+3+9)$（这意味着从 1 到 13 的每个正整数都可以表示成 3 的次幂的和或差的形式）. 可以通过将其一一乘出来证明，但是我们要寻找一个更一般的方法. 回忆因式分解（见第 142 页）

$$u^3-v^3=(u-v)(u^2+uv+v^2).$$

① “生成函数学”这个术语由赫伯特 · 威尔福在他的同名著作 [37] 中首次提出. 强烈建议读者至少要浏览一遍这本撰写得十分出色的著作，在它的许多其他篇章中，有很多在数学书籍中从未见过的如诗歌般奔放的句子. 顺便说一下，[34] 和 [29] 中也包含了有关生成函数的精彩的清晰易懂的内容.

将其应用到 f_2 的因式中，有

$$f_2(x) = \left(\frac{x^2+x+1}{x}\right)\left(\frac{x^6+x^3+1}{x^3}\right)\left(\frac{x^{18}+x^9+1}{x^9}\right)$$
$$= \frac{1}{x\cdot x^3\cdot x^9}\left(\frac{x^3-1}{x-1}\right)\left(\frac{x^9-1}{x^3-1}\right)\left(\frac{x^{27}-1}{x^9-1}\right).$$

约分之后，得到

$$f_2(x) = \frac{1}{x^{13}}\left(\frac{x^{27}-1}{x-1}\right) = \frac{x^{26}+x^{25}+\cdots+x+1}{x^{13}},$$

因此

$$f_2(x) = x^{13}+x^{12}+\cdots+x+1+x^{-1}+x^{-2}+\cdots+x^{-13},$$

这正是所要的结果. 我们已经证明了 1, 3, 9 可以衡量任意小于或者等于 13 的正（或负！）整数，且只有唯一一种方式（因为每项的系数都是 1）.

当然，我们要将证明推广. 例如，如果

$$f_3(x) := (1+x+x^{-1})(1+x^3+x^{-3})(1+x^{3^2}+x^{-3^2})(1+x^{3^3}+x^{-3^3}),$$

那么

$$f_3(x) = f_2(x)(1+x^{3^3}+x^{-3^3})$$
$$= \frac{1}{x^{13}}\left(\frac{x^{27}-1}{x-1}\right)\left(\frac{x^{2\times 27}+x^{27}+1}{x^{27}}\right)$$
$$= \frac{1}{x^{13}\cdot x^{27}}\left(\frac{x^{27}-1}{x-1}\right)\left(\frac{x^{81}-1}{x^{27}-1}\right)$$
$$= \frac{1}{x^{40}}\left(\frac{x^{81}-1}{x-1}\right).$$

现在已经知道 $1, 3, 3^2, \cdots, 3^r$ 可以衡量从 1 到 $(3^r-1)/2$ 的任意整数，且只有一种方式. 令 $r\to\infty$，得到了极限情况，即一个非常漂亮的生成函数：

$$\prod_{n=0}^{\infty}(1+x^{3^n}+x^{-3^n}) = \sum_{n=-\infty}^{\infty} x^n \quad \blacksquare$$

本章最后一个例子来自整数的分划理论，此理论由欧拉首先提出. 给定正整数 n，n 的一个分划就是把 n 写成几个正整数的和. 与加数的顺序没有关系，按照惯例一般由递增顺序书写. 例如，$1+1+3$ 和 $1+1+1+2$ 是 5 的两个不同分划.

例 4.3.7　证明：对任意正整数 n，n 的各项相异的分划个数等于 n 的各项为奇数的分划个数. 例如，如果 $n=6$，各项相异的分划一共有 4 个，分别是

$$1+5,\quad 1+2+3,\quad 2+4,\quad 6.$$

各项为奇数的分划也是 4 个，

$$1+1+1+1+1+1,\quad 1+1+1+3,\quad 1+5,\quad 3+3.$$

解答 设 u_n 和 v_n 分别是 n 的各项相异的和各项为奇数的分划个数. 构造生成函数比较耗精力，但是到现在你应该可以轻松证明（尽管可能想不出来）:

$$U(x) := (1+x)(1+x^2)(1+x^3)(1+x^4)(1+x^5)\cdots$$

就是 (u_n) 的生成函数. 例如，$U(x)$ 展开式中 x^6 项就等于

$$x \cdot x^5 + x \cdot x^2 \cdot x^3 + x^2 \cdot x^4 + x^6 = 4x^6.$$

注意，不可能得到像 $x^5 \cdot x^5$ 这样的项. 也就是说，生成函数排除了分划中的相同项.

如果对 $U(x)$ 比较熟悉（请仔细思考，直到觉得它“显然”是正确的生成函数），那么就应该尝试构造 $V(x)$，即 (v_n) 的生成函数. 分划中的项可以相同，但都必须是奇数. 例如，如果想在分划中出现零个、一个或两个 3，那么因式 $(1+x^3+x^6)$ 可以做到，因为 $x^6 = x^{2\times 3}$ 正好有两个 3. 根据以上分析，定义生成函数

$$V(x) := (1+x+x^2+x^3+\cdots)(1+x^3+x^6+x^9+\cdots)(1+x^5+x^{10}+x^{15}+\cdots)\cdots.$$

现在，剩下就是证明 $U(x) = V(x)$. 利用几何级数马上就可以将其化简，得

$$V(x) = \left(\frac{1}{1-x}\right)\left(\frac{1}{1-x^3}\right)\left(\frac{1}{1-x^5}\right)\left(\frac{1}{1-x^7}\right)\cdots.$$

另外，可以写

$$\begin{aligned} U(x) &= (1+x)(1+x^2)(1+x^3)(1+x^4)(1+x^5)\cdots \\ &= \left(\frac{1-x^2}{1-x}\right)\left(\frac{1-x^4}{1-x^2}\right)\left(\frac{1-x^6}{1-x^3}\right)\left(\frac{1-x^8}{1-x^4}\right)\left(\frac{1-x^{10}}{1-x^5}\right)\cdots. \end{aligned}$$

注意，在最后的表达式中，我们可以约掉所有形如 $(1-x^{2k})$ 的项，只剩下

$$\frac{1}{(1-x)(1-x^3)(1-x^5)(1-x^7)\cdots} = V(x)$$

■

问题与练习

题 4.3.8 对任意正整数 n，证明:

$$\binom{n}{0}^2 + \binom{n}{1}^2 + \binom{n}{2}^2 + \cdots + \binom{n}{n}^2 = \binom{2n}{n}.$$

题 4.3.9 对任意正整数 $k < m, n$，证明:

$$\sum_{j=0}^{k} \binom{n}{j}\binom{m}{k-j} = \binom{n+m}{k}.$$

题 4.3.10 用生成函数证明第 9 页题 1.3.17 给出的斐波那契数列的公式.

题 4.3.11 这里有其他方式证明例 4.3.7: 证明对任意 x，$F(x)$ 都等于 1，其中

$$\begin{aligned} F(x) := &(1-x)(1+x)\times \\ &(1-x^3)(1+x^2)\times \\ &(1-x^5)(1+x^3)\times \\ &(1-x^7)(1+x^4)\times \\ &\cdots. \end{aligned}$$

下面是两种不同证明方法的提示.

1. 对 $F(x)$ 展开式前 $2n$ 项进行归纳. 它不会等于 1，但是它应该等于某个不含任何次数"比较小"的 x^k 项. 思路就是证明随着 n 的增长，对于 $k=1,2,\cdots,L$，保证不会出现 x^k 项,其中 L 随着 n 增长而增长. 这样就行了!

2. 证明 $F(x)$ 在变换 $x\mapsto x^2$ 下是不变量. 然后重复这个变换（注意，这个表达式只在 $|x|<1$ 时收敛）.

题 4.3.12 (普特南 1992) 对非负整数 n 和 k，定义 $Q(n,k)$ 为 $(1+x+x^2+x^3)^n$ 展开式中 x^k 项的系数. 证明:

$$Q(n,k)=\sum_{j=0}^{k}\binom{n}{j}\binom{n}{k-2j}.$$

题 4.3.13 证明: 每个正整数都有唯一的二进制表示. 例如，6 的二进制表示是 110，因为 $1\times2^2+1\times2^1+0\times2^0=6$.（唯一性可以用很多方法证明. 当然,这里建议用生成函数来证明.）

题 4.3.14 **单位根过滤器**. 设 $\zeta=\operatorname{Cis}\frac{2\pi}{n}$ 是一个 n 次单位根（见第 118 页）.

(a) 证明：和式

$$1+\zeta^k+\zeta^{2k}+\zeta^{3k}+\cdots+\zeta^{(n-1)k}$$

等于 n 或 0，这取决于 k 是否是 n 的倍数.

(b) 化简 $\sum_{j=0}^{\lfloor n/2\rfloor}\binom{n}{2j}$.

(c) 化简 $\sum_{j=0}^{\lfloor n/3\rfloor}\binom{n}{3j}$.

(d) 推广前面的结果!

题 4.3.15 设 $p(n)$ 代表 n 的无条件限制的分划个数. 下面是 $p(n)$ 前几个值的表格.

n	$p(n)$	不同的和
1	1	1
2	2	1+1, 2
3	3	1+1+1, 1+2, 3
4	5	1+1+1+1, 1+1+2, 1+3, 2+2, 4
5	7	1+1+1+1+1, 1+1+1+2, 1+1+3, 1+2+2, 2+3, 1+4, 5

设 $f(x)$ 是 $p(n)$ 的生成函数［换句话说，$f(x)$ 中 x^k 项的系数就是 $p(k)$］. 解释为什么

$$f(x)=\prod_{n=1}^{\infty}\frac{1}{1-x^n}.$$

题 4.3.16 证明: n 的各项不是 3 的倍数的分划的个数等于 n 的至多有两项相同的分划的个数. 例如，如果 $n=6$，第一种类型的 7 种分划为

$$1+1+1+1+1+1,\ 1+1+1+1+2,$$
$$1+1+2+2,\ 1+1+4,\ 1+5,$$
$$2+2+2,\ 2+4,$$

同时也有 7 种第二种类型的分划

$$1+1+4,\ 1+1+2+2,\ 1+2+3,$$
$$1+5,\ 2+4,\ 3+3,\ 6.$$

你能推广这个结论吗?

题 4.3.17 用 1 分、5 分、1 角、2.5 角、5 角，有多少方式可以把 1 元钱兑换开? 例如，可兑换成 100 个 1 分，或者 20 个 1 分、2 个 5 分和 7 个 1 角. 不计先后顺序.

题 4.3.18 $(1-x-x^2-x^3-x^4-x^5-x^6)^{-1}$ 是哪个简单数列的生成函数?

题 4.3.19 标准的骰子每个面上分别标有 $1,2,3,4,5,6$. 当你掷两个标准的骰子时，很容易计算出各种和的概率. 例如，掷两个骰子得到和为 2 的概率是 1/36,和为 7 的概率是 1/6. 能不能制造一对"非标准"的骰子（可能两个骰子之间也不一样），上边标有的正整数与一对标准骰子不一样，但它们的数字和与标准骰子具有相同的概率? 例如，其中的一个非标准骰子可能有一个面标有 8, 两个面标有 3. 但是掷这两个骰子得到和为 2 的概率仍然是 1/36，和为 7 的概率仍然是 1/6.

题 4.3.20 阿尔贝托把 N 颗棋子放在一个圆环上， 其中部分或者全部是黑色的，剩下的是白色的.（颜色的分布是随机的.）贝特尔在阿尔贝托的相邻棋子之间放入新的棋子，规则如下：她在每相邻两颗同色的棋子之间放入一颗白色棋子，在两颗异色棋子之间放入一颗黑色棋子. 然后她移去阿尔贝托的所有棋子，就得到了一个有 N 颗棋子的新圆环.

然后阿尔贝托在贝特尔的新圆环上根据她的规则重复了一遍她的操作. 这两个人不断地轮流重复这个操作.

如果 N 是 2 的幂，那么不管开始时阿尔贝托如何摆放棋子，最终所有棋子都会是白色的. 如果 N 不是 2 的幂，会有什么有趣的结果呢?

4.4 插曲：一些数学游戏

本章最后一节探讨的是一个主题，而不是战略. 研究游戏（特别是有限的公平游戏）是我向各种各样的听众（包括学生和教师以及专业的数学家）介绍许多解决问题的思想时最喜欢的方式. 这类游戏是探索和发现之前讨论过的许多战略战术（特别是对称性）的有趣应用的理想场所. 因此，我们将大部分材料呈现为一系列练习与问题.

游戏有很多种. 我们主要关注**有限、公平的双人游戏**. 唯一需要解释的形容词是“公平的”，它表示一个游戏，在任何位置，每个玩家可能的动作都是相同的. 这似乎是一个奇怪的简化，因为你熟悉的大多数游戏都**不是**公平的.（例如，在国际象棋中，第一个玩家只能移动白色棋子，第二个玩家只能移动黑色棋子.）然而，许多精彩的游戏可能是公平的. 我们从一个近乎平凡的例子开始，故意过度分析.

例 4.4.1　简单游戏. 从 17 枚硬币开始，玩家 A 和 B 轮流进行，合法动作是拿走 1 到 4 枚硬币.（换句话说，你不能“放弃”而不拿走任何硬币.）胜利者是做出最后合法动作的人，即拿走最后的硬币的人. 是否有某个玩家必胜的策略?

解答　设开始时是 s 枚硬币，$s=17$ 也没什么特别的. 检查较小的值，容易看出，如果 $1 \leqslant s \leqslant 4$，玩家 A 第一步就赢了. 如果 $s=5$，不管 A 做什么，B 都将得到 1 到 4 之间的值，然后以单步获胜. 事实上，B 现在是“上次”的玩家 A，因此与 A 有着同样的命运，即获胜.

换句话说，如果你的对手遇到 5，你（而不是你的对手）就一定会赢. 因此，如果 $6 \leqslant s \leqslant 9$，玩家 A 可以拿走适当数量的硬币而给 B 留下 5 枚硬币. 继续这个分析，显然只要给对手留下 5 的倍数，你就会赢. 为什么?

- 如果你给对手留下 5 的倍数，她**只能**给你留下不是 5 的倍数.
- 相反，如果你给对手留下的不是 5 的倍数，她**可以选择**给你留下 5 的倍数.

因此，如果 s 不是 5 的倍数，那么 A 可以依次给对手留下 5 的越来越小倍数（最终达到 0）来保证获胜. ■

所有有限、公平的游戏都可以这样分析，通过反向思考发现两种不相交的游戏状态：胜利位置[①]（对于刚移动的玩家）和失败位置，遵循如下对偶原理.

> 当你做出一个胜利动作（使对手面临你的胜利位置），你的对手只能做出一个失败动作（移动到一个失败位置）. 但当你面临一个失败位置时，总是可以做出一个胜利动作!

① 胜利位置是指对手无论怎么做你都会获胜的位置. ——译者注

在上面的例子中，胜利位置是 5 的倍数，失败位置是所有其他值.

题 4.4.2 利用染色. 使用例 4.4.1 的游戏规则. 我们用绿色表示胜利位置，用红色表示失败位置，通过应用两个简单的规则，有条不紊地给游戏位置染色. 考虑从 0 开始的数值线. 当然，我们先把 0 染成绿色，因为如果我们能使对手面临 0，那么我们就赢了！

接下来，在数值线上向右移动，应用以下染色规则：

1. **红色规则**. 如果从这个位置开始，可以**一步**移动到绿色位置，则将这个值染成红色.

2. **绿色规则**. 如果没有较小的未染色值，则将这个值染成绿色.

验证此过程将使 5 的倍数染成绿色，其他值染成红色.

染色法是一种不需要太费心的分析游戏的简单方法，是一个让你着手进行初步分析的好方法. 我们把它应用于以下游戏.

题 4.4.3 分而治之. 从 100 枚硬币开始，每个玩家都可以拿走剩余硬币数量的因数且小于剩余硬币数量的硬币. 例如，开始时，A 可以拿走 1, 2, 4, 5, 10, 20, 25 或 50 枚硬币，但不允许拿走 100 枚硬币. 当正好剩余 1 枚硬币时游戏结束，因为 1 仅有的因数是 1，它不小于 1. 因此，你要做的第一件事是将 1 染成绿色. 然后红色规则把 2 染成红色，而绿色规则把 3 染成绿色. 接下来，红色规则把 4 和 6 染成红色，而绿色规则把 5 染成绿色，等等.

几分钟的辛勤染色会让人猜测胜利（绿色）位置正好是奇数，而失败（红色）位置是偶数. 但是为什么呢? 事后看来，很容易看出：如果你面临一个偶数，就总可以使对手面临一个奇数（最简单的方法就是拿走 1 枚硬币）；如果你面临一个奇数，因为它的所有因数都是奇数，所以必须给对手一个偶数. 总而言之，获胜的策略是使对手面临一个奇数，比赛进行到最后，对手将面临奇数 1，你就获得了胜利.

题 4.4.4 重温第 68 页题 3.1.20. 这不是一个有限游戏，因为有无限多个游戏状态. 然而，如果一个游戏状态是中心对称的，我们称之为“绿色”，否则称之为“红色”. 玩家 A 的第一个动作是将一枚硬币放在桌面中心，这是一个绿色动作. 如果玩家 B 能够继续——在放了一枚硬币之后，桌面可能太拥挤了，以至于放不下更多的硬币——那么她将对称的游戏状态改为非对称（红色）状态. 玩家 A 的回应是，在 B 最近放入硬币位置的中心对称位置放一枚硬币. 严格证明（使用归纳法和极端原理）这种模式能够继续下去，即 A **总是**可以对 B 的前一个动作做出反应. 由于桌面是有限的，这意味着 B 最终将无法继续.

很多游戏都适用反向思考（倒数第二步），即有条不紊地对游戏状态进行染色，并寻找符合第 133 页对偶原理的游戏状态. 下面是一些更具挑战性的游戏.

题 4.4.5 不要贪心. 从若干枚硬币开始. 第一位玩家必须拿走至少 1 枚硬币，但不能拿走所有的硬币. 在那之后，你必须拿走至少 1 枚硬币，但不能拿走比你的对手刚拿的更多的硬币．例如，如果从 20 枚硬币开始，玩家 A 拿走 5 枚硬币，剩下 15 枚硬币，那么玩家 B 可以拿走 1, 2, 3, 4 或 5 枚硬币，但不能拿走 6 枚硬币或更多．注意，这个游戏并不公平：玩家的动作选择取决于前一个玩家的动作，而不仅仅取决于当前的游戏位置．

题 4.4.6 不要双倍贪心．这与“不要贪心”一样，只是现在的规则是“你不能拿走比对手刚拿的**两倍**还多的硬币”．所以，如果玩家 A 拿走 5 枚硬币，玩家 B 可以拿走 1 到 10 枚硬币．同样，这不是一个公平的游戏．

题 4.4.7 取物游戏．从几堆豆子开始．合法动作是从某一堆豆子中取出（不多于事先指定的某个数量的）一个或多个豆子．

(a) 如果开始只有一堆，例如，17 个豆子，分析这个游戏**非常**容易．

(b) 同样，如果从两堆开始，分析这个游戏也很容易．试试看！

(c) 但是如果我们从 3 堆或更多堆开始呢？例如，如果从数量分别为 17, 11, 8 的 3 堆开始呢？4 堆又如何呢？更多堆呢？

题 4.4.8 威佐夫取物游戏.① 当我把这个游戏教给中学生或他们的老师时，我称之为**小猫和小狗**．假设一家宠物收容所（比如说）有 7 只小猫和 10 只小狗．两位玩家轮流领养任意数量的动物，但须遵守两条规则：

- **发自内心**！每次，你必须至少领养一只动物．
- **公平**！如果你想在同一轮中同时领养小猫和小狗，两者的数量必须相同．

和往常一样，胜利者是做出最后合法动作的玩家，即领养最后的动物的玩家．

与例 4.4.1 不同，这个游戏的状态是二维的．这个游戏可以用水平的小猫轴和垂直的小狗轴以几何方式可视化．游戏从平面上的一个格点开始，合法的移动方向是西、南或西南，目标是先到达原点．下图中最左边的网格图显示了一个示例游戏．从 7 只小猫和 10 只小狗开始，玩家 A 领养了 2 只小狗，然后 B 领养了小猫和小狗各 2 只，然后 A 领养了 3 只小猫，B 领养了 5 只小狗，让 A 进入游戏状态 (2, 1)．很明显，这将导致 B 获胜．

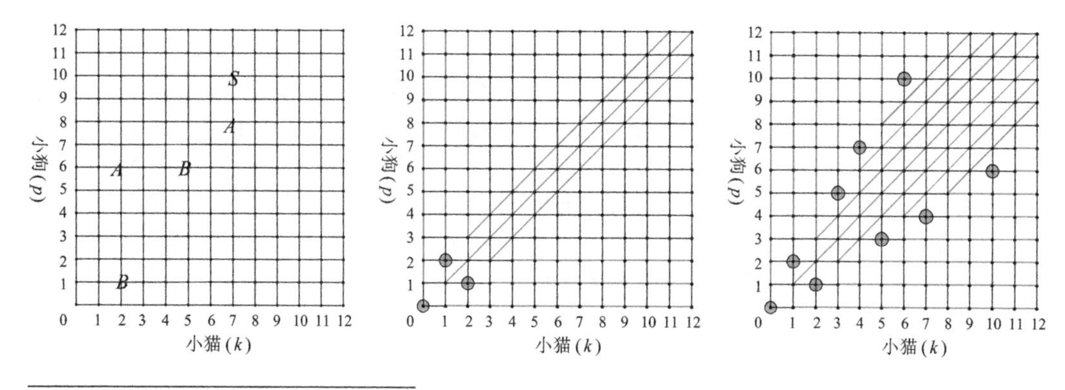

① 这是荷兰数学家威廉·亚伯拉罕·威佐夫在 1907 年提出的一个双人对弈游戏．中国很早就有了这个游戏，叫作“捡石子”．——译者注

换句话说，$(2,1)$ 和对称的 $(1,2)$，以及 $(0,0)$ 是绿点. 稍作思考后发现，两条坐标轴和东北方向对角线上除了原点以外的格点是红色的，如中间的网格图所示（红点用线表示，绿点用圆圈表示）. 这就是导致 $(2,1)$ 和 $(1,2)$ 是绿点的原因：它们是一次移动不能达到 $(0,0)$ 的“第一”点. 相反，如果一个玩家在位置 $(1,2)$，那么他除了移动到红点之外别无选择.

继续这样进行下去，我们看到有无限多的红点，它们距离 $(1,2)$ 和 $(2,1)$ 只有一步之遥，往东、北和东北方向无限延伸. 仔细观察网络图就会发现新的绿点是 $(3,5)$ 和 $(5,3)$. 从这两者中的任何一个开始，任何向西、南或西南方向的移动都会使我们落在红点上，从那里，我们可以选择一步移动到某个绿点. 继续这个过程，我们可以很容易地得到更多的绿点，如最右边的网格图所示. 仅列出 $k \leqslant p$ 的值，到目前为止我们的列表是 $(0,0),(1,2),(3,5),(4,7),(6,10)$.

图形化方法虽然很吸引人，但并不是必需的. 例如，让我们寻找 $(6,10)$ 之后的下一个绿点. 由于当前所有绿点的东、北和东北方向的所有点都是红色的，因此我们已经消除了所有这些坐标的点（即所有横坐标或纵坐标等于 $0,1,2,3,4,5,6,7,10$ 的点）以及所有坐标差为 $0,1,2,3,4$ 的点. 下一个绿点的坐标差为 5，并且不能使用已经消除的任何值. 因此它一定是 $(8,13)$. 使用这种方法，我们可以很容易地计算出更多的绿点. 下面是前几个值的表，其中 d 表示坐标差，我们只选择 $k \leqslant p$ 的点.［因为，比如说，如果 $(8,13)$ 是绿点，那么 $(13,8)$ 也是绿点.］

d	0	1	2	3	4	5	6	7	8	9	10	11	12	13
k	0	1	3	4	6	8	9	11	12	14	16	17	19	21
p	0	2	5	7	10	13	15	18	20	23	26	28	31	34

一个关键的问题是绿色坐标是否有一个关于 d 的闭型公式. 这张表中似乎潜伏着斐波那契数列. 很明显，这涉及一些有趣的事情. 我们将在第 140 页题 5.1.14 中继续讨论这个问题.

问题与练习

题 4.4.9（湾区数学奥林匹克竞赛 2002）这是一个双人游戏，开始时有一堆硬币，共 n 枚，$n \geqslant 3$. 玩家轮流选择桌上硬币中的一堆，并将其分成两堆. 当某个玩家做出一个动作，使得他或她的回合结束时，每堆的高度都是 1 或 2 时，该玩家获胜. 哪些起始值 n 使得哪个玩家获胜?

题 4.4.10（普特南 1995）游戏从 4 堆豆子开始，每堆豆子的数量是 3, 4, 5 或 6，两个玩家轮流进行. 每次可以从某一堆中拿走 1 个豆子，前提是该堆中至少有 2 个豆子，或者拿走由 2 个或 3 个豆子组成的整堆.

胜利者是做出最后合法动作的玩家. 先拿和后拿哪个更有利? 给出一个获胜的策略.

第 5 章　代数

读者可能已经学习代数多年，并认为自己是代数方面的老手了. 不过，也有可能在数学学习过程中养成了一些坏习惯或者没有掌握一些窍门. 这章的目的就是要让我们从解题者的角度重新学习代数.

代数、组合数学、数论是密切相关的. 可以结合第 6 章和第 7 章的前几节内容来学习本章.

5.1　集合、数和函数

这一节主要是关于集合和函数基本记号的回顾，可以粗读（但是必须确保能理解开始于第 139 页的函数示例）.

集合

集合是确定**元素**的全体. 如果一个元素 x 属于集合 A（即 x 是 A 的一个元素），就写成 $x \in A$. 集合可以是任意元素（包括别的集合）的全体. 一种表示集合的方法就是在大括号内列举集合的元素，例如

$$A = \left\{2, 3, 8, \sqrt{2}\right\}.$$

一个集合可以不包含任何元素，即**空集** $\varnothing = \{\}$. 两个最基本的集合是**自然数集** $\mathbb{N} := \{1, 2, 3, 4, \cdots\}$ 和**整数集** $\mathbb{Z} := \{0, \pm1, \pm2, \pm3, \pm4, \cdots\}$. [①]

回忆集合的运算 $\cup$（**并**）和 $\cap$（**交**）. 定义 $A \cup B$ 为包含了集合 A 的所有元素和集合 B 的所有元素（包括两者的公共元素）的集合. 例如，

$$\{1, 2, 5\} \cup \{1, 3, 8\} = \{1, 2, 3, 5, 8\}.$$

类似地，定义 $A \cap B$ 为由同时属于 A 和 B 的元素组成的集合，例如，

$$\{1, 2, 5\} \cap \{1, 3, 8\} = \{1\}.$$

如果集合 A 中的所有元素都属于集合 B，则称 A 是 B 的**子集**，写成 $A \subset B$. 注意：对任意集合 A，都有 $A \subset A$ 和 $\varnothing \subset A$.

我们可以按照如下方式很自然地定义集合的"减法"：

$$A - B := \{a \in A : a \notin B\}.$$

① 字母"Z"来自德语"zahlen"，意思是"数".

换句话说，$A-B$ 就是所有属于 A 但不属于 B 的元素的集合.

一般情况下，在我们论述的框架下还存在一个包含所有集合的元素的更大的“全体”集合 U. 这一般是通过上下文来理解. 例如，如果考察的集合中包含数，那么 U 就等于 $\mathbb{Z}, \mathbb{R}$ 或 $\mathbb{C}$. 当全集 U 是已知时，定义集合 A 的**补集** $\overline{A}$ 为不在 A 中的“所有”元素的集合，即，

$$\overline{A} := U - A.$$

例如，如果 $U=\mathbb{Z}$，集合 A 由所有偶数组成，那么 $\overline{A}$ 就由所有奇数组成.（若不知道全集 U，补集的说法就毫无意义了. 例如，如果 U 是未知的，A 是偶数的集合，那么“不在 A 中”的元素可能包含奇数、虚数、巴黎的居民、土星的环形山，等等.）

表示集合的一个一般方法就是用“使得”记号. 例如，**有理数集** $\mathbb{Q}$ 是所有形如 a/b 的商的集合，使得 $a, b \in \mathbb{Z}$ 且 $b \neq 0$. 我们将“使得”简记为“|”或“:”，因此

$$\mathbb{Q} := \left\{\frac{a}{b} : a, b \in \mathbb{Z}, b \neq 0\right\}.$$

不是所有数都是有理数. 例如，我们已经在第 40 页证明了 $\sqrt{2}$ 不是有理数. 稍作修改，这个证明可以被推广到许多（实际上可以是无穷多个）其他无理数的证明. 因此，“数轴”上有一个包含 $\mathbb{Q}$ 的“更大”的值的集合，我们称这个集合为**实数集** $\mathbb{R}$. 直观上可以把 $\mathbb{R}$ 看成数轴上点的完整“连续”集合，而 $\mathbb{Q}$ 和 $\mathbb{Z}$ 则分别是 $\mathbb{R}$ 的“粒状的”“离散的”的子集. [①]

经常提到实数区间的概念，记号 $[a,b]$ 表示**闭区间** $\{x \in \mathbb{R} : a \leqslant x \leqslant b\}$，而**开区间** (a,b) 指的是 $\{x \in \mathbb{R} : a < x < b\}$. 类似地定义混合区间 $[a,b)$ 和 $(a,b]$.

最后，通过加入新元素 i 来扩充实数，其中 i 定义为 -1 的平方根，即 $\mathrm{i}^2=-1$. $\mathbb{R}$ 中元素和 i 就构造出了**复数集** $\mathbb{C}$，正式定义为

$$\mathbb{C} := \{a + b\mathrm{i} : a, b \in \mathbb{R}\}.$$

复数具有**代数封闭性**的重要性质. 这就意味着对复数进行任何加法、减法、乘法、除法（除了 0）以及开方运算的有限组合，都会得出一个新的复数. $\mathbb{N}, \mathbb{Z}, \mathbb{Q}, \mathbb{R}$ 这些相对小些的集合中没有一个具有代数封闭性. 自然数集 $\mathbb{N}$ 在减法运算下不封闭，$\mathbb{Z}$ 在除法运算下不封闭，而 $\mathbb{Q}$ 和 $\mathbb{R}$ 在开平方运算下都不封闭.

给定两个集合 A 和 B（它们可能相等也可能不相等），**笛卡儿积** $A \times B$ 定义为所有有序对 (a,b) 的集合，其中 $a \in A$ 且 $b \in B$. 正式定义为:

$$A \times B := \{(a,b) : a \in A, b \in B\}.$$

例如，如果 $A=\{1,2,3\}$ 且 $B=\{$巴黎,伦敦$\}$，那么

$$A \times B = \{(1,\text{巴黎}), (2,\text{巴黎}), (3,\text{巴黎}), (1,\text{伦敦}), (2,\text{伦敦}), (3,\text{伦敦})\}.$$

① 有许多定义实数集的严格方法，例如有理数集的“扩充”. 可以参考文献 [27] 的第 1 章.

函数

给定两个集合 A 和 B，可以给 A 中每个元素指定 B 中一个特定元素与之对应. 例如，就用上面的集合，可以把巴黎指定给 1 和 2，把伦敦指定给 3. 换句话说，我们指定了 $A \times B$ 的子集

$$\{(1, \text{巴黎}),\ (2, \text{巴黎}),\ (3, \text{伦敦})\}.$$

任何 $A \times B$ 的子集，只要满足每个 $a \in A$ 都有**唯一的** $b \in B$ 与之对应，那么它就是一个从 A 到 B 的**函数**. 特别地，用 $f: A \to B$ 表示**定义域**为 A、**值域**为 B 的函数 f. 把 B 中与 $a \in A$ 对应的元素记为 $f(a)$，并且把 $f(a)$ 叫作 a 的**象**. 不正式地讲，函数 f 就是给 A 中的每一个值 a 指定 B 中的值 $f(a)$ 的一种"规则". 这里有几个重要的例子，它们也引申出了更多重要的概念和记号.

平方 定义 $f: \mathbb{R} \to \mathbb{R}$，对任意 $x \in \mathbb{R}$，$f(x) = x^2$. 可以把 f 写成 $x \mapsto x^2$ 或 $x \overset{f}{\mapsto} x^2$. 注意，这里 f 的值域不是整个 $\mathbb{R}$，而是非负实数. 同样注意，$f(x) = 9$ 有两个解 $x = \pm 3$. 集合 $\{3, -3\}$ 称为 9 的**原象**，记为 $f^{-1}(9) = \{3, -3\}$. 注意原象不是一个元素，而是一个集合，因为就像在这个例子中，一般情况下原象往往不止一个.

立方 定义 $g: \mathbb{R} \to \mathbb{R}$，对任意 $x \in \mathbb{R}$，$x \mapsto x^3$. 在这个定义下，值域就是整个 $\mathbb{R}$. 我们也叫这类函数是**映上**的. 并且，每个原象只包含一个元素（因为负数的立方根是负数，正数的立方根是正数）. 具有这种性质的函数称为 1 **对** 1 的 [上面的函数 f 是 2 对 1 的（除了在 0 点是 1 对 1 的）]. 像 g 这样同时是 1 对 1 和映上的函数，也叫作**一一映射**或**双射**.

指数和对数 给定正实数 $b \neq 1$. 定义 $h: \mathbb{R} \to \mathbb{R}$，对每个 $x \in \mathbb{R}$，$h(x) = b^x$. 值域是所有正实数，所以 h 不是映上的. 另一方面，h 是 1 对 1 的，因为，如果 $y > 0$，那么方程 $b^x = y$ 恰好有一个解 x. 称这个解为**对数** $\log_b y$. 例如，如果 $b = 3$，那么 $\log_3 81 = 4$，因为 $x = 4$ 是方程 $3^x = 81$ 的唯一[①]解.

现在考虑函数 $x \mapsto \log_b x$. 证明定义域为正实数，值域为所有实数.

下取整和上取整 对任意 $x \in \mathbb{R}$，定义**下取整**函数 $\lfloor x \rfloor$ 为小于等于 x 的最大整数（$\lfloor x \rfloor$ 的另外一个记号是 $[x]$，但是它在一定程度上已经过时了）. 例如，$\lfloor 3.7 \rfloor = 3, \lfloor 2 \rfloor = 2, \lfloor -2.4 \rfloor = -3$. 类似地，**上取整**函数 $\lceil x \rceil$ 定义为大于等于 x 的最小整数. 例如，$\lceil 3.1 \rceil = 4, \lceil -1.2 \rceil = -1$. 这两个函数的定义域都是 $\mathbb{R}$，值域都是 $\mathbb{Z}$. 两个函数都是映上的，但都不是 1 对 1 的. 实际上，都是 ∞ 对 1 的!

序列 如果一个函数 f 的定义域为自然数集 $\mathbb{N}$，那么它的值域就是 $f(1), f(2), f(3), \cdots$. 有时候用记号

$$f_1, f_2, f_3, \cdots$$

---

① 如果引入复数，那么这个解就不再是唯一的了. 详细信息请参考文献 [21].

更加方便，在这种情况下，这个函数就叫作序列. 定义域并不一定要就要是 $\mathbb{N}$，它可能从 0 开始，也可能是有限集合. 有时候将无穷序列记为 $(f_i)_1^\infty$ 或 (f_i). 因为下标都是整数值，所以习惯上用到的字母是 i, j, k, l, m, n. ①

问题与练习

题 5.1.1 设 A 和 B 分别代表偶数和奇数的集合（记住，0 是偶数）.

(a) 从 A 到 B 有没有双射?

(b) 从 $\mathbb{Z}$ 到 A 有没有双射?

题 5.1.2 判别真假并说明原因：$\varnothing = \{\varnothing\}$.

题 5.1.3 证明下面的"对偶"命题，某种意义上说明了有理数和无理数都是"粒状的".

(a) 任意两个有理数之间都存在一个无理数.

(b) 任意两个无理数之间都存在一个有理数.

题 5.1.4 一个集合的元素个数叫作这个集合的基数. A 的基数一般记为 $|A|$ 或 $\#A$. 如果 $|A| = m$ 且 $|B| = n$，那么肯定有 $|A \times B| = mn$. 问：从 A 到 B 一共有多少个不同的函数?

题 5.1.5 (AIME 1984) 设函数 $f : \mathbb{Z} \to \mathbb{Z}$，满足当 $n \geqslant 1000$ 时，$f(n) = n - 3$；当 $n < 1000$ 时，$f(n) = f(f(n+5))$. 求 $f(84)$.

题 5.1.6 (AIME 1984) 设 f 为定义在实数域上的函数，对任意实数 x，满足

$$f(2+x) = f(2-x),\ f(7+x) = f(7-x).$$

如果 $x = 0$ 是 $f(x) = 0$ 的一个根，那么在区间 $-1000 \leqslant x \leqslant 1000$ 上 $f(x) = 0$ 的根至少有多少个?

题 5.1.7 (AIME 1985) 试问前 1000 个正整数中有多少个可以表示成如下形式?

$$\lfloor 2x \rfloor + \lfloor 4x \rfloor + \lfloor 6x \rfloor + \lfloor 8x \rfloor.$$

题 5.1.8 判别真假并说明原因：对任意非负实数 x 有

$$\lfloor \sqrt{\lfloor x \rfloor} \rfloor = \lfloor \sqrt{x} \rfloor.$$

题 5.1.9 证明：对任意 $n \in \mathbb{N}$ 有

$$\lfloor \sqrt{n} + \sqrt{n+1} \rfloor = \lfloor \sqrt{4n+2} \rfloor.$$

题 5.1.10 (文斯 · 马茨科) 显然，$x = 3$ 是方程 $\lfloor x \rfloor^2 - 6x + 9 = 0$ 的解. 还有其他解吗? 并进一步推广.

题 5.1.11 试解答第 56 页题 2.4.21.

题 5.1.12 求以下序列第 n 项的公式，其中整数 m 正好出现 m 次.

$$1, 2, 2, 3, 3, 3, 4, 4, 4, 4, 5, 5, 5, 5, 5, \cdots$$

题 5.1.13 对任意正整数 n，证明

$$\left\lfloor \frac{n+2^0}{2^1} \right\rfloor + \left\lfloor \frac{n+2^1}{2^2} \right\rfloor + \cdots + \left\lfloor \frac{n+2^{n-1}}{2^n} \right\rfloor = n.$$

题 5.1.14 下面的问题将帮助你发现一个惊人的事实，即黄金分割率与小猫和小狗游戏（第 135 页）密切相关. 令 (x_n, y_n) 是满足 $y_n - x_n = n$ 的"绿点"（胜利位置）. 例如，

$$x_1 = 1, y_1 = 2;\ x_2 = 3, y_2 = 5;\ x_3 = 4, y_3 = 7.$$

我们的目标是要证明，对于所有 $n = 1, 2, 3, \cdots$，有 $x_n = \lfloor n\tau \rfloor$，因此 $y_n = \lfloor n(\tau+1) \rfloor$，其中 τ 是著名的，无处不在的**黄金分割率**：

$$\tau = \frac{1+\sqrt{5}}{2}.$$

注意，τ 是康威棋子问题（第 98 页）中的 ζ 的倒数. 容易看出 $\tau^2 = \tau + 1$，因此，

$$\frac{1}{\tau} + \frac{1}{\tau+1} = 1.$$

① 在最初的计算机程序设计语言 FORTRAN 中，整数变量都必须以 I, J, K, L, M, N 开始（可以用"INteger"帮助记忆）.

(a) 并集为自然数集 $\mathbb{N}=\{1,2,3,\cdots\}$ 的两个不相交集合称为**划分** $\mathbb{N}$. 换句话说，如果 A 和 B 划分 $\mathbb{N}$，那么每个自然数恰好是集合 A 或 B 的成员，没有重叠，也没有遗漏.

令 (x_n, y_n) 是满足 $y_n - x_n = n$ 的绿点. 例如，

$$x_1 = 1,\ y_1 = 2; \quad x_2 = 3,\ y_2 = 5.$$

验证以下两个集合划分自然数集：

$$A = \{x_1, x_2, x_3, \cdots\} \text{ 和 } B = \{y_1, y_2, y_3, \cdots\}.$$

(b) 令 α 是正实数. 定义 α 的**倍数**集合是正整数集

$$\{\lfloor\alpha\rfloor, \lfloor 2\alpha\rfloor, \lfloor 3\alpha\rfloor, \cdots\}.$$

例如，如果 $\alpha=2$，则 α 的倍数集合就是正偶数集合. 注意，α 不必是整数，也不必是有理数. 是否存在 α 使得 α 的倍数集合是正奇数集合?

(c) 假设有两个实数 α 和 β，它们的倍数集合划分自然数集. 换句话说，每个自然数都等于某一个整数与 α 或 β 的乘积的下取整，并且没有重叠.

1. 证明 α 和 β 都大于 1.
2. 假设 $1 < \alpha < 1.1$，证明 $\beta \geqslant 10$.
3. 证明 $\dfrac{1}{\alpha} + \dfrac{1}{\beta} = 1$.
4. 证明 α 和 β 都必须是无理数.

(d) 证明上述问题的逆命题也成立. 即，如果 α 和 β 是满足 $\dfrac{1}{\alpha} + \dfrac{1}{\beta} = 1$ 的正无理数，则 α 和 β 的倍数集合划分自然数集.

(e) 为什么这就证明了 $x_n = \lfloor n\tau\rfloor$，并且因此 $y_n = \lfloor n(\tau+1)\rfloor$?

5.2 代数运算回顾

代数学通常被教成一系列计算的技巧. 我之所以说是“计算的”，是因为下面两个练习在概念上根本没有区别：

(a) 计算 42×57. (b) 把 $(4x+2)(5x+7)$ 写成三项式.

两个都是死板枯燥的运算练习. 前者处理纯数字而后者处理数字与符号. 我们把这种不需要思考（尽管有用）的运算叫作“计算”. 代数中充斥着这些运算，相信你也已经练习了很多. 然而，你可能没有体会到代数也是美的学科. 有时候你可能需要很艰难地化简一大堆错综复杂的代数表达式来解决问题，但是这样不幸的时候是非常少的. 一个优秀的解题者对代数问题有更自信的解决途径. 异想天开战略能引导我们寻找一个**优雅的**解法. 我们需要良好的心态，保持一种清醒、敏锐的触觉，不停地搜寻避免复杂计算的机会，追求简单与优雅，通常这两者是**对称的**. 第一个例子就说明了这一点.

例 5.2.1 已知 $x+y=xy=3$，求 x^3+y^3.

解答 一种解决这个问题的方法（最差的方法）就是由 $xy=3, x+y=3$ 解出 x 和 y（使用二次方程求根公式，解是复数），然后再将 x 和 y 的值代入表达式 x^3+y^3. 这样做当然行得通，但是难看、枯燥、烦琐，并且容易犯错.

取而代之，可以用一种更为简便的方法. 我们的目的是求 x^3+y^3，所以先做倒数第二步求 x^2+y^2. 如何求 x^2+y^2? 试试将 $x+y$ 平方.

$$(x+y)^2 = x^2 + 2xy + y^2,$$

因为 $x+y=xy=3$，所以有 $x^2+y^2=(x+y)^2-2xy=3^2-2\times 3=3$. 因此，

$$(x+y)(x^2+y^2)=x^3+x^2y+xy^2+y^3=x^3+y^3+xy(x+y).$$

由此可得

$$x^3+y^3=(x+y)(x^2+y^2)-xy(x+y)=3\times 3-3\times 3=0,$$

这是个令人惊讶的结果.

顺便说一下，如果真的想求出 x 和 y 的值该怎么办呢？这里有一个优雅的方法. 等式 $x+y=3$ 预示着 $(x+y)^2=3^2$，也就是

$$x^2+2xy+y^2=9.$$

因为 $xy=3$，把上式减去 $4xy=12$ 得

$$x^2-2xy+y^2=-3.$$

这是一个完全平方，开根号得

$$x-y=\pm\mathrm{i}\sqrt{3}.$$

这个等式非常有用，因为已知 $x+y=3$. 将两式相加马上就得到 $x=\left(3\pm\mathrm{i}\sqrt{3}\right)/2$，将它们相减则得 $y=\left(3\mp\mathrm{i}\sqrt{3}\right)/2$. 所以 (x,y) 的两个解为

$$\left(\frac{3+\mathrm{i}\sqrt{3}}{2},\ \frac{3-\mathrm{i}\sqrt{3}}{2}\right),\quad \left(\frac{3-\mathrm{i}\sqrt{3}}{2},\ \frac{3+\mathrm{i}\sqrt{3}}{2}\right)$$ ■

因式分解战术

乘法很少能够化简问题. 相反地，应该

毫不犹豫地使用因式分解.

下面这些是在代数课上学过的基本代数公式. 要确保能够灵活运用它们，而不是死记硬背. 注意，运用公式 5.2.4 可以立即解决例 5.2.1.

公式 5.2.2 $(x+y)^2=x^2+2xy+y^2$.

公式 5.2.3 $(x-y)^2=x^2-2xy+y^2$.

公式 5.2.4 $(x+y)^3=x^3+3x^2y+3xy^2+y^3=x^3+y^3+3xy(x+y)$.

公式 5.2.5 $(x-y)^3=x^3-3x^2y+3xy^2-y^3=x^3-y^3-3xy(x-y)$.

公式 5.2.6 $x^2-y^2=(x-y)(x+y)$.

公式 5.2.7 对任意 n 有 $x^n-y^n=(x-y)(x^{n-1}+x^{n-2}y+x^{n-3}y^2+\cdots+y^{n-1})$.

公式 5.2.8 对任意奇数 n 有 $x^n+y^n=(x+y)(x^{n-1}-x^{n-2}y+x^{n-3}y^2-\cdots+y^{n-1})$.（在等号右边的第二个因式中，各项的正负号交替出现.）

许多问题都涉及公式的组合应用，再结合一些基础战略（例如异想天开战略），时刻注意对称性以及很有价值的**创造性地添加零**的方法. [①]这里有一个例子.

例 5.2.9 把 x^4+4 分解成两个实系数多项式的乘积.

解答 如果不要求因式为实系数，将 x^4+4 看作平方差（公式 5.2.6）可得

$$x^4+4=x^4-(-4)=(x^2)^2-(2\mathrm{i})^2=(x^2+2\mathrm{i})(x^2-2\mathrm{i}).$$

虽然不能直接用平方差公式，但是也不要轻易放弃它，因为表达式中包含有两个平方项. 不幸的是，它不是两个平方的差. 但还有不同形式的完全平方，这个表达式正好包含它们. 应用**异想天开战略**来构造更多的完全平方，通过创造性地添加零的方法得

$$x^4+4=x^4+4x^2+4-4x^2.$$

这便是关键之处，现在我们有

$$x^4+4x^2+4-4x^2=(x^2+2)^2-(2x)^2=(x^2+2x+2)(x^2-2x+2).$$ ■

这个启发性的例子告诉我们应该总是寻找完全平方，如果没有现成的就尝试创造它们.

平方运算

记住如何计算一个三项式的平方也很重要，但无须涉及更复杂的多项式.

知道如何构造以及识别完全平方.

在结束之前，请灵活学习下面的公式，不要死记硬背.

公式 5.2.10 $(x+y+z)^2=x^2+y^2+z^2+2xy+2xz+2yz.$

公式 5.2.11 $(x+y+z+w)^2=x^2+y^2+z^2+w^2+2xy+2xz+2xw+2yz+2yw+2zw.$

公式 5.2.12 配方.

$$x^2+ax=x^2+ax+\frac{a^2}{4}-\frac{a^2}{4}=\left(x+\frac{a}{2}\right)^2-\left(\frac{a}{2}\right)^2.$$

仔细考虑上面的配方公式，“发现”它的一个方法就是找出以 x^2+ax 开头的完全平方，然后添加适当的一个“零”上去. 另外一个方法就是应用简单的因式分解，然后通过“创造性地添加零”的方法尝试构造**对称**项：

$$x^2+ax=x(x+a)=\left(x+\frac{a}{2}-\frac{a}{2}\right)\left(x+\frac{a}{2}+\frac{a}{2}\right)=\left(x+\frac{a}{2}\right)^2-\left(\frac{a}{2}\right)^2.$$

凑出平方项战术除了配方法之外还有很多工具. 这里有几个重要的方法.

题 5.2.13 $(x-y)^2+4xy=(x+y)^2.$

① 创造性地添加零的方法的同一类型方法是**巧妙地乘一**的方法.

题 5.2.14 将上面等式中的变量用它们的平方代替，得

$$(x^2-y^2)^2+4x^2y^2=(x^2+y^2)^2,$$

如此就可以得到无限个**毕达哥拉斯三元组**，即满足 $a^2+b^2=c^2$ 的整数 (a,b,c).（在某种意义下，该方法产生了**所有的**毕达哥拉斯三元组. 见第 230 页例 7.4.3.）

题 5.2.15 下面的等式说明了如果两个整数都能写成两个完全平方的和，那么它们的积也可以：

$$(x^2+y^2)(a^2+b^2)=(xa-by)^2+(ya+bx)^2.$$

例如，$29=2^2+5^2$ 且 $13=2^2+3^2$，确实，

$$29\times 13=11^2+16^2.$$

很容易就能够看出它是**如何**起作用的，但是**为什么**能起作用则另当别论. 现在，后见之明则很有用：记住，许多有用的平方在开始时藏在暗处，只有当你适当添加"通行项"时它才现身（只要你觉得合适，可以让它们存在或消失）. 关于这个例子的"自然"解释，见第 121 页例 4.2.16.

代换和化简

"分数"这个词给数学专业的许多优秀学生心中带来了恐惧感. 这是因为大部分人，包括那些喜欢并且擅长数学的人，在中学时都深受分数的折磨. 他们经常被要求完成很长很烦琐的分数计算，例如：

$$\text{化简}\quad \frac{1}{x-1}+\frac{10}{17-x}-\frac{x^2}{1-5x}+\frac{11}{3}.$$

"化简"就是把"同类项"合并在一起. 有时候能化简一个表达式，但是一个优秀的解题者会通过异想天开战略得到更加集中的以任务为导向的方法.

> 避免死板的直接合并，除非这能使你的表达式显得更简单. 总是朝着更简单、更对称和更漂亮的方向化简（这三者往往是统一的）.

（当然，也有例外. 有时候你可能需要把一个式子变得更复杂，这样也许能反映出更多的信息. 第 167 页例 5.5.10 就是一个很好的例子.）

第 65 页例 3.1.10 是一个（通过对称性）使用代换方法的很好的例子，代换 $y=x+1/x$ 把四次方程 $x^4+x^3+x^2+x+1=0$ 变为两次了. 这里还有一些例子.

例 5.2.16 (AIME 1983) 求下列方程的所有实根之积

$$x^2+18x+30=2\sqrt{x^2+18x+45}.$$

解答 这个问题不是很难. 解决这个问题的唯一障碍就是方程中有一个根号. 那么，第一步就是做大胆的变换来消除这个障碍，令

$$y=\sqrt{x^2+18x+45}.$$

注意如果 x 是实数，那么 y 肯定是非负的．方程立即就化简为

$$y^2 - 15 = 2y,$$

因式分解后得 $(y-5)(y+3)=0$. 排除根 $y=-3$（因为 y 必须是非负的），将 $y=5$ 代回到原来的变换式，得

$$x^2 + 18x + 45 = 5^2$$

或

$$x^2 + 18x + 20 = 0.$$

因此，由根与系数的关系公式（见第 160 页）知，两个根的乘积为 20. ■

例 5.2.17 (AIME 1986) 化简

$$\left(\sqrt{5}+\sqrt{6}+\sqrt{7}\right)\left(\sqrt{5}+\sqrt{6}-\sqrt{7}\right)\left(\sqrt{5}-\sqrt{6}+\sqrt{7}\right)\left(-\sqrt{5}+\sqrt{6}+\sqrt{7}\right).$$

解答 可以将所有项都乘出来，但是这样会花很多时间，而且很容易出错．我们需要一个战略．如果将表达式化简，那么就有可能消除根号．如果将任意两项相乘，可以使用平方差公式 (5.2.6)，得到的表达式就只剩下一个根号了．例如，前两项的乘积是

$$\begin{aligned}\left(\sqrt{5}+\sqrt{6}+\sqrt{7}\right)\left(\sqrt{5}+\sqrt{6}-\sqrt{7}\right) &= \left(\sqrt{5}+\sqrt{6}\right)^2-\left(\sqrt{7}\right)^2 \\ &= 5+6+2\sqrt{30}-7 \\ &= 4+2\sqrt{30}.\end{aligned}$$

同理，后两项的乘积是

$$\left(\sqrt{7}+\left(\sqrt{5}-\sqrt{6}\right)\right)\left(\sqrt{7}-\left(\sqrt{5}-\sqrt{6}\right)\right)=7-\left(5-2\sqrt{30}+6\right)=-4+2\sqrt{30}.$$

所以最后的乘积是

$$\left(4+2\sqrt{30}\right)\left(-4+2\sqrt{30}\right)=4\times 30-16=104.$$

■

例 5.2.18 (AIME 1986) 解方程组

$$\begin{aligned}2x_1+x_2+x_3+x_4+x_5&=6\\ x_1+2x_2+x_3+x_4+x_5&=12\\ x_1+x_2+2x_3+x_4+x_5&=24\\ x_1+x_2+x_3+2x_4+x_5&=48\\ x_1+x_2+x_3+x_4+2x_5&=96.\end{aligned}$$

解答　求解这个方程组的标准步骤是用系统（且烦琐）的方法进行变量代换和（或）消除变量. 但是注意到每个方程几乎都是对称的，且方程组作为整体也是对称的. 把所有 5 个方程都加起来，这样就会将每个系数都变成对称的：

$$6(x_1+x_2+x_3+x_4+x_5)=6(1+2+4+8+16),$$

所以

$$x_1+x_2+x_3+x_4+x_5=31.$$

现在将每个原方程减去上述方程立刻就得到了 $x_1=6-31, x_2=12-31$，等等. ■

我们已经在第 84 页例 3.3.8 和第 159 页例 5.4.2 中见过了**定义一个函数工具**的应用，这里有另外一个例子，大量地利用了对称性.

例 5.2.19　证明（**不许乘出来**）

$$\frac{b-c}{a}+\frac{c-a}{b}+\frac{a-b}{c}=\frac{(a-b)(b-c)(a-c)}{abc}.$$

解答　虽然乘出来很容易，但是让我们来寻找更优雅的方法. 注意右端的因式. 可以通过定义函数来推出这个因式分解：

$$f(x):=\frac{b-c}{x}+\frac{c-x}{b}+\frac{x-b}{c}.$$

注意 $f(b)=f(c)=0$. 由因式分解定理，如果将 $f(x)$ 写成多项式的商

$$f(x)=\frac{P(x)}{xbc},$$

则 $P(x)$ 肯定有因式 $x-b$ 和 $x-c$. 并且，$P(x)$ 显然是 3 次的. 将 $x=a$ 代入 $f(x)$，可以推出

$$\frac{b-c}{a}+\frac{c-a}{b}+\frac{a-b}{c}=\frac{(a-b)(a-c)R(a)}{abc},$$

其中 $R(x)$ 是一个线性多项式. 由对称性，也可以定义函数

$$g(x):=\frac{x-c}{a}+\frac{c-a}{x}+\frac{a-x}{c},$$

且 $g(a)=g(c)=0$，导出因式分解

$$\frac{b-c}{a}+\frac{c-a}{b}+\frac{a-b}{c}=\frac{(b-a)(b-c)Q(a)}{abc},$$

其中 $Q(x)$ 是另外一个线性多项式. 这样就可以推出，对于某个常数 K，有

$$\frac{b-c}{a}+\frac{c-a}{b}+\frac{a-b}{c}=K\left(\frac{(a-b)(b-c)(c-a)}{abc}\right).$$

代入一些具体值（例如 $a=1, b=2, c=3$）就可以得出 $K=-1$. ■

例 5.2.20　(普特南 1939) 设整系数方程 $x^3+bx^2+cx+d=0$ 有根 r, s, t. 作出以 r^3, s^3, t^3 为根的整系数多项式，其系数用 b, c, d 表示.

解答 最笨的方法就是解出 r, s, t，用 b, c, d 表示，然后构造三次多项式 $(x-r^3)(x-s^3)(x-t^3)$. 相反，我们定义 $p(x):=x^3+bx^2+cx+d$，注意，方程

$$p\left(\sqrt[3]{x}\right)=0$$

的根为 $x=r^3, s^3, t^3$. 因此必须将方程

$$x+b\sqrt[3]{x^2}+c\sqrt[3]{x}+d=0$$

转化成一个等价的多项式. 于是想到了取立方，但是应该对哪些部分取立方呢? 对二项式以外的多项式求立方太麻烦了，于是将有根号的放在一边，没有根号的放在另一边，得

$$-(x+d)=b\sqrt[3]{x^2}+c\sqrt[3]{x} \tag{5.2.1}$$

然后两边同时取立方就会消去**所有**根号. 应用公式 5.2.4 的更有用的形式，即

$$(x+y)^3=x^3+y^3+3xy(x+y),$$

将 (5.2.1) 的两端取立方得

$$\begin{aligned}-(x+d)^3&=\left(b\sqrt[3]{x^2}\right)^3+\left(c\sqrt[3]{x}\right)^3+3b\sqrt[3]{x^2}c\sqrt[3]{x}\left(b\sqrt[3]{x^2}+c\sqrt[3]{x}\right)\\&=b^3x^2+c^3x+3bcx\left(b\sqrt[3]{x^2}+c\sqrt[3]{x}\right).\end{aligned}$$

表面上看来，这好像没有取得多大的进展，因为等式右端还有根号. 但 (5.2.1) 告诉我们，可以用 $-(x+d)$ 代替这些烦人的根号！于是方程就变为

$$-(x+d)^3=b^3x^2+c^3x-3bcx(x+d),$$

一个整系数的立方式. ■

例 5.2.21 (AIME 1986) 多项式 $1-x+x^2-x^3+\cdots+x^{16}-x^{17}$ 可以写成 $a_0+a_1y+a_2y^2+a_3y^3+\cdots+a_{16}y^{16}+a_{17}y^{17}$ 的形式，其中 $y=x+1$，诸 a_i 是常量. 求 a_2 的值.

解答 **活用**因式分解公式，马上就得到

$$1-x+x^2-x^3+\cdots+x^{16}-x^{17}=-\frac{x^{18}-1}{x-(-1)}.$$

（我们已经用这个公式求过几何级数的和.）用 $y=x+1$ 作代换，发现这个多项式变成了[①]

$$\begin{aligned}-\frac{(y-1)^{18}-1}{y}&=-\frac{1}{y}\left(y^{18}-\binom{18}{1}y^{17}+\binom{18}{2}y^{16}-\cdots+1-1\right)\\&=-y^{17}+\binom{18}{1}y^{16}-\cdots+\binom{18}{15}y^2-\binom{18}{16}y+\binom{18}{17}.\end{aligned}$$

① 如果你对二项式定理不熟悉，请读 6.1 节.

因此

$$a_2 = \binom{18}{15} = \binom{18}{3} = 816.$$ ■

下面的问题来自 1972 年国际数学奥林匹克竞赛. 它的解答依赖于对称性和凑出平方项，此外，更重要的是，要相信有一个合理的优雅的解存在. 这道题虽然有点做作，但是非常有启发性.

例 5.2.22 求满足下列不等式组的所有实数解 $(x_1, x_2, x_3, x_4, x_5)$

$$(x_1^2 - x_3x_5)(x_2^2 - x_3x_5) \leqslant 0$$
$$(x_2^2 - x_4x_1)(x_3^2 - x_4x_1) \leqslant 0$$
$$(x_3^2 - x_5x_2)(x_4^2 - x_5x_2) \leqslant 0$$
$$(x_4^2 - x_1x_3)(x_5^2 - x_1x_3) \leqslant 0$$
$$(x_5^2 - x_2x_4)(x_1^2 - x_2x_4) \leqslant 0.$$

解答 这个问题很棘手，但是注意它是循环对称的：每个不等式都有如下形式

$$(x_i^2 - x_{i+2}x_{i+4})(x_{i+1}^2 - x_{i+2}x_{i+4}) \leqslant 0,$$

其中下标都按模 5 记. 例如，如果 $i = 3$，那么不等式就是

$$(x_3^2 - x_5x_2)(x_4^2 - x_5x_2) \leqslant 0.$$

若把左端乘出来，就会得到一共 20 项：$\binom{5}{2} = 10$ 项形如 $x_i^2x_j^2\ (i \neq j)$ 的"完全平方"以及 10 个"交叉项"，其中 5 项 $-x_i^2x_{i+1}x_{i+3}$，5 项 $-x_i^2x_{i+2}x_{i+4}$.

这些项看起来很像是一个二项式展开的项. 例如，

$$(x_1x_2 - x_1x_4)^2 = x_1^2x_2^2 - 2x_1^2x_2x_4 + x_1^2x_4^2$$

包含了两个完全平方项和一个交叉项. 我们的战略是：把左端的和写成如下的形式

$$\frac{1}{2}\left(y_1^2 + y_2^2 + \cdots + y_{10}^2\right),$$

其中每个 y_k 产生一个不同的交叉项，且所有的完全平方项也被复制了. 确实，经过一些尝试后，我们有

$$\begin{aligned}0 &\geqslant \sum_{i=1}^{5}(x_i^2 - x_{i+2}x_{i+4})(x_{i+1}^2 - x_{i+2}x_{i+4})\\ &= \frac{1}{2}\sum_{i=1}^{5}\left((x_ix_{i+1} - x_ix_{i+3})^2 + (x_{i-1}x_{i+1} - x_{i-1}x_{i+3})^2\right).\end{aligned}$$

因为这里是 0 大于等于一些平方的和，那么唯一的可能就是取等号，这就意味着

$$x_1 = x_2 = x_3 = x_4 = x_5.$$

因此，不等式组的解集为

$$\{(u,u,u,u,u): u \in \mathbb{R}\}. \qquad \blacksquare$$

最后的例子是一个很复杂的不等式. 我们没有解出它，但是一个巧妙的代换可以使它变得很容易处理.

例 5.2.23 (IMO 1995) 设 a,b,c 是正实数，且满足 $abc = 1$. 证明

$$\frac{1}{a^3(b+c)}+\frac{1}{b^3(c+a)}+\frac{1}{c^3(a+b)} \geqslant \frac{3}{2}.$$

部分解答 我们现在还不能解决这个问题，但是会指明代数化简是必须的. 这个问题最糟糕之处是什么呢? 它是一个包含了相当复杂分式的不等式. 异想天开战略告诉我们，如果这些分式变得简单些或者消失了，那么将会更好. 那么如何做到这点呢? 这里有一个明显的**代换**（但是也仅仅是当你把代换这个思想放在你意识的最前端时才会变得明显），这个代换就是

$$x = 1/a, y = 1/b, z = 1/c,$$

它把原不等式变成了（应用事实 $xyz = 1$）

$$\frac{x^2}{y+z}+\frac{y^2}{z+x}+\frac{z^2}{x+y} \geqslant \frac{3}{2}.$$

这个不等式还不是很好处理，但是分母已经不是那么复杂了，而且问题的复杂度也减弱了. 完整的解答见例 5.5.23.

问题与练习

题 5.2.24 (AIME 1987) 已知 x,y 是满足 $y^2+3x^2y^2 = 30x^2+517$ 的整数，求 $3x^2y^2$.

题 5.2.25 求以下方程的所有正整数解 (x,y).

(a) $x^2-y^2=20$.

(b) $xy+5x+3y=200$.

题 5.2.26 (AIME 1988) 求立方后以 888 结尾的最小正整数（当然，不能用计算器或计算机）.

题 5.2.27 求 $xy+yz+xz$ 的最小值，其中 x,y,z 是满足 $x^2+y^2+z^2=1$ 的实数. 请不要硬算!

题 5.2.28 (AIME 1991) 求 x^2+y^2，其中 $x,y \in \mathbb{N}$ 且满足

$$xy+x+y=71, \quad x^2y+xy^2=880.$$

题 5.2.29 求以下方程的所有整数解 (n,m).

$$n^4+2n^3+2n^2+2n+1=m^2.$$

题 5.2.30 (AIME 1989) 设 $x_1,x_2,\cdots,x_7$ 是实数，且满足

$$x_1+4x_2+9x_3+16x_4+25x_5+36x_6+49x_7=1,$$
$$4x_1+9x_2+16x_3+25x_4+36x_5+49x_6+64x_7=12,$$
$$9x_1+16x_2+25x_3+36x_4+49x_5+64x_6+81x_7=123.$$

求下式的值.

$$16x_1+25x_2+36x_3+49x_4+64x_5+81x_6+100x_7$$

题 5.2.31 证明下列数列中的每一个数都是完全平方数.

$$49,\ 4489,\ 444\,889,\ 44\,448\,889,\ \cdots$$

题 5.2.32 (《数学难题》1978 年 6/7 月刊) 设 n 为任意整数, 证明 n^4-20n^2+4 是合数.

题 5.2.33 已知 $x^2+y^2+z^2=49$ 且 $x+y+z=x^3+y^3+z^3=7$, 求 xyz.

题 5.2.34 求满足 $(16x^2-9)^3+(9x^2-16)^3=(25x^2-25)^3$ 的所有实数 x.

题 5.2.35 求满足 $x^3-y^3=721$ 的所有有序正整数对 (x,y).

题 5.2.36 (《数学难题》1979 年 4 月刊) 求满足以下方程的整数三元组 (x,y,z).

$$x^3+y^3+z^3=(x+y+z)^3.$$

题 5.2.37 (AIME 1987) 计算

$$\frac{(10^4+324)(22^4+324)\cdots(58^4+324)}{(4^4+324)(16^4+324)\cdots(52^4+324)}.$$

5.3 和与积

记号

大写希腊字母 Σ 和 Π 分别被用来代表求和以及求积. 记 $x_1+x_2+\cdots+x_n$ 为 $\sum_{i=1}^n x_i$. 类似地, $\prod_{i=1}^n x_i$ 代表乘积 $x_1x_2\cdots x_n$. 变量 i 称为下标, 当然可以用其他符号表示, 而且可以假设任何上下限, 包括无穷. 如果下标不是连续整数, 那么可以用其他方法表示. 这里有一些例子.

- $\sum_{d|10} d^2=1^2+2^2+5^2+10^2$, 其中求和号的下标 $d|10$ 表示"d 取遍所有 10 的因数."
- $\prod_{p\ \text{是素数}} \frac{p^2}{p^2-1}=\frac{4}{3}\times\frac{9}{8}\times\frac{25}{24}\times\frac{49}{48}\times\cdots$, 是一个无穷乘积.[①]
- $\sum_{3\leqslant i<j\leqslant 5} f(i,j)=f(3,4)+f(3,5)+f(4,5)$.

如果下标的情况在问题的上下文中很清楚, 当然可以略去. 实际上, 下标通常以非正式但不会产生混淆的方式给出. 例如

$$\left(\sum x_i\right)^2=\sum x_i^2+2\left(\sum x_ix_j\right)$$

就是一个虽然技术上不正确, 然而合理的平方展开的表达式. 准确的写法应该是

$$\left(\sum_{i=1}^n x_i\right)^2=\sum_{i=1}^n x_i^2+2\left(\sum_{1\leqslant i<j\leqslant n} x_ix_j\right).$$

确保能够理解下标 $1\leqslant i<j\leqslant n$ 的含义, 请仔细地验证 (看看 $n=2,3$ 的例子, 等等)

$$\sum_{\substack{i\neq j\\1\leqslant i,j\leqslant n}} x_ix_j=2\left(\sum_{1\leqslant i<j\leqslant n} x_ix_j\right).$$

同时也验证下标 $1\leqslant i<j\leqslant n$ 的求和一共有 $\binom{n}{2}$ 项. (你已经阅读过第 6 章, 对吧?)

---

① 素数有无穷多个. 见第 48 页题 2.3.21 和 7.1 节. 顺便说明, 这个无穷乘积的值是 $\pi^2/6$. 见第 319 页例 9.4.8.

算术级数

算术数列（等差数列）是相邻项的差是常数的数列，即，它具有如下形式

$$a, a+d, a+2d, \cdots.$$

算术级数是等差数列的和. 等差数列的求和是高斯对偶定理的一个简单应用（见 3.1 节第 63 页）. 考虑一个有 n 项的算术级数，第一项是 a，最后一项是 ℓ. 把和写两遍（d 是公差）：

$$S = a + (a+d) + \cdots + (\ell - d) + \ell,$$
$$S = \ell + (\ell - d) + \cdots + (a+d) + a.$$

逐项相加，马上推出

$$S = n\left(\frac{a+\ell}{2}\right),$$

一个感觉上很合理的事实，和就等于所有项的平均值乘上项数. 除了**算术平均值**，没有其他“平均”比之更符合了.

几何级数和压缩方法

几何数列（等比数列）类似于算术数列（等差数列），其相邻项之间有一个**公比**. 也就是说，序列有如下形式

$$a, ar, ar^2, ar^3, \cdots.$$

高斯对偶定理对求几何级数就没有帮助了，因为几何级数的项不是加法对称的. 然而，**压缩方法**可解决该问题. 考虑一个有 n 项的几何级数，其中第一项是 a，公比是 r（因此最后一项是 ar^{n-1}）. 考察 S 和 rS，而不是把和写两遍：

$$S = a + ar + ar^2 + \cdots + ar^{n-1},$$
$$rS = ar + ar^2 + ar^3 + \cdots + ar^n.$$

观察发现 S 和 rS 很像，因此，将它们相减就能得到很大程度的化简. 确实，

$$S - rS = a - ar + ar - ar^2 + ar^2 - ar^3 + \cdots + ar^{n-1} - ar^n,$$

除了首尾两项外的所有项都消去了.（这也是叫作“压缩”的原因，因为压缩使表达式“缩短”了.）有

$$S - rS = a - ar^n,$$

解出 S 得

$$S = \frac{a - ar^n}{1-r}.$$

几何级数在问题中频繁出现，所以记住它的公式是很有用的. 在任何情况下，关键步骤——压缩方法——必须被考虑到.

压缩一个级数有许多方式，在上面的几何级数中，我们构造了两个几乎一样的级数．接下来的级数，即在第 1 页例 1.1.2 中第一次看到的级数，则要求不同的处理方法．

例 5.3.1　将下式表示成最简分数形式．

$$\frac{1}{1\times 2}+\frac{1}{2\times 3}+\frac{1}{3\times 4}+\cdots+\frac{1}{99\times 100}$$

解答　注意到每项都可以写成

$$\frac{1}{k(k+1)}=\frac{1}{k}-\frac{1}{k+1}.$$

整个和就是

$$\left(1-\frac{1}{2}\right)+\left(\frac{1}{2}-\frac{1}{3}\right)+\left(\frac{1}{3}-\frac{1}{4}\right)+\cdots+\left(\frac{1}{99}-\frac{1}{100}\right),$$

除了第一项和最后一项，所有项都可以消去．原来的和就缩减为 $1-\dfrac{1}{100}$．　■

该方法的难点就是要发现每项都可以写成可以被压缩的形式．这样做总是有效吗？很不幸，不是的．重要的是必须时刻注意压缩的可能性，这实际上是创造性地添加零的方法的一个应用．通常，一个压缩尝试并不能完全解决问题，但是可以减轻问题的复杂程度．

例 5.3.2　求前 n 项平方和的公式．

解答　换句话说，就是要找公式计算

$$\sum_{j=1}^{n} j^2 = 1^2+2^2+3^2+\cdots+n^2.$$

如果我们像前面的例子那么幸运，发现了神奇的序列 $u_1, u_2, \cdots$ 有以下性质

$$u_{k+1}-u_k=k^2.$$

这样就做出来了．压缩得到

$$\sum_{j=1}^{n} j^2=\sum_{j=1}^{n}(u_{j+1}-u_j)=(u_2-u_1)+(u_3-u_2)+\cdots+(u_{n+1}-u_n)=u_{n+1}-u_1.$$

但是这里并不需要完美的压缩．只需要找到序列 u_k 的相邻两项，这或多或少像我们想要的．这就得用到异想天开战略．按照这个想法，让我们先来试试几个简单的序列．首先要尝试的是单纯地猜想 $u_k := k^2$．得到

$$u_{k+1}-u_k=k^2+2k+1-k^2=2k+1.$$

平方项被消去了，仅剩下线性表达式．接下去的猜想，当然是 $u_k := k^3$：

$$u_{k+1}-u_k=(k+1)^3-k^3=k^3+3k^2+3k+1-k^3=3k^2+3k+1.$$

这不完全是 k^2，但它可以产生很好的效果，通过压缩法得到：

$$\sum_{j=1}^{n}(3j^2+3j+1)=\sum_{j=1}^{n}(u_{j+1}-u_j)=u_{n+1}-u_1=(n+1)^3-1^3=n^3+3n^2+3n.$$

换句话说，

$$3\left(\sum_{j=1}^{n}j^2\right)+\sum_{j=1}^{n}(3j+1)=n^3+3n^2+3n,$$

由此就能解出 $\sum_{j=1}^{n}j^2$. 我们还需要求算术级数 $\sum_{j=1}^{n}(3j+1)$，显然已经有计算它的公式了！请验证

$$\sum_{j=1}^{n}j^2=\frac{n(n+1)(2n+1)}{6}.$$ ■

有时候压缩方法不会像开始的例题那样马上有效果，但是引入一个新的单项则可以转换问题，称之为**催化方法**. 一旦你发现它了，你就不会忘记，而且可以轻松应用到其他问题上.

例 5.3.3 化简乘积

$$\left(1+\frac{1}{a}\right)\left(1+\frac{1}{a^2}\right)\left(1+\frac{1}{a^4}\right)\cdots\left(1+\frac{1}{a^{2^{100}}}\right).$$

解答 记乘积为 P，考虑将 P 乘上 $1-1/a$ 会发生什么. “催化剂”就是简单的平方差公式 $(x-y)(x+y)=x^2-y^2$.

$$\begin{aligned}\left(1-\frac{1}{a}\right)P&=\left(1-\frac{1}{a}\right)\left(1+\frac{1}{a}\right)\left(1+\frac{1}{a^2}\right)\cdots\left(1+\frac{1}{a^{2^{100}}}\right)\\&=\left(1-\frac{1}{a^2}\right)\left(1+\frac{1}{a^2}\right)\left(1+\frac{1}{a^4}\right)\cdots\left(1+\frac{1}{a^{2^{100}}}\right)\\&=\left(1-\frac{1}{a^4}\right)\left(1+\frac{1}{a^4}\right)\left(1+\frac{1}{a^8}\right)\cdots\left(1+\frac{1}{a^{2^{100}}}\right)\\&\;\vdots\\&=\left(1-\frac{1}{a^{2^{100}}}\right)\left(1+\frac{1}{a^{2^{100}}}\right)\\&=\left(1-\frac{1}{a^{2^{101}}}\right).\end{aligned}$$

因此

$$P=\frac{1-\dfrac{1}{a^{2^{101}}}}{1-\dfrac{1}{a}}.$$ ■

无穷级数

包含无穷项的级数是一个更适合计算的科目，在第 9 章中可以看到更多这方面的信息．现在，让我们讨论一些基本的概念．如果一个无穷级数的和为有限，则称该级数**收敛**；反之，称该级数**发散**．先复习下收敛的无穷几何级数公式：

$$a + ar + ar^2 + \cdots = \frac{a}{1-r},$$

当且仅当 $|r| < 1$ 才成立．这是等比数列求和公式的简单推论．

判断一个给定级数收敛或发散有很多方法．最简单的原理是

- 如果 $\sum a_k < \infty$（即级数收敛）且 a_k 除去有限个外都能**控制** b_k（也就是说，除去有限个 k 的值，有 $a_k \geqslant b_k$），那么 $\sum b_k < \infty$.
- 类似地，如果 $\sum a_k = \infty$（即级数发散）且 b_k 除去有限个外都能控制 a_k，那么 $\sum b_k = \infty$.

换句话说，处理未知无穷级数的最简单策略就是找一个已知的级数跟它比较．你应该了解的一个基本的级数是**调和级数**

$$1 + \frac{1}{2} + \frac{1}{3} + \frac{1}{4} + \cdots.$$

例 5.3.4　证明调和级数发散．

解答　我们将找到这个级数的部分和的粗略近似值．注意

$$\frac{1}{3} + \frac{1}{4} \geqslant \frac{1}{4} + \frac{1}{4} = \frac{2}{4} = \frac{1}{2},$$

因为 $\frac{1}{4}$ 和 $\frac{1}{3}$ 都控制 $\frac{1}{4}$．类似地

$$\frac{1}{5} + \frac{1}{6} + \frac{1}{7} + \frac{1}{8} \geqslant \frac{4}{8} = \frac{1}{2}$$

以及

$$\frac{1}{9} + \frac{1}{10} + \cdots + \frac{1}{16} \geqslant \frac{8}{16} = \frac{1}{2}.$$

一般情况下，对任意 $n > 1$，

$$\frac{1}{2^n+1} + \frac{1}{2^n+2} + \cdots + \frac{1}{2^n+2^n} \geqslant \frac{1}{2},$$

因为 2^n 项中每项都大于等于 $\frac{1}{2^{n+1}}$．因此，整个调和级数大于等于

$$1 + \frac{1}{2} + \frac{1}{2} + \frac{1}{2} + \frac{1}{2} + \cdots,$$

而该级数明显是发散的．■

上面用到的关键想法就是下面显而易见的事实的组合：

$$a \geqslant b \quad \Longrightarrow \quad \frac{1}{a} \leqslant \frac{1}{b}$$

并且结合一个将“复杂”分母变成“简单”分母的漂亮转换．这是一个关于多面推敲方法的例子——一项处理表达式的技术，即采用任一有效方法（加上一个 0，乘

上一个 1，添加或者减去一点，等等）使得表达式变得更容易处理（受异想天开战略启发而得出的另一个方法）. 这里有另外一个例子.

例 5.3.5 ζ **函数** $\zeta(s)$ 定义为无穷级数

$$\zeta(s) := \frac{1}{1^s} + \frac{1}{2^s} + \frac{1}{3^s} + \cdots .$$

当 $s = 1$ 时，它就变成了调和级数，是发散的. ①

证明对所有 $s \geqslant 2$，$\zeta(s)$ 收敛.

解答 这是一个来自微积分学中积分方法的常规练习，但是应用第一原理会更有启发性. 首先，我们断言，虽然问题要求对无穷多个 s 的值证明结论成立，但是只需证明 $\zeta(2) < \infty$，因为如果 $s > 2$，对任意正整数 k，有

$$\frac{1}{k^2} \geqslant \frac{1}{k^s}.$$

因此，序列 $\zeta(2)$ 收敛就可以推出对所有更大的 s，$\zeta(s)$ 收敛.

但是如何证明 $\zeta(2)$ 收敛呢? 通项是 $1/k^2$，必须找到一个与之相似且比较熟悉的数列. 在第 152 页例 5.3.1 中，已经有了一个漂亮的压缩级数，它的项都是二次式的倒数. 即级数

$$\sum_{k=1}^{n} \frac{1}{k(k+1)} = 1 - \frac{1}{n+1}.$$

显然该无穷级数收敛（其和为 1）. 现在如果有 $1/k^2$ 小于 $1/(k(k+1))$，那么命题就得证. 但是不等式方向正好相反!

不必担心: 我们可以平移求和下标得到

$$\sum_{k=1}^{n} \frac{1}{k(k+1)} = \sum_{k=2}^{n+1} \frac{1}{(k-1)k}.$$

对任意正整数 k，有

$$\frac{1}{k^2} < \frac{1}{k(k-1)},$$

由此可以推出

$$\sum_{k=2}^{n} \frac{1}{k^2} < 1 - \frac{1}{n}.$$

所以从 $k = 2$ 开始的这个和式收敛，因此整个级数也收敛. ■

讨论收敛性时，前几项根本不会影响结果. 实际上，前几万亿项都不会有影响! 不要忘记通过平移求和下标来达到目这个小技巧.

---

① 这就表明了 $\zeta(s)$ 有很多连接组合数学和数论的有用的性质. 作为起点，请参阅文献 [37] 的第 2 章.

问题与练习

题 5.3.6 求 $r+2r^2+3r^3+\cdots+nr^n$ 并推广.

题 5.3.7 计算下列级数的和，你能推广它吗?

$$\frac{1}{1\times2\times3}+\frac{1}{2\times3\times4}+\cdots+\frac{1}{n(n+1)(n+2)}$$

题 5.3.8 计算下列级数的和，你能推广它吗?

$$1\times2\times3+2\times3\times4+\cdots+n(n+1)(n+2)$$

题 5.3.9 观察 $\lfloor\sqrt{44}\rfloor=6$, $\lfloor\sqrt{4444}\rfloor=66$. 推广并证明你的结论.

题 5.3.10 计算 $1\times1!+2\times2!+\cdots+n\times n!$.

题 5.3.11 计算 $\sum_{k=1}^{n}\frac{k}{(k+1)!}$.

题 5.3.12 计算 $\prod_{k=0}^{n}\cos\left(2^k\theta\right)$.

题 5.3.13 计算 $\sum_{k=2}^{n}\frac{1}{\log_k u}$.

题 5.3.14 (AIME 1996) 对整数 $1,2,\cdots,10$ 的任意排列 $a_1,a_2,a_3,\cdots,a_{10}$，构造如下和式

$$|a_1-a_2|+|a_3-a_4|+|a_5-a_6|+|a_7-a_8|+|a_9-a_{10}|.$$

计算所有这些和式的平均值.

题 5.3.15 证明任何正整数 k 都可以写成连续的从 1^2 开始的完全平方数的和或差. 换句话说，对于每个 k，存在 L 和 $a_1,a_2,\cdots,a_L$，使得 $k=\sum_{i=1}^{L}a_ii^2$，其中，对于每个 i 有 $a_i=\pm1$. 例如，$12=1^2+2^2-3^2+4^2$.

题 5.3.16 如果用立方代替上一题中的平方，结果又如何呢? 或者 n 次方?

题 5.3.17 (加拿大 1989) 给定数 $1,2,2^2,\cdots,2^{n-1}$，对这些数的任意排列 $\sigma=x_1,x_2,\cdots,x_n$，定义 $S_1(\sigma)=x_1$, $S_2(\sigma)=x_1+x_2,\cdots$，以及 $Q(\sigma)=S_1(\sigma)S_2(\sigma)\cdots S_n(\sigma)$. 求 $\sum 1/Q(\sigma)$ 的值，其中求和取遍了所有可能的排列情况.

题 5.3.18 一根 2 厘米长的松紧带一端固定在墙上，另一端有一只虫子. 每分钟（由时刻 0 开始）带子都瞬间均匀伸长 1 厘米，然后虫子朝着固定点爬 1 厘米. 请问最后虫子能不能到达墙上?

题 5.3.19 设 S 是正整数的集合，其中的元素在 10 进制表示下其各位上都不出现 0，即，

$$S=\{1,2,\cdots,9,11,12,\cdots,19,21,\cdots\}.$$

S 中元素倒数的和是收敛的还是发散的?

题 5.3.20 第 155 页例 5.3.5 证明了 $\zeta(2)<\infty$. 使用“推敲法”证明，实际上 $\zeta(2)<2$. 然后进一步将你的估计精确化，证明 $\zeta(2)<7/4$. [$\zeta(2)$ 的精确值是 $\pi^2/6$. 一个粗略的证明见第 319 页例 9.4.8.]

题 5.3.21 (普特南 1977) 计算无穷乘积

$$\prod_{n=2}^{\infty}\frac{n^3-1}{n^3+1}.$$

题 5.3.22 你能推广第 152 页例 5.3.2 中用到的方法吗?

题 5.3.23 (AIME 1995) 设 $f(n)$ 是最接近 $\sqrt[4]{n}$ 的整数. 求 $\sum_{k=1}^{1995}\frac{1}{f(k)}$.

5.4 多项式

多项式运算比单调的加、减、乘、除运算复杂得多. 本节包含了大家需要学习或者复习的多项式的一些重要性质.

首先是一些记号和定义. 设 A 是在加法和乘法下封闭的数集. 定义

$$A[x]=\{a_0+a_1x+a_2x^2+\cdots+a_nx^n:a_i\in A,n=0,1,2,3,\cdots\}$$

为**系数在 A 中的多项式**的集合. 最常用的系数集合是 $\mathbb{Z}$, $\mathbb{Q}$, $\mathbb{R}$, $\mathbb{C}$. 偶尔也会用到模 n 整数集 $\mathbb{Z}_n$（见第 219 页）. 形如 a_ix^i 的表达式称为**项**或**单项式**.

写一个任意的多项式时，习惯上把 a_i 作为 x_i 的系数. 统一的记号非常清楚，且可以避免错误以及在做复杂运算时产生混淆. 我们定义多项式的**次数**为非 0 系数项的最高次数. 这个系数也叫作**首系数**. 如果这个系数是 1，那么称多项式为**首一的**. 系数 a_0 叫作**常数项**.

多项式运算

我们学的代数知识大部分都是关于多项式的加、减、乘和除. 这里就不复习前两个运算，因为你已具有这些知识. 但是思考乘法和除法是很有价值的. 乘法很简单，但是采用好的记号非常重要. 通过手算一些例子来确保理解下面的记号.

> 如果 $A(x)=\sum a_ix^i, B(x)=\sum b_ix^i, C(x)=\sum c_ix^i=A(x)B(x)$，则
> $$c_j=a_0b_j+a_1b_{j-1}+\cdots+a_jb_0=\sum_{\substack{s+t=j;\\ s,t\geqslant 0}} a_sb_t.$$

多项式可以像整数一样做除法，结果是**商**和**余数**. 更正式地，系数在 $\mathbb{Z},\mathbb{Q},\mathbb{R},\mathbb{C}$, $\mathbb{Z}_n$ 中的多项式都有类似整数情况（题 3.2.15）的除法，即**多项式除法**：

> 设 $f(x)$ 和 $g(x)$ 是 $K[x]$ 中的多项式，其中 K 是 $\mathbb{Z},\mathbb{Q},\mathbb{R},\mathbb{C},\mathbb{Z}_n$ 中的一个. 则
> $$f(x)=Q(x)g(x)+R(x),$$
> 其中 $Q(x),R(x)\in K[x]$ 且 $R(x)$ 的次数小于 $g(x)$ 的次数. 我们称 $Q(x)$ 为**商**，$R(x)$ 为**余数**.

例如，设 $f(x)=x^3+x^2+7$ 且 $g(x)=x^2+3$. 两个多项式都在 $\mathbb{Z}[x]$ 中. 通过"辗转相除法"，得

$$x^3+x^2+7=(x^2+3)(x+1)+(-3x+4),$$

所以，$Q(x)=x+1$ 且 $R(x)=-3x+4$. 重要的是商 $Q(x)$ 也在 $\mathbb{Z}[x]$ 中，也就是说，它也有整系数. 可以把除法运算看成如整数一般，这不仅是整数的一个重要性质，也是多项式的一个非常重要的性质.

例 5.4.1 (AIME 1986) 求满足 n^3+100 能够被 $n+10$ 整除的最大整数 n.

解答 用多项式除法，$n^3+100=(n+10)(n^2-10n+100)-900$，所以

$$\frac{n^3+100}{n+10}=n^2-10n+100-\frac{900}{n+10}.$$

如果 n^3+100 能够被 $n+10$ 整除，那么 $\frac{900}{n+10}$ 一定是个整数. 显然，符合要求的最大整数是 890. ■

多项式的根

解多项式方程总是一件很美妙的事情. 毫无疑问, 你知道二次方程

$$ax^2+bx+c=0$$

的求根公式是

$$x=\frac{-b\pm\sqrt{b^2-4ac}}{2a}.$$

这个公式很有用, 但更重要的是记住这个公式是如何得来的, 即通过**配方**. 我们通过一个简单的例子来复习它:

$$x^2+6x-5=0 \quad\iff\quad x^2+6x=5 \quad\iff\quad x^2+6x+9=14.$$

因此 $(x+3)^2=14$, 于是 $x+3=\pm\sqrt{14}$, 等等.

但是很多时候多项式的精确根很难求或者没法求,①实际上, 有时候精确的根不是很重要, 需要的反而是间接的信息. 因此, 搞清楚多项式根和其他性质之间的关系则很重要. 下面是一些很有用的原理.

余数定理

如果多项式 $P(x)$ 除以 $x-a$, 则余数为 $P(a)$.

例如, 将 x^3-2x+3 除以 $x+2$ 得 (通过一些步骤)

$$\frac{x^3-2x+3}{x+2}=x^2-2x+2-\frac{1}{x+2},$$

也就是说, 商是 x^2-2x+2, 余数是 -1. 而另一方面

$$(-2)^3-2(-2)+3=-1.$$

为了说明余数定理在一般情况下也是正确的, 将多项式 $P(x)$ 除以 $x-a$, 得到商 $Q(x)$ 和余数 r. 应用多项式除法, 得

$$P(x)=Q(x)(x-a)+r.$$

上面的等式是一个**恒等式**. 也就是说, 对任意 x 值都成立. 因此, 可以将最方便的 x 值代到方程中, 即 $x=a$. 于是就如愿得到 $P(a)=r$. 请留意这个**取值代换法**. 它应用很广泛!

因式分解定理

如果 a 是多项式 $P(x)$ 的一个根, 那么 $x-a$ 是 $P(x)$ 的一个因式.

即, $P(x)$ 是 $x-a$ 和另一个多项式的乘积.

这个由余数定理可以立即得到.

① 三次或者四次的多项式求根公式在 16 世纪就被发现了, 并且阿贝尔在 19 世纪时证明了, 一般情况下, 五次或者更高次的多项式不存在“基本”的求根公式. 详细叙述见文献 [31].

代数基本定理

因式分解定理告诉我们：如果 a 是多项式 $P(x)$ 的一个根，则 $x-a$ 是它的一个因式．但是怎么知道一个多项式到底有没有根呢？代数基本定理告诉我们：

$\mathbb{C}[x]$ 上的任意多项式至少有一个复根．

这个定理非常有深度，而且很难证明．它的证明超出了本书的范围．①

代数基本定理的一个推论（利用题 5.4.6 的结论）是：n 次多项式一定有 n 个复根，虽然其中有一些可能是重根．因此对任意多项式有下面的因式分解形式：

$$a_nx^n+a_{n-1}x^{n-1}+\cdots+a_0=a_n(x-r_1)(x-r_2)\cdots(x-r_n), \tag{5.4.1}$$

其中 r_i 是根，可能有一些是重复的．

如果根有重复的，那么我们称它们有大于 1 的**多重性**．例如，8 次多项式

$$(x-1)(x-2i)(x+2i)(x-7)^3(x+6)^2$$

有 8 个根，但是只有 5 个不同的根．根 7 有 3 重，根 -6 有 2 重．

这里有一个例子，其中用到了取值代换法，以及在第 84 页例 3.3.8 中遇到的**定义一个函数工具**．

例 5.4.2 (USAMO 1975) 如果 $P(x)$ 是 n 次多项式，对于 $k=0,1,2,\cdots,n$ 有 $P(k)=k/(k+1)$．求 $P(n+1)$．

解答 回到因式分解定理．从一个解题者的角度重新叙述这个定理就是

知道了一个多项式的根就知道了这个多项式．

换句话说，如果思考之后不知道多项式的根，那么你可以再加把劲找出它们，或者把精力集中到另一个根比较明显的多项式上去．在我们的题中，知道 $P(k)=k/(k+1)$ 并没有告诉我们任何有关于 $P(x)$ 根的信息，因为 $k/(k+1)$ 既不是根也不是多项式．通过乘以 $k+1$ 并相减同时解决了这两个困难：

$$(k+1)P(k)-k=0.$$

我们已经有了另外一个多项式的根的信息，一个 $n+1$ 次多项式

$$Q(x):=(x+1)P(x)-x.$$

显然 $Q(x)$ 的根就是 $0,1,2,\cdots,n$，所以可以把它写成

$$(x+1)P(x)-x=Cx(x-1)(x-2)\cdots(x-n),$$

① 一个初等的但有难度的证明见 [6]．一个简单但不是很初等的证明见 [21]．

其中 C 是一个待定的常数. 因为上面的等式是一个恒等式, 对任意 x 都成立, 所以可以代入任意方便的值. 值 $x=0,1,\cdots,n$ 没有用, 因为它们使右端等于 0. 左端有麻烦项 $(x+1)P(x)$, 所以很明显我们应该选择 $x=-1$. 代入后得到

$$1=C(-1)(-2)(-3)\cdots(-(n+1)),$$

因此

$$C=\frac{(-1)^{n+1}}{(n+1)!}.$$

最后, 代入 $x=n+1$ 得到

$$(n+2)P(n+1)-n-1=\frac{(-1)^{n+1}}{(n+1)!}(n+1)n\cdots1=\frac{(-1)^{n+1}}{(n+1)!}(n+1)!=(-1)^{n+1},$$

所以

$$P(n+1)=\frac{n+1+(-1)^{n+1}}{n+2}.$$

■

根与系数的关系

如果把第 159 页等式 (5.4.1) 的右端乘出来, 就可以得到一连串由多项式的根组成的它的系数的表达式. 这看上去是一个非常复杂烦琐的工作, 所以需要我们小心翼翼地来完成它. 为了给大家演示该工作如何完成, 我们先试试一个很简单的多项式, 一个根为 r 和 s 的首一二次式 (不失一般性, 假设考虑的多项式都是首一的). 那么, 根据等式 (5.4.1), 写出所要求的多项式

$$x^2+a_1x+a_0=(x-r)(x-s).$$

右端等于 $x^2-rx-sx+rs$, 如果将其与左端的项等同起来, 就得到

$$a_1=-(r+s),\quad a_0=rs.$$

因为一般情况下需要把一个更加复杂的式子乘出来, 所以让我们来思考如何处理这个简单的. 我们应用 "FOIL",[①] 也就是 "把 $(x-r)$ 中的每个单项和 $(x-s)$ 中的每个单项乘起来". 换句话说, 计算

$$(x-r)(x-s)=(x+(-r))\,(x+(-s))=x\cdot x+(-r)\cdot x+x\cdot(-s)+(-r)\cdot(-s).$$

如果计算更加复杂的表达式, 也是采用同样的步骤. 例如, 考虑

$$x^3+a_2x^2+a_1x+a_0=(x-q)(x-r)(x-s).$$

把右端乘出来之后, 但是在合并同类项之前, 会有 $2\times2\times2=8$ 项, 因为把 $(x-q)$ 中的每个单项以及 $(x-r)$ 和 $(x-s)$ 中的每个单项都乘了起来, 每项都有两个单项在里面. 换句话说, $(x-q)(x-r)(x-s)$ 的 8 项中的每一项都代表一个 3 元素的选择, 一个元素选自 x 或 $-q$, 一个选自 x 或 $-r$, 还有一个选自 x 或 $-s$.

① 即 "first, outer, inner, last".

我们会得到怎样的项呢？如果三次选择都是 x，就会得到项 x^3. 选择两个 x 和一个常数的方式一共有 3 种，分别得到 $-qx^2$, $-rx^2$, $-sx^2$. 类似地，选择一个 x 和两个常数的方式也有 3 种，分别得到 qrx, qsx, rsx. 最后选择 0 个 x 的方式只有一种，得到 $-qrs$. 这就是所有 8 项，合并同类项得

$$\begin{aligned} x^3+a_2x^2+a_1x+a_0 &= (x-q)(x-r)(x-s) \\ &= x^3-(q+r+s)x^2+(qr+qs+rs)x-qrs. \end{aligned}$$

对应项相等，得到

$$a_2=-(q+r+s),\quad a_1=qr+qs+rs,\quad a_0=-qrs.$$

让我们来多尝试一个例子，这次是根为 p,q,r,s 的首一四次多项式. 将多项式写成如下形式

$$x^4+a_3x^3+a_2x^2+a_1x+a_0=(x-p)(x-q)(x-r)(x-s).$$

根据相同的理由，在合并同类项之前，右端一共有 16 个单项，每项都是从 x 或 $-p$、x 或 $-q$ 等中选一个相乘. 例如，用到两个 x 的项也会用到两个常数. 那么一共有多少个这类的项呢？①你能从集合 $\{p,q,r,s\}$ 选出两个“不同”元素的选择数，即，$\binom{4}{2}=6$ 项. 算出所有项，有

$$\begin{aligned} (x-p)(x-q)(x-r)(x-s) = x^4 &- (p+q+r+s)x^3 \\ &+ (pq+pr+ps+qr+qs+rs)x^2 \\ &- (pqr+pqs+prs+qrs)x+pqrs. \end{aligned}$$

对应项相等，得到

$$\begin{aligned} a_3 &= -(\text{所有根的和}) \\ a_2 &= +(\text{两个不同的根的所有乘积之和}) \\ a_1 &= -(\text{三个不同的根的所有乘积之和}) \\ a_0 &= +(\text{所有根的积}). \end{aligned}$$

其中词“不同”在这里应该理解为一个纯符号的含义，即，我们只把不同符号代表的根乘起来，例如 p 和 q，即使它们的实际值是相同的.

最后，模仿前面的过程，能写出公式的一般形式：

设 $r_1,r_2,\cdots,r_n$ 是首一多项式 $x^n+a_{n-1}x^{n-1}+\cdots+a_0$ 的根，则对于 $k=0,1,2,\cdots,n-1$ 有

$$\begin{aligned} a_k &= (-1)^{n-k}(n-k\ \text{个不同的根的所有乘积之和}) \\ &= (-1)^{n-k}\sum_{1\leqslant i_1<i_2<\cdots<i_{n-k}\leqslant n} r_{i_1}r_{i_2}\cdots r_{i_{n-k}}. \end{aligned}$$

① 你已经在 6.1 节中看到过了，对吧？

这些公式很重要，应该记住．“……的所有乘积之和”这句不精确的语言很容易记，但是务必花时间去理解如何用下标严格地表示求和公式．同时也要注意 -1 的幂的作用．我们常用到“如果 k 是偶数，$(-1)^k$ 等于 $+1$；如果 k 是奇数，则等于 -1”这个方便的事实．

让我们通过考察一个具体的例子来从这些抽象的讨论中走出来．

例 5.4.3　(USAMO 1984) 四次方程 $x^4-18x^3+kx^2+200x-1984=0$ 的四个根中有两个根的乘积是 -32．求 k 的值．

解答　设根为 a, b, c, d．则由根与系数的关系可得

$$\begin{aligned} a+b+c+d&=18,\\ ab+ac+ad+bc+bd+cd&=k,\\ abc+abd+acd+bcd&=-200,\\ abcd&=-1984. \end{aligned}$$

不失一般性，设 $ab=-32$．代入 $abcd=-1984$ 得 $cd=62$，把两者代入方程组得

$$a+b+c+d=18, \tag{5.4.2}$$

$$30+ac+ad+bc+bd=k, \tag{5.4.3}$$

$$-32c-32d+62a+62b=-200. \tag{5.4.4}$$

接着从战略上思考．我们要计算 k，而不是 a,b,c,d 的值．倒推一步就是计算 $ac+ad+bc+bd$ 的值．注意因式分解：

$$ac+ad+bc+bd=a(c+d)+b(c+d)=(a+b)(c+d).$$

把 (5.4.4) 也进行分解：

$$-32(c+d)+62(a+b)=-200.$$

现在应该已经很清楚接下去怎么做了．只需求出 $u:=a+b$ 和 $v:=c+d$．方程 (5.4.2) 和 (5.4.4) 变成了方程组

$$\begin{aligned} u+v&=18,\\ 62u-32v&=-200, \end{aligned}$$

很容易可以解出 $(u=4, v=14)$．最后，得到

$$k=30+4\times 14=86.$$

■

有理根定理

假设 $P(x)\in\mathbb{Z}[x]$ 有一个根为 $x=\frac{2}{3}$．你从中得到了多少有关 $P(x)$ 的信息？由因式分解定理，我们有

$$P(x)=\left(x-\frac{2}{3}\right)Q(x),$$

其中 $Q(x)$ 是一个多项式. 但是 $Q(x)$ 的系数是什么样的呢? 我们所知道的且可以肯定的就是, 它的系数一定是有理数. 然而, 如果 $x-\frac{2}{3}$ 是一个因式, 那么 $3\left(x-\frac{2}{3}\right)=3x-2$ 肯定也是一个因式, 所以可以写成

$$P(x)=(3x-2)S(x),$$

其中 $S(x)=Q(x)/3$. 我们知道 $P(x)$ 是**整系数**多项式, 能不能对 $S(x)$ 下同样的结论呢? 实际上是可以做到的. 这就是**高斯引理**:

> *如果一个整系数多项式能因式分解成有理系数多项式, 那么它也可以分解成整系数本原多项式.*

(系数没有公因数的整系数多项式称为**本原多项式**. 例如, $3x^2+9x+7$ 是本原多项式, 而 $10x^2-5x+15$ 就不是.) 高斯引理证明的一些提示见题 7.1.31.

因为 $P(x)$ 分解成 $(3x-2)$ 和另外一个整系数多项式的乘积, 所以 $P(x)$ 的首项系数一定是 3 的倍数, 而末项系数一定是 2 的倍数.

一般情况下, 假设整系数多项式 $P(x)$ 有一个有理根 $x=a/b$, 其中 a/b 为最简形式 (即不能约分). 由因式分解定理和高斯引理得

$$P(x)=(bx-a)Q(x),$$

其中 $Q(x)$ 是一个整系数多项式. 这立即就得出了**有理根定理**:

> *如果一个整系数多项式 $P(x)$ 有一个有理根 $x=a/b$, 其中 a/b 是最简形式, 那么 $P(x)$ 的首项系数是 b 的倍数, 常数项是 a 的倍数.*

在实践中, 有理根定理不仅用来求根, 还用来证明根是无理数.

例 5.4.4 如果 x^2-2 有一个有理根 a/b (最简形式), 则一定有 $b|1$ 且 $a|2$. 因此仅有的有理根是 ± 2. 因为无论 2 还是 -2 都不是根, 所以就推出 x^2-2 没有有理根. 这是证明 $\sqrt{2}$ 是无理数的另外一种方法.

我们可以将上述原理推广到**首一多项式**上. 这是判断无理数的一个有趣的依据, 应该作为一个工具来掌握: [①]

> *首一多项式的任何有理根一定是整数. 相反地, 如果首一多项式的根不是整数, 那么它一定是无理数.*

最后我们来研究一个相当困难的例题, 它用到了上面的首一多项式方法以及其他几种方法.

例 5.4.5 证明和 $\sqrt{1001^2+1}+\sqrt{1002^2+1}+\cdots+\sqrt{2000^2+1}$ 是无理数.

解答 我们将证明分为两步: 首先, 证明问题中的和不是整数; 其次, 证明它是首一多项式的根.

---

① 这个结论也可以不用有理根定理直接证明 (题 5.4.13). 如果你觉得困难, 请参考第 216 页例 7.1.7.

首先证明第一步，容易知道如果 $n>1$，那么 $n<\sqrt{n^2+1}<n+1/n$. 第一个不等式是显然的，第二个由 $n^2+1<n^2+2<(n+1/n)^2$ 得到. 记问题中的和为 S. 那么

$$S=1001+\theta_1+1002+\theta_2+\cdots+2000+\theta_{1000},$$

其中，每个 θ_i 都处于 0 和 1/1001 之间. 因此

$$0<\theta_1+\theta_2+\cdots+\theta_{1000}<1,$$

所以 S 不是一个整数.

接着证明第二步：S 是首一多项式的根. 更一般地，我们要证明对任意正整数 n，和

$$\sqrt{a_1}+\sqrt{a_2}+\cdots+\sqrt{a_n}$$

是首一多项式的根，其中每个 a_i 都是整数但不是完全平方数. 用归纳法证明. 如果 $n=1$，则 $\sqrt{a_1}$ 是首一多项式 x^2-a_1 的根，从而结论成立. 现在假设

$$y=\sqrt{a_1}+\sqrt{a_2}+\cdots+\sqrt{a_n}$$

是首一多项式 $P(x)=x^r+c_{r-1}x^{r-1}+\cdots+c_0$ 的根. 我们将构造有一个根为 $x=y+\sqrt{a_{n+1}}$ 的首一多项式. 有

$$0=P(y)=P\left(x-\sqrt{a_{n+1}}\right)=\left(x-\sqrt{a_{n+1}}\right)^r+c_{r-1}\left(x-\sqrt{a_{n+1}}\right)^{r-1}+\cdots+c_0.$$

注意每个 $\left(x-\sqrt{a_{n+1}}\right)^k$ 的展开式可以分为两部分：系数是整数的项和系数是 $\sqrt{a_{n+1}}$ 整数倍的项. 因此有

$$0=P\left(x-\sqrt{a_{n+1}}\right)=x^r+Q(x)+\sqrt{a_{n+1}}R(x),$$

其中 $Q(x)$ 和 $R(x)$ 是整系数多项式，且每个的次数不超过 $r-1$. 把根式放在等式的一端得

$$x^r+Q(x)=-\sqrt{a_{n+1}}R(x),$$

两边取平方得

$$x^{2r}+2x^rQ(x)+(Q(x))^2-a_{n+1}(R(x))^2=0.$$

最高项为 x^{2r}. 因为所有系数现在都是整数，所以我们就如愿构造了一个首一多项式，且 $x=y+\sqrt{a_{n+1}}$ 是它的一个根. ■

问题与练习

题 5.4.6 证明 n 次多项式最多有 n 个不同的根.

题 5.4.7 用题 5.4.6 的结论证明恒等原理，即如果两个 d 次多项式 $f(x)$ 和 $g(x)$ 在 $d+1$ 个

不同的 x 值上相等，则这两个多项式相等.

题 5.4.8 证明：若多项式的系数为实数，则它的根成复共轭对. 即，如果 $a+bi$ 是多项式的根，那么 $a-bi$ 也是它的根.

题 5.4.9 求 $x^{81}+x^{49}+x^{25}+x^9+x$ 除以 x^3-x 的余数.

题 5.4.10 已知 $p(x)=x^6+x^5+\cdots+1$. 求 $p(x^7)$ 除以 $p(x)$ 的余数.

题 5.4.11 (Gerald Heuer) 先将第 162 页例 5.4.3 的四次多项式分解成两个二次多项式 $(x^2+ax-32)(x^2+bx+62)$，再用简单方法求解.

题 5.4.12 求其中一个根是 $\sqrt{2}+\sqrt{5}$ 的整系数多项式.

题 5.4.13 证明：如果首一多项式有一个有理根，那么这个根一定是整数.

题 5.4.14 设 $p(x)$ 是满足 $p(0)=p(1)=1999$ 的整系数多项式. 证明 $p(x)$ 没有整数根.

题 5.4.15 设 $p(x)$ 是 1999 次整系数多项式，对 1999 个不同的值 x，它等于 ±1. 证明 $p(x)$ 不能分解成两个整系数多项式的乘积.

题 5.4.16 设 a,b,c 是三个不同的整数. 试问多项式 $(x-a)(x-b)(x-c)-1$ 能不能分解成两个整系数多项式的乘积?

题 5.4.17 设 $p(x)$ 是 n 次多项式，但不一定是整系数的. 需要多少个连续整数值 x 使得 $p(x)$ 是整数值，才能保证对**所有**整数 x，$p(x)$ 都是整数?

题 5.4.18 (IMO 1993) 设 n 是大于 1 的整数，$f(x)=x^n+5x^{n-1}+3$. 证明 $f(x)$ 不能分解成两个次数至少是 1 的整系数多项式的乘积.

题 5.4.19 (USAMO 1977) 如果 a 和 b 是 $x^4+x^3-1=0$ 的两个根，证明 ab 是 $x^6+x^4+x^3-x^2-1=0$ 的根.

题 5.4.20 (加拿大 1970) 设 $P(x)=x^n+a_{n-1}x^{n-1}+\cdots+a_1x+a_0$ 是整系数多项式. 假设存在四个不同的整数 a,b,c,d 满足 $P(a)=P(b)=P(c)=P(d)=5$. 证明不存在整数 k 使得 $P(k)=8$.

题 5.4.21 (USAMO 84) 设 $P(x)$ 是满足以下条件的 $3n$ 次的多项式，求 n 的值.

$$\begin{aligned}P(0)=P(3)=\cdots=P(3n)\quad&=2,\\P(1)=P(4)=\cdots=P(3n-2)&=1,\\P(2)=P(5)=\cdots=P(3n-1)&=0,\\P(3n+1)&=730.\end{aligned}$$

题 5.4.22 (《美国数学月刊》1962 年 10 月) 设 $P(x)$ 是实系数多项式. 证明存在非零实系数多项式 $Q(x)$ 使得 $P(x)Q(x)$ 每项的次数都能被 10^9 整除.

5.5 不等式

不等式很重要，因为许多数学研究都涉及估计、最优化、最好和最坏方案、极限，等等. 等式很漂亮，但是在数学的“真实世界”中着实很少. 一个典型的例子就是利用粗略的不等式去估计调和级数的发散性（第 154 页例 5.3.4）. 另一个是第 40 页例 2.3.1，用不等式方法证明方程 $b^2+b+1=a^2$ 没有正整数解.

这里有解决这个问题的另外一种方法，用到了寻找完全平方的战术：方程 $b^2+b+1=a^2$ 表明 b^2+b+1 是一个完全平方. 但是

$$b^2<b^2+b+1<b^2+2b+1=(b+1)^2,$$

所以 b^2+b+1 严格处于两个**相邻的**完全平方数之间. 这是不可能的!

这些例子用到了非常简单的不等式. 但我们要做到的是在其他更复杂的问题中熟练使用不等式.

基本思想

让我们以回顾一些简单的基本思想开始，其中很多都将以结论的形式给出，作为问题（或练习）让你去证明.

基本算法

下面的结论很简单，但我们要仔细思考，从而确保真正完全明白它们为什么成立. 务必注意其中变量的符号.

题 5.5.1　加法. 如果 $x \geqslant y$ 且 $a \geqslant b$，那么 $x+a \geqslant y+b$.

题 5.5.2　乘法. 如果 $x \geqslant y$ 且 $a \geqslant 0$，那么 $ax \geqslant ay$. 相反地，如果 $a<0$，那么 $ax \leqslant ay$.

题 5.5.3　倒数. 如果 $x \geqslant y$，且 x 和 y 同号，那么 $1/x \leqslant 1/y$.

题 5.5.4　绝对值的几何意义. 集合

$$\{x : |x-a| = b\}$$

包含了实轴[①]上到点 a 的距离为 b 的所有点 x.

函数的增长速度

理解大部分常用函数的增长速度很重要. 学习这些的最好方法就是画图.

题 5.5.5　当 x“足够大”时，一个以 x 为变量的二次函数可以控制任意以 x 为变量的线性函数. 例如，当 $x>10^9$ 时，就有

$$0.001x^2 > 100\,000\,x + 20\,000\,000.$$

题 5.5.6　同理，只要 $a>b>0$，x^a 将“最终控制” x^b.

题 5.5.7　类似地，如果 a 是任意正数，$b>1$，那么 b^x 最终控制 x^a.（换句话说，指数函数比多项式函数增长得快.）

题 5.5.8　相反地，如果 a 是任意正数，$b>1$，那么 x^a 最终控制 $\log_b x$.

总的来说，增长速度的层次关系由低到高就是

　　对数函数、幂函数、指数函数.

---

① 你可能已经注意到了我们把注意力集中在了实数上. 这是因为当 z 是复数时定义 $z>0$ 是没有意义的. 见第 48 页题 2.3.16.

简单的证明

在众多证明不等式的方法中，最简单的就是构造逻辑上等价但是更加简单的不等式．再复杂的变量也能得到简化．这里有一些例子．

例 5.5.9 $\sqrt{19}+\sqrt{99}$ 和 $\sqrt{20}+\sqrt{98}$ 哪个大?

解答 用简便的问号（?）来代替未知的不等号，我们就可以继续解题了．如果代数运算保持了不等号的方向，那么就保留问号．如果做了一些变化会导致不等号反向（例如，两边都取倒数），那么就把问号也倒过来写（¿）．现在开始

$$\sqrt{19}+\sqrt{99} \quad ? \quad \sqrt{20}+\sqrt{98}.$$

两边平方得

$$19+2\sqrt{19\times 99}+99 \quad ? \quad 20+2\sqrt{20\times 98}+98,$$

化简为

$$\sqrt{19\times 99} \quad ? \quad \sqrt{20\times 98}.$$

这当然等价于

$$19\times 99 \quad ? \quad 20\times 98.$$

到此就可以直接进行计算，但是让我们应用因式分解技术：两边都减去 19×98 得

$$19\times 99-19\times 98 \quad ? \quad 98,$$

就变为

$$19 \quad ? \quad 98.$$

最后，就可以用“$<$”代替“?”，得到

$$\sqrt{19}+\sqrt{99}<\sqrt{20}+\sqrt{98}.$$

■

例 5.5.10 $\dfrac{1998}{1999}$ 和 $\dfrac{1999}{2000}$ 哪个大?

解答 这个问题可以用很多方法解答，这里采用定义一个函数工具．设

$$f(x):=\frac{x}{x+1}.$$

现在问题就等价于判断 $f(1998)$ 和 $f(1999)$ 的相对顺序的问题了．这个函数是如何增长的呢？我们有

$$f(x)=\frac{x}{x+1}=\frac{1}{1+\frac{1}{x}}, \tag{5.5.1}$$

现在就很容易确认，随着 $x>0$ 的增大，$1/x$ 减小，导致 $f(x)$ 增大（所有我们用到的就是基本原理 5.5.3 中说到的，“如果分母增大，则分式就减小，反之亦然”）．换句话说，$f(x)$ 关于正数 x **单调递增**．

所以，$f(1998)<f(1999)$．

■

注意我们在 (5.5.1) 中是怎样使表达式变得"难看的". (5.5.1) 的右端从印刷排版上看起来很难看，但是它确实使分析函数的走势变得更容易了.

这里有更多一些让你自己练习的例子. 很多都相当的简单.

题 5.5.11 设 $a_1, a_2, \cdots, a_n$ 是实数. 证明: 如果 $\sum a_i^2 = 0$, 那么 $a_1 = a_2 = \cdots = a_n = 0$.

题 5.5.12 均值原理. 设 $a_1, a_2, \cdots, a_n$ 是和为 S 的实数. 尽量严格地证明，要么所有的 a_i 都相等，要么至少有一个 a_i 严格大于平均值 S/n 且至少有一个 a_i 严格小于平均值.

题 5.5.13 记号 $n!^{(k)}$ 表示取 n 的阶乘 k 次. 例如 $n!^{(3)}$ 就是 $((n!)!)!$. 请问 $1999!^{(2000)}$ 和 $2000!^{(1999)}$ 哪个更大?

题 5.5.14 $\dfrac{10^{1999}+1}{10^{2000}+1}$ 和 $\dfrac{10^{1998}+1}{10^{1999}+1}$ 哪个大?

题 5.5.15 $2000!$ 和 1000^{2000} 哪个大?

题 5.5.16 1999^{1999} 和 2000^{1998} 哪个大?

算术-几何平均不等式

回顾第 167 页例 5.5.10. 未知的不等式

$$\frac{1998}{1999} \quad ? \quad \frac{1999}{2000}$$

等价于（两边同时乘以 1999×2000 之后）

$$1998 \times 2000 \quad ? \quad 1999^2.$$

从直觉上我们猜测问号应该用"$<$"来替代，因为左端是一个长方形而不是正方形的面积，而右端是一个周长与长方形一样（都是 4×1999）的正方形的面积. 这说明给定周长的篱笆围成正方形时，其面积最大. 确实，我们曾经把这个问题当作一个简单的微积分练习解决了. 其包含的原理从数学上看非常简单（不需要微积分）但是非常有用.

考虑下面的等价公式. 设 x 和 y 是正实数，和为 $S = x + y$. 则乘积 xy 的最大值在 x 与 y 相等（即 $x = y = S/2$）时取到. 换句话说，有

$$\left(\frac{S}{2}\right)^2 = \frac{(x+y)^2}{4} \geqslant xy.$$

证明该不等式很容易. 我们会在"$\geqslant$"上面加一个问号来提醒这是一个"有疑问的"的不等号，直到化简为一个已知成立的不等号为止. 利用代数知识易得:

$$\frac{(x+y)^2}{4} \overset{?}{\geqslant} xy$$

等价于

$$(x+y)^2 \overset{?}{\geqslant} 4xy.$$

因此

$$x^2 + 2xy + y^2 \overset{?}{\geqslant} 4xy.$$

两边都减去 $4xy$，得

$$x^2 - 2xy + y^2 \overset{?}{\geqslant} 0,$$

现在就可以移去问号了，因为左端是平方项 $(x-y)^2$，因此总是非负的. 我们已经证明了这个不等式，并且，同时也证明了当且仅当 $x = y$ 时取等号，因为只有这时平方项才会等于 0.

这个不等式称为**算术–几何平均不等式**，通常缩写为 **AM-GM** 或 **AGM**，一般写成

$$\frac{x+y}{2} \geqslant \sqrt{xy}.$$

左端就是 x 和 y 的算术平均，右端称为**几何平均**. 记住这个不等式的简单方法是：

> 两个正实数的算术平均大于等于它们的几何平均，当且仅当它们相等时取等号.

我们可以从算术-几何平均不等式的代数证明中挖掘出更多的信息. 因为 $(x+y)^2 \geqslant 4xy$ 且 $(x+y)^2 - 4xy = (x-y)^2$，可以写成

$$S^2 - 4P = D^2,$$

其中 S, P, D 分别代表 x 和 y 的和、积、差. 如果让 x 和 y 变化，且让它们的和 S 固定，发现 x 和 y 的乘积是它们之间距离的严格递减函数.（这里的距离就是 $|x-y|$.）这个结论非常有用，我们把它命名为**对称积原理**：

> 如果两个正数的和一定，那么随着它们之间的距离减少，它们的乘积就增加.

这个原理符合我们的直观感觉：随着一个矩形变得更“方”，即更对称，则能更“有效率地”占用面积.

下面是算术-几何平均不等式的一个很漂亮的几何证明. 设 AC 是圆的直径，B 是圆周上任一点. 则 ABC 是直角三角形. 接着做 BD 垂直于 AC 交 AC 于点 D.

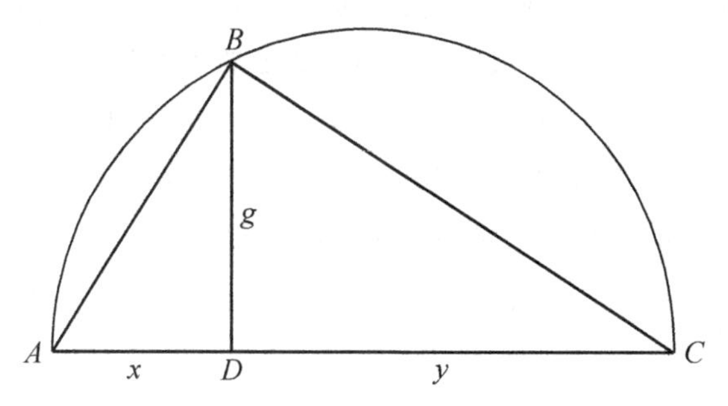

则三角形 ABD 和三角形 BCD 相似，因此

$$\frac{x}{g}=\frac{g}{y}.$$

所以 $g=\sqrt{xy}$，即 x 和 y 的几何平均．事实上，这也是它为什么叫作**几何平均**的原因!

现在，让点 B 沿着圆周运动，则 D 也在 AC 上移动以保证 BD 与 AC 垂直．显然，当 D 处于圆心时 BD 的长度最大，此时 x 和 y 刚好相等（都等于半径）．而且，当 D 向圆心移动时，x 和 y 的差值在缩小，而 BD 的长度在增加．

算术-几何平均不等式对任意有限个变量也成立．设

$$x_1,x_2,\cdots,x_n$$

是正实数，定义算术平均 A_n 和几何平均 G_n 分别为

$$A_n:=\frac{a_1+a_2+\cdots+a_n}{n}\quad 和 \quad G_n:=\sqrt[n]{a_1a_2\cdots a_n}.$$

一般形式的算术-几何平均不等式断言 $A_n\geqslant G_n$，当且仅当 $x_1=x_2=\cdots=x_n$ 时取等号．

有很多方法可以证明这个定理（一个精妙利用归纳法证明的提示见第 177 页题 5.5.26）．我们将要给出运用两个战略思想的简单证明：一个**算法**证明的形式，再加上对自然直觉的深思熟虑．通过回顾算术-几何平均不等式的等价重组“和与积”开始．[1]

题 5.5.17　算术-几何平均不等式的变形． 设 $x_1,x_2,\cdots,x_n$ 是正实数，它们的积为 $P=x_1x_2\cdots x_n$，和为 $S=a_1+a_2+\cdots+a_n$．证明 P 取到最大值的条件是当且仅当每个 x_i 都相等，即

$$x_1=x_2=\cdots=x_n=\frac{S}{n}.$$

解答　将这 n 个实数 $x_1,x_2,\cdots,x_n$ 看成是数轴上的 n 个质点，每个都有单位重量．这些重量的平衡点（重心）位于算术平均 $A:=S/n$ 上．注意如果移动这些点并保证它们还是在点 A 保持平衡，等价于它们的和保持不变．

我们的灵感来源于对称积原理，战略就是考虑 x_i 不全相等的情况，并证明能使它们“更相等”，且让它们的积增加，**但不改变它们的和**．如果这些点不全在 A，那么至少有一个在 A 的左边（记为 L）且至少有一个在 A 的右边（记为 R）．[2]在这两个点中，将离 A 最近的那个恰好移到 A，同时移动另外一个使得两者的平衡点不变．在下图中，箭头指向就是这两个点的新位置．

---

① 这个重组算术-几何平均不等式的简单思想并不是很有名．这里的论述来自卡扎里诺夫的专著 [19]．强烈推荐大家阅读这本篇幅很短的专著．

② 这是均值原理 (5.5.12) 的一个“自然”证明．

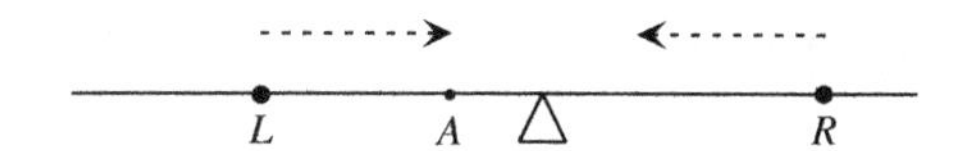

注意这两个点之间的距离减少了，但是它们的平衡位置没有变. 由对称积原理，这两个点的乘积增加了. 因为它们的和没有变，所以 n 个点的和也没有变. 按照以上方式变换了 n 个数中的两个，得到：

- 一个原来不等于 A 的点现在等于 A 了；
- n 个数的总和没有变；
- n 个数的乘积变大了.

因为只有有限个数，当所有的点都等于 A 时这个过程结束，这时乘积将取到最大值. ■

这个证明称为"算法的"，因为证明过程中描述了一个具体步骤，以一步一步的方式优化乘积，经过有限步后终止. 这个证明的另外一个特征就是转换思路，将其重铸为一个像**最优化**问题的不等式. 这是一个有效的战略，值得大家学习.

从算术-几何平均不等式能推出很多有趣的不等式. 这里有一个例子（再看几个问题）.

例 5.5.18 设 $a_1, a_2, \cdots, a_n$ 是一个正数数列. 证明

$$(a_1+a_2+\cdots+a_n)\left(\frac{1}{a_1}+\frac{1}{a_2}+\cdots+\frac{1}{a_n}\right)\geqslant n^2,$$

当且仅当 a_i 都相等时取等号.

解答 首先，通过验证一个简单例子而使问题化难为易. 我们尝试证明

$$(a+b)\left(\frac{1}{a}+\frac{1}{b}\right)\overset{?}{\geqslant}4.$$

乘出来得

$$1+\frac{a}{b}+\frac{b}{a}+1\overset{?}{\geqslant}4,$$

也就是

$$\frac{a}{b}+\frac{b}{a}\overset{?}{\geqslant}2.$$

由算术-几何平均不等式知这个不等式成立：

$$\frac{a}{b}+\frac{b}{a}\geqslant 2\sqrt{\left(\frac{a}{b}\right)\left(\frac{b}{a}\right)}=2.$$

下面形式的结果是值得记住的：

如果 $x>0$，那么 $x+\dfrac{1}{x}\geqslant 2$，当且仅当 $x=1$ 时等号成立.

回到一般情形，我们用完全相同的方法推导. 把如下的积乘出来：

$$\sum_{j=1}^{n}a_j\sum_{k=1}^{n}\frac{1}{a_k},$$

得到 n^2 项，每项都具有以下形式

$$\frac{a_j}{a_k},\quad 1\leqslant j,k\leqslant n.$$

其中当 $j=k$ 时的 n 项，它们的值都等于 1. 剩下的 n^2-n 项可以两两组合成如下的形式：

$$\frac{a_j}{a_k}+\frac{a_k}{a_j},\quad 1\leqslant j<k\leqslant n.$$

（标出式子 $1\leqslant j<k\leqslant n$ 是为了保证得到的每对式子都没有重复.）在每对式子中运用算术-几何平均不等式就可以得到：

$$\frac{a_j}{a_k}+\frac{a_k}{a_j}\geqslant 2\sqrt{\left(\frac{a_j}{a_k}\right)\left(\frac{a_k}{a_j}\right)}=2.$$

这样，这 n^2 项就能够分割成 n 个值为 1 的项和 $(n^2-n)/2$ 对式子，其中每对式子都大于等于 2. 因此，整个式子的总和就大于等于

$$n\times 1+\frac{n^2-n}{2}\times 2=n^2.$$ ■

推敲，柯西-施瓦茨不等式和切比雪夫不等式

不等式的类型特别多，从表面上看有成百上千的不同理论和特定技术来解决不等式问题. 但我们可简要地讲解如下三种重要的“媒介”思想：推敲、柯西-施瓦茨不等式以及切比雪夫不等式.

可能最重要的不等式技巧就是**推敲**，在此之前我们已经使用过了（例如在第 154 页例 5.3.4 调和级数的讨论中）. 推敲的原理就是“放宽”一个表达式使得它最终更容易处理. 当然，这并不仅限于不等式，有时候推敲的第一步有可能使问题的难度看起来增大了. 但是这只是暂时的，就像做按摩，开始时相当痛苦但最后却能使你的肌肉得到放松. 下面的例子对大家很有启发，它结合了推敲方法，以及经常与其搭档出现的压缩方法.

例 5.5.19　设 $A=\sum_{n=1}^{10\,000}\frac{1}{\sqrt{n}}$. 不用计算器求 $\lfloor A\rfloor$.

解答　换句话说，要估计出最接近 A 的整数. 我们并不需要 A 的精确值，所以可以推敲每项，将它们稍作变化，然后将其压缩. 则有

$$\frac{1}{\sqrt{n}}=\frac{2}{2\sqrt{n}}<\frac{2}{\sqrt{n}+\sqrt{n-1}}=2\left(\sqrt{n}-\sqrt{n-1}\right),$$

其中最后一步用了分母有理化. 类似地，有

$$\frac{1}{\sqrt{n}}>\frac{2}{\sqrt{n+1}+\sqrt{n}}=2\left(\sqrt{n+1}-\sqrt{n}\right).$$

换句话说，

$$2\left(\sqrt{n+1}-\sqrt{n}\right)<\frac{1}{\sqrt{n}}<2\left(\sqrt{n}-\sqrt{n-1}\right).$$

这是关键步骤，我们通过上下界限定了 $1/\sqrt{n}$，求和时就可以实现压缩. 确实，有

$$\sum_{n=1}^{10\,000} 2\left(\sqrt{n+1}-\sqrt{n}\right) = 2\sqrt{10\,001}-2$$

以及

$$\sum_{n=1}^{10\,000} 2\left(\sqrt{n}-\sqrt{n-1}\right) = 2\sqrt{10\,000}-\sqrt{0}.$$

推出

$$2\sqrt{10\,001}-2 < \sum_{n=1}^{10\,000} \frac{1}{\sqrt{n}} < 2\sqrt{10\,000}.$$

这告诉我们 $\lfloor A \rfloor$ 不是 198 就是 199. 我们可以轻松提升这个估计的精度，因为前面提出的把 $1/\sqrt{n}$ 限定在 $2\left(\sqrt{n+1}-\sqrt{n}\right)$ 和 $2\left(\sqrt{n}-\sqrt{n-1}\right)$ 之间对比较“小”的 n 来说着实非常粗略. 例如，当 $n=1$ 时，使用这个“估计”得

$$2\left(\sqrt{2}-1\right) < 1 < 2\sqrt{1}.$$

下限不是很糟，但是上限多估计了 1. 所以我们不用它！从 $n=2$ 开始，记

$$A = 1 + \sum_{n=2}^{10\,000} \frac{1}{\sqrt{n}}.$$

现在估计

$$2\sqrt{10\,001}-2\sqrt{2} < \sum_{n=2}^{10\,000} \frac{1}{\sqrt{n}} < 2\sqrt{10\,000}-2\sqrt{1}.$$

上面式子中的下限比 197 稍微大一些，而上限是 198. 因此就推出 A 处于 198 和 199 之间，所以 $\lfloor A \rfloor = 198$. ■

柯西–施瓦茨不等式

设 $a_1, a_2, \cdots, a_n$ 和 $b_1, b_2, \cdots, b_n$ 是两个实数序列. **柯西–施瓦茨不等式**表示为：

$$\left(\sum a_i b_i\right)^2 \leqslant \left(\sum a_i^2\right)\left(\sum b_i^2\right),$$

当且仅当 $a_1/b_1 = a_2/b_2 = \cdots = a_n/b_n$ 时等号成立. 如果 $n=1$，这个不等式就退化为两变量的算术–几何平均不等式. 如果 $n=3$，这个不等式就是（用更易辨别的变量）：对任意实数 a, b, c, x, y, z 有

$$(ax+by+cz)^2 \leqslant (a^2+b^2+c^2)(x^2+y^2+z^2). \tag{5.5.2}$$

题 5.5.20 通过有效率地把它们乘出来，观察交叉项，尽可能应用两变量的算术–几何平均不等式，证明 (5.5.2). 并将这个方法推广到任意的 n 值.

另一种证明 (5.5.2) 的方法，是如下简单但很重要的工具：

实数的平方和是非负的，当且仅当所有数等于 0 时它才等于 0.

因此，对任意实数 a, b, c, x, y, z，有

$$0 \leqslant (ay - bx)^2 + (az - cx)^2 + (bz - cy)^2.$$

这等价于

$$2(abxy + acxz + bcyz) \leqslant a^2y^2 + b^2x^2 + a^2z^2 + c^2x^2 + b^2z^2 + c^2y^2. \tag{5.5.3}$$

在 (5.5.3) 的两边都加上

$$(ax)^2 + (by)^2 + (cz)^2,$$

就得到了 (5.5.2). 这个证明可以推广，它不只是在 $n = 3$ 时才成立.

题 5.5.21 写出 $n = 4$ 的情形验证上述证明可以推广. 开始展开时将是一个 6 项的平方和.

虽然柯西 - 施瓦茨不等式是算术 - 几何平均不等式的一个简单推论，但它是一个非常强大的工具，因为它有很大的"自由度". 例如，如果在 (5.5.2) 中设 $a = b = c = 1$，就得到了一个吸引人的不等式

$$\frac{(x+y+z)^2}{3} \leqslant x^2 + y^2 + z^2.$$

如果变量为正实数，就能引出柯西-施瓦茨不等式的另外一个应用. 例如，如果 $a, b, c, x, y, z > 0$，那么

$$\left(\sqrt{ax} + \sqrt{by} + \sqrt{cz}\right)^2 \leqslant (a+b+c)(x+y+z). \tag{5.5.4}$$

在 (5.5.2) 中用 $\sqrt{a}$ 代替 a（以此类推）就自然得到了这个结果. 这个不等式（当然也可以推广到任意的 n）有时候用起来非常便利，因为这是一个获得两个不相关和的乘积的下界的巧妙方式.

下面是一个用到 (5.5.4) 的更加有趣的例子.

例 5.5.22 (Titu Andreescu) 设 P 是系数为正的多项式. 证明：如果

$$P\left(\frac{1}{x}\right) \geqslant \frac{1}{P(x)}$$

对 $x = 1$ 成立，那么它对所有 $x > 0$ 都成立.

解答 设 $P(x) = u_0 + u_1x + u_2x^2 + \cdots + u_nx^n$. 当 $x = 1$ 时，不等式就是 $P(1) \geqslant 1/P(1)$，或者

$$(u_0 + u_1 + u_2 + \cdots + u_n)^2 \geqslant 1,$$

因为系数都是正的，可化简为

$$u_0 + u_1 + u_2 + \cdots + u_n \geqslant 1.$$

我们希望可以证明

$$\left(u_0 + \frac{u_1}{x} + \cdots + \frac{u_n}{x^n}\right)(u_0 + u_1x + \cdots + u_nx^n) \geqslant 1$$

对任意正的 x 都成立. 因为 x 和 u_i 都是正的，可以定义实数列

$$a_0=\sqrt{u_0}, a_1=\sqrt{u_1/x}, a_2=\sqrt{u_2/x^2}, \cdots, a_n=\sqrt{u_n/x^n}$$

以及

$$b_0=\sqrt{u_0}, b_1=\sqrt{u_1x}, b_2=\sqrt{u_2x^2}, \cdots, b_n=\sqrt{u_nx^n}.$$

注意到对任意 i 有

$$a_i^2=u_i/x^i, \quad b_i^2=u_ix^i, \quad a_ib_i=u_i.$$

因此，把柯西-施瓦茨不等式应用到数列 a_i 和 b_i 上时，就得到

$$u_0+u_1+u_2+\cdots+u_n \leqslant P\left(\frac{1}{x}\right)P(x).$$

但是 $u_0+u_1+u_2+\cdots+u_n \geqslant 1$，所以推出

$$P\left(\frac{1}{x}\right)P(x) \geqslant 1.$$

■

下面是第 149 页例 5.2.23 提出的 IMO 问题的解答.

例 5.5.23 (IMO 1995) 设 a, b, c 是正实数，且满足 $abc=1$. 证明

$$\frac{1}{a^3(b+c)}+\frac{1}{b^3(c+a)}+\frac{1}{c^3(a+b)} \geqslant \frac{3}{2}.$$

解答 回顾代换 $x=1/a, y=1/b, z=1/c$ 把原问题转化为

$$\frac{x^2}{y+z}+\frac{y^2}{z+x}+\frac{z^2}{x+y} \geqslant \frac{3}{2}, \tag{5.5.5}$$

其中 $xyz=1$.

记 (5.5.5) 的左端为 S. 注意

$$S=\left(\frac{x}{\sqrt{y+z}}\right)^2+\left(\frac{y}{\sqrt{z+x}}\right)^2+\left(\frac{z}{\sqrt{x+y}}\right)^2,$$

因此对任意选择的 u, v, w 由柯西-施瓦茨不等式得

$$S(u^2+v^2+w^2) \geqslant \left(\frac{xu}{\sqrt{y+z}}+\frac{yv}{\sqrt{z+x}}+\frac{zw}{\sqrt{x+y}}\right)^2. \tag{5.5.6}$$

有没有对解题有帮助的选择呢?

当然 $u=\sqrt{y+z}, v=\sqrt{z+x}, w=\sqrt{x+y}$ 是要尝试的自然选择，因为这样马上就可以把 (5.5.6) 右端化简为 $(x+y+z)^2$. 更令人惊喜的是，这样选择后我们还发现

$$u^2+v^2+w^2=2(x+y+z).$$

因此 (5.5.6) 就化简为

$$2S(x+y+z) \geqslant (x+y+z)^2,$$

等价于

$$2S \geqslant (x+y+z).$$

而由算术-几何平均不等式及 $xyz=1$ 有

$$x+y+z \geqslant 3\sqrt[3]{xyz}=3,$$

所以马上得到 $2S \geqslant 3$. ■

切比雪夫不等式

设 $a_1, a_2, \cdots, a_n$ 和 $b_1, b_2, \cdots, b_n$ 是实数列，且按照相同的单调顺序排列．换句话说，有 $a_1 \leqslant a_2 \leqslant \cdots \leqslant a_n$ 且 $b_1 \leqslant b_2 \leqslant \cdots \leqslant b_n$（或者两个都反向）．**切比雪夫不等式表示为**

$$\frac{1}{n}\sum a_i b_i \geqslant \left(\frac{1}{n}\sum a_i\right)\left(\frac{1}{n}\sum b_i\right).$$

换句话说，如果你将两个数列排序，那么对应项乘积的平均值至少是两个数列平均值的乘积.

通过考察简单的例子来尝试证明切比雪夫不等式．如果 $n=2$，那么有以下有疑问的不等式（用好看一点的变量）

$$2(ax+by) \geqslant (a+b)(x+y).$$

这等价于

$$ax+by \geqslant ay+bx,$$

等价于

$$(a-b)(x-y) \geqslant 0,$$

这是成立的，因为数列按照相同的顺序排列（因此 $a-b$ 和 $x-y$ 同号，它们的积非负）.

如果 $n=3$，则要证明的是：

$$3(ax+by+cz) \geqslant (a+b+c)(x+y+z),$$

其中 $a \leqslant b \leqslant c$ 且 $x \leqslant y \leqslant z$．受上一步的启发，将左端减去右端并做因式分解，然后证明这个差是正的．相减时，其中有 3 项消去了，剩下还有 12 项

$$ax-ay+ax-az+by-bx+by-bz+cz-cx+cz-cy.$$

重新安排之，有

$$(ax+by)-(ay+bx)+(ax+cz)-(ax+cx)+(by+cz)-(bz+cy),$$

等于

$$(a-b)(x-y)+(a-c)(x-z)+(b-c)(y-z),$$

而这是正的. 如果仔细思考这个证明，你会发现它可以推广到任意 n 值.

与算术-几何平均不等式和柯西-施瓦茨不等式相比，切比雪夫不等式虽然不常用，但是它在你的方法列表中应占有一席之地. 特别是，证明它的方法可以用在其他很多地方.

问题与练习

题 5.5.24 证明

$$1+\frac{1}{1!}+\frac{1}{2!}+\frac{1}{3!}+\cdots<3.$$

（你可能已经在微积分课中学过这个和就是 $\mathrm{e}\approx 2.718$. 但现在请用另外的“低科技含量的”方法证明.）

题 5.5.25 重新阅读第 167 页例 5.5.10 中关于函数单调性的部分. 它是怎样与对称积原理产生关系的?

题 5.5.26 根据下面的提示重新理解柯西巧妙证明 n 个变量的算术-几何平均不等式的方法.

(a) 首先，用归纳法证明变量个数是 2 的幂时，算术-几何平均不等式成立.

(b) 其次，假设你已经知道算术-几何平均不等式对 4 个变量成立，则证明它对 3 个变量也成立. 换句话说，希望证明对任意正数 x, y, z 有

$$\frac{x+y+z}{3}\geqslant\sqrt[3]{xyz}, \tag{5.5.7}$$

你可以利用对任意正数 a, b, c, d,

$$\frac{a+b+c+d}{4}\geqslant\sqrt[4]{abcd} \tag{5.5.8}$$

均成立的事实. 你能想出好办法来代换 a, b, c, d 从而将 (5.5.8) 转化成 (5.5.7) 吗?

(c) 设计一种方法推广上述步骤，使之可以由 2^r 个变量的算术-几何平均不等式推出任何变量数更少一些的情况（直到 2^{r-1}）.

题 5.5.27 找出整数 n 使得 $1/n$ 最接近

$$\sqrt{1\,000\,000}-\sqrt{999\,999}.$$

不要用计算器.

题 5.5.28 证明对 $n=2,3,4,\cdots$ 有

$$n!<\left(\frac{n+1}{2}\right)^n.$$

题 5.5.29 (IMO 1976) 若干正整数的和为 1976, 它们的最大乘积是多少? 证明你的结论. 提示: 尝试一种“算法”途径.

题 5.5.30 第 67 页例 3.1.12 证明了因式分解

$$a^3+b^3+c^3-3abc=(a+b+c)(a^2+b^2+c^2-ab-bc-ac).$$

应用此式证明 3 变量算术-几何平均不等式. 这个方法能推广吗?

题 5.5.31 证明

$$\frac{1}{\sqrt{4n}}\leqslant\left(\frac{1}{2}\right)\left(\frac{3}{4}\right)\cdots\left(\frac{2n-1}{2n}\right)<\frac{1}{\sqrt{2n}}.$$

题 5.5.32 设 $a_1,a_2,\cdots,a_n$ 是正数列. 证明对任意正数 x 有

$$(x+a_1)(x+a_2)\cdots(x+a_n)\leqslant\left(x+\frac{a_1+a_2+\cdots+a_n}{n}\right)^n.$$

题 5.5.33 找到所有满足 $x^y=y^x$ 的有序正实数对 (x,y). 注意: 包含了所有形如 (t,t)（其中 t 是任意正实数）的集合并不是所有解，例如 $2^4=4^2$ 也成立.

题 5.5.34 证明: 对任意实变量有

$$\sqrt{a_1^2+b_1^2}+\sqrt{a_2^2+b_2^2}+\cdots+\sqrt{a_n^2+b_n^2}\geqslant\sqrt{(a_1+a_2+\cdots+a_n)^2+(b_1+b_2+\cdots+b_n)^2}.$$

并给出等号成立的条件. 代数方法当然可行，但是肯定还有更好的方法.

题 5.5.35 如果你已经学过向量的点积，就应该能够给出柯西-施瓦茨不等式的几何意义. 请考虑长度、余弦，等等.

题 5.5.36 这里有证明柯西-施瓦茨不等式的另一种方法，用到了几个有用的概念：定义

$$f(t):=(a_1t+b_1)^2+(a_2t+b_2)^2+\cdots+(a_nt+b_n)^2.$$

显然 f 是 t 的二次多项式. 仅当 $a_1/b_1=a_2/b_2=\cdots=a_n/b_n$ 时 $f(t)$ 才可能有根. 其他情况下，$f(t)$ 是严格为正的. 现在利用二次方程求根公式，考察判别式. 它一定是负的，为什么？证明能够从判别式是负的导出柯西-施瓦茨不等式.

题 5.5.37 利用柯西-施瓦茨不等式快速证明例 5.5.18 中的不等式.

题 5.5.38 设 $a_1,a_2,\cdots,a_n$ 是和为 1 的正数. 证明 $\sum_{i=1}^n a_i^2\geqslant 1/n$.

题 5.5.39 如果 $a,b,c>0$，证明

$$(a^2b+b^2c+c^2a)(ab^2+bc^2+ca^2)\geqslant 9a^2b^2c^2.$$

题 5.5.40 设 $a,b,c\geqslant 0$，证明

$$\sqrt{3(a+b+c)}\geqslant\sqrt{a}+\sqrt{b}+\sqrt{c}.$$

题 5.5.41 设 $a,b,c,d\geqslant 0$，证明

$$\frac{1}{a}+\frac{1}{b}+\frac{4}{c}+\frac{16}{d}\geqslant\frac{64}{a+b+c+d}.$$

题 5.5.42 (USAMO 1983) 如果 $2a^2<5b$，证明以下方程的根不可能全是实数.

$$x^5+ax^4+bx^3+cx^2+dx+e=0.$$

题 5.5.43 设 $x,y,z>0$ 且 $xyz=1$，证明

$$x+y+z\leqslant x^2+y^2+z^2.$$

题 5.5.44 设 $x,y,z\geqslant 0$ 且 $xyz=1$. 求

$$\frac{x}{y+z}+\frac{y}{x+z}+\frac{z}{x+y}$$

的最小值.

题 5.5.45 (IMO 1984) 证明

$$0\leqslant yz+zx+xy-2xyz\leqslant 7/27,$$

其中 x,y,z 是满足 $x+y+z=1$ 的非负实数.

题 5.5.46 (普特南 1968) 求所有系数只能为 1 或 -1 且只有实根的多项式.

题 5.5.47 设 $a_1,a_2,\cdots,a_n$ 是正实数的序列，$b_1,b_2,\cdots,b_n$ 是前者的任意排列. 证明

$$\frac{a_1}{b_1}+\frac{a_2}{b_2}+\cdots+\frac{a_n}{b_n}\geqslant n.$$

题 5.5.48 设 $a_1,a_2,\cdots,a_n$ 和 $b_1,b_2,\cdots,b_n$ 是递增实数列，$x_1,x_2,\cdots,x_n$ 是 $b_1,b_2,\cdots,b_n$ 的任意排列. 证明

$$\sum a_ib_i\geqslant\sum a_ix_i.$$

第 6 章　组合数学

6.1　计数简介

组合是关于计数的研究. 这听起来似乎相当幼稚，但实际上，计数问题是相当生动有趣并且高深莫测的，它能与其他数学分支建立起广泛的联系. 例如，考虑如下问题.

例 6.1.1　(捷克和斯洛伐克 1995) 判断是否存在 10 000 个能被 7 整除的 10 位数，其中任何一个数都能通过将另一个数重新排列各位数字次序得到.

从表面上看来，这像是一个数论问题. 但实际上，这只是一个对适当的事物进行仔细计数的问题. 我们将在第 194 页解决它，但首先需要引入一些基本技巧.

我们的第一个目标是准确理解一些思想，为**二项式定理**做好准备. 假定读者之前已经接触过一些这方面的内容，而现在决定复习并对它做进一步的研究. 下面将陆续地以命题形式提出很多概念，需要逐个认真验证. 请不要太着急，你需要确保理解每项命题！特别地，要注意每处算术细节，哪怕是最细微的，优秀的组合推理能力在很大程度上就是要知道什么时候去做加法、减法、乘法、除法.

排列和组合

题 6.1.2–6.1.12 介绍了排列与组合的概念，其中只用到了加法、乘法与除法.

题 6.1.2　简单加法. 如果有 a 种汤和 b 种沙拉，那么共有 $a+b$ 种可能的订餐方法，使得其中包含汤或沙拉.（不能同时选择汤和沙拉.）

题 6.1.3　简单乘法. 如果有 a 种汤和 b 种沙拉，那么共有 ab 种可能的订餐方法，使得其中包含汤和沙拉.

题 6.1.4　设 A 和 B 是有限且不相交（$A\cap B=\varnothing$）的集合. 那么题 6.1.2 等价于如下命题：

$$|A\cup B|=|A|+|B|.$$

题 6.1.5　注意题 6.1.3 等价于如下命题：

$$|A\times B|=|A|\times|B|,$$

其中 A 和 B 是任意（可以相交）的有限集.

题 6.1.6　某些对象的**排列**是对它们的重新排序. 例如，对于 ABC 来说，总共有 6 种不同的排列，即：ABC, ACB, BAC, BCA, CAB, CBA. 而对于 HARDY 来说，则共有 $5\times4\times3\times2\times1=120$ 种不同的排列方法. 你或许已经知道 $n(n-1)\cdots1$ 可以用符号 $n!$ 来表示，称为“n 的阶乘”. 你应该记住（起码是强记）当 $n\leqslant10$ 时 $n!$ 的值.（当你记住后，可以再尝试记住如下常见数列的前十几项：平方数列、立方数列、斐波那契数列，等等.）

题 6.1.7 从 n 个物体中每次取出 r 个的排列. 利用 CHERNOBYL 这 9 个字母来构造不同的 3 字母单词，一共有 $9\times8\times7=504$ 种不同方法. 一般地，从 n 个物体中取出 r 个进行排列，共有

$$n(n-1)\cdots(n-r+1)^{①}$$

种不同方法. 这个乘积也等于 $\dfrac{n!}{(n-r)!}$，记为 $P(n,r)$.

题 6.1.8 但对 GAUSS 中字母进行排列又会怎样呢? 你第一感觉可能认为答案是 5!，但事实上答案是 $\frac{5!}{2}$. 为什么?

题 6.1.9 进一步，PARADOXICAL 的不同排列方法有 $\frac{11!}{6}$ 种，而非 $\frac{11!}{3}$ 种. 为什么?

题 6.1.10 同样，证明 RAMANUJAN 有 $\frac{9!}{6\times2}$ 种不同的排列. 请写出一般的公式，并用较小的数字代入验证，从而确保你的公式是正确的.

我们把你在题 6.1.10 中得到的公式称为 Mississippi 公式，因为它的一个有趣的例子就是计算 MISSISSIPPI 的排列，答案当然是 $\frac{11!}{4!4!2!}$. 通过具体例子能很容易记住 Mississippi 公式，但我们还是把它正式写出来. 这是个使用抽象符号的好例子，并且有助于我们理解计数的方法.

> 给出一堆球，它们只能通过颜色来区分. 如果对于 $i=1,2,\cdots,n$，颜色为 i 的球的个数是 a_i，则将这些球排成一列的不同方法的数量为：
>
> $$\frac{(a_1+a_2+\cdots+a_n)!}{a_1!a_2!\cdots a_n!}.$$

Mississippi 公式包含了乘法与除法. 让我们通过 PARADOXICAL 这个例子，来仔细考察每种运算的作用. 假设所有字母都是不同的，那么第 1 个字母本该有 11 种可能的选择，第 2 个字母 10 种，第 3 个字母 9 种……因此总共有

$$11\times10\times9\times\cdots\times1=11!$$

种不同的排列. 将这些数相乘是因为这是由 11 个子事件**串联**而成的事件，而它们分别有 $11,10,9,\cdots,1$ 种选择. 但事实上，这 11 个字母不是没有重复的——有 3 个不能区分的 A. 因此，11! 显然**大于**我们所要求的值. 暂时假定能区分这 3 个 A，分别将它们记为 A_1,A_2,A_3. 在这种假设下，例如，$CA_1LPORA_2A_3XID$

① 注意乘积以 $(n-r+1)$ 而不是 $(n-r)$ 结尾. 这些地方经常会出现小错误，也被计算机程序员称为“OBOB”，即“差一错误”(off-by-one bug).

和 $CA_3LPORA_1A_2XID$ 是两个不同的单词（虽然它们在原命题中不能区分）. 在原命题中，CALPORAAXID 这个单词只会被数到 1 次. 但若假设能区分 3 个 A，那么这个单词会被数到 $3! = 6$ 次，因为这 3 个 A 的排列共有 3! 种. 换句话说，我们得出来得数是实际数的 3! 倍（称其为重复因子），于是可以通过将得到的数除以 3! 来得到实际排列数. 因此正确答案是 $\frac{11!}{3!}$. 一般地，

> 为了计算串联事件的不同选择的数量，我们只需将每个子事件的不同选择的数量相乘，并除以重复因子，从而纠正重复计数.

题 6.1.11 考虑由 r 个 0 和 $n-r$ 个 1 组成的 n 位字符串（也称为 n **位二进制串**）. 应用 Mississippi 公式容易证明它的排列数为

$$\frac{n!}{r!(n-r)!}.$$

这个结果往往用 $\binom{n}{r}$（"从 n 个中选 r 个"）表示，也称为**二项式系数**. 例如，0000111 的不同的排列数为 $\binom{7}{4} = \frac{7!}{4!3!} = 35$.

题 6.1.12 从 n 个物体中每次取出 r 个的组合. 下面的问题与上面的不同. 假设我们在订购比萨，共有 8 种可选的配料（凤尾鱼、大蒜、菠萝、香肠、意大利腊肠、蘑菇、橄榄和青椒）. 我们想知道：如果恰好选 3 种配料，共有多少种不同的选择方法. 与排列不同的是：**配料的选择顺序没有关系**. 例如，"香肠蘑菇大蒜"比萨和"蘑菇大蒜香肠"比萨没有区别.

为了解决这个问题，下面将像 Mississippi 问题那样进行论证. 假设配料顺序有关系，那么不同比萨的数量应该是简单排列数 $P(8,3)$. 但因为有重复计数，重复因子为 3!. 因此正确的答案是

$$\frac{P(8,3)}{3!}.$$

我们注意到

$$\frac{P(8,3)}{3!} = \frac{8!}{5!3!} = \binom{8}{3}.$$

一般地，从 n 个不同元素中选出 r 个不同元素，**并且选出的元素与顺序没有关系**，这样的不同的选择方法数为

$$\binom{n}{r} = \frac{P(n,r)}{r!} = \frac{n!}{(n-r)!r!}. \tag{6.1.1}$$

这称为**组合**. 如果与顺序有关系，那么不同的选择方法数为 $P(n,r)$，称为**排列**.

例如，从 30 个人中选出一个 3 人委员会的不同方法有 $\binom{30}{3}$ 种. 然而，如果委员会成员有特定的职位，如主席、副主席和秘书，那么共有 $P(30,3)$ 种不同的委员会（因为，由乔任主席、卡伦任副主席、蒂娜任秘书的委员会，与乔任秘书、蒂娜任副主席、卡伦任主席的委员会显然不相同）.

此外，定义涉及 0 的二项式系数也是有意义的. 例如，$\binom{10}{0}=1$，因为只有 1 种方法选择没有成员的委员会. 如果定义 $0!=1$，这种解释便与公式 (6.1.1) 一致.

将二项式系数理解为将排列数除以重复因子，这能通向计算的捷径. 注意到在计算 $\binom{11}{4}$ 时，用

$$\frac{11\times 10\times 9\times 8}{1\times 2\times 3\times 4}=11\times 5\times 3\times 2=330$$

比用 $11!/(4!7!)$ 简单得多.

组合论证

保持灵活的思维是强有力的战略，尤其是对于那些可以用两种不同方法对同一物体进行计算的计数问题. 为了培养这种灵活性，你应该练习构造“组合论证”. 这仅仅是用**文字**来严格描述的关于如何数数的故事. 下面是体现这种方法的一些例子. 首先用代数方法进行抽象描述，接着做相应的实例描述. 请注意“代数到文字的翻译”中的基本组成元，并且要特别确保理解何时用乘法而非加法，反之亦然.

7×6	如果有 7 种意大利面和 6 种沙司，那么共有 7×6 种意大利沙司面的选择方法.
$12+6+5$	如果一堆物体可以分为 3 个互不相交的集合，它们的元素数量分别为 12、6、5，那么物体的总数为 $12+6+5$.
7^5	如果一餐饭中有 5 道菜，每道菜有 7 种选择，那么这餐饭共有 7^5 种不同的选择.
$\binom{10}{4}$	从 10 人中选出 4 人组队的不同方法数（不考虑被选人的顺序）.
$P(10,4)$	从 10 人中选出 4 人组队的不同方法数，要考虑被选人的顺序（比如，选出 4 人分别担任队长、副队长、吉祥物和主教练）.
$5\times\binom{13}{5}$	从 13 人中选出 5 人组队并指定 1 位队长的不同方法数.
$\binom{17}{8}\binom{10}{2}$	从 17 个女孩和 10 个男孩中选出 8 个女孩和 2 个男孩的不同方法数.
$\binom{17}{4}+\binom{17}{3}$	从 17 人中选出 3 人或 4 人组队的不同方法数.
$\binom{17}{10}=\binom{17}{7}$	每种从 17 人中选出 10 个胜利者的方法对应着一种从 17 人中选出 7 个失败者的方法.

题 6.1.13 **对称恒等**. 观察上一个例子并推广得到：对于所有满足 $n \geqslant r \geqslant 0$ 的整数 n,r，有

$$\binom{n}{r} = \binom{n}{n-r}.$$

这也能通过题 6.1.11 的公式进行代数验证，但使用上面的组合论证看上去好多了. 组合论证告诉我们**为什么**这是正确的，而代数方法仅仅告诉我们这是正确的.

帕斯卡三角和二项式定理

题 6.1.14 **求和恒等**. 这是关于二项式系数的一个更复杂的恒等式：对于所有满足 $n \geqslant r \geqslant 0$ 的整数 n,r，有

$$\binom{n}{r} + \binom{n}{r+1} = \binom{n+1}{r+1}.$$

用代数方法容易证明此式，但是我们还是考虑如下的组合论证：不失一般性，令 $n = 17, r = 10$，我们要证明：**为什么有**

$$\binom{17}{10} + \binom{17}{11} = \binom{18}{11}.$$

让我们计算 18 人中能选出 11 人委员会的数量. 固定 18 人中的 1 人，比如埃丽卡. 那么 11 人委员会只有不同的两种：包含埃丽卡的和不包含埃丽卡的. 那么有多少个委员会是包含埃丽卡的呢？因为已经选了埃丽卡，需要从剩余的 17 人中任选出 10 人. 因此有 $\binom{17}{10}$ 个委员会包含埃丽卡. 为了计算不包含埃丽卡的委员会的数量，需要从剩余的 17 人中选出 11 人，因为需要把埃丽卡从原始的 18 人中去除. 因此有 $\binom{17}{11}$ 个委员会不包含埃丽卡. 于是，11 人委员会的总数是包含埃丽卡的委员会数量加上不包含埃丽卡的，这便导出了前面的等式. 把 17 和 10 分别换为 n 和 r，以上论证当然仍然成立（但使用具体数字进行推理更为简便）. ■

题 6.1.15 回忆在第 9 页题 1.3.16 中首次出现的**帕斯卡三角**. 下面是开始的几行，每行的每个元素是上一行中与其最邻近的一对元素的和（例如 $10 = 4+6$）.

$$\begin{array}{ccccccccccc}
 & & & & & 1 & & & & & \\
 & & & & 1 & & 1 & & & & \\
 & & & 1 & & 2 & & 1 & & & \\
 & & 1 & & 3 & & 3 & & 1 & & \\
 & 1 & & 4 & & 6 & & 4 & & 1 & \\
1 & & 5 & & 10 & & 10 & & 5 & & 1
\end{array}$$

帕斯卡三角包含了所有的二项式系数：将行与列从 0 开始标号，例如第 5 行第 2 列的元素是 10. 一般来说，第 n 行第 r 列的元素等于 $\binom{n}{r}$. 这一结果可以由题 6.1.14 中的求和恒等式和以下事实得出：对于所有 n 有

$$\binom{n}{0} = \binom{n}{n} = 1.$$

请大家仔细思考这个问题，因为它很重要.

题 6.1.16 对于 $n=0,1,2,3,4,5$，将 $(x+y)^n$ 展开，有：

$$\begin{aligned}
(x+y)^0 &= 1,\\
(x+y)^1 &= x+y,\\
(x+y)^2 &= x^2+2xy+y^2,\\
(x+y)^3 &= x^3+3x^2y+3xy^2+y^3,\\
(x+y)^4 &= x^4+4x^3y+6x^2y^2+4xy^3+y^4,\\
(x+y)^5 &= x^5+5x^4y+10x^3y^2+10x^2y^3+5xy^4+y^5.
\end{aligned}$$

当然，此处的系数恰好是帕斯卡三角的元素，这并不是巧合！实际上，在一般情况下如下事实均成立：$(x+y)^n$ 中 $x^r y^{n-r}$ 的系数等于 $\binom{n}{r}$. 考察 $(x+y)^k$ 乘以 $(x+y)$ 得到 $(x+y)^{k+1}$ 的过程，通过思考你应该可以解释为什么会这样. 利用这种与以往迥异的观点看待求和恒等，你应该能够给出一个归纳证明.

题 6.1.17 二项式定理. 二项式定理正式表述为：对于所有正整数 n，有

$$(x+y)^n=\sum_{r=0}^{n}\binom{n}{r}x^{n-r}y^r.$$

将右边的和展开，可得到一个更容易阅读的公式

$$(x+y)^n=\binom{n}{0}x^n+\binom{n}{1}x^{n-1}y+\binom{n}{2}x^{n-2}y^2+\cdots+\binom{n}{n-1}xy^{n-1}+\binom{n}{n}y^n.$$

[我们终于看到为什么 $\binom{n}{r}$ 叫作二项式系数了！]

题 6.1.18 二项式定理的组合证明. 前面观察到多项式 $(x+y)^k$ 与 $(x+y)$ 乘法中的系数满足求和公式，由此，得到了二项式定理. 下面是一个更为直接的“组合”方法：考虑其中乘法的运用，从而理解为什么系数是现在这样的. 比如说，考虑如下展开式，

$$(x+y)^7=\underbrace{(x+y)(x+y)\cdots(x+y)}_{7\text{个}}.$$

我们将上式逐个相乘并展开，首先将前两个因式相乘，得到（不进行任何化简）

$$(x^2+yx+xy+y^2)(x+y)^5.$$

进行下一步时，先将第一个因式中每一项乘以 x，再将每一项乘以 y，然后把它们相加，接着再乘以 $(x+y)^4$. 换句话说，我们有（不进行化简）

$$(x^3+yx^2+xyx+y^2x+x^2y+yxy+xy^2+y^3)(x+y)^4.$$

我们很快就能发现第一个因式中每一项的“来历”. 例如，xy^2 项是在 $(x+y)(x+y)(x+y)$ 中将 x 乘以 y 然后再乘以 y 得来的. 总共有 $2\times2\times2=8$ 项，这是因为

3 个因式中的每个都有 2 种“选择”. 当然，将全部 7 个因式都乘出来后，这个现象仍将成立，因此最后总共得到 2^7 项.

现在来考虑合并同类项的问题. 例如，x^3y^4 的系数会是什么呢? 这等价于确定在未化简的项中有多少项包含 3 个 x 和 4 个 y. 当列出这些项时，

$$xxxyyyy, xxyxyyy, xxyyxyy, \cdots$$

我们会发现计算它们的数量恰好是计算单词 XXXYYYY 排列数的 Mississippi 问题. 答案是 $\frac{7!}{3!4!}$，这也等于 $\binom{7}{3}$.

题 6.1.19 请仔细考虑题 6.1.18，并尝试得出一般的结论. 同时也请将 $(x+y)^n$（n 从 1 到 10）完全乘出来. 如果你手头有电脑，可以尝试将帕斯卡三角打印出尽可能多行. 不论你做什么，要做到非常熟悉帕斯卡三角和二项式定理.

计数的战略与战术

当谈到战略时，组合问题和其他数学问题没有什么区别. 异想天开、倒推法、化难为易等基本原则都为研究提供了很大的帮助. 特别要注意的是，代入较小的具体数字仔细地进行试验往往是关键的一步. 例如，许多问题都能用如下三步解决：试验、猜测和归纳证明. 转化问题的战略非常有成效，为了减少计数内在的枯燥性，它能创新性地把问题“可视化”（例如，设计有意思的“组合论证”），同时发现潜在的对称性. 许多有意思的计数问题包含了极富想象力的多种解法，就像你在下面的题中看到的一样.

但多数情况下，组合是一个战术游戏. 你已经了解了乘法、除法、加法、排列与组合的基本战术，随后的章节中将会详细阐述这些战术，并且衍生出更复杂的战术和工具.

问题与练习

题 6.1.20 为如下事实或等式寻找组合解释.

(a) $\binom{2n}{2} = 2\binom{n}{2} + n^2$.

(b) $\binom{2n+2}{n+1} = \binom{2n}{n+1} + 2\binom{2n}{n} + \binom{2n}{n-1}$.

题 6.1.21 定义 $d(n)$ 为正整数 n 的因数（包括 1 和 n）的数量.

(a) 证明：如果 $n = p_1^{e_1}p_2^{e_2}\cdots p_t^{e_t}$ 是 n 的素因子分解，那么

$$d(n) = (e_1+1)(e_2+1)\cdots(e_t+1).$$

例如，$360 = 2^3 3^2 5^1$ 有 $(3+1)(2+1)(1+1) = 24$ 个不同的因数.

(b) 完成橱柜问题（第 26 页例 2.2.3）.

题 6.1.22 利用二项式定理和代入方便的值的代数战术，证明如下恒等式（对于所有正整数 n）：

(a) $\binom{n}{0} + \binom{n}{1} + \binom{n}{2} + \cdots + \binom{n}{n} = 2^n$.

(b) $\binom{n}{0} - \binom{n}{1} + \binom{n}{2} - \cdots + (-1)^n\binom{n}{n} = 0$.

题 6.1.23 证明含有 n 个元素的集合的子集（包括集合本身和空集）的数量为 2^n.

题 6.1.24 利用组合论证方法重新证明题 6.1.22 中的恒等式.

题 6.1.25 (俄罗斯 1996) 在 1 至 1 000 000 的自然数中，下面哪类数更多？(a) 能用 1 个完全平方数和 1 个（正）完全立方数之和表示的数；(b) 不能这样表示的数.

题 6.1.26 (AIME 1996) 在一个 7×7 棋盘中，有 2 格是涂成黄色的，其余的涂成绿色. 如果旋转棋盘能由某种颜色涂法得到另一种颜色涂法，那么它们是等价的. 请问可能有多少种不同的涂色方案?

题 6.1.27 8 个男孩和 9 个女孩坐在一排 17 个座位中.

(a) 总共有多少种不同的座位安排方法?

(b) 若所有男孩必须相邻，所有女孩也必须相邻，那么共有多少种座位安排方法?

(c) 若相同性别的孩子不能相邻，那么共有多少种座位安排方法?

题 6.1.28 多少种婚姻安排?

(a) 在一个传统的村庄中，有 10 个男孩和 10 个女孩. 村庄中的媒人安排所有的婚姻. 假设（这个村庄是很传统的）所有婚姻必须是异性婚姻，（即每对婚姻是 1 个男性和 1 个女性的结合，不允许男男或女女）. 为这 20 个孩子配对的方法共有多少种?

(b) 在一个开放的村庄中，有 10 个男孩和 10 个女孩. 村庄中的媒人安排所有的婚姻. 假设同性婚姻（男男或女女）和异性婚姻都是允许的，为这 20 个孩子配对的方法共有多少种?

(c) 在另一个开放的村庄中，有 10 个男孩和 10 个女孩. 村庄中的媒人安排所有的婚姻，并像 (b) 中那样，允许同性结婚. 此外，媒人还为这些夫妻订了 10 种不同的蜜月旅行计划（每对夫妻参加 1 种），目的地从 10 个不同的城市中选择（巴黎、伦敦、大溪地等）. 这样做共有多少种方法? 注意现在你不仅要计算谁嫁给谁，还要决定他们到什么地方去度蜜月.

题 6.1.29 如果你已经理解了二项式定理，应该能轻松地得出**多项式定理**. 作为热身，请展开 $(x+y+z)^2$ 和 $(x+y+z)^3$. 也请思考为什么每项的系数是那样的. 然后请推导 $(x_1+x_2+\cdots+x_n)^r$ 展开式的一般形式.

6.2 分划和双射

我们曾说过组合推理与知道何时做加法、减法、乘法、除法有着密切联系. 下面将要考虑两种算法，它们往往同时使用. **分划**是这样一种战术：它将一个复杂问题分解为数个更小更简单的问题，让我们把注意力集中到加法上. 相反，**编码**战术尝试首先构造介于被计数的每个对象和简单“代码”中每个“单词”间的**双射**（奇特的术语，用来表示一一对应），只需一步计数. 这些战术背后的理论思想很简单，但要练习和熟悉一定数量的经典例子才能掌握它.

子集计数

集合 S 的**分划**是将 S 表示为一些**互斥**（两两不交）非空集的并. 写出来就是

$$S = A_1 \cup A_2 \cup \cdots \cup A_r, \quad A_i \cap A_j = \varnothing,\ i \neq j.$$

另一种有时会使用的标记是 $\sqcup$，表示两两不交集的并，则我们可以写出

$$S = A_1 \sqcup A_2 \sqcup \cdots \sqcup A_r = \bigsqcup_{i=1}^{r} A_i$$

来表示 $\{A_i\}$ 是 S 的一个分划.

回忆一下，$|S|$ 表示集合 S 的基数（元素的个数）. 显然，如果 $\{A_i\}$ 是 S 的一个分划，必然有

$$|S| = |A_1| + |A_2| + \cdots + |A_r|,$$

因为 A_i 间没有重叠.

这引出了一种自然的组合战术：将我们想要计数的事物分为互斥且容易计数的若干部分. 这个战术称为**分划**. 例如，将此方法应用于题 6.1.23，它要求我们证明含有 n 个元素的集合有 2^n 个子集. 记 S 的子集组成的集族为 $\operatorname{sub}(S)$. 例如，如果 $S = \{a, b, c\}$，那么

$$\operatorname{sub}(S) = \{\varnothing, \{a\}, \{b\}, \{c\}, \{a,b\}, \{a,c\}, \{b,c\}, \{a,b,c\}\}.$$

记 $\mathcal{E}_k$ 为 S 的含有 k 个元素的子集组成的集族.[①] 这些 $\mathcal{E}_i$ 自然分划了 $\operatorname{sub}(S)$，因为它们互斥. 换句话说，

$$\operatorname{sub}(S) = \mathcal{E}_0 \sqcup \mathcal{E}_1 \sqcup \mathcal{E}_2 \sqcup \mathcal{E}_3.$$

$\mathcal{E}_i$ 的基数恰好是 $\binom{3}{i}$，因为计算含有 i 个元素的子集数的过程和计算从原集合的 3 个元素中选出 i 个元素的方法数的过程相同. 这蕴含

$$|\operatorname{sub}(S)| = |\mathcal{E}_0| + |\mathcal{E}_1| + |\mathcal{E}_2| + |\mathcal{E}_3| = \binom{3}{0} + \binom{3}{1} + \binom{3}{2} + \binom{3}{3}.$$

一般地，如果 $|S| = n$，S 的子集数一定是

$$\binom{n}{0} + \binom{n}{1} + \binom{n}{2} + \cdots + \binom{n}{n}.$$

现在我们必须得证明上面的和式等于 2^n. 这可以用数学归纳法证明，但我们将尝试使用另一种方法——**编码**战术. 此时并不是将子集族分划为许多集族，而是将它看为整体，并把每个元素（原集合的一个子集）编码成为一个符号串. 想象一下计算机是如何存储信息的. 如何表示的一个特定子集 $S = \{a, b, c\}$? 这有许多种可能性，但我们需要的是一种统一的编码方法，它有着简单的描述，但本质上在所有情况下以相同方式起作用. 用这种方法，计数会更简单. 例如，任何 S 的子集都可以由下面 3 个判断题的答案唯一确定：

- 子集包含 a 吗?
- 子集包含 b 吗?
- 子集包含 c 吗?

我们可以将这些问题的答案仅仅用 y 和 n 组成的 3 字母字符串来编码. 例如，串 yyn 表示子集 $\{a, b\}$. 类似地，串 nnn 表示 $\varnothing$，串 yyy 表示全集 S. 因此

字符串族和子集族间存在双射.

① 我们常使用词“集族”或“集类”来表示集合的集合，并且常用花体字母作为符号.

换句话说，每一个 3 字母字符串，恰好对应一个子集. 反过来，每一个子集，恰好对应了一个字符串. 计算字符串的数量是很容易的：每个字符串有 3 个字母，每个字母有 2 种选择，这意味着共有 2^3 个不同的字符串.

这种方法当然能推广到含有 n 个元素的集合，因此我们已经证明了含 n 个元素的集合的子集数为 2^n. 将此结论与先前的分划论证相结合，有如下恒等式成立：

$$|\mathrm{sub}(S)| = \binom{n}{0} + \binom{n}{1} + \binom{n}{2} + \cdots + \binom{n}{n} = 2^n.$$

接下来让我们考察更多的例子，来探寻编码、分划和组合论证的相互影响.

例 6.2.1 证明对于所有正整数 n 有

$$1 \times \binom{n}{1} + 2 \times \binom{n}{2} + \cdots + n \times \binom{n}{n} = n2^{n-1}. \tag{6.2.1}$$

解答 一种方法当然是忽略此恒等式的组合意义而从代数角度解决它. 我们必须计算 $\sum_r r\binom{n}{r}$. 因为我们知道一个更简单的和式 $\sum_r \binom{n}{r}$. 因子 r 使问题显得困难，将它从 (6.2.1) 的每项中除去可能会有利于解决问题：

$$\begin{aligned}
\sum_{r=1}^{n} r\binom{n}{r} &= \sum_{r=1}^{n} \frac{rn!}{r!(n-r)!} \\
&= \sum_{r=1}^{n} \frac{rn!}{r(r-1)!(n-r)!} \\
&= \sum_{r=1}^{n} \frac{n!}{(r-1)!(n-r)!} \\
&= \sum_{r=1}^{n} \frac{n(n-1)!}{(r-1)!(n-r)!} \\
&= n\sum_{r=1}^{n} \binom{n-1}{r-1} \\
&= n\left(\binom{n-1}{0} + \binom{n-1}{1} + \cdots + \binom{n-1}{n-1}\right) \\
&= n2^{n-1}.
\end{aligned}$$

此处使用的代数方法看似毫无根据，但其实是受战略启发而得到的. 我们从一个复杂的和式出发，然后有意变化其中的项，使之变得像已经知道的更简单的和式那样. 因为 (6.2.1) 的右端是 $n2^{n-1}$，所以下面这种方法是可行的：检查左端能否转化为一个更简单的，等于 2^{n-1} 的 n 倍的式子. 这正是使用异想天开和倒推法战略的另一个例题，这两种战略构成了我们在解决问题时最有用的组合. 同时，请注意要小心地使用因式分解. 例如从 $n!$ 中提出 $(n-1)!$，也要小心地使用有趣的恒等式 $\binom{n}{k} = \frac{n}{k}\binom{n-1}{k-1}$.

尽管上述代数证明是优美且具有启发性的，但在某种意义下，它只是空洞的论证，因为我们忽略了 (6.2.1) 中项的组合意义. 现在我们使用组合论证来证明它.

(6.2.1) 的左端是一个和式，所以可以将它理解为一个大集合的分划. 和式中每项的形式是 $r\binom{n}{r}$，我们可以把它理解为：从 n 人中选出 r 人组队**并指定队长**的方法数. 整个等式左端是选择任意人数（介于 1 与 n 间）的队伍并指定队长的方法的总数.

等式右端说的是同一个事情，但使用了一种编码理解：假设将 n 个人按字母顺序从 1 到 n 编号. 首先选择一个队长，并用他或她的编号（从 1 到 n）进行编码. 然后将剩余的 $n-1$ 个人按字母顺序排列，并且根据他们是否在队中，用 y 或 n 相应地编码. 例如，假设 $n=13$. 字符串 11nynnnnnnnyyy 表示包含 5 个人的队伍，队长是 #11，同时也包含 #2, #10, #12, #13. 这种方法对所有可能出现的有队长的队伍进行的编码都是唯一的，并且这种字符串的数量为 $n2^{n-1}$. 这是因为第一个位置有 n 种选择（注意这个位置可能是一个多位数，但我们数的是不同选择的数量，而不是单个数字），而剩下 $n-1$ 个位置每个都有 2 种选择. ■

信息管理

正确的编码需要精确的信息管理. 在电脑中储存信息的模式迫使人们不因为冗余信息浪费“内存”. 下面是一些例子，说明应该怎样以及**不应该**怎样组织信息.

例 6.2.2 假设要计算单词 BOOBOO 的排列数. 我们已经由 Mississippi 公式知道答案是 $\frac{6!}{2!4!}$. 该如何对其进行编码呢？这个单词中共有 6 个能放置字母的“位置”. 每个排列由放置 B 的 2 个位置**唯一**决定，因为余下的 4 个位置一定会被 O 占据. 换句话说，在从 6 个位置中选出 2 个与这些字母的排列间，存在一个双射. 因此答案是 $\binom{6}{2}$，它当然等于 $\frac{6!}{2!4!}$. 一个常见的错误是将 B 的位置选择和 O 的位置选择作为两个独立的选择过程进行计数，从而得出错误的答案 $\binom{6}{2}\binom{6}{4}$.

想要完全避免这一类的错误比较困难，但请尝试仔细思考“选择的自由性”：问问自己，先前的选择是否已经**完全决定了**后面的结果. 在前面的例子中，一旦选定了 B 的位置，O 的位置也就被决定了，并没有选择的自由.

例 6.2.3 假设有 3 个不同的玩具，需要分发给 2 个女孩和 1 个男孩（一人一个）. 这些小孩将在 4 个男孩和 6 个女孩中选出. 这样的分发方案共有多少种？

解答 答案是 360. 下面是两种不同方法.

1. 先忽略顺序，但不忽略性别：那么选择 1 个男孩有 $\binom{4}{1}$ 种方法，选择 2 个女孩有 $\binom{6}{2}$ 种方法. 因此共有 $\binom{4}{1}\binom{6}{2}$ 种方法选出 1 个男孩和 2 个女孩. 但这并不区分诸如下面两种情况：“乔、休、简”和“简、乔、休”. 换句话说，我们还需要乘以 3! 来修正顺序（因为玩具是不同的且依次分发）. 所以答案是 $\binom{4}{1}\binom{6}{2}\times 3!$. ■

2. 从开始就考虑顺序：首先选择 1 个男孩（共有 $\binom{4}{1}$ 种方法），接着为他选择 1 个玩具（3 种方法）. 然后，选择 2 个女孩，但要考虑顺序（$P(6,2) = 6 \times 5$ 种方法）. 因此答案是 $\binom{4}{1} \times 3 \times P(6,2)$. ■

例 6.2.4　再次假设有 3 个不同的玩具，需要分发给 3 个孩子（一人一个），我们从 4 个男孩和 6 个女孩中选出这 3 个孩子，要求至少选出 2 个男孩. 这样的分发方案共有多少种?

解答　初学者往往会被用编码方法快速得到的答案所迷惑，并尝试将任何计数问题转化为简单的乘法或者二项式系数.

下面的论证是错误的，但错误之处并不明显. 假设给玩具排序（例如，按顺序分发电视游戏、洋娃娃、猜谜游戏）. 首先选出 1 个男孩，并给他电视游戏（4 种选择）. 然后选出另一个男孩，给他洋娃娃（3 种选择）. 然后将猜谜游戏给剩下 8 个孩子中的 1 个（8 种选择）. 这样的做法共有 $4 \times 3 \times 8$ 种. 当然，我们需要纠正其中的性别偏差. 用这个方法，只有男孩才能得到电视游戏和洋娃娃. 猜谜游戏是“剩余玩具”. 因此，为了使计数公平并且对称，我们将其乘以 3，因为“剩余玩具”共有 3 种不同可能.（此处不乘以 $3! = 6$，因为前两个玩具的选择计数中已经包含了顺序）. 这样，我们得到 $4 \times 3 \times 8 \times 3 = 288$ 种，这个数太大了！为什么呢?

问题在于“剩余玩具”. 有时是某个男孩得到它，有时是某个女孩. 如果是女孩得到的，那计数是没错的. 但如果是男孩得到的，我们将会重复计算，重复因子是 3. 为了证实上述结论，假设猜谜游戏是“剩余玩具”，并且我们按顺序选择了“乔、比尔、弗雷德”. 那么乔得到电视游戏，比尔得到洋娃娃，弗雷德得到猜谜游戏. 现在再假设电视游戏为“剩余玩具”，我们仍会遇到如下的选择结果：弗雷德得到猜谜游戏，比尔得到洋娃娃，乔得到电视游戏. 但将它误以为是不同的答案！如果得到“剩余玩具”的是个女孩，将不会存在重复计数. 例如，如果乔得到电视游戏，比尔得到洋娃娃，休得到猜谜游戏，然后令电视游戏为“剩余玩具”，在新的计数选择中休得到了电视游戏，这当然是一个不同的选择！

这太令人困惑了！如何确保不出现这样细微的错误呢? 并没有一个完美的解决方法，但重要的是，可以通过代入较小的数字来验证你的计数方法，因为这样的话你可以直接数出方法数. 而且，在这种情况下，语言上的暗示也会使你想到其他方法的. 无论何时当看到“至少”两个字，都应该考虑分划的方法.[①]它能给出简单而可靠的解法，因为此时共有两种情况：

1. **恰好选择了 2 个男孩和 1 个女孩**. 通过如上例 6.2.3 的论证，共有 $\binom{4}{2}$ 种选择 2 个男孩的方法，$\binom{6}{1}$ 种选择 1 个女孩的方法，然后必须乘以 3! 来修正顺序.

2. **恰好选择了 3 个男孩**. 这样恰好有 $P(4,3)$ 种选择（因为与顺序有关系）.

① 你也应该考虑计算对立部分战术（第 196 页）.

最终的答案就是上面两项的和，或表示为

$$\binom{4}{2}\binom{6}{1}3! + P(4,3) = 6 \times 6 \times 6 + 24 = 240,$$

它确实比错误答案 288 小. ■

例 6.2.5 曲棍球棒恒等. 考虑下面帕斯卡三角中标出的“曲棍球棒”.

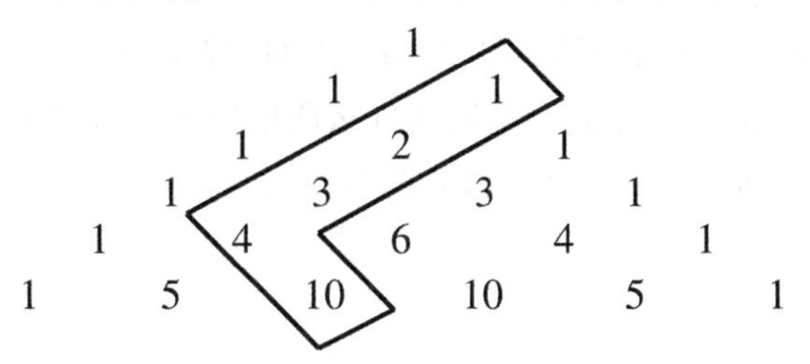

在曲棍球棒的手柄中的元素之和等于击球板处的元素，即

$$1 + 2 + 3 + 4 = 10.$$

这对于任何平行的、从三角形边界开始的“曲棍球棒”来说（不管它的长度和位置）都是正确的. 例如，$1 + 3 + 6 = 10$ 和 $1 + 4 + 10 + 20 = 35$（请通过写出三角形接下来几行来验证这个等式是正确的）. 一般地，如果从第 r 行开始到第 f 行结束，我们有

$$\binom{r}{r} + \binom{r+1}{r} + \binom{r+2}{r} + \cdots + \binom{f}{r} = \binom{f+1}{r+1}.$$

为什么这是正确的呢?

解答 考虑一个特定的例子，例如 $1 + 3 + 6 + 10 = 20$. 我们需要解释为什么

$$\binom{2}{2} + \binom{3}{2} + \binom{4}{2} + \binom{5}{2} = \binom{6}{3}.$$

这个简单的和式蕴含着分划: 让我们考察从含有 6 个元素的集合中选出的含有 3 个元素的所有子集（将其称为 **3-集**），并看看是否能将其分解为 4 个“自然”的类.

将含有 6 个元素的集合写为 $\{a, b, c, d, e, f\}$，并且遵守如下自然的约定，即所有子集按字母顺序写出. 这个战术是获取“免费”信息的既简单又自然的方法，也是单调化（见第 70 页）的另一个例子. 因为我们计算的是组合而不是排列, 所以就计数过程而言，顺序是无关紧要的，但这并不表示不能利用自己构造的合理顺序.

根据这个约定，让我们以 3 个字母组成的“单词”形式列出所有 20 个不同的 3-集. 当然，我们将会以字母序来列出它们!

abc, abd, abe, abf, acd, ace, acf, ade, adf, aef;
bcd, bce, bcf, bde, bdf, bef;
cde, cdf, cef;
def.

上述解答实际上表明这样一个事实：**可以用起始字母将集合分类**！

在 20 个不同的 3-集中，$\binom{5}{2}=10$ 个以 a 打头，因为确定了首字母后还得从剩余 5 个可用字母（b 到 f）中选出其余 2 个. 如果以 b 打头，仍然需要选出其余 2 个，只是此时只有 4 个可用字母（c 到 f），因此有 $\binom{4}{2}$ 种可能. 类似地，$\binom{3}{2}=3$ 个 3-集以 c 打头，并且只有 $\binom{2}{2}=1$ 个 3-集以 d 打头.（没有任何 3-集以 e 和 f 打头，因为每个单词中的字母都是按字母序排列的.）

到目前为止，你们应该能完全理解为什么曲棍球棒恒等是正确的了吧！为了练习，下面我们正式证明该命题. 注意请仔细使用符号并避免"差一错误".

我们将证明

$$\binom{r}{r}+\binom{r+1}{r}+\binom{r+2}{r}+\cdots+\binom{f}{r}=\binom{f+1}{r+1} \tag{6.2.2}$$

对于所有正整数 $f \geqslant r$ 成立. 考虑集合 $\{1,2,\cdots,f+1\}$ 的所有含有 $r+1$ 个元素的子集. 对于 $j=1,2,\cdots,f-r+1$，令 $\mathcal{E}_j$ 代表那些最小元素为 j 的子集组成的集族. $\mathcal{E}_j$ 分划了 $r+1$ 个元素的子集组成的集族，因此

$$|\mathcal{E}_1|+|\mathcal{E}_2|+\cdots+|\mathcal{E}_{f-r+1}|=\binom{f+1}{r+1}.$$

如果一个含有 $r+1$ 个元素的子集的最小元素是 j，那么剩余的 r 个元素将会从 $j+1,j+2,\cdots,f+1$ 这个范围中选出. 而这个范围中共有 $(f+1)-(j+1)+1=f-j+1$ 个整数，因此得出

$$|\mathcal{E}_j|=\binom{f-j+1}{r}.$$

将其关于 j 从 1 到 $f-r+1$ 求和便得到 (6.2.2). ■

瓮中之球和其他经典的编码方法

下面是一个非常著名的问题，它经常以不同的形式出现.

例 6.2.6 想象有一张绘图纸. 从原点出发，沿着格线（间距为 1）画一条到点 $(10,10)$ 的长度为 20 的路径. 比如，一条路径依次经过点 $(0,0)$, $(0,7)$, $(4,7)$, $(4,10)$ 直到 $(10,10)$. 另一条路径依次经过点 $(0,0)$, $(10,0)$ 直到 $(10,10)$. 问共有多少条这样的不同路径？

解答 每一条路径都能完全用由 U 和 R 组成的 20 字母序列表示，其中 U 表示"向上移动一个单位"，R 表示"向右移动一个单位". 例如，依次经过点 $(0,0)$, $(0,7)$, $(4,7)$, $(4,10)$ 直到 $(10,10)$ 的路径可以用以下字符串表示

$$\underbrace{\text{UUUUUUU}}_{7}\underbrace{\text{RRRR}}_{4}\underbrace{\text{UUU}}_{3}\underbrace{\text{RRRRRR}}_{6}.$$

因为路径从 $(0,0)$ 开始，长度为 20，并在 $(10,10)$ 结束，每条路径必定包含 10 个 U 和 10 个 R. 因此路径的总数恰好是一个简单的 Mississippi 问题，答案是

$$\frac{20!}{10!10!}=\binom{20}{10}.$$ ■

下一个例子通过分划和编码都可以完成，但从根本上来讲编码方法更有成效.

例 6.2.7 有多少个由非负整数组成的有序三元组 (a,b,c)，使得 $a+b+c=50$.

解答 在此我们向大家展示两种完全不同的解法，第一种用分划方法，第二种用编码方法. 首先，易知对于每个非负整数 n，有 $n+1$ 个不同的有序对 (a,b) 满足等式 $a+b=n$，分别为：

$$(0,n),(1,n-1),(2,n-2),\cdots,(n,0).$$

因此可以将 $a+b+c=50$ 的解分划为如下互斥的情形，即 $c=0,c=1,c=2,\cdots,c=50$. 例如，如果 $c=17$，那么 $a+b=33$，因此共有 34 个不同的有序三元组 $(a,b,17)$ 满足 $a+b+c=50$. 因此答案是

$$1+2+3+\cdots+51=\frac{51\times 52}{2}.$$

这样，通过分划方法就轻松地解决了该问题，但使用编码方法也能解决这一题. 为了展示编码方法如何解题，我们用一个更小的数来代替 50，比如 11. 回忆下在小学一年级或二年级第一次学习加法时的情形，当时可能是用画点来练习例如 $3+6+2=11$ 的和式：

$$\bullet\bullet\bullet+\bullet\bullet\bullet\bullet\bullet\bullet+\bullet\bullet \quad = \quad \bullet\bullet\bullet\bullet\bullet\bullet\bullet\bullet\bullet\bullet\bullet.$$

每个由和为 11 的非负整数组成的有序三元组 (a,b,c) 都可以看作被 2 个加号分割的 11 个点. 三元组 $(3,6,2)$ 可以编码为 $\bullet\bullet\bullet+\bullet\bullet\bullet\bullet\bullet\bullet+\bullet\bullet$. 三元组中出现 0 也没有问题，我们用 0 个点来表示. 因此 $++\bullet\bullet\bullet\bullet\bullet\bullet\bullet\bullet\bullet\bullet\bullet$ 对应 $(0,0,11)$，并且 $\bullet\bullet\bullet\bullet\bullet++\bullet\bullet\bullet\bullet\bullet\bullet$ 对应 $(5,0,6)$. 这个方法将每个三元组唯一地编码为包含 13 个符号的字符串，其中有两个 $+$ 号和 11 个 $\bullet$. 共有 $\binom{13}{2}$ 个这样的字符串（因为每个字符串由 13 个位置中的 2 个 $+$ 号唯一决定）.

最后，用 50 代替 11，得到的答案是

$$\binom{52}{2}=\frac{52\times 51}{2}.$$ ■

当然，这只是更一般的工具——**瓮中之球**公式的一个例子，此公式为：

将 b 个**不可区分的**球放入 u 个**可区分的**瓮中的不同方法数为

$$\binom{b+u-1}{b}=\binom{b+u-1}{u-1}.$$

瓮中之球公式非常有用，并且可以应用在许多出乎意料的地方. 我们可以将它与鸽笼原理（3.3 节）一起使用，来解决第 179 页例 6.1.1. 该问题是：是否存在 10 000 个能被 7 整除的 10 位数，其中任何一个数都能通过将另一个数重新排列各位数字次序得到.

解答 暂时忽略能被 7 整除的要求，而专注于理解如下数集，使得“其中任何一个数都能通过将另一个数重新排列各位数字次序得到”. 将这样的两个数称为“姐妹数”，并将所有姐妹数的尽可能大的集合称为“姐妹会”. 例如，1 111 233 999 和 9 929 313 111 是姐妹数，属于含有 $\frac{10!}{4!3!2!}$ 个元素的姐妹会，因为姐妹会的成员数正好是这些数的排列数. 这些姐妹会的规模差别非常之大. 最“排外的”姐妹会只有 1 个成员（例如只包含 6 666 666 666 的姐妹会），而另一个则有 10! 个成员（包含 1 234 567 890 的那个姐妹会）.

为了解决这个问题，需要证明存在一个姐妹会包含至少 10 000 个能被 7 整除的数. 一种方法是寻找大的姐妹会（例如包含 10! 个元素的那个），但可能（尽管看似不可能）其中绝大多数的成员不是 7 的倍数.

然而，解决该问题的关键不是上述内容. 而是：

与解决问题有关系的并不是姐妹会的大小，而是姐妹会的总数量.

如果姐妹会的数量相当小，那么即使 7 的倍数在它们中分布得很均匀，其中的某个姐妹会还是会有“足够”的 7 的倍数.

说得更精确些：假设只有 100 个姐妹会（当然事实上有更多的姐妹会）. 7 的倍数共有 $\lfloor 10^{10}/7 \rfloor = 1\,428\,571\,428$ 个. 根据鸽笼原理，至少有 1 个姐妹会包含 $\lceil 1\,428\,571\,428\,/\,100 \rceil$ 个 7 的倍数，这比需要的个数还多. 无论如何，我们需要使用倒推法：计算（至少是估计）姐妹会的数量.

实际上，准确数字是能计算出来的. 每个姐妹会都由**允许重复的** 10 个数字构成的集合唯一确定. 例如，一个（非常排外的）姐妹会可以叫作“10 个 6”，而另一个叫作“3 个 4、1 个 7、2 个 8 和 4 个 9”. 因此这个问题现在变成：共有多少种不同的方法来选择 10 个允许重复的数字？第二个关键点：这等价于将 10 个不可区分的球放入 10 个分别标有 $0,1,2,\cdots,9$ 的瓮里. 根据瓮中之球公式，答案是 $\binom{19}{9} = 92\,378$.

最终，我们得出：存在一个姐妹会至少有

$$\lceil 1\,428\,571\,428\,/\,92\,378 \rceil = 15\,465$$

个成员. 这当然比 10 000 大，因此答案为“存在”. ■

问题与练习

题 6.2.8 (吉姆·普罗普) 魔术师萨尔让你从一副标准纸牌①中任选 5 张牌. 你照做了，然后把它们展示给魔术师的助手帕特. 帕特会将这 5 张牌中的 1 张放回原来那副纸牌中，再将其余 4 张叠成一摞. 萨尔带着眼罩，并没有看到这一切. 然后萨尔取下眼罩，看了看帕特整理过的这 4 张牌，然后能够准确地找出萨尔放回去的那第 5 张牌（即使你在帕特将牌放回后洗了牌）. 假设萨尔和帕特都没有超自然能力，并且这副纸牌并没有被做过记号. 这个魔术是怎样完成的? 更难的版本：由你（而不是帕特）来选择放回去的是哪张牌.

题 6.2.9 房间中有 8 个人. 其中至少有 1 人得到蛋卷冰激凌，也至少有 1 人得到巧克力曲奇. 那么，至少有 1 人同时得到蛋卷冰激凌和巧克力曲奇的情况有多少种?

题 6.2.10 有多少个 $\{1,2,3,4,\cdots,30\}$ 的子集具有如下性质，即集合中元素之和大于 232?

题 6.2.11 有多少个开始于 1 结束于 1000 的**严格递增**的正整数数列?

题 6.2.12 用题 6.1.14 中的求和恒等式证明曲棍球棒恒等式（第 191 页例 6.2.5）.

题 6.2.13 对于任何集合，证明它的元素个数为偶数的子集的数量等于元素个数为奇数的子集的数量. 例如集合 $\{a,b,c\}$ 有 4 个子集的元素个数为偶数（空集有 0 个元素，也是偶数），4 个子集的元素个数为奇数.

题 6.2.14 从 8×8 棋盘中选出两个不同行且不同列的方格，请问共有多少种选法?

题 6.2.15 从 8×8 棋盘中选出 4 个不全在同一行或同一列的方格，并能以这 4 个方格为顶点组成一个矩形，请问共有多少种选法?

题 6.2.16 将 r 个红球和 w 个白球放入 n 个盒子里，使得每个盒子中都至少包含每种颜色的球各一个，请问共有多少种放法?

题 6.2.17 一个停放小型车的停车场有 12 个相邻的车位，其中 8 个已经被占据了. 来了一辆大型越野车，需要两个相邻的车位. 这辆车能够停放的概率有多大? 请推广到一般情形!

题 6.2.18 为如下和式找一个恰当的公式

$$\binom{n}{0}^2+\binom{n}{1}^2+\binom{n}{2}^2+\cdots+\binom{n}{n}^2.$$

你能解释为什么它是正确的吗?

题 6.2.19 将一个正整数 n 写成至少一个正整数的有序和式，共有多少种写法? 例如

$$\begin{aligned}4&=1+3=3+1=2+2=1+1+2\\&=1+2+1=2+1+1=1+1+1+1,\end{aligned}$$

因此当 $n=4$ 时，共有 8 种这样的有序分划.

题 6.2.20 8 块饼干分给 10 只狗（狗与狗之间不会分享同一块饼干）. 验证狗吃饼干的不同方法数等于:

(a) $\binom{17}{8}$，假设狗有差异但饼干无差异;

(b) 10^8，假设狗和饼干都有差异（例如每块饼干有不同的口味）.

题 6.2.21 在题 6.2.20 中，如果假设狗和饼干都无差异，那么答案将是多少?（不是 1!）

题 6.2.22 将 $(x+y+z)^{1999}$ 展开并合并同类项后，共有多少项? [例如，$(x+y)^2$ 展开化简后共有 3 项.]

题 6.2.23 满足 $a+b+c=n$ 的**正整数**的有序三元组 (a,b,c) 共有多少个?

题 6.2.24 令 S 是含有 n 个元素的集合. 共有多少种方法选出两个（可以相同或者相交）子集，使得它们的并为 S? 选择的顺序并不重要. 例如，子集对 $\{a,c\},\{b,c,d,e,f\}$ 等价于子集对 $\{b,c,d,e,f\},\{a,c\}$.

题 6.2.25 (AIME 1983) 园丁将 3 棵枫树、4 棵橡树和 5 棵白桦树种在一排. 种树的顺

① 一副标准纸牌包含 52 张牌，有 4 个花色（$\diamondsuit,\heartsuit,\clubsuit,\spadesuit$），每个花色各有 13 张牌（2, 3, $\cdots$, 10, J, Q, K, A）.

序是随机的，每种安排的概率均相等．求白桦树不相邻的概率．

题 6.2.26 (AIME 1983) 25 个人围坐在一张圆桌旁，从中随机选出 3 个人．请问这 3 个人中至少有 2 个人相邻的概率是多少？

题 6.2.27 给定圆周上的 n 个点，并且画出连接每两点之间的弦．如果任意三条弦不交于同一点，则这些弦共有多少个交点？例如当 $n=6$ 时共有 15 个交点．

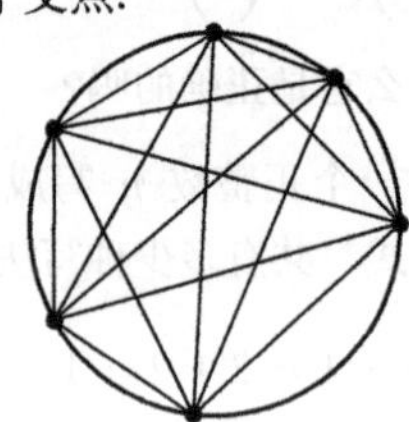

题 6.2.28 回忆第 37 页题 2.2.30(b)．证明 $t(n)=1+\binom{n}{2}+\binom{n}{4}$.

题 6.2.29 (湾区数学奥林匹克竞赛 2016) 用不同的字母标记给定凸 n 边形（不一定是正多边形）的顶点．如果一个观察者站在多边形所在平面上的位于多边形之外的一个点上，他从左到右依次读出字母，并拼写出一个“单词”（即一串字母，而不需要是任何语言中的单词）．例如，在下图中（$n=4$），观察者 X 会读到 BAMO，观察者 Y 会读到 MOAB.

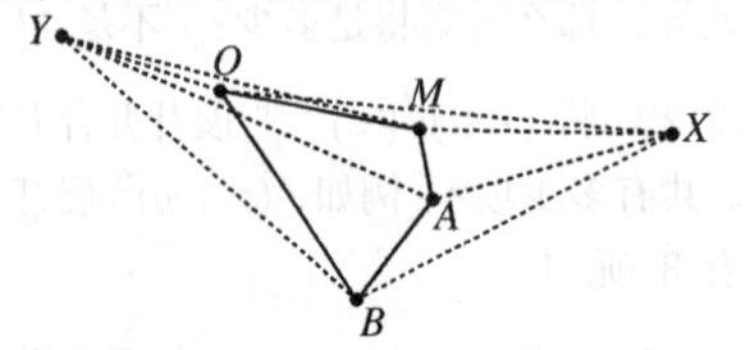

请给出一个关于 n 的公式，确定从单个 n 边形中以这种方式读取的 n 个不同字母单词的最大数量．不要计算因位于某个字母后面而不能被观察者看见所导致的缺少某些字母的单词．

题 6.2.30 瓮中之球公式表明，如果从一家卖 k 种不同帽子的商店购买 h 顶帽子，则共有 $\binom{k+h-1}{h}$ 种不同的可能的方法．运用分划论证证明这也等于 $\sum_{r=1}^{k}\binom{k}{r}\binom{h-1}{r-1}$.

题 6.2.31 利用组合论证证明，对于满足 n,m 大于等于 k 的所有正整数 n,m,k 有

$$\sum_{j=0}^{k}\binom{n}{j}\binom{m}{k-j}=\binom{n+m}{k}.$$

这被称为范德蒙德卷积公式．

题 6.2.32 在第 190 页例 6.2.4 中，不正确的论证多算了 48．请准确说明差异的来源．

题 6.2.33 正如第 132 页题 4.3.15 定义的，令 $p(n)$ 代表 n 的无限制分划数．证明：对于所有 $n\geqslant 2$ 有 $p(n)\geqslant 2^{\lfloor\sqrt{n}\rfloor}$.

题 6.2.34 (普特南 1993) 令 $\mathcal{P}_n$ 为 $\{1,2,\cdots,n\}$ 的子集族．令 $c(n,m)$ 为如下函数的数量，$f:\mathcal{P}_n\to\{1,2,\cdots,m\}$，使得 $f(A\cap B)=\min\{f(A),f(B)\}$．证明

$$c(n,m)=\sum_{j=1}^{m}j^n.$$

6.3 容斥原理

分划战术有一个理想的假定，即需要计数的事物能很好地分解为两两不交的子集．现实情况往往更为混乱，于是需要新的战术．下面我们将考虑一些新的方法，来处理重叠和重复计数不一致的集合的情形．

计算对立部分

我想现在你已经习惯了转变视角的战略．这个战略在计数问题中的一个特殊的应用就是：

如果想要计数的事物令人困惑，那就尝试用它的对立部分来替代．

例 6.3.1 求有多少个至少包含一个 0 的 n 位二进制串?

解答 直接计算本题是很困难的，因为共有 n 种情形，即恰好 1 个 0、2 个 0，等等. 这样做当然不是不可能的，但一种更简单的方法是首先注意到总共有 2^n 种可能的 n 位二进制串，然后计算其中有多少是**不包含** 0 的. 事实上只有 1 个二进制串不包含 0（就是由 n 个 1 组成的那个）. 因此答案是 $2^n - 1$. ■

例 6.3.2 10 个孩子在一家店中购买蛋卷冰激凌，店中共有 31 种不同口味的冰激凌. 有多少种购买方法，使得至少有 2 个孩子得到同一种口味的蛋卷冰激凌?

解答 我们先做符合常理的假设，即所有孩子是可区分的. 那么需要进行非常复杂的计算. 例如，一种购买方法是所有孩子都购买 #6 冰激凌. 另一种方法是 #7 和 #9 孩子购买 #12 冰激凌，而 #1–4 孩子购买 #29 冰激凌，等等. 先来计算在没有任何限制的情况下所有可能的购买方法，那就是 31^{10} 种，因为 10 个孩子中的每一个都有 31 种不同的选择. 现在再计算没有重复口味的情形，那就是 $31 \times 30 \times 29 \times \cdots \times 22 = P(31, 10)$. 答案便是它们的差 $31^{10} - P(31, 10)$. ■

集合的容斥原理

当补集的计算和原集的计算一样复杂时，不宜采用计算对立部分的战术. 容斥原理（PIE）是处理这些复杂情况的一种系统性方法.

用最简单的形式叙述容斥原理：两个集合并集的元素个数等于两个集合的元素个数之和减去它们的交集的元素个数. 可以用符号这样写出：

$$|A \cup B| = |A| + |B| - |A \cap B|.$$

很容易看出为什么这是正确的，因为将 $|A|$ 与 $|B|$ 相加超过了 $|A \cup B|$ 的值. 此处的重复计数并不是一致的，并不是所有元素都被数了两次，而只有 $A \cap B$ 中的元素被重复计数了. 因此，通过减去 $|A \cap B|$ 就可以纠正此处的重复计数错误.

进行一些试验就很快可以得出对于 n 个集合一般性的容斥原理的猜想.

题 6.3.3 证明对于 3 个集合，容斥原理为

$$|A \cup B \cup C| = |A| + |B| + |C| - (|A \cap B| + |A \cap C| + |B \cap C|) + |A \cap B \cap C|.$$

题 6.3.4 证明对于 4 个集合，容斥原理为

$$\begin{aligned}
&|A \cup B \cup C \cup D| = \\
&\quad + (|A| + |B| + |C| + |D|) \\
&\quad - (|A \cap B| + |A \cap C| + |A \cap D| + |B \cap C| + |B \cap D| + |C \cap D|) \\
&\quad + (|A \cap B \cap C| + |A \cap C \cap D| + |A \cap B \cap D| + |B \cap C \cap D|) \\
&\quad - |A \cap B \cap C \cap D|.
\end{aligned}$$

一般地，我们猜测

$$
\begin{aligned}
n\text{ 个集合之并的基数} = &\\
&+(\text{所有集合基数之和})\\
&-(\text{所有可能的两个集合的交集的基数之和})\\
&+(\text{所有可能的三个集合的交集的基数之和})\\
&\vdots\\
&\pm(n\text{ 个集合的交集的基数}).
\end{aligned}
$$

其中，如果 n 是偶数，则最后一项为负，如果 n 是奇数则为正.

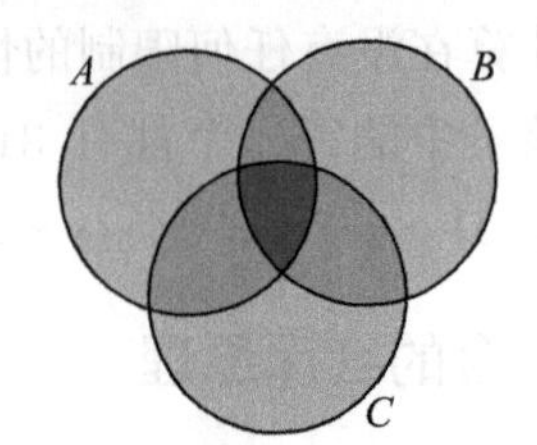

我们很容易通俗地解释此式. 例如，考虑右图，它描述了 3 个集合时的情形. 它将每个集合展现为一个橡胶盘. 集合之并的基数对应着图中整个阴影部分的"面积". 然而，阴影有三种不同的饱和度. 最淡的阴影对应着单层橡胶的厚度，中等浓度阴影对应着双层橡胶的厚度，最浓的阴影则对应着三层橡胶的厚度. 我们需要的面积只是包含单层橡胶厚度的区域. 如果只是将三个盘的区域相加，那便会重复计数. 淡色的区域没问题，但中等浓度部分被重复计算了两次，而最深的部分则被重复计算了三次. 为了修正这点，我们要将相交的区域 $A\cap B, A\cap C, B\cap C$ 的面积减去. 但现在深色区域 $A\cap B\cap C$ 的面积没有计算在内（开始被计算了三次，后来又被减去三次），因此要将它加回来. 现在我们完成了计算. 在一般情形下，我们将交替着加上和减去不同饱和度的区域，这是很有道理的.

这段论证很有吸引力，但很难严格地推广到 n 个集合的情形. 下面我们尝试着给出容斥原理的严格证明. 它阐明了优秀的计数方法和有效的表示形式. 令所给集合为 $A_1, A_2, \cdots, A_n$，再令 S_k 代表所有可能的 k 个集合之交集的基数之和. 例如

$$S_1 = |A_1| + |A_2| + \cdots + |A_n| = \sum_{1\leqslant i\leqslant n} |A_i|,$$

$$S_2 = |A_1\cap A_2| + |A_1\cap A_3| + \cdots + |A_{n-1}\cap A_n| = \sum_{1\leqslant i<j\leqslant n} |A_i\cap A_j|.$$

注意下标记号（请花一些时间仔细研究，必要时写出一些例子）. 条件 $1\leqslant i<j\leqslant n$ 给出了两个不同下标的没有重复的所有 $\binom{n}{2}$ 种可能的组合. 例如，$|A_3\cap A_7|$ 在和式中只出现了一次，因为 $|A_7\cap A_3|$ 是不允许出现的. 一般地，

$$S_k = \sum_{1\leqslant i_1<i_2<\cdots<i_k\leqslant n} |A_{i_1}\cap A_{i_2}\cap\cdots\cap A_{i_k}|.$$

利用这个记号，容斥原理可写为：

$$|A_1 \cup A_2 \cup \cdots \cup A_n| = S_1 - S_2 + S_3 - \cdots + (-1)^{n-1} S_n. \tag{6.3.1}$$

为了证明这个等式，令 $x \in A_1 \cup A_2 \cup \cdots \cup A_n$ 为 n 个集合的并集中任一元素. 这个元素 x 在 (6.3.1) 左边恰好被算了一次，因为等式左边的意义是"n 个集合的并集中的元素个数"，所以，如果能证明 (6.3.1) 的右边也恰好算了元素 x 一次，则等式便得到了证明. [①]

令 r 为包含 x 的集合的数量. 例如，如果 $x \in A_3$ 且不属于其他集合，那么 $r = 1$. 当然，r 可以介于 1 和 n（含两端）之间. 下面考察每个 S_k 计算了元素 x 多少次. 当计算 S_1 时，每个集合 A_i 中的每个元素都被数到了，因此元素 x 恰好被数了 r 次，在包含它的每个集合中都被数了 1 次. 为了计算 S_2，我们计算形如 $A_i \cap A_j$（$i < j$）的每个集合中的元素. 与我们的问题有关的只是包含 x 的 r 个集合，这些集合共有 $\binom{r}{2}$ 个交集，并且对于每个交集，x 都会被计算一次，因此 S_2 计算 x 恰好 $\binom{r}{2}$ 次. 一般地，S_k 计算 x 恰好 $\binom{r}{k}$ 次. 如果 $k > r$，那么 S_k 是 $k > r$ 个集合的交集的基数之和，而这些交集中没有一个能包含 x，因为 x 只包含在 r 个集合中！当然，S_r 只计算了 x 一次（即 $\binom{r}{r}$ 次），因为只有 r 个集合的一个交集包含 x.

我们已经将容斥原理的证明简化为证明如下等式

$$1 = r - \binom{r}{2} + \binom{r}{3} - \cdots + (-1)^{r-1}\binom{r}{r}.$$

回忆 $r = \binom{r}{1}$ 和 $1 = \binom{r}{0}$，因此上面的等式有如下的等价公式

$$\binom{r}{0} - \binom{r}{1} + \binom{r}{2} - \cdots + (-1)^r \binom{r}{r} = 0, \tag{6.3.2}$$

这是题 6.1.22 的一部分. 至少可以用以下三种不同的方法来证明等式 (6.3.2)，请尝试每种方法！

- 数学归纳法加上帕斯卡三角的求和恒等式 (6.1.14)；
- 利用对称恒等式 (6.1.13) 和求和恒等式，直接考察帕斯卡三角的元素；
- 这可能是最精巧的方法了，将 $0 = (1-1)^r$ 用二项式定理展开，便立即得到 (6.3.2)！

无论如何，既然我们已经知道 (6.3.2) 是正确的，于是就证明了容斥定理. ■

再举几个例子就能使人相信容斥原理在解题时的强大效用. 解决此类问题的关键是：不管是在计算原集还是计算补集时要有灵活多变的意识.

例 6.3.5 从一副标准纸牌中一次抽出一手 5 张牌，使得其中每种花色的纸牌至少有一张，问：有多少种这样取牌的可能?

① 注意此处的新的计数思想：为了考察一个组合等式的正确性，我们需要检查等式的每一边是如何对一个代表元素进行计数的.

解答 首先注意到，抽出一手（5 张）牌共有 $\binom{52}{5}$ 种可能，这是因为这些牌的顺序并不重要. 每当看到"至少"这个词时，你就应该考虑是否需要计算补集. 哪一种更容易计算呢，是不包含方块的花色数，还是包含至少一张方块的花色数？当然前者更容易计算. 如果没有方块，那么只有 $52-13=39$ 张牌可供选择，因此不包含方块的一手牌共有 $\binom{39}{5}$ 种可能. 这意味着可以定义 4 个"基础"集 C, D, H, S，它们分别为**不包含**梅花、方块、红心、黑桃的一手牌的集合. 我们不仅有

$$|C|=|D|=|H|=|S|=\binom{39}{5},$$

而且它们的交集也很容易计算. 例如，$D\cap H$ 是既不包含方块也不包含红心的一手牌的集合. 共有 $52-2\times 13=26$ 张牌可供选择，因此

$$|D\cap H|=\binom{26}{5}.$$

通过类似的推导不难得到 $|D\cap H\cap S|=\binom{13}{5}$. 注意 $C\cap D\cap H\cap S=\varnothing$，因为四种花色都不包含是不可能的！

这些集合不仅计算方便，也很有用，因为 $C\cup D\cup H\cup S$ 由所有至少缺一个花色的一手牌组成. 这恰好是我们要求的事物的补集！

因此，使用容斥原理来计算 $|C\cup D\cup H\cup S|$，然后从 $\binom{52}{5}$ 中减去此结果. 我们有

$$|C\cup D\cup H\cup S|=S_1-S_2+S_3-S_4,$$

其中

$$\begin{aligned}
S_1&=|C|+|D|+|H|+|S|,\\
S_2&=|C\cap D|+|C\cap H|+|C\cap S|+|D\cap H|+|D\cap S|+|H\cap S|,\\
S_3&=|C\cap D\cap H|+|C\cap D\cap S|+|C\cap H\cap S|+|D\cap H\cap S|,\\
S_4&=|C\cap D\cap H\cap S|.
\end{aligned}$$

换句话说，

$$|C\cup D\cup H\cup S|=\binom{4}{1}\binom{39}{5}-\binom{4}{2}\binom{26}{5}+\binom{4}{3}\binom{13}{5}-\binom{4}{4}\times 0. \qquad \blacksquare$$

我们常将容斥原理与计算补集的方法结合使用，因此如下的补集容斥原理交错公式（及验证）很值得注意.

题 6.3.6 补集容斥原理. 给定 N 个元素，和 k 个集合 $A_1, A_2, \cdots, A_k$，验证这 N 个元素中，**不属于**这些 A_j 的元素的个数等于

$$N-S_1+S_2-S_3+\cdots\pm S_k,$$

其中 S_i 是从这些 A_j 中任意取出 i 个集合组成的所有可能的交集的基数的和，如果 k 是偶数，则最后一项为正，如果 k 是奇数则为负.

下面的例题将“补集容斥原理”与其他思想相结合，包括非常有用的编码工具**创造符号**. 借此，我们暂时将数个符号“冻结”在一起，来定义一个单独的新符号.

例 6.3.7 4 对年轻夫妇坐成一排. 有多少种安排位置的方法，使得所有人都与他或她的“另一半”不相邻?

解答 显然，共有 8! 种不同的可能的坐法. 不失一般性，将这些男人和女人用 b_1, b_2, b_3, b_4 和 g_1, g_2, g_3, g_4 表示，假设 b_i 和 g_i（$i = 1, 2, 3, 4$）是夫妻. 令 A_i 为使得 b_i 和 g_i 相邻的所有可能的座位安排方法的集合. 为了计算 $|A_i|$，分两种情形讨论，即 b_i 坐在 g_i 的左边或右边. 对于每种情形，都有 7! 种可能性，因为它是对 7 个符号的排列：单个符号 b_ig_i（或 g_ib_i）加上另外 6 个人. 因此对于所有 i 都有 $|A_i| = 2 \times 7!$. 接着来计算 $|A_i \cap A_j|$. 现在固定夫妇 i 和夫妇 j，并让其余 4 人自由排列. 这与排列 6 个符号是相同的，因此得到 6!. 然而，共有 $2^2 = 4$ 种这样的情况，因为夫妇 i 能被安排为“男女”或者“女男”，并且夫妇 j 也可以这样安排. 因此 $|A_i \cap A_j| = 4 \times 6!$. 依据相同的原因，$|A_i \cap A_j \cap A_k| = 2^3 \times 5!$，且 $|A_1 \cap A_2 \cap A_3 \cap A_4| = 2^4 \times 4!$. 最终，由容斥原理得到

$$|A_1 \cup A_2 \cup A_3 \cup A_4| = \binom{4}{1}2^1 \times 7! - \binom{4}{2}2^2 \times 6! + \binom{4}{3}2^3 \times 5! - \binom{4}{4}2^4 \times 4!.$$

其中之所以使用二项式系数，是因为共有 $\binom{4}{2}$ 种方法做两个集合的交集，等等. 不管怎样，在从 8! 中减去它后，便得到没有男人与他的妻子相邻的排列数 13 824.

容斥原理与指示函数

有关容斥原理的讨论并没有完成. 至此，你应该已经对容斥原理有了初步的理解，并且可能也理解了上面给出的证明，但可能会对容斥原理给出的古怪等式和 $(1-1)^r = 0$ 的事实感到困惑. 接下来我们将证明题 6.3.6 中的补集容斥原理公式，其中使用了指示函数的“二进制”语言.

集合 A **的指示函数**记为 $\mathbf{1}_A$，定义域为 U（其中 U 为包含 A 的“全集”），值域为 $\{0, 1\}$. 对于每个 $x \in U$，指示函数①定义为

$$\mathbf{1}_A(x) = \begin{cases} 0 & \text{如果 } x \notin A, \\ 1 & \text{如果 } x \in A. \end{cases}$$

例如，如果 $U = \mathbb{N}$ 且 $A = \{1, 2, 3, 4, 5\}$，则 $\mathbf{1}_A(3) = 1$ 且 $\mathbf{1}_A(17) = 0$.

容易验证，对于任意两个集合 A, B，下列论述是正确的：

$$\mathbf{1}_A(x)\mathbf{1}_B(x) = \mathbf{1}_{A\cap B}(x). \tag{6.3.3}$$

$$1 - \mathbf{1}_A(x) = \mathbf{1}_{\overline{A}}(x). \tag{6.3.4}$$

① 指示函数有时也称为**特征函数**，记为 $\chi_A(x)$.

换句话说，两个指示函数的乘积是两个集合交集的指示函数，补集的指示函数是 1 减去原集合的指示函数所得的函数.

类似地，对于任何集合 A，

$$\sum_{x\in U}\mathbf{1}_A(x)=|A|. \tag{6.3.5}$$

这只是以下事实的一种简洁说法：如果考虑 U 中每个元素 x，只要 $x\in A$ 时就写下一个“1”，那么这些“1”的和当然就是 A 中元素的个数.

下面利用这些简单的概念来给题 (6.3.6) 中的补集容斥原理一个新的证明. 假设全集 U 包含 N 个元素，不失一般性，假设只有四个集合 A_1, A_2, A_3, A_4. 定义 N_0 为 U 中不属于这四个集合的元素个数. 也就是说，N_0 计算了在 U 中而不在 A_1, A_2, A_3, A_4 中的元素个数. 定义函数 $g(x)$ 为

$$g(x):=(1-\mathbf{1}_{A_1}(x))(1-\mathbf{1}_{A_2}(x))(1-\mathbf{1}_{A_3}(x))(1-\mathbf{1}_{A_4}(x)).$$

然后，通过应用等式 (6.3.3) 和 (6.3.4) 可以得到 $g(x)=\mathbf{1}_{\overline{A_1\cup A_2\cup A_3\cup A_4}}(x)$，（请验证！）因此等式 (6.3.5) 蕴含着（请验证！）

$$N_0=\sum_{x\in U}g(x).$$

也就是说

$$N_0=\sum_{x\in U}(1-\mathbf{1}_{A_1}(x))(1-\mathbf{1}_{A_2}(x))(1-\mathbf{1}_{A_3}(x))(1-\mathbf{1}_{A_4}(x)).$$

将等式右端的 4 个因式乘开，有

$$\begin{aligned}
N_0=&+\sum_{x\in U}1\\
&-\sum_{x\in U}(\mathbf{1}_{A_1}(x)+\mathbf{1}_{A_2}(x)+\mathbf{1}_{A_3}(x)+\mathbf{1}_{A_4}(x))\\
&+\sum_{x\in U}(\mathbf{1}_{A_1}(x)\mathbf{1}_{A_2}(x)+\mathbf{1}_{A_1}(x)\mathbf{1}_{A_3}(x)+\mathbf{1}_{A_1}(x)\mathbf{1}_{A_4}(x)\\
&\qquad+\mathbf{1}_{A_2}(x)\mathbf{1}_{A_3}(x)+\mathbf{1}_{A_2}(x)\mathbf{1}_{A_4}(x)+\mathbf{1}_{A_3}(x)\mathbf{1}_{A_4}(x))\\
&-\sum_{x\in U}(\mathbf{1}_{A_1}(x)\mathbf{1}_{A_2}(x)\mathbf{1}_{A_3}(x)+\mathbf{1}_{A_1}(x)\mathbf{1}_{A_2}(x)\mathbf{1}_{A_4}(x)\\
&\qquad+\mathbf{1}_{A_1}(x)\mathbf{1}_{A_3}(x)\mathbf{1}_{A_4}(x)+\mathbf{1}_{A_2}(x)\mathbf{1}_{A_3}(x)\mathbf{1}_{A_4}(x))\\
&+\sum_{x\in U}(\mathbf{1}_{A_1}(x)\mathbf{1}_{A_2}(x)\mathbf{1}_{A_3}(x)\mathbf{1}_{A_4}(x)).
\end{aligned}$$

如果应用等式 (6.3.3)(6.3.4)(6.3.5)，可以看到这个复杂的和式恰好是

$$N_0=N-S_1+S_2-S_3+S_4,$$

其中使用了第 200 页的“补集容斥原理”记法. 也就是说，我们已经证明了 4 个集合的容斥原理. 上述论证当然可以推广，因为其中只用到了如下的代数事实，即扩展 $(1-a)(1-b)(1-c)\cdots$ 等于交错和 $1-(a+b+\cdots)+(ab+ac+\cdots)-\cdots$. ■

我们将在下一章（见第 225–227 页）中用到这一点.

问题与练习

题 6.3.8 在第 197 页例 6.3.2 中，我们假设小孩是不同的. 但是如果只考虑不同口味的冰激凌的顺序，那么小孩就可以看作相同的了. 例如，一种顺序可能是“3 个 #16 冰激凌，7 个 #28 冰激凌”. 在这种情形下一共有多少种可能的购买方法?

题 6.3.9 下面给出的例 6.3.7 的“解”有什么问题?

第一个人当然能自由选择，因此有 8 种选择. 接下来的人不可能是第一个人的配偶，于是有 6 种选择. 第三个人又不可能是第二个人的配偶，所以有 5 种选择. 因此乘积是

$$8\times6\times5\times4\times3\times2\times1\times1,$$

因为最后两个位置没有选择的自由.

题 6.3.10 在 1 与 1000 之间（含两端）存在多少个不能被 2, 3, 5 整除的整数?

题 6.3.11 (USAMO 72) 一个随机数生成器能等概率地生成整数 $1,2,\cdots,9$. 求当生成 n 个数后，这 n 个数的乘积是 10 的倍数的概率.

题 6.3.12 $a+b+c+d=17$ 在给定条件 $d\leqslant 12$ 下共有多少组非负整数解?

题 6.3.13 令 $a_1,a_2,\cdots,a_n$ 为 n 个不同物体组成的有序序列. 这个序列的一个**错位排列**是这样一个排列：它使得没有物体停留在原先的位置. 例如，如果原序列是 $1,2,3,4$，则 $2,4,3,1$ 不是一个错位排列，而 $2,1,4,3$ 则是. 令 D_n 代表 n 元素序列的所有错位排列的数量. 证明

$$D_n=n!\left(1-\frac{1}{1!}+\frac{1}{2!}-\cdots+(-1)^n\frac{1}{n!}\right).$$

题 6.3.14 使用组合论证（不用公式！）证明

$$n!=\sum_{r=0}^{n}\binom{n}{r}D_{n-r},$$

其中 D_k 的定义与前一题相同.

题 6.3.15 10 个人围着一张圆桌而坐，要使每个人右边的邻居和原来的不相同，请问有多少种不同的交换位置的方法?

题 6.3.16 假设你准备给 n 个小孩分蛋卷冰激凌，每人一个，冰激凌共有 k 种不同的口味. 假设口味不能混和，证明**所有 k 种口味的冰激凌**都能分发给小孩的方法数为

$$k^n-\binom{k}{1}(k-1)^n+\binom{k}{2}(k-2)^n-\binom{k}{3}(k-3)^n+\cdots+(-1)^k\binom{k}{k}0^n.$$

题 6.3.17 (IMO 89) 设 π 是 $\{1,2,\cdots,2n\}$ 的一个排列. 当至少有一个 $i\in\{1,2,\cdots,2n-1\}$ 使得

$$|\pi(i)-\pi(i+1)|=n,$$

则称 π 具有性质 P. 证明：对于所有给定的 n 来说，满足性质 P 的排列比不满足性质 P 的排列更多.

6.4 递推

分析许多与自然数有关的问题时，需要寻找对所有自然数 n 均成立的公式或者算法. 如果运气好，只需少许的试验就能猜想出一般的公式，然后再尝试去证明这种猜想. 但有时问题非常复杂，以至于在一开始很难从“全局”理解，而一般性的公式可能根本就无法找到. 在这种情况下，我们仍然可以关注“局部”的情况来获知解题点，即先观察从 $n=1$ 到 $n=2$ 的变化过程，然后以此类推，观察从 n 到 $n+1$ 的变化过程. 下面是一个非常简单的例子.

平铺与斐波那契递推

例 6.4.1　定义一块**多米诺骨牌**为 1×2 矩形. 有多少种将骨牌平铺在一起得到 $n\times 2$ 矩形的方法?

解答　令 t_n 代表 $n\times 2$ 矩形的平铺数. 显然 $t_1=1$. 易知 $t_2=2$，因为仅有的可能是两个水平的骨牌或两个竖直的骨牌. 现在考虑 t_7，将 7×2 矩形的所有平铺方法归为两类:

- 类 V 包含最右端有一块竖直骨牌的所有平铺方法.

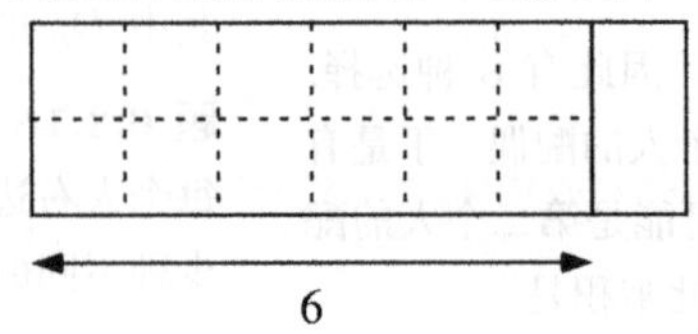

- 类 H 包含所有其他平铺方法. 如果最右端不是一块竖直的骨牌，那就必须是两块水平的骨牌.

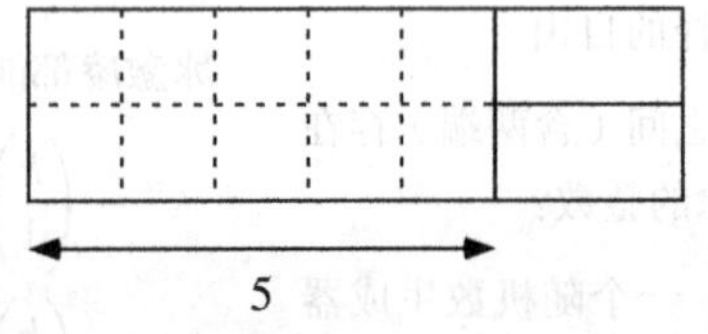

这的确是一个分划，因为每种平铺方法都会是这两类之一，并且这两类没有公共元素. 类 V 包含 t_6 个元素：取 6×2 矩形的任一平铺，在右端附加一块竖直骨牌，就得到了类 V 中的 7×2 矩形平铺. 同理，在类 H 中共有 t_5 种平铺. 换句话说，我们证明了 $t_7=t_6+t_5$. 以上论证当然可以推广，因此有**递推**公式

$$t_{n+1}=t_n+t_{n-1},\quad n=2,3,\cdots. \tag{6.4.1}$$

我们是否已经解决了这个问题呢? 既可以说已经解决了，也可以说没有解决. 式 (6.4.1) 加上**初始值** $t_1=1, t_2=2$，就对于任意正整数 n 完全确定了 t_n. 并且我们有一个计算这些值的简单算法：只要从头开始并应用递推公式! 开始的几个值如下表所示:

n	1	2	3	4	5	6	7	8	9	10	11	12
t_n	1	2	3	5	8	13	21	34	55	89	144	233

这些值恰好是斐波那契数列（见第 9 页题 1.3.17）的前几项. 回忆斐波那契数 f_n 定义为 $f_0=0, f_1=1$ 且 $f_n=f_{n-1}+f_{n-2}\,(n>1)$. 斐波那契递推公式与 (6.4.1) 相同，只是初始值不同. 但是，因为 $f_2=1=t_1$ 且 $f_3=2=t_2$，所以对于所有 n 有 $t_n=f_{n+1}$. 因此问题被“解决”了，因为我们认出平铺数正好是斐波那契数. ■

当然你可能会质疑这个问题并未完全解决，因为我们没有得到 t_n 或 f_n 的简单公式. 事实上，题 1.3.17 确实给出了以下经典公式：对所有 $n \geqslant 0$ 有

$$f_n=\frac{1}{\sqrt{5}}\left\{\left(\frac{1+\sqrt{5}}{2}\right)^n-\left(\frac{1-\sqrt{5}}{2}\right)^n\right\}. \tag{6.4.2}$$

下面来验证这个公式，先暂且搁置一个更为重要的问题，即它从哪儿来的. 也就是说，下面先说明它**怎么样**，而暂时忽略它**为什么**是这样. 我们所要做的只是证明 (6.4.2) 同时满足斐波那契递推公式和两个初始条件 $f_0=0, f_1=1$. 后两项是容易验证的，而验证它满足递推公式是一个有趣的代数练习：令

$$\alpha:=\frac{1+\sqrt{5}}{2}, \quad \beta:=\frac{1-\sqrt{5}}{2}.$$

注意到

$$\alpha+\beta=1, \quad \alpha\beta=-1,$$

因此 α 和 β 都是如下二次方程的根（见第 160 页）

$$x^2-x-1=0.$$

也就是说，α 和 β 都满足

$$x^2=x+1.$$

这意味着如果定义序列 $g_n:=\alpha^n$，它将满足斐波那契递推！对于所有 $n \geqslant 0$，有

$$g_{n+1}=\alpha^{n+1}=\alpha^{n-1}\alpha^2=\alpha^{n-1}(\alpha+1)=\alpha^n+\alpha^{n-1}=g_n+g_{n-1}.$$

类似地，如果定义 $h_n:=\beta^n$，这个序列也满足递推条件. 事实上，如果 A 和 B 是任意常数，那么序列

$$u_n:=A\alpha^n+B\beta^n$$

将会满足递推条件，因为

$$u_{n+1}=A\alpha^{n+1}+B\beta^{n+1}=A(\alpha^n+\alpha^{n-1})+B(\beta^n+\beta^{n-1})=u_n+u_{n-1}.$$

因此，特别是，如果定义

$$f_n:=\frac{1}{\sqrt{5}}(\alpha^n-\beta^n),$$

那么我们有 $f_{n+1} = f_n + f_{n-1}$. 因为它也满足初始条件，所以一定会产生整个斐波那契数列. ■

得到产生斐波那契数列的“简单”公式是妙不可言的，知道递推公式也是同样美妙. 然而，有时要得到递推公式的一个封闭解是不可能的或者是非常难的. 本节结尾的几个问题讨论了求解递推问题的一些方法. ① 但现在，让我们只专注于发现一些有趣的递推公式.

卡塔兰递推

在下面的例子中，将要导出一个在相当多场合出现的复杂递推公式.

例 6.4.2　多边形的三角剖分思想已在第 45 页例 2.3.9 中提出. 请计算凸 n 边形的三角剖分方法数.

部分解答　通过试验得出 $t_3 = 1, t_4 = 2, t_5 = 5$. 例如，凸五边形共有 5 种不同的三角剖分：

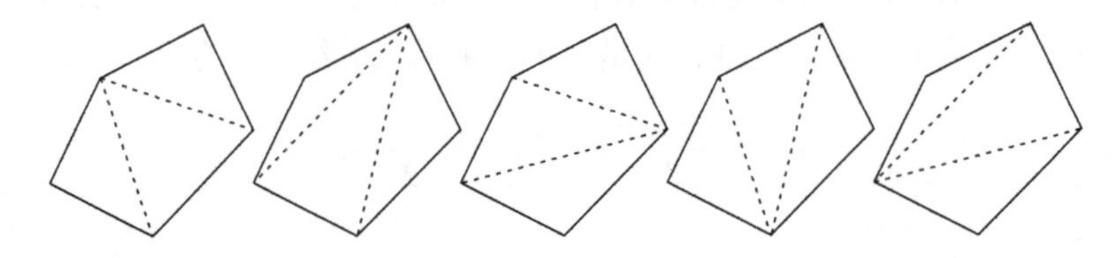

接下来考察六边形，尝试发现它们和边数较少的多边形的联系. 固定一边，考虑形成三角形的 4 种可能的顶点组：

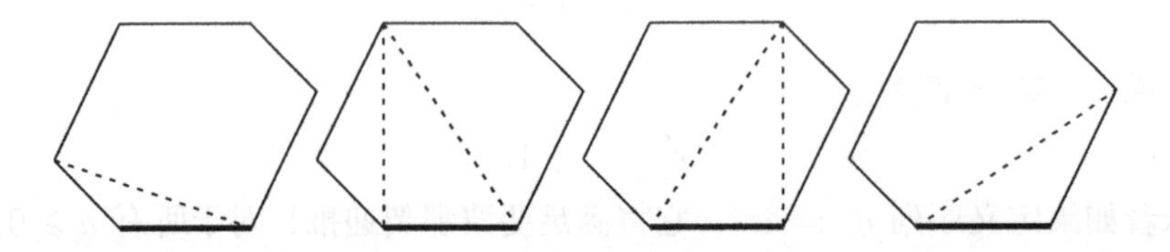

注意：这四幅图对三角剖分进行了分类. 第一张图产生了 t_5 种新的三角剖分（对应着虚线上方部分的所有三角剖分），第二张图产生 t_4 种三角剖分（只能选择四边形的三角剖分）. 继续这个推理，得到

$$t_6 = t_5 + t_4 + t_4 + t_5 = 14,$$

可以通过仔细画出各种可能的图来验证这个等式.

在完成此题之前，让我们来看一下七边形的情形. 三角剖分可以分为以下 5 种情形：

① 也可参见 4.3 节，其中有另一种求解和分析递推问题的一般方法.

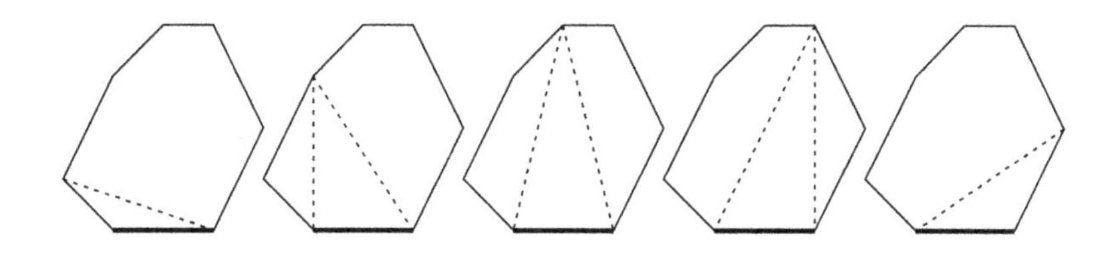

第一张图产生了 t_6 种三角剖分，第二张产生 t_5 种，但第三张产生 $t_4 \times t_4$ 种，这是因为我们能为图中虚线两侧的两个四边形任意地选择三角剖分. 一般情形是，每张图都把七边形分解为 3 个多边形，其中一个是有固定边的三角形，另两个既可能有选择也可能没有选择. 另两个多边形可能包含一个"退化"的两边形（例如，第一张和最后一张）或者三角形，并且在这两种情况中都没有新的选择. 但在其他情况下，我们将能自由选择，并且需要通过乘法来计算每张图中的三角剖分数. 如果我们将"退化"情形包含在内，并定义 t_2 等于 1，会有如下的更一致的等式

$$t_7 = t_2t_6 + t_3t_5 + t_4t_4 + t_5t_3 + t_6t_2,$$

且一般地

$$t_n = t_2t_{n-1} + t_3t_{n-2} + \cdots + t_{n-1}t_2 = \sum_{u+v=n+1} t_ut_v, \tag{6.4.3}$$

其中右端和式的下标是和为 $n+1$ 的所有 u, v. 我们不需要更多的限制，只需要对所有 $u \leqslant 1$ 方便地约定 $t_u = 0$.

既然我们有一个递推式外加初始值条件，那么已经"解出"了这个问题，至少在计算的意义下已经解出了，因为我们想算出多少 t_n 的值就能算出多少. ■

下表给出了这个数列的前几项：

n	2	3	4	5	6	7	8	9	10	11
t_n	1	1	2	5	14	42	132	429	1430	4862

序列 $1, 1, 2, 5, 14, \cdots$ 称为卡塔兰数列（按照惯例，下标从 0 开始，因此如果 C_r 表示第 r 个卡塔兰数，那么 $t_r = C_{r-2}$）. 诸如 (6.4.3) 的递推公式看起来可能相当复杂，但它们确实是标准计数思想（分划和简单编码原理）的直接应用. 从代数的角度来说，这个和式旨在提醒你多项式的乘法法则（见第 157 页），进而也提醒你生成函数（见 4.3 节）.

例 6.4.3 利用生成函数寻找 C_n 的公式.

解答 定义生成函数

$$f(x) = C_0 + C_1x + C_2x^2 + \cdots.$$

两边平方，有

$$f^2(x) = C_0C_0 + (C_1C_0 + C_0C_1)x + (C_2C_0 + C_1C_1 + C_0C_2)x^2 + \cdots = C_1 + C_2x + C_3x^2 + \cdots.$$

这意味着

$$xf^2(x) = f(x) - C_0 = f(x) - 1.$$

通过二次方程求根公式解 $f(x)$ 得到

$$f(x) = \frac{1 \pm \sqrt{1-4x}}{2x}.$$

考察 x 趋于 0 时的情形，易得上式根式前应取减号，也就是

$$f(x) = \frac{1 - \sqrt{1-4x}}{2x}.$$

现在剩下的就是要通过展开 $f(x)$ 为幂级数来寻找 C_n 的公式. 我们需要推广的二项式定理（见第 323 页题 9.4.12），其表达式如下：

$$(1+y)^\alpha = 1 + \sum_{n \geqslant 1} \frac{\alpha(\alpha-1)\cdots(\alpha-n+1)}{n!} y^n.$$

因此，

$$\begin{aligned}
\sqrt{1-4x} &= 1 + \sum_{n \geqslant 1} \frac{\left(\frac{1}{2}\right)\left(\frac{1}{2}-1\right)\cdots\left(\frac{1}{2}-n+1\right)}{n!}(-4x)^n \\
&= 1 + \sum_{n \geqslant 1} (-1)^{n-1} \frac{(1)(1)(3)(5)\cdots(2n-3)}{2^n n!}(-4)^n x^n \\
&= 1 - \left(\frac{2x}{n}\right) \sum_{n \geqslant 1} \frac{(1)(3)(5)\cdots(2n-3)2^{n-1}(n-1)!}{(n-1)!(n-1)!} x^{n-1} \\
&= 1 - \left(\frac{2x}{n}\right) \sum_{n \geqslant 1} \frac{(1)(3)(5)\cdots(2n-3)(2)(4)(6)\cdots(2n-2)}{(n-1)!(n-1)!} x^{n-1} \\
&= 1 - \left(\frac{2x}{n}\right) \sum_{n \geqslant 1} \binom{2n-2}{n-1} x^{n-1}.
\end{aligned}$$

因为 $f(x) = \dfrac{1-\sqrt{1-4x}}{2x}$，所以 x^n 的系数为 $\dfrac{1}{n+1}\dbinom{2(n+1)-2}{(n+1)-1}$，因此

$$C_n = \frac{1}{n+1}\binom{2n}{n}. \qquad \blacksquare$$

关于这个公式的一个非常有趣的纯组合推导，见文献 [11] 的第 345–346 页.

问题与练习

在下面的问题中，应该注意斐波那契数列与卡塔兰递推在其他问题中的普遍存在性.

题 6.4.4 考虑一种语言，它的字母表中只有一个字母，但允许有任意长度的单词. 消息以单词开头和结尾. 并且，当输入一条消息时，两个单词间按一次空格键. 那么在这种语言中，通过 n 次按键能输入多少种不同的消息?

题 6.4.5 对于整数的集合 S，定义 $S+1$ 为 $\{x+1 : x \in S\}$. 有多少 $\{1,2,\cdots,n\}$ 的子集 S 满足 $S \cup (S+1) = \{1,2,\cdots,n\}$? 你能推广它吗?

题 6.4.6 求 $\{1,2,\cdots,n\}$ 中不包含两个连续的数的子集的数量.

题 6.4.7 对于每个 $n \geqslant 1$，如果括号能以某种方式配对，则称由 n 个 (和 n 个) 的序列是“合法”的. 例如，如果 $n=4$，序列 (()()()) 是合法的，但 ()())(() 不合法. 令 ℓ_n 代表 $2n$ 个括号的合法排列数. 求 ℓ_n 的一个递推关系.

题 6.4.8 有多少种使用 2×1 多米诺骨牌来平铺 $3 \times n$ 矩形的方法?

题 6.4.9 (普特南 1996) 定义**自私集**为它自己的基数（元素数）是该集合的一个元素的集合. 求（并证明）$\{1,2,\cdots,n\}$ 的子集是**最小**自私集的数量. 此处最小自私集是指它的任何真子集都不是自私集的集合.

题 6.4.10 在如下的帕斯卡三角中，考察每条虚线上的元素和.

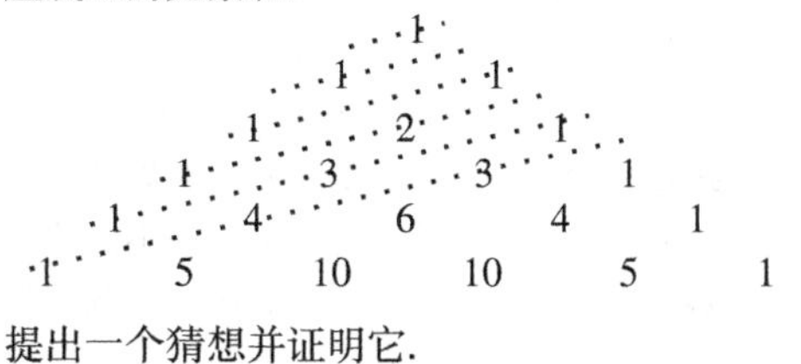

提出一个猜想并证明它.

题 6.4.11 记 $u(n)$ 为分划一个 n 元集的方法数. 例如，$u(3)=5$，对应着

$$\{a,b,c\}; \quad \{a,b\},\{c\}; \quad \{a\},\{b,c\};$$
$$\{a,c\},\{b\}; \quad \{a\},\{b\},\{c\}.$$

求 $u(n)$ 的一个递推关系. 注意：你可能希望 $u(4)=14$，那将是一个卡塔兰递推序列，但遗憾的是，$u(4)=15$.

题 6.4.12 一家电影院所售的票价为每张 5 元. 收银员开始并没有零钱，并且顾客只会支付 5 或 10 元（并得到找回的钱）. 显然，如果有太多的顾客只有 10 元，那收银员就有麻烦了. 事实表明：一共来了 $2n$ 个顾客，收银员没有拒绝任何一个人，当他售票给最后一位顾客后，收银机里已经没有 5 元的钱了. 令 w_n 表示这种情况可能发生的不同方式的数量. 求 w_n 的一个递推公式.

题 6.4.13 我们曾在题 6.3.13 中定义了错位排列的数量 D_n. 证明 $D_n = (n-1)(D_{n-1}+D_{n-2})$，并利用此式和数学归纳法证明题 6.3.13 中给出的公式.

题 6.4.14 递推不是一切. 依照第 204 页例 6.4.1，你应该能够轻松地证明用 2×1 多米诺骨牌和 1×1 正方形平铺 $n \times 1$ 条带的方式数为 f_{n+1}. 这允许我们绕过斐波那契数的递推（或代数）定义，并可以在组合论证中用更“整体”的实体替换它们. 例如，尝试通过将斐波那契数转换为平铺数来证明第 49 页题 2.3.32. 这远远优于数学归纳法. ①

斯特林数

题 6.4.15–6.4.21 建立了二项式定理的一个奇特的“对偶”.

题 6.4.15 对于满足 $n \geqslant k$ 的正整数 n,k，定义 $\left\{ n \atop k \right\}$（称为**第二类斯特林数**②）为：把 n 元集划分为 k 个非空子集的不同分划方法的数量. 例如，$\left\{ 4 \atop 3 \right\}=6$，因为集合 $\{a,b,c,d\}$ 共有 6 个分为三个部分的分划，即：

$$\{a\},\{b\},\{c,d\}; \qquad \{b\},\{c\},\{a,d\};$$
$$\{a\},\{c\},\{b,d\}; \qquad \{b\},\{d\},\{a,c\};$$

① 如果你喜欢思考这个问题，你会喜欢这本被强烈推荐的书 *Proofs that Really Count: The Art of Combinatorial Proof* [1].

② 关于**第一类**斯特林数见文献 [11] 第 6 章.

$\{a\},\{d\},\{b,c\};\quad \{c\},\{d\},\{a,b\}.$

证明对于所有 $n>0$，有

(a) $\left\{ n \atop 1 \right\} = 1$.

(b) $\left\{ n \atop 2 \right\} = 2^{n-1}-1$.

(c) $\left\{ n \atop n-1 \right\} = \binom{n}{2}$.

题 6.4.16 寻找一种组合论证来解释递推公式

$$\left\{ n+1 \atop k \right\} = \left\{ n \atop k-1 \right\} + k\left\{ n \atop k \right\}.$$

题 6.4.17 假设你准备给 n 个小孩分蛋卷冰激凌，每人一个，冰激凌共有 k 种不同的口味. 假设口味不能混合，证明所有 k 种口味的冰激凌都能分发给小孩的方法数为 $k!\left\{ n \atop k \right\}$.

题 6.4.18 前一题会使你想到题 6.3.16，如果还没有做完的话，请你现在完成它（利用容斥原理）.

题 6.4.19 结合前两题，你会得到第二类斯特林数的一个简洁的公式. 虽然它不是封闭的，但谁还会抱怨呢?

$$\left\{ n \atop k \right\} = \frac{1}{k!}\sum_{r=0}^{k}(-1)^r\binom{k}{r}(k-r)^n.$$

题 6.4.20 回头再思考蛋卷冰激凌的问题，现在考虑不一定要将所有 k 种口味的冰激凌都分给小孩的情形.

(a) 证明现在有 k^n 种不同分发方法（这是之前曾遇到过的一个简单的编码问题）.

(b) 根据使用口味的确切数量将这 k^n 种不同分发方法进行分划. 例如，令 A_1 代表只使用 1 种口味的分发方法集合，显然 $|A_1|=k$. 证明一般情形：$|A_r| = \left\{ n \atop r \right\} P(k,r)$.

题 6.4.21 斯特林数是二项式定理的"对偶". 对于正整数 r，定义

$$x^{\underline{r}} := x(x-1)\cdots(x-r+1).$$

（因此 $x^{\underline{r}}$ 是 r 项的乘积）. 利用前一题来证明

$$x^n = \left\{ n \atop 1 \right\}x^{\underline{1}} + \left\{ n \atop 2 \right\}x^{\underline{2}} + \cdots + \left\{ n \atop n \right\}x^{\underline{n}}.$$

期望、递推和概率

题 6.4.22 递推和概率. 许多有趣的概率问题涉及**期望**的概念，即随机变量的"平均"值. 更正式地说，如果 X 是一个随机变量（服从已知概率的随机输出值的函数. 例如投掷一枚硬币，如果为正面则等于 1，如果为反面则等于 0），则 X 的期望（记为 $E[X]$）等于 $\sum_v vP(X=v)$，其中 v 遍历 X 的输出值，$P(X=v)$ 当然是 X 的输出值为 v 的概率. 下面是一些有趣的问题，可以让你了解这个重要的话题. 两个主要的工具是：期望是可加的，可以使用指示函数的和来分解复杂的随机变量.

(a) **和.** 如果 X,Y 是随机变量，那么我们可以用和 $X+Y$ 创建一个新的随机变量. 请证明 $E[X+Y]=E[X]+E[Y]$. 即使变量 X 和 Y 是相关的，这个经典公式也成立. 例如，投掷一枚硬币，如果为正面则 $X=1$，否则 $X=0$. 每当 $X=0$ 时 $Y=2$，如果 $X=1$ 则投掷另一枚硬币，如果为正面则 $Y=-1$，否则 $Y=1$. 另一方面，如果 X 和 Y 是独立的，那么 $E[XY]=E[X]E[Y]$，否则不成立.（"独立"有一个严谨的定义，但是现在相信你的直觉就行了.）

(b) **指示函数.** 随机选择 $\{1,2,\cdots,n\}$ 的一个排列 π. 定义随机变量 X_i 为：如果 $\pi(i)=i$ 则输出 1，否则输出 0. 利用 (1) 证明：不管 n 是多少，固定点的期望都是 1.

(c) 瓮中有 n 个编号为 $1,2,3,\cdots,n$ 的球. 随机挑选一个球，记下它的编号，然后把它放回去. 重复此过程 n 次. 记录下来的不同的编号的数量从 1（概率为 n/n^n）到 n（概率为 D_n/n^n）. 期望是多少?

(d) **停止次数的期望.** 显然，为了得到"3"点，你必须掷骰子的次数的期望是 6. 事实上，如果一个实验事件的概率为 p，那么为了看到这个事件，你必须做实验的数量的期望将是 $1/p$，这可以使用期望的定义相当容易地计算出来（你需要求和一个无限的序列，但不会太难）. 证明你可以轻松地使用递推获得答案. 记期望为 t，验证 $t=p\cdot 1+(1-p)(t+1)$.

(e) **彩票**. 假设一张彩票有 1/10 的概率获得 10 元奖金、1/1000 的概率获得 500 元奖金. 容易证明这张彩票“价值”的期望是 1.50 元. 但是，如果还有 1/5 的概率获得另外一张彩票，期望是多少?

(f) 给定 n 个不同整数的任意序列，我们按照以下方式计算它的“交换数”：从左往右，当遇到小于序列中第一个数的数时，我们将其与第一个数交换. 继续这样做，直到到达序列的末尾. 序列的交换数就是交换的总数. 例如，序列 $3,4,2,1$ 的交换数是 2，因为我们交换 3 和 2 后得到 $2,4,3,1$，然后交换 2 和 1 后得到 $1,4,3,2$. 求序列 $1,2,3,4,5,6,7$ 的 $7! = 5040$ 种不同排列的交换数的平均值.

(g) **圆圈的数量**. 给定 n 股线，随机地把两端连接起来，直到你不能再这样做为止. 最终你将得到一些圆圈，圆圈的数量从 1（非常长的圆圈）到 n（非常短的圆圈）. 使用递推公式计算圆圈的数量的期望.

(h) **更多的圆圈**. 假设 n 个人把自己的名字放在一顶帽子里，并且从帽子里随机挑选名字. 然后，人们与拿到他们名字的人握手，形成圆圈. 圆圈的数量的期望是多少? 不要计算一个人与自己握手形成的“固定点”.

第 7 章 数论

数论，即对于整数 $\mathbb{Z}$ 的研究，是最古老的数学分支之一，也是个包含着丰富又有趣的问题的领域．在本章中，我们将会简明扼要地探讨基础数论中几个最主要的内容．将特别关注对问题求解者而言很重要的思想．这章内容既包含一些命题，也包含一些问题，在阅读的同时，你应该尝试求解或证明它们．还要指出：这章是独立成章的，且在叙述过程中假设你没有研究过这方面的内容．但如果确实没有学习过，你可能需要查阅一些基础的材料，例如文献 [35]，以便更加深入或更加从容地学习．

在以前的章节中，我们已经讨论了一些关于数论的话题．如果你已经阅读了这些内容，它们将是进一步学习的稳固的基石．如果你还没有阅读这些内容，在下面的内容中，我们会在适当的时候提醒你，请阅读（或再次阅读）它们．

约定 $\mathbb{Z}$ 表示整数集（包括正负整数和 0），$\mathbb{N}$ 表示自然数集（正整数）．在本章中，我们会延续使用任意罗马字母[①]（a 到 z）代表整数及字母 p 和 q 代表素数的约定．

7.1 素数与整除性

若 a/b 是整数，则称 b 整除 a，或者称 b 是 a 的一个因数或除数．这也可以用记号 $b|a$ 来表示，读作"b 整除 a"．这与"存在一个整数 m 使得 $a=bm$"等价．

算术基本定理

毋庸置疑，你熟悉素数集合．如果一个数 n 没有除了 1 与 n 以外的因数，我们称之为**素数**，否则称之为**合数**．根据约定，1 既不是素数也不是合数．因此素数集包含：

$$2,3,5,7,11,13,17,19,23,29,31,\cdots.$$

这个数列是否有限是不明显的．事实上

素数有无限多个．

这个问题在第 48 页题 2.3.21 中首次出现，但当时如果没有解决它，这里则提供一种完整的证明，该证明是通过在古希腊时期便众所周知，并由欧几里得记录下来的经典反证法来实现的．这个证明是数学中的一颗璀璨的宝石，请掌握它．

① 罗马字母，也作拉丁字母，为西欧语言（包括英语）所采用的字母系统，是世界上最通用的字母．——译者注

假设只有有限个素数，从小到大依次为 $p_1, p_2, p_3, \cdots, p_N$. 现在（精妙而关键的一步！）考虑数 $Q := p_1 p_2 p_3 \cdots p_N + 1$. 它要么是素数，要么是合数. 如果是第一种情形，则与 p_N 是最大的素数的假设矛盾，因为 Q 明显比 p_N 大. 但如果是第二种情形，则也会产生矛盾. 因为如果 Q 是合数，它一定至少有一个素因子，我们称它为 p. 容易观察到：p 不可能等于 $p_1, p_2, \cdots, p_N$，因为如果将 Q 除以任何 p_i，余数会是 1. 因此，p 是不在 $p_1, p_2, \cdots, p_N$ 中的一个**新的**素数，这与假设的 $p_1, p_2, \cdots, p_N$ 是所有素数矛盾. ■

题 7.1.1 上面的证明中有一个小的跳跃. 我们做了一个不严谨的陈述，即 Q 至少有一个素因子. 为什么这是对的呢？更一般地，证明每个比 1 大的自然数能被完全的因数分解为素数的乘积. 例如，$360 = 2^3 3^2 5$. 建议：如果想要得到正式的证明，请使用强归纳法.

事实上，在顺序书写素数的意义下，这个分解是唯一的. 我们把这个唯一分解性质称为**算术基本定理**（fundamental theorem of arithmetic，FTA①），同时把将因数分解为素数的过程称为**素数幂分解**（prime-power factorization，PPF）. 有时我们采取一种不太简洁但必要的记法，将一个数 n 写为"一般的"素数幂分解：

$$n = p_1^{e_1} p_2^{e_2} \cdots p_t^{e_t}.$$

你可能在想："算术基本定理有什么好证明的？它是显而易见的."在那种情况下，你可能也在考虑如下的"显然"：

令 x, y 为满足 $5x = 3y$ 的整数，那么 $3|x$ 且 $5|y$.

但如何严格地证明它呢？你推导得到 $5x$ 是 3 的倍数，并且因为 3 和 5 是不同的素数，x 必须在它的素数幂分解中包含 3. 这个推理过程基于算术基本定理. 因为，如果分解不唯一，那一个数很可能在一种分解方法中有素因子 5 而没有 3，并在另一种分解方法中有素因子 3 而没有 5.

例 7.1.2 还不相信？考虑集合 $E := \{0, \pm 2, \pm 4, \cdots\}$，它只包含偶数.

- 注意 $2, 6, 10, 30$ 都是 E 中的"素数"，因为它们不能在 E **中**分解.
- 也请注意

$$60 = 2 \times 30 = 6 \times 10.$$

换句话说，60 有两个完全不同的 E-素分解. 在这种情形下，如果 $x, y \in E$ 满足 $2x = 10y$，尽管 2 和 10 都是 E-素数，我们也**不能**推断 $10|x, 2|y$. 毕竟，x 可能等于 30，且 y 可能等于 6. 在这种情况下，x 不是 E 中 10 的倍数，因为 30 是一个 E-素数. 类似地，y 也不是 2 的倍数.

这个例子相当特殊，但通过它应该能看到，算术基本定理并非显然且有实实在在的内容. 特定的数系有唯一分解，而其他的并没有. 由集合 $\mathbb{Z}$ 的重要的性质得

① FTA 也是代数基本定理（fundamental theorem of algebra）的缩写.

算术基本定理成立. 我们将会发现这些性质, 并且在本节中构造算术基本定理的一个证明, 同时引入一些在后面都有用的解题工具.

最大公因数、最小公倍数和带余除法

给定两个自然数 a, b, 它们的**最大公因数**定义为同时整除 a 和 b 的最大整数, 记作 (a,b) 或 $\gcd(a,b)$. 例如, $(66,150)=6, (100,250)=50, (4096,999)=1$. 如果两个数的最大公因数为 1, 就说这两个数**互素**. 例如, 如果 p 和 q 是不同的素数, 则 $(p,q)=1$. 我们经常使用记号 $a \perp b$ 来表示 $(a,b)=1$. 类似地, 将 a,b 的**最小公倍数**定义为既是 a 的倍数也是 b 的倍数的最小正整数, 记作 $[a,b]$ 或 $\operatorname{lcm}(a,b)$. ①

题 7.1.3 下面是一些关于最大公因数和最小公倍数重要的事实, 请思考并验证. [对于 (a)(b)(c), 可以假设算术基本定理是正确的.]

(a) $a \perp b$ 等价于 "a 和 b 在它们的素数幂分解中没有共同的素因子".

(b) 如果 $a = p_1^{e_1} p_2^{e_2} \cdots p_t^{e_t}$ 且 $b = p_1^{f_1} p_2^{f_2} \cdots p_t^{f_t}$ (其中一些指数可能为 0), 则

$$(a,b) = p_1^{\min(e_1,f_1)} p_2^{\min(e_2,f_2)} \cdots p_t^{\min(e_t,f_t)},$$
$$[a,b] = p_1^{\max(e_1,f_1)} p_2^{\max(e_2,f_2)} \cdots p_t^{\max(e_t,f_t)}.$$

例如, $360 = 2^3 \times 3^2 \times 5$ 和 $1\,597\,050 = 2 \times 3^3 \times 5^2 \times 7 \times 13^2$ 的最大公因数为 $2^1 \times 3^2 \times 5^1 \times 7^0 \times 13^0 = 90$.

(c) 对于所有正整数 a,b 有 $(a,b)[a,b] = ab$.

(d) 如果 $g|a$ 且 $g|b$, 那么 $g|ax+by$, 其中 x 和 y 为任意整数. 称形如 $ax+by$ 的量为 a 和 b 的**线性组合**.

(e) 相邻的两个整数永远是互素的.

(f) 如果存在整数 x,y 使得 $ax+by=1$, 那么 $a \perp b$.

题 7.1.4 回忆带余除法. 你曾在第 78 页题 3.2.15 中遇到过如下问题.

> 设 a 和 b 是正整数, $b \geqslant a$, 那么存在整数 q, r 满足 $q \geqslant 1$ 且 $0 \leqslant r < a$, 使得:
> $$b = qa + r.$$

(a) 如果还没证出这个结论, 现在请证明它 (使用极端原理).

(b) 举例说明带余除法在第 213 页例 7.1.2 中定义的数系 E 中并不成立, 并说明不成立的理由. E 缺少了 $\mathbb{Z}$ 拥有的什么?

题 7.1.5 题 3.2.15(d) 加上题 7.1.3(d), 带余除法的一个重要的结论是

> a 与 b 的最大公因数是 a 与 b 的**最小的**正的线性组合.

例如 $(8,10)=2$, 并且很明确地, 如果 x, y 取遍所有整数 (正的、负的和零), $8x+10y$ 的最小正值为 2 (例如当 $x=-1, y=1$ 时). 另一个例子: $7 \perp 11$

① 也能定义两个以上整数的最大公因数和最小公倍数. 例如 $(70,100,225)=5$, $[1,2,3,4,5,6,7,8,9]=2520$.

意味着存在整数 x, y 使得 $7x + 11y = 1$. 通过试错法很容易找到 x 与 y 的值，$x = -3, y = 2$ 就是这样的一对.

现在，让我们来证明题 7.1.5. 它虽然枯燥，却是结合运用极端原理和反证法的典范. 定义 u 为 a 与 b 的最小的正的线性组合，并令 $g := (a, b)$. 由题 7.1.3(d) 可知：g 整除 a 与 b 的任何线性组合，因此 g 当然整除 u. 这意味着 $g \leqslant u$. 事实上我们想要证明 $g = u$. 思路是：由证明 u 是 a 与 b 的一个公因数来证明这点. 因为 u 大于等于 g，并且 g 是 a 与 b 的**最大**公因数，便有 g 必须等于 u.

相反，设 u 不是 a 与 b 的公因数. 不失一般性，假设 u 不整除 a. 那么根据带余除法，存在商 $k \geqslant 1$ 和**正**余数 $r < u$ 使得

$$a = ku + r.$$

但是，$r = a - ku$ 是正数，且**小于** u. 这是一个矛盾. 因为 r 也是 a 与 b 的一个线性组合，而 u 定义为最小的正的线性组合！因此，u 整除 a. 类似地，u 整除 b. 所以 u 是 a 与 b 的一个公因数，故 $u = g$. ■

最大公因数的线性组合特征确实相当引人注目. 因为开始时，你可能会认为计算两个数的最大公因数需要素数幂分解. 但事实上，计算最大公因数并不依靠素数幂分解. 我们不需要题 7.1.3(b)，但可以使用题 7.1.5. 也就是说，**在计算最大公因数时，不需要假设算术基本定理成立**.

题 7.1.6 例 7.1.5 的另一个结论：

如果 p 是素数且 $p|ab$，那么 $p|a$ 或 $p|b$.

我们将**不使用算术基本定理**而用反证法来证明它. 假设 p 既不整除 a 也不整除 b. 如果 p 不整除 a，那么 $p \perp a$，因为 p 是素数. 则存在整数 x, y 使得 $px + ay = 1$. 现在需要使用 $p|ab$ 的条件. 将上一个等式两边同乘以 b 便会产生 ab：

$$pxb + aby = b.$$

但是，现在已将 b 写成两个量的和，每个量都是 p 的倍数. 因此，b 是 p 的倍数. 矛盾. ■

终于，我们能证明算术基本定理了. 关键思想是题 7.1.6. 让我们通过具体的例子来避免记号的复杂性. 令 $n = 2^3 \times 7^6$. 如何证明这个分解是唯一的呢? 首先，能证明 n 不包含其他素因子. 如果不是这样，比如 $17|n$. 那么反复应用题 7.1.6 会得出 $17|2$ 或 $17|7$ 的结论，这是不可能的，因为两个不同的素数不能互相整除. 另一种可能性是：n 只有因数 2 和 7，但存在一个指数不同的因数分解. 例如，$n = 2^8 \times 7^3$ 可能也是正确的. 在这种情形下会有

$$2^3 \times 7^6 = 2^8 \times 7^3,$$

然后，将等式两边的每个素因子除以它所能除的最大的指数，得到

$$7^3 = 2^5.$$

这简化成了第一种情形：不能有两个拥有不同素数因数分解. 可以用更多的例子来检验，说明上面的论证能够完全推广. 我们的论证可以到此为止：算术基本定理是正确的. ■

整数的这个重要性质是带余除法的一个推论，而后者又是良序原理和 1 是整数这个事实的推论. 这便完成了所需的证明!

下面是算术基本定理推理的一个简单应用——第 165 页题 5.4.13 的一个解.

例 7.1.7 回忆一下，如果整系数多项式的最高项系数为 1，则称该多项式为首一的. 证明：如果整系数首一多项式有一个有理根，那么这个根一定是整数.

解答 设这个多项式为 $f(x) := x^n + a_{n-1}x^{n-1} + \cdots + a_1x + a_0$. 令 u/v 是这个多项式的一个根. 关键的一步：**不失一般性，假设** $u \perp v$. 那么有

$$\frac{u^n}{v^n} + \frac{a_{n-1}u^{n-1}}{v^{n-1}} + \cdots + \frac{a_1u}{v} + a_0 = 0.$$

接着，我们自然要去分母，两边同时乘以 v^n，得到

$$u^n + a_{n-1}u^{n-1}v + \cdots + a_1uv^{n-1} + a_0v^n = 0,$$

即

$$u^n = -\left(a_{n-1}u^{n-1}v + \cdots + a_1uv^{n-1} + a_0v^n\right).$$

因为右边是 v 的倍数，且 v 与 u^n 没有公因数，一定有 $v = \pm 1$，即 u/v 是整数. ■

既然我们很好地理解了最大公因数，让我们来解决第 25 页例 2.2.2 中的一些老问题.

例 7.1.8 (AIME 1985) 数列

$$101, 104, 109, 116, \cdots$$

的通项公式为 $a_n = 100 + n^2$ $(n = 1, 2, 3, \cdots)$. 对每个 n，d_n 是 a_n 和 a_{n+1} 的最大公因数. 对正整数 n，求 d_n 的最大值.

解答 回忆我们曾经考察过的数列 $a_n := u + n^2$，其中 u 固定，并且经过一些试验欣喜地发现 a_{2u}, a_{2u+1} 的表达式：$a_{2u} = u(4u+1)$ 且 $a_{2u+1} = (u+1)(4u+1)$. 这当然意味着 $4u+1$ 是 a_{2u} 与 a_{2u+1} 的公因数. 事实上，因为相邻的两个整数互素 [见题 7.1.3(e)]，我们有

$$(a_{2u}, a_{2u+1}) = 4u + 1.$$

接着只需证明这就是最大可能的最大公因数. 采用如下缩写

$$a := a_n = u + n^2, \quad b := a_{n+1} = u + (n+1)^2, \quad g := (a, b).$$

下面寻找 a 和 b 的恰当的线性组合，从而得到 $4u+1$. 我们有

$$b-a=2n+1.$$

这很简洁，但如何去掉 n 呢？因为 $a=u+n^2$，下面构造 n^2 项. 有

$$n(b-a)=2n^2+n, \quad 2a=2u+2n^2,$$

因此

$$2a-n(b-a)=2u-n.$$

将两边同乘以 2 并加回到 $b-a$ 得到

$$2\left(2a-n(b-a)\right)+(b-a)=2(2u-n)+(2n+1)=4u+1.$$

也就是说，我们构造了 a 和 b 的一个等于 $4u+1$ 的线性组合 [具体来说，这个线性组合是 $(3+2n)a+(1-2n)b$]. 因此无论 n 等于什么，都有 $g|(4u+1)$. 既然得到此值，则我们断定 $4u+1$ 确实是最大的连续项的最大公因数. ■

注意我们并不需要极其敏锐的洞察力来猜想出这个线性组合. 所需要的全部只是一些耐心的“推导”，从而向消去 n 的目标进发.

问题与练习

题 7.1.9 写出算术基本定理的一个正式证明.

题 7.1.10 回顾第 72 页例 3.2.4：一个涉及最大公因数、最小公倍数和极端原理的有趣问题.

题 7.1.11 证明：对于每个正整数 n，分式 $(n^3+2n)/(n^4+3n^2+1)$ 是既约的.

题 7.1.12 **辗转相除法**. 反复使用带余除法能方便地计算两个数的最大公因数. 例如，计算 $(333,51)$：

$$333=6\times 51+27;$$
$$51=1\times 27+24;$$
$$27=1\times 24+3;$$
$$24=8\times 3+0.$$

我们从 333 除以 51 开始. 然后把 51 除以上一步的余数. 在接下来的每步中，我们都用再上一步的余数除以上一步的余数. 一直这样做直到余数为 0，并且答案（最大公因数）是最后的非 0 余数（在本例中是 3）.

下面是另一个例子. 为了计算 $(89,24)$，有

$$89=3\times 24+17;$$
$$24=1\times 17+7;$$
$$17=2\times 7+3;$$
$$7=2\times 3+1.$$

因此最大公因数是 1.

这个方法称为**辗转相除法**. 请解释为什么它是对的！

题 7.1.13 **线性丢番图方程**. 因为 $17\perp 11$，所以存在整数 x, y 使得 $17x+11y=1$. 例如，令 $x=2, y=-3$ 即可. 下面是一个简洁的生成这个方程整数解的技巧. 只要令

$$x=2+11t, \quad y=-3-17t$$

即可，其中 t 是**任何**整数.

(a) 验证无论 t 是什么，$x=2+11t$, $y=-3-17t$ 是 $17x+11y=1$ 的解. 这是一个简单的代数练习，也是创造性地添加零的方法的一个很好的例子.

(b) 证明 $17x+11y=1$ 的所有整数解都有这种形式，即如果 x 和 y 是满足 $17x+11y=1$ 的整数，那么存在某个整数 t，使得 $x=2+11t, y=-3-17t$.

(c) 通过试错法容易得到解 $x=2, y=-3$，但对于比较大的数，能逆向使用辗转相除法. 例如，利用题 7.1.12 中的例子来求 x, y 使得 $89x+24y=1$. 由将 1 写为 3 和 7 的线性组合开始，再将 3 写为 7 与 17 的线性组合，以此类推.

(d) 当然如果 $x=2, y=-3$ 是 $17x+11y=1$ 的一个解，那么 $x=2u, y=-3u$ 是方程 $17x+11y=u$ 的一个解. 如上，验证所有解都有形式 $x=2u+11t, y=-3u-17t$.

(e) 这个方法当然能被推广到 $ax+by=c$ 形式的线性方程，其中 a, b, c 是常数. 首先将两边同除以 a 与 b 的最大公因数，如果这个最大公因数不是 c 的因数，则不存在解. 然后通过试错法或辗转相除法得到一组解.

(f) 为了考察生成丢番图方程无限多个解的方法，请看一下关于佩尔方程的问题（题 7.4.17–7.4.22）.

题 7.1.14 考虑集合 $F:=\{a+b\sqrt{-6}, a, b\in\mathbb{Z}\}$. 定义范数函数 N 为 $N(a+b\sqrt{-6})=a^2+6b^2$. 这是一个“自然”的定义，它正是复数 $a+bi\sqrt{6}$ 的模的平方，并且它非常有用，因为其值为整数.

(a) 证明：乘积的范数等于范数的乘积. 即，如果 $\alpha, \beta\in F$，那么 $N(\alpha\beta)=N(\alpha)N(\beta)$.

(b) 注意：如果 $\alpha\in F$ 不是整数（即它有非零虚部），那么 $N(\alpha)\geqslant 6$.

(c) 一个 F-素数是 F 的这样一个元素：它在 F 中除了 1 与它本身之外没有其他因数. 证明 2 和 5 是 F-素数.

(d) 证明 7 和 31 不是 F-素数.

(e) 证明 $2-\sqrt{-6}$ 和 $2+\sqrt{-6}$ 是 F-素数.

(f) 推导 F 没有唯一分解性质.

题 7.1.15 证明：相邻的斐波那契数互素.

题 7.1.16 证明：对于每个素数 p，都存在整数 n 使得 p 整除第 n 个斐波那契数.

题 7.1.17 证明：$(a,b)[a,b]=ab$. 请不要利用素数幂分解，而是利用最大公因数与最小公倍数的定义.

题 7.1.18 (USAMO 1972) 设 $a,b,c\in\mathbb{N}$. 证明

$$\frac{[a,b,c]^2}{[a,b][b,c][c,a]}=\frac{(a,b,c)^2}{(a,b)(b,c)(c,a)}.$$

题 7.1.19 证明：两个相邻素数的和不可能等于某个素数的两倍.

题 7.1.20 是否可能有 4 个连续的整数都为合数？5 个呢？多于 5 个呢？任意多个呢？

题 7.1.21 证明：对于所有 $0<k<p$ 有 $\binom{p}{k}$ 是 p 的倍数.

题 7.1.22 证明：1000! 以 249 个 0 结尾. 请推广至一般性结论.

题 7.1.23 令 $r\in\mathbb{N}$，证明：当 $0<k<p^r$ 时，$\binom{p^r}{k}$ 是 p 的倍数.

题 7.1.24 假设 $n>1$，证明

$$1+\frac{1}{2}+\frac{1}{3}+\cdots+\frac{1}{n}$$

不是整数.

题 7.1.25 证明：如果 n 整除一个斐波那契数，那么它将整除无限多个斐波那契数.

题 7.1.26 证明：存在无限多个 $4k+3$ 形式的素数. 即，序列 $\{3,7,11,19,\cdots\}$ 是无限的.

题 7.1.27 证明：存在无限多个 $6n-1$ 形式的素数.

题 7.1.28 (湾区数学奥林匹克竞赛 1999) 证明：在连续的 12 个正整数中至少存在 1 个数，这个数小于它的所有真因数之和.（正整数 n 的真因数是除了 1 与 n 以外的所有整除 n 的正整数. 例如，14 的真因数为 2 和 7.）

题 7.1.29 (湾区数学奥林匹克竞赛 2000) 证明：任何大于等于 7 的整数都可以写成两个互素的、大于 1 的整数之和. 例如，22 和 15 互素，因此 $37=22+15$ 是我们想要的 37 的分解.

题 7.1.30 (湾区数学奥林匹克竞赛 2006) 因为 $24 = 3+5+7+9$，数 24 能写成至少两个连续正奇数之和.

(a) 数 2005 能写成至少两个连续的正奇数之和吗? 如果能，举例说明如何做到；如果不能，给出证明.

(b) 数 2006 能写为至少两个连续的正奇数之和吗? 如果能，举例说明如何做到；如果不能，给出证明.

题 7.1.31 如果一个整系数多项式的系数互素，那么这个多项式就称为**本原多项式**. 例如，$3x^2+9x+7$ 是本原多项式，而 $10x^2-5x+15$ 就不是.

(a) 证明：两个本原多项式之积也是本原多项式. 提示：极端原理.

(b) 利用 (a) 证明第 163 页的高斯引理：如果一个整系数多项式能因式分解成有理系数多项式，那么它也可以分解成整系数本原多项式.

题 7.1.32 判断正误，并说明理由：

(a) 两个连续正整数之积不可能等于一个完全平方数.

(b) 三个连续正整数之积不可能等于一个完全平方数.

题 7.1.33 (俄罗斯 1995) 对于所有 $i \neq j$，自然数数列 $a_1, a_2, \cdots$ 满足

$$\gcd(a_i, a_j) = \gcd(i, j).$$

证明：对于所有的 i 都有 $a_i = i$.

题 7.1.34 (USAMO 1973) 证明：三个不同素数的立方根不可能是某个等差数列的（不必连续的）三项.

7.2 同余

我们在第 42 页已经介绍了同余记号. 回忆一下：如果 $a-b$ 是 m 的倍数，记作 $a \equiv b \pmod{m}$（读作"a 与 b 模 m 同余"）.

题 7.2.1 下面是一些你应该立即验证的事实.

(a) 如果将 a 除以 b 得到余数 r，这等价于说 $a \equiv r \pmod{b}$.

(b) 只存在 m 个模 m"不同"的整数，因为只存在 m 个不同的余数 $0, 1, 2, \cdots, m-1$. 称这 m 个数为**模 m 整数**或者 Z_m. 例如，在 Z_6 中有 $5+5=4$, $2^5=2$，等等. 另一个术语是模 m **剩余**. 例如，我们可以说，7 和 3 是不同的模 5 剩余，但是是相同的模 4 剩余.

(c) 命题 $a \equiv b \pmod{m}$ 等价于说存在整数 k 使得 $a = b + mk$.

(d) 如果 $a \equiv b \pmod{m}$ 且 $c \equiv d \pmod{m}$，那么 $a+c \equiv b+d \pmod{m}$ 且 $ac \equiv bd \pmod{m}$.

最后一条命题特别有用. 例如，假设我们想要求 2^{1000} 除以 17 的余数. 注意到 $2^4 = 16 \equiv -1 \pmod{17}$. 因此 $2^{1000} = (2^4)^{250} \equiv (-1)^{250} \equiv 1$，于是余数是 1.

题 7.2.2 这种方法的另两个例子产生了下面的著名整除性法则. 证明并记住它们!

(a) 如果一个数用十进制写出，那么它与它的各位数字之和模 9 且模 3 同余.

(b) 如果一个数用十进制写出，那么它与"个位数字 − 十位数字 + 百位数字 − 千位数字（以此类推）"模 11 同余.

选取一个合适的 m 来观察模 m 的问题是一种神奇的化简战术，因为它将整数这个无穷的宇宙缩减为 Z_m 的有限世界. 你在奇偶性（第 89 页）中已经遇到过这种思想，那只是 $m=2$ 的情形，你也遇到过 m 为其他值的情形（第 93 页）. 我们经常（但不总是）求助于素数值的 m，因为素数是更简单、更“基础”的对象，通常也更容易理解. 一般地

> 当开始考察一个数论问题时，假设变量是素数或至少是互素的. 一般情形往往能通过一些“技术”细节从素数情形得到.

例 7.2.3 费马大定理. 假定 $n \geqslant 3$，则方程

$$x^n + y^n = z^n$$

没有非零整数解.

我们并不准备证明它. 费马大定理或许是在所有的数学问题当中最著名最出色的问题. 法国数学家费马在 300 多年前猜测它是正确的，然而这个问题直到 1995 年才被解决. 但是我们将指出两种简化情形.

- 不失一般性，可以假设 n 为素数. 例如，如果 $x^3+y^3=z^3$ 没有非零整数解，则 $x^{12}+y^{12}=z^{12}$ 也没有非零整数解，因为后者能被重写为

$$(x^4)^3 + (y^4)^3 = (z^4)^3.$$

- 类似地，可以假设 x, y, z 是一个**本原解**. 即，x, y, z 没有 1 以外的公因数. 为了说明原因，假设 g 是 x, y, z 的最大公因数. 则存在某些整数 a, b, c，使得 $x=ga, y=gb, z=gc$. 注意 a, b, c 没有公因数，以及

$$x^n + y^n = z^n \iff (ga)^n + (gb)^n = (gc)^n \iff a^n + b^n = c^n,$$

其中第三个等式由第二个除以 g^n 得到.

为什么素数这么好

素数方便的原因之一是：它有唯一的“乘法逆”. 例如，在 Z_6 中，数 5 有一个乘法逆，也就是它本身，因为 $5 \times 5 \equiv 1 \pmod 6$. 然而，2 没有乘法逆，4 也没有. 相比之下，Z_7 的所有非零元素都有乘法逆，而且是唯一的. 我们有

$$1 \times 1 \equiv 2 \times 4 \equiv 3 \times 5 \equiv 6 \times 6 \equiv 1 \pmod 7,$$

因此 $1,2,3,4,5,6$ 在 Z_7 中的逆分别为 $1,4,5,2,3,6$. 一般地，

> 如果 p 是素数，且 x 不是 p 的倍数，那么存在唯一的 $y \in \{1,2,3,\cdots,p-1\}$ 使得 $xy \equiv 1 \pmod p$.

这已经在第 42 页例 2.3.4 中被证明了. 倒数第二步是一个非常有用的事实

如果 p 是素数，且 $x \not\equiv 0 \pmod{p}$，那么 $p-1$ 个数

$$x, 2x, 3x, \cdots, (p-1)x$$

在 Z_p 中是不同的.

等价地，如果 p 是素数，且 $x \not\equiv 0 \pmod{p}$，那么在 Z_p 中，

$$\{x, 2x, 3x, \cdots, (p-1)x\} = \{1, 2, 3, \cdots, p-1\}. \tag{7.2.1}$$

例如，如果 $p=7$ 且 $x=4$，那么有（模 7）

$$4 \times 1 \equiv 4, \quad 4 \times 2 \equiv 1, \quad 4 \times 3 \equiv 5, \quad 4 \times 4 \equiv 2, \quad 4 \times 5 \equiv 6, \quad 4 \times 6 \equiv 3,$$

验证了在 Z_7 中 4 的非零倍数正是 Z_7 中非零值的排列.

费马小定理

让我们导出 (7.2.1) 的一个漂亮的推论. 设 p 为素数，且 $a \perp p$. 由于集合

$$\{a, 2a, 3a, \cdots, (p-1)a\} \quad 与 \quad \{1, 2, 3, \cdots, p-1\}$$

在 Z_p 中相等，则其中元素的乘积在 Z_p 中也相等. 也就是说，

$$a \times 2a \times 3a \cdots (p-1)a \equiv 1 \times 2 \times 3 \cdots (p-1) \pmod{p},$$

这等价于

$$a^{p-1}(p-1)! \equiv (p-1)! \pmod{p}.$$

因为 p 是素数，因此 $(p-1)! \perp p$，于是我们能在两边“约去” $(p-1)!$,[1]得到**费马小定理**

$$a^{p-1} \equiv 1 \pmod{p}.$$

（“小”用来区分它和费马大定理.）我们也能通过在等式两边乘以 a 来去掉假设条件“a 与 p 互素”[2]，得到等价的命题

$$a^p \equiv a \pmod{p}$$

对于所有整数 a，素数 p 均成立.

下面的例子说明如何使用费马小定理来创造合数.

例 7.2.4 (德国 1995) 令 a 和 b 为正整数，并令数列 $(x_n)_{n\geqslant 0}$ 定义为 $x_0=1$ 且对于所有非负整数 n 有 $x_{n+1}=ax_n+b$. 证明：对于 a 和 b 的任何选择，数列 $(x_n)_{n\geqslant 0}$ 包含无限多个合数.

解答 首先来做些试验. 尝试 $a=5$, $b=7$，结果是

$$1, 12, 67, 342, 1717, 8592, \cdots.$$

① 见第 223 页题 7.2.5.

② 短语“模 p 非零”“与 p 互素”“不是 p 的倍数”“在 Z_p 中非零”全都等价.

显然，每隔一项便是偶数，且如果 a 和 b 都是奇数，那么这个结论恒成立. 如果 a 和 b 有不同的奇偶性，例如，$a=2, b=3$，我们的数列将会是

$$1, 5, 13, 29, 61, 125, 253, 509, 1021, 2045, \cdots.$$

注意，从 $a_2=5$ 开始，每隔 3 项便出现一个 5 的倍数. 我们能够证明这个结论吗? 令 $u=a_k$ 是 5 的倍数. 则接下来的几项是

$$\begin{aligned} a_{k+1} &= 2u+3, \\ a_{k+2} &= 2(2u+3)+3=4u+9, \\ a_{k+3} &= 2(4u+9)+3=8u+21, \\ a_{k+4} &= 2(8u+21)+3=16u+45. \end{aligned}$$

的确，a_{k+4} 将是 5 的倍数. 如果够仔细的话，可以在这个数列中生成合数. 对于任何给定的 a 和 b 的值，让我们通过反证法来尝试给出一个正式的论证.

假设结论不成立，也就是说，这个数列只包含有限个合数. 这意味着“最终”这个数列只有素数，也就是说，存在某个 M 使得对于所有 $n>M$，a_n 为素数. 这个命题有“立足之处”，因为素数往往比合数处理起来要简单，并且特别地，我们对于素数有好的工具，比如费马小定理. 现在我们需要利用试验来构造一个对于所有 a 和 b 的值都可行的矛盾!

令 $n>M$ 且 $x_n=p$ 为素数. 数列的后面几项是什么呢? 我们有 $x_{n+1}=ap+b, x_{n+2}=a^2p+ab+b, x_{n+3}=a^3p+a^2b+ab+b$, 等等. 一般地，对于任何 k 有

$$x_{n+k}=a^kp+b(a^{k-1}+a^{k-2}+\cdots+1)=a^kp+b\left(\frac{a^k-1}{a-1}\right).$$

如果能证明 x_{n+k} 对于某些 k 不是素数那将会很好. 我们已经引入了 p，现在来利用它：如果能证明 $b\left(\frac{a^k-1}{a-1}\right)$ 是 p 的倍数，就大功告成了! 现在，费马小定理将起到关键作用：只要 a 不是 p 的倍数，我们就有 $a^{p-1}\equiv 1 \pmod p$，因此如果选择 $k=p-1$，那么 a^k-1 是 p 的倍数. 然而，我们把它除以 $a-1$. 如果 p 整除 $a-1$ 会怎样? 那么我们将会陷入麻烦. 因此现在别担心它! 先假设 p 不整除 $a-1$.

回顾一下，如果假设 p 既不整除 a 也不整除 $a-1$，那么 x_{n+p-1} 将会是 p 的倍数，这便产生了矛盾. 如何能保证 p 满足这两个条件? 我们给定了 a，它是固定的. 因此只有有限多个素数 p 或者整除 a 或者整除 $a-1$. 但根据假设，对于 $n>M$，a_n 的值都是素数，并且会有无限多个素数，因为序列是递增的. 因此有无限多个素数供选择，只要选一个有用的就行了! ■

问题与练习

题 7.2.5 已知 $ar \equiv br \pmod{m}$ 且 $r \perp m$，证明:可以从这个同余式两边约去 r,从而得到 $a \equiv b \pmod{m}$. 当 $(m,r) > 1$ 时又会如何?

题 7.2.6 证明:如果 $a^2+b^2=c^2$,那么 $3|ab$.

题 7.2.7 证明:如果 $x^3+y^3=z^3$，那么这三个数中必有一个是 7 的倍数.

题 7.2.8 求所有使得 x^2+2 为素数的素数 x.

题 7.2.9 证明:存在无限多个不能表示为 3 个完全立方数之和的正整数.

题 7.2.10 令 N 是由 9 个不同的非零数字组成的数，使得对于每个 $1 \leqslant k \leqslant 9$，$N$ 的前 k 个数字组成的数能被 k 整除. 求 N（答案唯一）.

题 7.2.11 令 $f(n)$ 表示 n 的各位数字之和.

(a) 对于任何整数 n，证明：数列

$$f(n), f(f(n)), f(f(f(n))), \cdots$$

最终会变成常数. 这个常数称为 n 的**数位和**.

(b) 证明:除了 3 和 5,任意两个孪生素数之积的数位和等于 8.（孪生素数是两个素数，同时也是两个相邻的奇数，例如 17 和 19.）

(c) (IMO 1975) 令 $n = 4444^{4444}$，不用计算器求 $f(f(f(n)))$.

题 7.2.12 使用鸽笼原理证明:一定存在一个 17 的幂以 00001 结尾. 尝试推广此结论.

题 7.2.13 a 模 p 的**阶**定义为满足 $a^k \equiv 1 \pmod{p}$ 的最小正整数 k. 证明:如果 p 是素数，那么 a 的阶一定整除 $p-1$.

题 7.2.14 令 p 为素数. 证明:如果对于所有非零 x 都有 $x^k \equiv 1 \pmod{p}$,则 $p-1$ 整除 k.

题 7.2.15 令 $\{a_n\}_{n\geqslant 0}$ 为满足 $a_{n+1} = 2a_n+1$ 的整数数列. 是否存在 a_0 使得这个数列完全由素数构成?

题 7.2.16 通过对 a 使用数学归纳法，证明费马小定理（需要二项式定理）.

题 7.2.17 我们对费马小定理的讨论包含了量 $(p-1)!$. 请重新阅读威尔逊定理的证明（第 64 页例 3.1.9），它说如果 p 是素数，则 $(p-1)! \equiv -1 \pmod{p}$.

题 7.2.18 **中国剩余定理**. 考虑下面两个同时成立的同余式

$$x \equiv 3 \pmod{11},$$
$$x \equiv 5 \pmod{6}.$$

通过试验容易找到一个解 $x=47$. 还有另一种方法. 因为 $6 \perp 11$,我们能找到 6 和 11 的一个等于 1 的线性组合,例如,$(-1)\times 11+2\times 6=1$. 现在计算

$$5\times(-1)\times 11+3\times 2\times 6=-19.$$

这个数是一个模 $66=6\times 11$ 的解. 事实上，$47 \equiv -19 \pmod{66}$.

(a) 为什么此式成立?

(b) 注意两个模数（例子中是 11 与 6）必须是互素的. 举例说明：如果两个模数有公因数,则同时成立的两个同余式并不总是存在解.

(c) 令 $m \perp n$，a 和 b 为任意值，再令 x 同时满足同余式 $x \equiv a \pmod{m}$ 和 $x \equiv b \pmod{n}$. 上述算法将产生 x 的一个解. 证明：这个解在模 mn 下是**唯一的**.

(d) 证明：只要模数是两两互素的，这个算法就可以推广到有限个同时成立的同余式.

(e) 证明：存在 3 个连续的整数，每个数都能被某个整数的 1999 次幂整除.

(f) 证明:存在 1999 个连续的整数，每个数都能被某个整数的 3 次幂整除.

题 7.2.19 (普特南 1995) 数 $d_1d_2\cdots d_9$ 是 9 位（每位数字不必不同）十进制数. 数 $e_1e_2\cdots e_9$ 是这样的数：对于 $1 \leqslant i \leqslant 9$，将 $d_1d_2\cdots d_9$ 每次把一个 d_i 用相应的 e_i 替换得到的 9 个 9 位数中，能被 7 整除的那些数. 数 $f_1f_2\cdots f_9$ 以相同方式与 $e_1e_2\cdots e_9$ 关联：即，通过将 e_i 用相应的 f_i 替换得到的 9 个数中，能被 7 整除的那些数. 证明：对于每个 i，d_i-f_i 能被 7 整除.（例如，如果 $d_1d_2\cdots d_9=$

199 501 996，那么 e_6 可以是 2 或 9，因为 199 502 996 和 199 509 996 都是 7 的倍数.）

题 7.2.20 (普特南 1994) 假设 a, b, c, d 是满足 $0 \leqslant a \leqslant b \leqslant 99, 0 \leqslant c \leqslant d \leqslant 99$ 的整数. 对于任何整数 i，令 $n_i = 101i + 1002^i$. 证明：如果 $n_a + n_b$ 与 $n_c + n_d$ 模 10100 同余，那么 $a = c$ 且 $b = d$.

7.3 数论函数

在定义域为 $\mathbb{N}$ 的无限多个函数中，我们将要选出特别感兴趣的那些. 这些函数大多数都是**积性函数**. 积性函数 f 满足：当 $a \perp b$ 时，有

$$f(ab) = f(a)f(b).$$

题 7.3.1 证明：如果 $f : \mathbb{N} \to \mathbb{N}$ 是积性函数，则 $f(1) = 1$.

题 7.3.2 证明：如果 f 是积性函数，则"得到 f 的所有值"等价于"对每个素数 p 和每个 $r \in \mathbb{N}$ 得到 $f(p^r)$".

因数和

定义

$$\sigma_r(n) = \sum_{d|n} d^r,$$

其中 r 是任何整数. 例如，

$$\sigma_2(10) = 1^2 + 2^2 + 5^2 + 10^2 = 130.$$

换句话说，$\sigma_r(n)$ 是 n 的因数的 r 次幂之和. 尽管对任意 r 值定义这个函数是有用的，但是实际上，我们很少考虑除 $r = 0$ 和 $r = 1$ 以外的值.

题 7.3.3 注意 $\sigma_0(n)$ 等于 n 的因数的个数. 这个函数一般用 $d(n)$ 来表示. 你曾在第 185 页题 6.1.21 和 3.1 节第 64 页见到过它. 回忆一下：如果

$$n = p_1^{e_1} p_2^{e_2} \cdots p_t^{e_t}$$

是 n 的素数幂分解，那么

$$d(n) = (e_1 + 1)(e_2 + 1) \cdots (e_t + 1).$$

由这个公式，可以推断出 $d(n)$ 是积性函数.

题 7.3.4 举例说明：如果 a 与 b 不是互素的，$d(ab)$ 不总是等于 $d(a)d(b)$. 事实上，可以证明：如果 a 与 b 不是互素的，则 $d(ab) < d(a)d(b)$.

题 7.3.5 函数 $\sigma_1(n)$ 等于 n 的因数和，并且常简单地用 $\sigma(n)$ 表示.

(a) 证明：对于素数 p 和正整数 r，有 $\sigma(p^r) = \frac{p^{r+1}-1}{p-1}$.

(b) 证明：对于不同的素数 p, q，有 $\sigma(pq) = (p+1)(q+1)$.

题 7.3.6 一个重要的计数原理. 令 $n = ab$，其中 $a \perp b$. 证明：如果 $d|n$，则 $d = uv$，其中 $u|a$ 且 $v|b$. 进一步讲，这是一个一一对应关系：每对满足 $u|a, v|b$ 的 u, v 产生一个不同的整除 n 的 $d := uv$.

题 7.3.7 利用题 7.3.6 来推断 $\sigma(n)$ 是积性函数. 例如 $12 = 3\times4$ 且 $3 \perp 4$, 有

$$\begin{aligned}\sigma(12) &= 1+2+4+3+6+12\\ &= (1+2+4)+(1\times3+2\times3+4\times3)\\ &= (1+2+4)(1+3)\\ &= \sigma(4)\sigma(3).\end{aligned}$$

题 7.3.8 事实上，可以用题 7.3.6 来证明无论 r 取何值 $\sigma_r(n)$ 都是积性函数.

题 7.3.9 事实上，能得出进一步的结论. 我们曾使用过的计数原理可以重新表述如下：令 $n = ab$ 且 $a \perp b$，并且令 f 为任意积性函数. 仔细证明（请尝试多个具体例子）

$$\begin{aligned}\sum_{d|n} f(d) &= \sum_{u|a}\left(\sum_{v|b} f(uv)\right)\\ &= \sum_{u|a}\left(\sum_{v|b} f(u)f(v)\right)\\ &= \left(\sum_{u|a} f(u)\right)\left(\sum_{v|b} f(v)\right).\end{aligned}$$

我们已经证明了如下一般事实

令

$$F(n) := \sum_{d|n} f(d).$$

如果 f 是积性函数，那么 F 也是积性函数.

ϕ 和 μ

定义 $\phi(n)$ 为小于等于 n 且与 n 互素的正整数个数. 例如 $\phi(12) = 4$，这是因为 1, 5, 7, 11 与 12 互素.

我们能使用容斥原理（见 6.3 节）来估计 $\phi(n)$. 例如，为了计算 $\phi(12)$，仅需考虑的相关性质是被 2 整除的性质或被 3 整除的性质，因为 2 和 3 是仅有的能整除 12 的素数. 关于如何继续计算剩余部分，我们已经计算过很多次了. 那就是计算介于 1 与 12（含两端）之间的整数与 12 有公因数的个数. 如果令 M_k 代表 k 的不大于 12 的正倍数的个数，那么只需要计算

$$|M_2 \cup M_3|,$$

因为任何与 12 有公因数的数将是 2 或 3（或两者都是）的倍数. 现在容斥原理暗示着

$$|M_2 \cup M_3| = |M_2| + |M_3| - |M_2 \cap M_3|.$$

因为 $2 \perp 3$，能将 $M_2 \cap M_3$ 重写为 M_6. 因此有

$$\phi(12) = 12 - |M_2 \cup M_3| = 12 - (|M_2| + |M_3|) + |M_6| = 12 - (6+4) + 2 = 4.$$

题 7.3.10 令 p 和 q 为不同的素数. 证明:

(a) $\phi(p) = p - 1$,

(b) $\phi(p^r) = p^r - p^{r-1} = p^{r-1}(p-1) = p^r\left(1 - \frac{1}{p}\right)$,

(c) $\phi(pq) = (p-1)(q-1) = pq\left(1 - \frac{1}{p}\right)\left(1 - \frac{1}{q}\right)$,

(d) $\phi(p^r q^s) = p^{r-1}(p-1)q^{s-1}(q-1) = p^r q^s\left(1 - \frac{1}{p}\right)\left(1 - \frac{1}{q}\right)$.

上面这些特殊情形显然暗示 ϕ 是积性函数. 这容易用容斥原理证明. 例如，假设 n 只包含不同的素因子 p, q, w. 如果令 M_k 表示 k 的小于等于 n 的正倍数的个数，我们有

$$\phi(n) = n - (|M_p| + |M_q| + |M_w|) + (|M_{pq}| + |M_{pw}| + |M_{qw}|) - |M_{pqw}|.$$

一般地，

$$M_k = \left\lfloor \frac{n}{k} \right\rfloor,$$

但因为 p, q, w 都整除 n，我们能去掉下取整符号:

$$\phi(n) = n - \left(\frac{n}{p} + \frac{n}{q} + \frac{n}{w}\right) + \left(\frac{n}{pq} + \frac{n}{pw} + \frac{n}{qw}\right) - \frac{n}{pqw}, \tag{7.3.1}$$

并且这些因数可简化为

$$\phi(n) = n\left(1 - \frac{1}{p}\right)\left(1 - \frac{1}{q}\right)\left(1 - \frac{1}{w}\right).$$

如果记 $n = p^r q^s w^t$，我们有

$$\phi(n) = p^r\left(1 - \frac{1}{p}\right)q^s\left(1 - \frac{1}{q}\right)w^t\left(1 - \frac{1}{w}\right) = \phi(p^r)\phi(q^s)\phi(w^t),$$

其中使用了题 7.3.10 中的公式. 这个论证当然可以推广到任何数目的不同的素数，因此我们已经证明了 ϕ 是积性函数. 在证明过程中我们得到了一个公式，它从直觉上来讲很有道理. 例如，考虑 $360 = 2^3 3^2 5$. 我们的公式表明

$$\phi(360) = 360\left(1 - \frac{1}{2}\right)\left(1 - \frac{1}{3}\right)\left(1 - \frac{1}{5}\right),$$

且这也是有意义的. 因为能证明：小于等于 360 的正整数中有一半是奇数，并且其中三分之二不是 3 的倍数，剩余部分中的五分之四不是 5 的倍数. 最终 360 个数中的 $\frac{1}{2} \cdot \frac{2}{3} \cdot \frac{4}{5}$ 个将会是与 360 没有公因数的数. 这个论断不是很严格. 它的隐含条件是：假设被不同素数的整除性在概率意义下有“独立”的意思. 这是对的，并且我们也能把它变得严格，但这不是将它严格化的地方. ①

① 文献 [18] 中有关于此以及相关问题的精彩讨论.

让我们暂时换一个内容，来介绍**莫比乌斯**函数 $\mu(n)$. 定义

$$\mu(n)=\begin{cases}1 & \text{如果 } n=1;\\ 0 & \text{如果 } p^2|n\text{，其中 } p \text{ 是某个素数;}\\ (-1)^r & \text{如果 } n=p_1p_2\cdots p_r\text{，其中 } p_i \text{ 是不同的素数.}\end{cases}$$

这是相当古怪的定义，但事实证明：莫比乌斯函数很方便地“编码”了容斥原理. 下表是由开头的几个 $\mu(n)$ 值构成的.

n	1	2	3	4	5	6	7	8	9	10	11	12	13	14	15
$\mu(n)$	1	-1	-1	0	-1	1	-1	0	0	1	-1	0	-1	1	1

题 7.3.11 验证 μ 是积性函数.

题 7.3.12 利用题 7.3.11 和题 7.3.9 来证明：

$$\sum_{d|n}\mu(d)=\begin{cases}1 & \text{如果 } n=1;\\ 0 & \text{如果 } n>1.\end{cases}$$

$\mu(n)$ 的值根据 n 的素因子的个数的奇偶性来改变符号. 这就使莫比乌斯函数与容斥原理相关. 例如，我们能重写等式 (7.3.1) 为

$$\phi(n)=\sum_{d|n}\mu(d)\frac{n}{d}. \tag{7.3.2}$$

从 μ 的“过滤”性质来看，这也是成立的，事实上如果在上式中因数 d 包含了大于 1 的指数，则 $\mu(d)=0$，因此这项就没有出现. 如果 d 是一个单独的素数，例如 p，对应项为 $-\frac{n}{p}$. 类似地，如果 $d=pq$，对应项变为 $+\frac{n}{pq}$，以此类推. 当然 (7.3.2) 是一般的公式，它对于任何 n 均成立.

问题与练习

题 7.3.13 利用手算或计算机制作一张表，包括对于（比如说）$1\leqslant n\leqslant 100$ 的 $d(n)$, $\phi(n)$, $\sigma(n)$, $\mu(n)$ 的值.

题 7.3.14 证明：方程 $\phi(n)=14$ 没有解.

题 7.3.15 在题 7.3.4 中已经证明：如果 a 与 b 不是互素的，则 $d(ab)<d(a)d(b)$. 对于 σ 函数能得到什么?

题 7.3.16 求满足 $\phi(n)=6$ 的最小整数 n.

题 7.3.17 求满足 $d(n)=10$ 的最小整数 n.

题 7.3.18 求 $n\in\mathbb{N}$，使得 $\mu(n)+\mu(n+1)+\mu(n+2)=3$.

题 7.3.19 证明：对于所有 $n,r\in\mathbb{N}$ 有

$$\frac{\sigma_r(n)}{\sigma_{-r}(n)}=n^r.$$

题 7.3.20 对于 $n>1$，定义

$$\omega(n)=\sum_{p|n}1,$$

其中和式中的 p 必须是素数. 对于 $n=1$，令 $\omega(n)=1$. 也就是说，$\omega(n)$ 是 n 的不同素因子的个数. 例如，$\omega(12)=2$ 且 $\omega(7^{344})=1$.

(a) 对于 $n=1,\cdots,25$ 计算 $\omega(n)$.

(b) $\omega(17!)$ 等于多少?

(c) ω 是积性函数吗? 请解释.

题 7.3.21 类似地，对于 $n>1$，定义

$$\Omega(n)=\sum_{p^e\|n} e,$$

同样, p 必须是素数. 对于 $n=1$, 令 $\Omega(n)=1$. 因此 $\Omega(n)$ 是 n 的素数幂分解中出现的所有指数的和. 例如, $\Omega(12)=2+1=3$，因为 $12=2^2 3^1$.

(a) 对于 $n=1,\cdots,25$，计算 $\Omega(n)$.

(b) 使用反例证明：Ω 不是积性函数.

(c) 然而，当 $(a,b)=1$ 时，存在 $\Omega(ab)$ 的一个简单公式. 它是什么? 请解释.

题 7.3.22 定义

$$F(n)=\sum_{d|n} g(d),$$

其中 $g(1)=1$ 且如果 $k>1$ 则 $g(k)=(-1)^{\Omega(k)}$. 求 F 的一个简单的规则.

题 7.3.23 有两种迥异的方法可以证明题 7.3.12. 你可能已经使用过第一种证明方法，即先注意到 $F(n):=\sum_{d|n}\mu(d)$ 是积性函数，再计算 $F(p^r)=0$ 对于所有素数成立. 但还有另一种证明方法：考虑如下等式

$$\sum_{k=0}^{\omega(n)}\binom{\omega(n)}{k}(-1)^k=(1-1)^{\omega(n)}=0,$$

其中 $\omega(n)$ 在题 7.3.20 中已经给出定义. 请解释这个等式成立的原因，以及它为什么能证明题 7.3.12.

题 7.3.24 证明: 当且仅当 n 是素数时 $\phi(n)+\sigma(n)=2n$ 成立.

题 7.3.25 费马小定理的欧拉推广. 模仿费马小定理的证明（第 221 页）来证明如下命题:

令 $m\in\mathbb{N}$, m 不必是素数，并令 $a\perp m$. 那么

$$a^{\phi(m)}\equiv 1 \pmod m.$$

题 7.3.26 令 $f(n)$ 为严格递增的积性函数，其值域为正整数集，满足 $f(1)=1$ 且 $f(2)=2$. 证明：对于所有 n 有 $f(n)=n$.

题 7.3.27 不用计算机，求 9^{99} 的最后两位数.

莫比乌斯反演公式

题 7.3.28–7.3.31 探讨了莫比乌斯反演公式，它是从等式 $F(n)=\sum_{d|n}f(d)$ 中得到“求解” f 的出色的方法.

题 7.3.28 在题 7.3.9 中已经证明：如果 $F(n):=\sum_{d|n}f(d)$ 且 f 是积性函数，那么 F 也是积性函数. 证明上述命题的逆命题：如果且 $F(n):=\sum_{d|n}f(d)$ 是积性函数，那么 f 必定也是积性函数. 提示：强数学归纳法.

题 7.3.29 另一个计数原理. 令 $F(n):=\sum_{d|n}f(d)$，并令 g 为任意函数. 考虑和式

$$\sum_{d|n} g(d)F\left(\frac{n}{d}\right)=\sum_{d|n} g(d)\sum_{k|(n/d)} f(k).$$

对于每个 $k\leqslant n$, 和式有多少项包含因数 $f(k)$? 首先注意到 $k|n$. 接着证明包含 $f(k)$ 的项将是

$$f(k)\sum_{u|(n/k)} g(u).$$

得到

$$\sum_{d|n} g(d)F\left(\frac{n}{d}\right)=\sum_{k|n} f(k)\sum_{u|(n/k)} g(u).$$

上式非常烦琐，但如果你不厌其烦，并计算几个例子的话，会发现它其实并不难!

题 7.3.30 上面的等式使用了任意函数 g. 如果用 μ 替换 g，则我们能使用诸如题 7.3.12 的一些特殊的性质. 这导出了**莫比乌斯反演公式**，即如果 $F(n):=\sum_{d|n}f(d)$，则

$$f(n)=\sum_{d|n}\mu(d)F\left(\frac{n}{d}\right).$$

题 7.3.31 一个应用. 考虑基于 26 个字母的 n 个字符的所有可能“单词”. 如果一个单词不是由更小的相同的单词的连接形成的，我们说它是“素”的. 例如，booboo 不是素的，而 booby 是素的. 令 $p(n)$ 表示长度为 n 的素的单词的个数. 证明:

$$p(n)=\sum_{d|n}\mu(d)26^{n/d}.$$

例如，这个公式表明 $p(1)=\mu(1)\cdot 26^1=26$，这是合理的，因为每个单字母单词都是素的．类似地，$p(2)=\mu(1)\cdot 26^2+\mu(2)\cdot 26^1=26^2-26$．这也合理，因为有 26^2 个两字母单词，并且除了 26 个单词 aa, bb, $\cdots$, zz 以外都是素的．

7.4 丢番图方程

丢番图方程是指任何变量只能取整数值的方程．你曾在第 217 页题 7.1.13 中遇到过线性丢番图方程——一族有“完整理论”的方程．借此，我们表示：给定任何线性丢番图方程，都能够确定它是否存在解．并且，如果存在解，便存在一个找到**所有**解的算法．例如，因为 $\gcd(3,21)$ 不整除 19，线性丢番图方程 $3x+21y=19$ 没有解．另一方面，方程 $3x+19y=4$ 有无穷多组解，即，$x=-24+19t, 4-3t$，t 可取任意整数．

多数高阶丢番图方程是有争议的，并没有完整的理论，并且有时只可能部分理解．然而这个领域尚有很多内容等待发掘．我们将只稍稍涉及这方面的内容，并专注于一些时常能被理解的方程类型，以及一些在多种问题中反复使用的有用战术．

一般的战略与战术

给定任意丢番图方程，有下面四个必须问的问题．

- **问题是“简单”形式吗？**务必保证已经除掉了所有的公因数，或者假设变量没有公因数．见第 220 页例 7.2.3 对此的简要讨论．
- **存在解吗？**有时不能真正解出这个方程，但能证明至少存在一个解．
- **问题没有解吗？**通常，这是首要问题．正如有时候用反证法证明方程没有解反而容易．当你开始考察时，先花一些时间在这个问题上总是值得的．
- **能找到所有解吗？**一旦已经找到一个解，我们要尝试了解如何能生成更多的解．证明找到的解已经是全部解，这有时是相当棘手的问题．

下面是有“完整”解的问题的一个简单例子，运用了最重要的战术之一：因式分解．

例 7.4.1 求边长为整数且面积等于周长的所有直角三角形．

解答 令 x,y 为直角边，z 为斜边．那么根据勾股定理，$z=\sqrt{x^2+y^2}$．又由面积与周长相等推出

$$\frac{xy}{2}=x+y+\sqrt{x^2+y^2}.$$

基本的代数战略指示我们要消除最明显的困难，在这个问题中困难指的是分式与根号．乘以 2，将根号单独放在一边，再平方．这推出了

$$\left(xy-2(x+y)\right)^2=4(x^2+y^2),$$

从而

$$x^2y^2 - 4xy(x+y) + 4(x^2+y^2+2xy) = 4(x^2+y^2).$$

在合并同类项后，有

$$x^2y^2 - 4xy(x+y) + 8xy = 0.$$

显然应该约去 xy，因为它永远不会为 0. 得到

$$xy - 4x - 4y + 8 = 0.$$

到目前为止，所有的都是简单的代数. 现在我们采取一些聪明的做法，在两边加 8，因式分解等式左边. 现在有

$$(x-4)(y-4) = 8,$$

且因为变量为整数，只有有限种可能性. 仅有的解为 $(6,8),(8,6),(5,12),(12,5)$，这只产生了 2 个直角三角形，即三角形 6-8-10 和 5-12-13. ■

仅有的棘手一步是找出这个因式分解. 但这实际上并不难，因为很明显，等式左边“几乎”已经可以因式分解. 只要尝试因式分解，要找到合适的代数步骤往往不是很难.

对于求解来说，因式分解战术是基础. 另一个基础战术是选择合适的 n，将问题通过模 n 来进行“过滤”. 这个战术经常有助于证明不存在解，或者所有解必须满足的特定形式. [①]你已经在第 219 页看到一点这种战术了. 下面是另一个例子.

例 7.4.2 求丢番图方程 $x^2+y^2=1\,000\,003$ 的所有解.

解答 考虑模 4 的问题. Z_4 中仅有的**二次剩余**为 0 和 1，因为

$$0^2 \equiv 0, 1^2 \equiv 1, 2^2 \equiv 0, 3^2 \equiv 1 \pmod 4.$$

因此 x^2+y^2 在 Z_4 中只能等于 $0,1$ 或 2. 又因为 $1\,000\,003 \equiv 3 \pmod 4$，我们得到方程无解. 一般地，如果 $n \equiv 3 \pmod 4$，则 $x^2+y^2=n$ 无解. ■

现在继续讨论一个复杂的问题：毕达哥拉斯三元组的完整理论.

例 7.4.3 求以下方程的所有解

$$x^2+y^2=z^2. \tag{7.4.1}$$

解答 首先，做一些基本的简化. 不失一般性，假设所有变量是正的. 此外，假设解是**本原的**，即三个变量没有公因数. 任何本原解能通过乘法产生无穷多个非本原的解. 例如 $(3,4,5)$ 产生 $(6,8,10),(9,12,15),\cdots$.

在这个特殊的情形下，本原的假设，能引出一些更强的结论. 如果 d 是 x 和 y 的公因数，那么 $d^2|x^2+y^2$. 也就是说，$d^2|z^2$，因此 $d|z$. 类似的论证表明：如果 d 是任何两个变量的公因数，那么 d 也整除第三个变量. 因此可以假设解不仅是本原的，而且**各变量两两互素**.

① 带余除法的使用同因式分解战术是有紧密联系的，一个详尽的说明见第 157 页例 5.4.1.

接下来，做一些奇偶性分析. 即，让我们来看一下模 2 的情形. 总是从奇偶性入手，将收获一些惊喜. 考虑 x 和 y 的奇偶性的一些情形.

- **都是偶数**. 这不可能，因为变量两两互素.
- **都是奇数**. 这也不可能. 通过与在例 7.4.2 中使用过的相同推理，如果 x 和 y 都是奇数，那会使得 $z^2 \equiv 2 \pmod 4$，而这不可能发生.

我们推断：如果 (7.4.1) 的解是本原的，那么 x 和 y 恰好有一个是偶数. 不失一般性，假设 x 是偶数.

现在我们如同一个适应了的解题者那样前进，异想天开战略促使我们尝试一些之前用过的战术. 让我们将等式因式分解！显然的一步是将它重写为

$$x^2 = z^2 - y^2 = (z-y)(z+y). \tag{7.4.2}$$

换句话说，$z-y$ 和 $z+y$ 的乘积是完全平方. 如果能得到 $z-y$ 和 $z+y$ 都是完全平方就最好不过了，但这在一般情况下是不成立的. 例如，$6^2 = 3 \times 12$.

另一方面，下面的论述是正确的：如果 $v \perp w$ 且 $u^2 = vw$，那么 v 和 w 必须为完全平方（容易利用素数幂分解验证）. 因此在这个问题中，和其他很多问题一样，应该专注于关键量的最大公因数，在此处应是 $z+y$ 和 $z-y$.

令 $g := \gcd(z+y, z-y)$. 因为 $z-y$ 与 $z+y$ 都是偶数，我们有 $2|g$. 另一方面，g 必须整除 $z-y$ 与 $z+y$ 的和与差. 这意味着 $g|2z$ 且 $g|2y$. 但是 $y \perp z$，所以 $g = 2$.

回到 (7.4.2)，如果两个数最大公因数为 2，且它们的积为完全平方，能得到什么结论呢？再一次利用素数幂分解的简单分析，能导出如下结论

$$z+y = 2r^2, \quad z-y = 2s^2,$$

其中 $r \perp s$. 对 y 和 z 求解产生 $y = r^2 - s^2, z = r^2 + s^2$. 我们胜利在望，但要注意最后一个细节：如果 r 和 s 都是奇数，这会使 y 和 z 都是偶数，这与本原性矛盾. 因此 r 和 s 中的一个必须是偶数，另一个必须是奇数.

最终，我们能得出 (7.4.1) 的所有本原解由下式给出

$$x = 2rs,\ y = r^2 - s^2,\ z = r^2 + s^2,$$

其中 r 和 s 是互素的整数，一个是偶数，一个是奇数. ■

因式分解、模 n 过滤（特别是奇偶性）和最大公因数分析是大多数丢番图方程分析的核心，而此外还有许多其他有用的工具. 下面的例子涉及不等式和素数幂分解中比较素数的指数这个工具的使用. 我们引进一个新的记号，令 $p^t \| n$ 表示 t 是使得 p^t 整除 n 的最大指数. 例如 $3^2 \| 360$.

例 7.4.4 （普特南 1992）给定正整数 m，求所有正整数三元组 (n, x, y)，满足 n 与 m 互素，且

$$(x^2+y^2)^m = (xy)^n. \tag{7.4.3}$$

解答 下面是这个问题的一个完整解答，故非常详尽．这是对研究进程自然的记录：我们做了多次化简，得到多个有效的方法，然后逐渐排除一些可能性．最终，起初很有希望的工具（主要是奇偶性分析）不能完全起作用，但部分成功为我们指明了全新的方向——一个能得到令人赞叹的结论的方向．

好了，让我们开始吧．这个问题的难点之一是两个指数 m 和 n．因为这有很多种可能！算术-几何平均不等式（见第 168 页）帮助消除其中一些可能．我们有

$$x^2+y^2\geqslant 2xy,$$

这意味着

$$(xy)^n=(x^2+y^2)^m\geqslant(2xy)^m=2^m(xy)^m,$$

因此能推断 $n>m$，这当然有帮助．让我们考虑一个例子，例如 $m=1, n=2$．丢番图方程现在变为

$$x^2+y^2=x^2y^2.$$

因式分解立即得出无解，因为两边加 1 产生

$$(x^2-1)(y^2-1)=1,$$

这没有正整数解．但其他情况下因式分解不起作用（至少以明显的方式不行）．例如，尝试 $m=3, n=4$，现在有

$$(x^2+y^2)^3=(xy)^4. \tag{7.4.4}$$

首先要尝试的就是奇偶性分析．对 4 种情形的仔细观察表明，唯一的可能是 x 和 y 都必须是偶数．因此把它们写为 $x=2a, y=2b$．我们的等式在经过化简后变为

$$(a^2+b^2)^3=4(ab)^4.$$

再一次思考奇偶性．当然 a 和 b 不能有不同的奇偶性．但它们也不可能都是奇数，因为在此种情况下等式左边将会是偶数的立方，这使得它是 8 的倍数．然而，等式右边等于奇数 4 次幂的 4 倍，矛盾．因此 a 和 b 都必须是偶数．记 $a=2u, b=2v$ 将方程变为

$$(u^2+v^2)^3=16(uv)^4.$$

让我们尝试以前用过的分析类型．类似地，u 和 v 必须有相同的奇偶性，而且它们不能都是奇数．如果它们都是奇数，等式右边等于奇数的 16 倍，也就是说，2^4 是 2 的能整除它的最高次幂．但等式左边是偶数的立方，因此 2 的能整除它的最高次幂应该是 2^3 或 2^6 或 2^9 这样的数．又一次得到矛盾．因此 u, v 必须均为偶数．

以此类推，我们能制造一个无限的能证明变量依次地被 2 整除的论证链，而每次整除后仍然是偶数！这是不可能的，因为没有一个有限整数有这种性质．但让我们利用极端原理来避免无限性的晦涩．回到等式 (7.4.4)，令 r, s 分别是 2 的能

整除 x, y 的最高次幂. 然后记 $x = 2^r a, y = 2^s b$，其中 a 和 b 是奇数，而且知道 r 和 s 都是正的. 共有两种情形:

- 不失一般性，假设 $r < s$. 则 (7.4.4) 变成

$$\left(2^{2r}a^2 + 2^{2s}b^2\right)^3 = 2^{4r+4s}a^4b^4,$$

并且在两边同时除以 2^{6r}，得到

$$(a^2 + 2^{2r-2s}b^2)^3 = 2^{4s-2r}a^4b^4.$$

注意指数 $4s - 2r$ 是正的，使得等式右边为偶数. 但等式左边为奇数的立方，也是奇数. 这是不可能的，因此不存在解.

- 现在假设 $r = s$. 那么 (7.4.4) 变成

$$(a^2 + b^2)^3 = 2^{2r}a^4b^4. \tag{7.4.5}$$

两边都是偶数这是可能的，但更细致的分析会产生矛盾：因为 a 和 b 都是奇数，$a^2 \equiv b^2 \equiv 1 \pmod 4$，因此 $a^2 + b^2 \equiv 2 \pmod 4$，这意味着 $2^1 \| a^2 + b^2$，所以 $2^3 \| (a^2 + b^2)^3$. 另一方面，$2^{2r} \| 2^{2r}a^4b^4$，其中 r 是正整数. $2r = 3$ 是不可能的，因此等式 (7.4.5) 左边和右边在素数幂分解中 2 的指数不相同，这不可能.

“万事俱备，只欠东风”，最后讨论一般情况. 虽然问题看起来无解，但让我们以开放性的思维来考虑本题.

考虑等式 $(x^2 + y^2)^m = (xy)^n$. 我们知道 $n > m$ 并且 x 和 y 都是偶数（使用和前面一样的奇偶性分析）. 令 $2^r \| x, 2^s \| y$. 考虑以下两种情形.

1. 不失一般性，假设 $r < s$，则 $2^{2rm} \| (x^2 + y^2)^m$ 且 $2^{nr+ns} \| (xy)^n$. 这意味着 $2rm = nr + ns$，这不可能，因为 m 严格小于 n.

2. 假设 $r = s$. 那么我们能记 $x = 2^r a, y = 2^r b$，其中 a 和 b 都是奇数. 因此

$$(x^2 + y^2)^m = 2^{2rm}(a^2 + b^2)^m,$$

其中 $a^2 + b^2 \equiv 2 \pmod 4$，因此 $2^{2rm+m} \| (x^2 + y^2)^m$. 因为 $2^{2nr} \| (xy)^n$，有

$$2rm + m = 2rn,$$

并且令人惊讶地，这个方程有解. 例如，如果 $m = 6$，那么 $r = 1$ 且 $n = 9$ 成立. 这不意味着原方程有解，但当然不能排除这种可能性.

现在又怎样? 看起来我们需要研究更多情形. 但首先，让我们思考其他的素数. 在奇偶性分析中，能用任意素数 p 代替 2 吗? 在上述的情形 1 中，这是可行的，即选择任意素数 p 并令 $p^u \| x, p^v \| y$. 现在，如果假设 $u < v$，得到 $p^{2um} \| (x^2 + y^2)^m$ 且 $p^{nu+nv} \| (xy)^n$，而这是不可能的，因为 $n > m$. 我们能得出什么结论? 那就是:

无论素数 p 取何值，u 和 v 不可能不相等. 也即：对于任意素数 p，唯一的可能就是 u 和 v 永远相等. 这意味着 x 和 y 相等!

换句话说，我们已经证明了只有当 $x=y$ 时才可能存在解，其他情况下不存在解. 在这种情形下，有

$$\left(2x^2\right)^m=\left(x^2\right)^n,$$

于是，$2^m x^{2m}=x^{2n}$，$x^{2n-2m}=2^m$. 因此 $x=2^t$，我们有 $2nt-2mt=m$，即

$$(2t+1)m=2nt.$$

最终，我们使用假设 $n\perp m$. 又因为 $2t\perp 2t+1$，上式成立的唯一方式是 $n=2t+1$ 且 $m=2t$. 这最终产生了无穷多个解. 如果 $m=2t$ 且 $n=m+1$，容易验证 $x=y=2^t$ 确实满足 $(x^2+y^2)^m=(xy)^n$.

并且这些是仅有的解. 也就是说，如果 m 是奇数，无解；如果 m 是偶数，则存在唯一解

$$n=m+1,\ x=y=2^{m/2}.$$ ■

问题与练习

题 7.4.5 严格证明下面两个命题，我们在例 7.4.3 中用到过它们：

(a) 如果 $u\perp v$ 且 $uv=x^2$，则 u 和 v 一定是完全平方数.

(b) 如果 p 是素数且 $\gcd(u,v)=p$ 且 $uv=x^2$，则 $u=pr^2, v=ps^2$ 且 $r\perp s$.

题 7.4.6 (希腊 1995) 求所有的正整数 n，使得 $-5^4+5^5+5^n$ 是完全平方数. 对 $2^4+2^7+2^n$ 做同样的工作.

题 7.4.7 (英国 1995) 求所有正整数三元组 (a,b,c) 使得

$$\left(1+\frac{1}{a}\right)\left(1+\frac{1}{b}\right)\left(1+\frac{1}{c}\right)=2.$$

题 7.4.8 证明：恰好存在一个整数 n 使得 $2^8+2^{11}+2^n$ 是完全平方数.

题 7.4.9 求满足下式的所有有序正整数对 (x,y) 的数量

$$\frac{xy}{x+y}=n.$$

题 7.4.10 (USAMO 1979) 求方程

$$n_1^4+n_2^4+\cdots+n_{14}^4=1599$$

所有非负整数解 $(n_1,n_2,\cdots,n_{14})$.

题 7.4.11 求方程 $abc-2=a+b+c$ 的所有正整数解.

题 7.4.12 (德国 1995) 求满足 $x^3+8x^2-6x+8=y^3$ 的所有非负整数对 (x,y).

题 7.4.13 (印度 1995) 求满足 $7^x-3^y=4$ 的所有正整数 x,y.

题 7.4.14 为方程 $x^2+2y^2=z^2$ 发展一套完整的理论. 你能推而广之吗?

题 7.4.15 体重都是整数的 23 个人决定要踢足球，分成每队 11 人的两队，再加上一个裁判. 为了保证公平，分好的两个队的总体重必须一致. 已知无论选择哪个人当裁判，这一点总可以做到. 证明这 23 个人的体重一定都相同.

题 7.4.16 (印度 1995) 对于素数 p，求方程 $x^p+y^p=p^z$ 的所有正整数解 x,y,z,p.

佩尔方程

二次丢番图方程 $x^2 - dy^2 = n$，其中 d 和 n 固定，称为**佩尔方程**.

题 7.4.17–7.4.22 将会介绍这个有趣问题的一些性质与应用，我们将把注意力主要集中在 $n = \pm 1$ 的情形. 关于这个主题的完整研究，包括佩尔方程与连分数的关系，请参阅任何一本数论教材.

题 7.4.17 注意：如果 d 是负的，那么 $x^2 - dy^2 = n$ 只有有限个解.

题 7.4.18 类似地，如果 d 是完全平方数，那么 $x^2 - dy^2 = n$ 只有有限多个解.

题 7.4.19 因此，唯一"有趣"的情形是：d 是正数且不是完全平方数. 让我们考虑一个具体例子：$x^2 - 2y^2 = 1$.

(a) 容易验证 $(1, 0)$ 和 $(3, 2)$ 是解. 稍加努力得到下一个解 $(17, 12)$.

(b) 请先遮住下面的 (c)! 现在，看看是否能找到一个简单的线性递推式：从 $(1, 0)$ 产生 $(3, 2)$，再从 $(3, 2)$ 产生 $(17, 12)$. 使用这个结论来产生一个新的解，并检查它是否可行.

(c) 可以发现：如果 (u, v) 是 $x^2 - 2y^2 = 1$ 的解，那么 $(3u + 4v,\ 2u + 3v)$ 也是. 证明该命题成立，这比当初发现它容易多了，因此如果在 (b) 里你"作弊"了，请不要自责.

(d) 至此，你理解了从已有的解精巧的线性组合的**生成新解**这个有用的工具，应该动手尝试 $x^2 - 8y^2 = 1$. 一般地，给定任何正的非完全平方数 d，这个方法将会为佩尔方程提供无限多个解.

题 7.4.20 注意 $(3 + 2\sqrt{2})^2 = 17 + 12\sqrt{2}$. 这是巧合吗？请思考并做出猜想及归纳.

题 7.4.21 对于一些正的非完全平方数 d，尝试求解 $x^2 - dy^2 = -1$.

题 7.4.22 如果一个整数的素因子都是至少二次方的，我们称之满平方. 证明：存在无限多对连续的满平方的整数.

7.5 各种各样有启发性的例子

前几节几乎没有呈现数论的丰富性. 我们用一些有趣的例子来结束本章，每个例子均运用新的或者旧的方法解决问题. 要特别指出的是，我们要提出几个"交叉"型的问题，它们体现了数论与组合数学深层次的联系.

多项式能总是输出素数吗

例 7.5.1 考虑多项式 $f(x) := x^2 + x + 41$，你可能回想起了它在第 37 页题 2.2.30 中出现过. 欧拉研究了这个多项式，并且发现：在 n 为从 0 到 39 的整数时，$f(n)$ 都是素数. 观察者在无意地尝试了一些 n 以后，猜想这个多项式**总是**输出素数. 要证明这不成立不用什么计算，只要让 $x = 41$，便有 $f(41) = 41^2 + 41 + 41$，明显这是 41 的倍数（并且也容易看出：如果 $x = 40$，它也会是 41 的倍数）. 现在我们面对了一个"有趣"的情形：

存在常数项为 ± 1 的整系数多项式 $f(x)$ 使得 $f(n)$ 对于所有 $n \in \mathbb{N}$ 都是素数吗?

分析 记

$$f(x) = a_n x^n + a_{n-1} x^{n-1} + \cdots + a_0, \tag{7.5.1}$$

其中 a_i 是整数且 $a_0 = \pm 1$. 注意：不能使用在 x^2+x+41 中"插入 a_0"的技巧. 因为我们暂时犯难了，于是采取惯常的做法——试验！考虑 $f(x) := x^3+x+1$. 让我们列一张表：

n	1	2	3	4	5	6	7
$f(n)$	3	11	31	69	131	223	351

这个多项式输出的不全是素数，第一个"失败"的值为 $x=4$. 但我们只是为了寻找规律. 注意到 $f(4)=3\times 23$，并且下一个合数为 $f(7)=3^3\times 13$. 注意到 $4=1+3$ 且 $7=4+3$. 现在我们已经准备做出一个尝试性的猜想：$f(7+3)$ 也是 3 的倍数. 这看起来似乎妙不可言，果然

$$f(10)=10^3+10+1=1011=3\times 337.$$

让我们尝试证明这个猜想，至少对这个特殊多项式做些尝试. 给定 $3|f(a)$，我们想要证明 $3|f(a+3)$. 有

$$f(a+3)=(a+3)^3+(a+3)+1=(a^3+9a^2+27a+27)+(a+3)+1.$$

千万不要想合并同类项——那将会是盲目地"化简". 反而，我们要结合 $f(a)$ 是 3 的倍数的假设. 接着写

$$f(a+3)=(a^3+a+1)+(9a^2+27a+27+3),$$

这样，这步便大功告成. 因为第一个括号中的表达式是 $f(a)$，这是 3 的倍数，并且第二个括号中的表达式的系数都是 3 的倍数.

解答　现在我们准备好了尝试一个更一般的论证. 假设 $f(x)$ 是 (7.5.1) 中定义的一般多项式，对于某个整数 u，令 $f(u)=p$，其中 p 是素数. 我们想要证明 $f(u+p)$ 将是 p 的倍数. 有

$$f(u+p)=a_n(u+p)^n+a_{n-1}(u+p)^{n-1}+\cdots+a_1(u+p)+a_0.$$

在因为这个等式的复杂性晕倒前，让我们来对其进行考量. 如果将每个 $(u+p)^k$ 表达式通过二项式定理展开，首项是 u^k. 因此当然能减去 $f(u)$. 我们需要考察剩下什么，也就是，

$$f(u+p)-f(u)=a_n\left((u+p)^n-u^n\right)+a_{n-1}\left((u+p)^{n-1}-u^{n-1}\right)+\cdots+a_1p.$$

这相当于要证明：对于所有 k，$(u+p)^k-u^k$ 能被 p 整除. 这是一个使用同余记号的简单练习，因为 $u+p\equiv u \pmod p$ 蕴含着 $(u+p)^k\equiv u^k \pmod p$.

我们还没有全部完成，因为可能出现 $f(u+p)-f(u)=0$ 的情形. 在这种情况下，$f(u+p)=p$，不是合数. 如果这发生，我们就一直加上 p 的倍数. 同理可证：$f(u+2p), f(u+2p), \cdots$ 都是 p 的倍数. 因为 $f(x)$ 是**多项式**，它只能对有限

多个 x 值等于 p（或 $-p$）[如若不然，新多项式 $g(x) := f(x) - p$ 将会有无穷多个零点，这与代数基本定理矛盾]. ■

顺便说一句，我们从来没有使用 p 是素数的事实. 因此得到了一个“意外”的结论：

> 如果 $f(x)$ 是整系数多项式，那么对于所有整数 a，$f(a+f(a))$ 是 $f(a)$ 的倍数.

如果能计数，那它便是整数

例 7.5.2 令 $k \in \mathbb{N}$. 证明：k 个连续整数的乘积能被 $k!$ 整除.

解答 通过“纯”数论推导能够解决这个问题，但通过一个简单的观察，这个问题会变得更为简单和有趣，即

$$\frac{m(m+1)(m+2)\cdots(m+k-1)}{k!} = \binom{m+k-1}{k},$$

并且二项式系数都是整数！ ■

这个例子告诉我们：要保持灵活的思维. 任何包含整数的问题中都有组合推理的用武之地. 下面的例子延续这种思想.

费马小定理的一个组合证明

回忆费马小定理（第 221 页）：如果 p 是素数，那么

$$a^p \equiv a \pmod{p}$$

对于所有 a 成立. 等价地，费马小定理说 $a^p - a$ 是 p 的倍数. 表达式 a^p 有许多简单的组合解释. 例如，使用 a 个字母的字母表共有 a^p 个不同的 p 字母单词.

让我们使用 $a = 26$, $p = 7$ 的例子，并且考虑这 26^7 个单词的字典 $\mathcal{D}$. 定义转移函数 $s : \mathcal{D} \to \mathcal{D}$ 为将一个单词最后一位字母（最右边的字母）移到第一位的操作. 例如，$s(\texttt{fermats}) = \texttt{sfermat}$. 在字典 $\mathcal{D}$ 中，如果对其中一个单词有限次地使用转移函数能得到另一个单词，我们将这两个单词称为“姐妹”. 例如，`integer` 和 `gerinte` 是姐妹，因为 $s^3(\texttt{integer}) = \texttt{gerinte}$. 让我们将一个单词的所有姐妹称为“姐妹会”. 因为任何单词都是自己的姐妹，故包含 `integer` 的“姐妹会”包含这个单词和

`rintege`, `erinteg`, `gerinte`, `egerint`, `tegerin`, `ntegeri`.

题 7.5.3 证明：如果 $s(U) = U$，那么单词 U 的所有字母相同. 当然，恰好有 26 个这样的“无聊”单词：

$$\texttt{aaaaaaa}, \texttt{bbbbbbb}, \cdots, \texttt{zzzzzzz}.$$

题 7.5.4 证明：如果 $s^r(U) = U\ (0 < r < 7)$，那么 U 一定是“无聊”单词.

题 7.5.5 所有“姐妹会”要么恰好有 1 个成员，要么恰好有 7 个成员.

题 7.5.6 证明：$\mathcal{D}$ 中的“非无聊”单词数量（26^7-26）一定是 7 的倍数.

题 7.5.7 推广你的论证，使得它对任何素数 p 成立．在证明过程中需要用到哪个简单的数论原理?

两个平方数之和

我们将以下述丢番图方程来结束本章：

$$x^2+y^2=n.$$

在此不追求理论的完备（一个非常易懂的阐述见文献 [22]），而是考虑 n 为素数 p 的情形．下面的探索将会用到以前已经用过的战略和战术，包括鸽笼原理、高斯对偶定理和画图分析．叙述过程看似不着边际，但请耐心地、仔细地阅读，因为这是结合几种不同解题技巧解决**难题**的典例.

首先回忆：如果 $p\equiv 3 \pmod 4$，$x^2+y^2=p$ 无解（第 230 页例 7.4.2）．$p=2$ 的情形相当无聊．因此，剩下所有需要考察的是模 4 与 1 同余的素数.

题 7.5.8 对于 $p=5,13,17,29,37,41$ 的情形，求 $x^2+y^2=p$ 的解.

你可能会猜测：如果 $p\equiv 1 \pmod 4$，则 $x^2+y^2=p$ 恒有解．一种方法是：思考曾做过的试验，不通过反复尝试，看看能否严谨地推导出解．让我们尝试 $p=13$. 我们知道一个解（唯一解，如果不考虑符号和变量顺序）是 $x=3, y=2$．但如何求解以下方程呢?

$$x^2+y^2=13.$$

这是一个丢番图方程，因此应该尝试因式分解．但你可能会说：“这不能进行因式分解.”然而事实上它能！我们可以写

$$(x+y\mathrm{i})(x-y\mathrm{i})=13,$$

其中 i 当然等于 -1 的平方根．唯一的问题，也是很大的问题，就是 i 不是整数.

但让我们冷静一下，修改一下规则，问题就会迎刃而解．-1 的平方根确实不是整数，但如果在 Z_{13} 中考虑问题呢？注意到

$$5^2=25\equiv -1 \pmod{13}.$$

也就是说，i 模 13 后“有意义”．-1 的平方根等于 5 模 13.

如果用模 13 来考查这个丢番图方程，它变为

$$x^2+y^2\equiv 0 \pmod{13},$$

但现在能很好地对等式左边进行因式分解．注意，现在能写成

$$x^2+y^2\equiv (x-5y)(x+5y) \pmod{13},$$

并且只要 $x \equiv \pm 5y \pmod{13}$，就能使 x^2+y^2 模 13 与 0 同余．例如，$y=1, x=5$ 是一个解［并且显然有 $x^2+y^2=26\equiv 0 \pmod{13}$］．另一个解是 $y=2, x=10$，在这种情况下 $x^2+y^2=104$，104 也是 13 的倍数．还有一个解是 $y=3, x=15$．如果归约为模 13，这等价于 $y=3, x=2$，并且满足 $x^2+y^2=13$．

这看起来有希望．下面是求解 $x^2+y^2=p$ 的可能的算法的大致步骤．

1. 首先在 Z_p 中寻找 -1 的平方根，记为 u．

2. 然后可以因式分解 $x^2+y^2\equiv(x-uy)(x+uy) \pmod{p}$，并且由 $y=k$，$x=uk\,(k=1,2,\cdots)$ 解出同余式

$$x^2+y^2\equiv 0 \pmod{p}.$$

换句话说，x^2+y^2 会是 p 的倍数．

3. 如果幸运的话，通过模 p 来归约这些解时，能得到足够小的一对 x 和 y，使得 x^2+y^2 不但是 p 的倍数，而且等于 p，则计算终止．

有两个主要的障碍．第一，是否一定能找到 -1 模 p 的平方根？第二，如何能保证 x 和 y 的值足够小，使得 x^2+y^2 等于 p 而不是（比如说）$37p$？

我们可以用 50 以内的素数做试验（如果需要，可以使用计算器或计算机），以此来决定：对于哪些素数 p，-1 模 p 的平方根存在．你会发现：如果 $p\equiv 1 \pmod{4}$，就一定能在 Z_p 中找到 $\sqrt{-1}$．但如果 $p\equiv 3 \pmod{4}$，则一定不行．

可以肯定地说，以下命题看上去是正确的：当且仅当 $p\equiv 1 \pmod{4}$ 时

$$x^2\equiv -1 \pmod{p}$$

有解．当然，数值试验并不能作为证明．我们仍然需要一个证明．

就目前而言，我们无须担心这个问题，而只要假设：无论何时需要，都能找到 -1 模 p 的平方根．回到第二个障碍．我们能生成无限多个 (x,y)，使得 x^2+y^2 是 p 的倍数．我们要做的就是让这些值足够小．当然，如果 x 和 y 都小于 $\sqrt{p}$，那么 $x^2+y^2<2p$ 迫使 $x^2+y^2=p$．这是有用的，因为如果 $u<\sqrt{p}$，我们立刻就能完成，$y=1, x=u$ 就满足要求．

另一方面，如果 $u>\sqrt{p}$（注意 u 不能等于 $\sqrt{p}$．因为 p 是素数，所以 p 不是完全平方数），情况又会如何呢？令 $t:=\lfloor\sqrt{p}\rfloor$．于是问题简化为证明：在归约为模 p 后，

$$\pm u, \pm 2u, \pm 3u, \cdots, \pm tu,$$

中至少有一个数的绝对值比 $\sqrt{p}$ 小．

让我们尝试 $p=29$ 的例子．有 $t:=\lfloor\sqrt{29}\rfloor=5$ 且 $u=17$．（这是反复尝试得到的值，请验证它的有效性！）因为 $u>t$，需要考查数列

$$u, 2u, 3u, 4u, 5u$$

模 29 的表现. 画一张图:

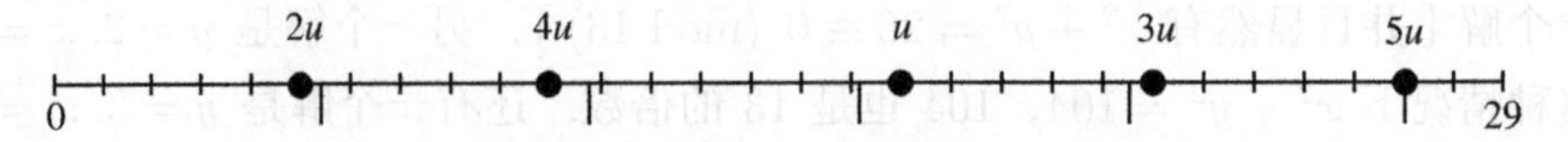

上图中, 短刻度表示从 0 到 29 的整数, 而长刻度表示如下的数:

$$\sqrt{p},\quad 2\sqrt{p},\quad 3\sqrt{p},\quad 4\sqrt{p},\quad 5\sqrt{p}.$$

注意: $2u = 34 \equiv 5 \pmod{29}$ 和 $5u = 85 \equiv -2 \pmod{29}$ 都有效, 分别产生解 $y = 2, x = 5$ 和 $y = 5, x = -2$. 但它们为什么有效呢? 一般地, 将点标在数轴上, 并且希望看到一个点在第一个长刻度的左边, 或者在最后一个长刻度的右边. 这些点不会与长刻度重合, 因为长刻度对应着无理数. 不失一般性, 我们假设 $u > \sqrt{p}$. 通常, 共有 t 个长刻度. 数列 $u, 2u, \cdots, tu$ 由模 p 不同的值组成, (为什么?) 因此我们将会把 t 个不同的点标在数轴上. 下面是 3 种可能性:

1. 其中一个点位于第一个长刻度的左边.
2. 其中一个点位于最后一个长刻度的右边.
3. 没有一个点在上述两个位置上.

在情形 1 和 2 中, 我们能够很快完成证明. 在情形 3 中, 有 t 个点位于 $t-1$ 个 (以长刻度分隔的) 区间中. 根据鸽笼原理, 其中一个区间必然有两个点. 假设 mu 和 nu 位于同一个区间, 这意味着 $(m-n)u$ 是 (可能是负的) 整数, 但它的绝对值小于 $\sqrt{p}$. 因为 $|m-n| \leqslant t$, 正好能选择 $k := |m-n|$, 并且能保证 $y = k$ 和 $x = ku$ (模 p 后) 都会小于 $\sqrt{p}$. 因此完成了证明!

这是鸽笼原理的一个有趣的应用. 尚未完成的就是: 证明一定能得到 -1 的平方根. 我们有一个可用的工具, 也就是以前证明过的一个看起来令人惊叹的定理——威尔逊定理. 回忆威尔逊定理 (第 64 页例 3.1.9): 如果 p 是素数, 那么 $(p-1)! \equiv -1 \pmod{p}$. 假设 $p \equiv 1 \pmod{4}$, 简单的高斯配对能把 $(p-1)!$ 重组为模 p 完全平方. 在那种情况下, $p-1$ 将会是 4 的倍数, 因此 $(p-1)!$ 中的单独项能被安排成偶数对. 例如, 令 $p = 13$, 则有

$$12! = (1 \times 12)(2 \times 11)(3 \times 10)(4 \times 9)(5 \times 8)(6 \times 7).$$

每对模 13 都有 $k \times (-k)$ 的形式, 因此有

$$12! \equiv (-1^2)(-2^2)(-3^2)(-4^2)(-5^2)(-6^2) \pmod{13},$$

并且, 因为乘积中共有偶数个负号, 整个式子同余于 $(6!)^2$ 模 13. 将此与威尔逊定理结合得到

$$(6!)^2 \equiv -1 \pmod{13}.$$

这个论证当然能推广到任何具有 $4k+1$ 形式的素数 p. 我们不仅证明了 -1 的平方根存在, 还能显式地计算它. 一般性的结论是:

如果 p 是素数且 $p \equiv 1 \pmod 4$，则

$$\left(\frac{p-1}{2}!\right)^2 \equiv -1 \pmod p.$$

对于方程 $x^2+y^2=p$ 的探索至此全部完成. 我们成功地证明了：如果 $p \equiv 1 \pmod 4$，原方程恒有解. ■

问题与练习

下面是几种不同类型的问题和练习，题目难度循序渐进.

题 7.5.9 第 235 页例 7.5.1 说：通过数学归纳法能证明，对于所有 k，$(u+p)^k-u^k$ 能被 p 整除.

(a) 完成这个归纳证明. 这是个简单练习.

(b) 更简单的练习：思考 x^n-y^n 的因式分解. 你应该已经记住它了，如果还没有，见第 142 页公式 5.2.7.

题 7.5.10 证明：对于任何素数 p 有 $(a+b)^p \equiv a^p+b^p \pmod p$.

题 7.5.11 使用第 186 页题 6.1.29 的多项式定理来考查

$$(\underbrace{1+1+\cdots+1}_{a\text{ 个 }1})^p,$$

并且导出费马小定理的另一个组合证明. 请解释：为什么这个证明等价于我们在第 237 页讨论过的那个证明.

题 7.5.12 (普特南 1983) 共有多少个正整数 n，使得 n 是 10^{40} 或 20^{30} 中至少一个数的因数?

题 7.5.13 (俄罗斯 1995) 数 $1,2,3,\cdots,100$ 可能是 12 几何级数的项吗?

题 7.5.14 (基兰 · 凯德拉亚) 令 p 为奇素数，且 $P(x)$ 是次数至多为 $p-2$ 的多项式.

(a) 证明：如果 P 是整系数多项式，那么对于任何整数 n 都有 $P(n)+P(n+1)+\cdots+P(n+p-1)$ 是能被 p 整除的整数.

(b) 对于任何整数 n，如果 $P(n)+P(n+1)+\cdots+P(n+p-1)$ 是能被 p 整除的整数，那么 $P(n)$ 一定是整系数多项式吗?

题 7.5.15 (IMO 1972) 令 m 和 n 为任意非负整数. 证明下面的数是整数.

$$\frac{(2m)!(2n)!}{m!n!(m+n)!}$$

题 7.5.16 求以下方程的所有整数解.

$$x^2+y^2+z^2=2xyz$$

题 7.5.17 (USAMO 1981) 一个给定角的度数是 $180°/n$，其中 n 是不能被 3 整除的正整数. 证明：这个角能通过欧几里得方法（尺规作图）三等分.

题 7.5.18 证明：当且仅当 n 是 2 的幂时，$\binom{n}{1},\binom{n}{2},\cdots,\binom{n}{n-1}$ 都是偶数.

题 7.5.19 把题 7.5.18 作为更有趣的开放性问题的起点：对于帕斯卡三角中的数的奇偶性，你能体会出什么? 它有规律吗? 你能为每行中的奇数（或偶数）找到一个公式或者算法吗? 对于其他 m 值，能说出关于模 m 整除性的有意义的结论吗?

题 7.5.20 证明：给定 p，存在满足 $d(px)=x$ 的 x，也存在满足 $d(p^2y)=y$ 的 y.

题 7.5.21 证明：当且仅当 n 是 1, 4 或素数时，$d(nx)=n$ 的解的个数为 1；如果 n 是不同素数的乘积，解的个数是有限的；否则，解的个数是无限的.

题 7.5.22 证明：n 的奇因数的和等于

$$-\sum_{d|n}(-1)^{n/d}d.$$

题 7.5.23 令 $\omega(n)$ 为整除 n 的不同素数的个数. 证明:

$$\sum_{d|n} |\mu(d)| = 2^{\omega(n)}.$$

题 7.5.24 存在使下式成立的 x 吗?

$$\mu(x)=\mu(x+1)=\mu(x+2)=\cdots=\mu(x+1996)$$

题 7.5.25 回忆函数原象的定义(第 139 页). 证明: 对于每个 $n \in \mathbb{N}$,

$$\sum_{k\in\phi^{-1}(n)} \mu(k) = 0.$$

例如, 如果 $n = 4$, 则 $\phi^{-1}(n) = \{5, 8, 10, 12\}$ [当然,需要验证没有满足 $\phi(k) = 4$ 的其他 k] $\mu(5)+\mu(8)+\mu(10)+\mu(12) = -1+0+1+0 = 0$.

题 7.5.26 帕斯卡三角中是否存在这样一行: 它包含 4 个不同元素 a, b, c, d, 使得 $b = 2a$ 且 $d = 2c$?

题 7.5.27 对于一副包含偶数张牌的纸牌, 定义如下的"完美洗牌": 将一副牌等分为上下两半, 然后在两堆牌中逐张交错取牌: 从下一半的最上面一张开始, 然后是上一半的最上面一张, 以此类推. 例如, 如果一副牌从上到下为"123456", 在一次完美洗牌后变为"415263". 如果要将一副 94 张的纸牌恢复为原来的顺序, 需要的完美洗牌(大于零的)次数最少是多少呢? 这个结论能够推广至任意(偶数)数量的纸牌吗?

完全数

题 7.5.28–7.5.30 探索一些简单的思想, 这些思想曾经吸引和困扰了数学家至少 2000 年.

题 7.5.28 证明: 关于 σ 函数的两个"事实":

(a) 当且仅当 $\sigma(n) = n + 1$ 时, 正整数 n 是素数.

(b) 如果 $\sigma(n) = n + a$ 且 $a|n$ 且 $a < n$, 则 $a = 1$.

题 7.5.29 如果 $\sigma(n) = 2n$, 则整数 n 称为**完全数**. 例如, 因为 $1 + 2 + 3 + 6 = 2 \times 6$, 所以 6 是完全数.

(a) 证明: 如果 $2^k - 1$ 是素数, 则 $2^{k-1}(2^k - 1)$ 是完全数. 古希腊人知道这个"事实", 他们计算出了完全数 28, 496, 8128.

(b) 直到 18 世纪, 欧拉证明了上述事实的部分的逆命题:

每个偶完全数一定具有形式 $2^{k-1}(2^k - 1)$, 其中 $2^k - 1$ 是素数.

现在请你证明它.

题 7.5.30 关于奇完全数, 你的理解是什么? (顺便说一句, 至今无人发现过奇完全数, 也无人证明过奇完全数不存在. 但这并不证明你不能就此说出一些有见地的话.)

本原单位根与割圆多项式

题 7.5.31–7.5.36 探索了多项式、数论和复数间的迷人的关系. 在尝试下面问题之前, 需要阅读单位根(第 118 页)的内容.

题 7.5.31 本原单位根. 如果 n 是满足 $\zeta^n = 1$ 的最小正整数, 则复数 ζ 称为 n 阶**本原单位根**. 例如, 4 阶单位根是 1, i, −1, −i, 但只有 i 和 −i 是 4 阶本原单位根.

(a) 如果 p 是素数, 则共有 $p - 1$ 个 p 阶本原单位根, 也就是除 1 以外所有 p 阶单位根: $\zeta, \zeta^2, \zeta^3, \cdots, \zeta^{p-1}$, 其中 $\zeta = \operatorname{Cis} \frac{2\pi}{p}$.

(b) 如果 $\zeta = \operatorname{Cis} \frac{2\pi}{n}$, 那么 ζ^k 是 n 阶本原单位根当且仅当 k 与 n 互素. 因此, 共有 $\phi(n)$ 个 n 阶本原单位根.

题 7.5.32 定义 $\Phi_n(x)$ 为 $\phi(n)$ 阶首一多项式, 并且它的根是 $\phi(n)$ 个不同的本原单位根. 这个多项式被称为 n 阶**割圆多项式**. 计算 $\Phi_1(x), \Phi_2(x), \cdots, \Phi_{12}(x)$, 以及 $\Phi_p(x)$ 和 Φ_{p^2}(p 是素数).

题 7.5.33 证明: 对于所有正整数 n,

$$x^n - 1 = \prod_{d|n} \Phi_d(x).$$

题 7.5.34 证明: 对于所有正整数 n,

$$\Phi_n(x) = \prod_{d|n} (x^d - 1)^{\mu(n/d)}.$$

题 7.5.35 证明：对于每个 $n \in \mathbb{N}$，n 阶本原单位根的和等于 $\mu(n)$. 换句话说，如果 $\zeta := \operatorname{Cis}\frac{2\pi}{n}$，则

$$\sum_{\substack{a \perp n \\ 1 \leqslant a < n}} \zeta^a = \mu(n).$$

题 7.5.36 证明：对于所有 n，$\Phi_n(x)$ 的系数是整数. 系数是否只能是 ± 1?

题 7.5.37 模 p 原根. 回忆一下，高斯对十七边形问题（题 4.2.38–4.2.41）惊人的解决方案的一个要素是对于素数 p 存在**模 p 原根**，它是一个数 g 使得 $g \pmod p$ 的**阶**是 $p-1$. 换句话说，满足 $g^k \equiv 1 \pmod p$ 的最小正整数 k 是 $k = p-1$. 模 p 原根与本原单位根有相当好的联系. 下面是证明我们总能找到原根的思路的概述.

(a) 如果你还没有做题 7.2.13–7.2.14，请先做这些题，以验证关于阶的基本概念.

(b) 类似地，请做题 7.5.31–7.5.34，以便更好地理解割圆多项式.

(c) 在本章的开头，证明了整数的算术基本定理，关键在于除法. 扩展算术基本定理到多项式，包括系数在 Z_p 中的多项式. 你需要思考什么是素多项式，带余除法是意味着什么！

(d) 考虑 $x^{p-1}-1$（模 p），换句话说，系数在 Z_p 中. 解释为什么它（唯一）因式分解为线性因式：

$$\begin{aligned} x^{p-1}-1 &= \prod_{d \mid p-1} \Phi_d(x) \\ &= (x-1)(x-2)\cdots(x-(p-1)). \end{aligned}$$

(e) 我们断言 $\Phi_{p-1}(x)$（模 p）的所有根都是原根. 注意，在 Z_p 中，这个多项式恰好有 $\phi(p-1)$ 个根. 用反证法，假设 a 是 $\Phi_{p-1}(x)$ 的一个根，且 a 的阶是 d，其中 $d < p-1$. 仔细证明这会产生矛盾：$x^{p-1}-1$ 的因式分解将在两处包含 $x-a$，这是不可能的！

第 8 章 美国人的几何

8.1 三个“简单”问题

为避免冒犯他人，我们把这章称为“美国人的几何”而非“笨蛋的几何”．不容乐观的事实是：如果拿美国人与东欧和亚洲的同龄人相比，他们是不幸的，因为他们几乎不懂几何．但是活到老学到老，在任何时候，你都可以选择重新开始学习几何．而且，尽管你不得不画很多图，可研究几何就是格外有趣．

需要说明的是，在你认真学习本章之前，建议你设法取得下面的绘图工具：质量好的圆规、量角器、尺子、带有能擦拭干净的橡皮的活动铅笔、彩色铅笔、质量好的铅笔刀、大量无线条的白纸．当你把绘图工具放入铅笔盒，你可能会感觉时光倒流至小学．这是个良好的开端，因为从一开始，你可能没有太多的设想，对技术也不是很自信，但是没有什么东西能比削好的、颜色鲜艳的彩色铅笔更能减轻抑制力．众所周知，这个对创造性解题大有裨益．

我们还强烈推荐你使用诸如 Geometer's Sketchpad、Geometer 或 Geogebra 等程序，[①]让它们来取代你的低效率的绘画工具．这类程序能让你快速、灵活、准确、便捷地作图或修改，从而极大地便利了研究．

接着，我们以复习平面几何的基础知识开场．它们是关于点、线、圆等的定义和定理．你不会对这些对象感到陌生，但可能已经很久没有证明过它们了（如果曾经证明过的话）．一旦完成了上述基础知识的叙述，我们将会探索更深入的观点，其中不少观点会与一个深刻的概念——**变换**——相关联．19 世纪，克莱因和庞加莱等人首次引入变换的思想，它是对几何的一次翻天覆地的变革，并且自那以后，几何开始与许多其他数学分支相结合．尽管如此，在这里我们只需了解关于变换的一些基本知识．

这一章是独立的．因此，我们旨在有限的时间内，不求广度但求深度．我们主要做的是仔细地回顾经典的概念，使你能站在一个解题者的角度去掌握它们．因此，我们省略了很多有趣的内容，例如射影几何、立体几何和双曲几何等．不过我们会毫不犹豫地暂时用代数和三角的方法代替经典方法．毕竟，解决问题才是目标！

典型的几何问题由两部分组成．首先，作出简图，通常伴以文字．事实上，正

---

① Geometer's Sketchpad 是 Key Curriculum Press 的商业软件（网址：http://www.keycurriculum.com），而 Geometer 和 Geogebra 目前都是免费的（网址分别是 http://www.geometer.org/geometer/ 和 https://www.geogebra.org）.

确地画出简图通常极具挑战性. 这一初始阶段往往会令那些画图不够刻苦不够细心的初学者灰心丧气.

在问题的第二阶段中，题目一般会要求证明关于简图的一个“刚性”陈述——一个或一些不随图的改变而改变的性质.

下面是三个例子. 虽然它们都很基础，但都不易证明. 这三个问题可以诊断、测试你的几何解题能力. 如果你能毫不费劲地解决它们，就能很有把握地跳过下面一节（但请认真考虑第 257–259 页给出答案的内容，同时考察 8.3 节末尾的所有问题）. 如若不然，你应该认真细致地阅读下一节，并尽可能多做些题目.

题 8.1.1 圆幂定理. 给定一个定点 P 和一个定圆，过点 P 作直线交圆于 X 和 Y. 点 P 相对于这个圆的**圆幂**定义为量 $PX \cdot PY$. 圆幂定理（也记为 **POP**）说这个量是不变的，即这个量不依赖于直线的画法. 例如，在下面最左边的图中，

$$PX \cdot PY = PX' \cdot PY'.$$

（共有三种情况需要考虑，分别取决于 P 是在圆上、圆外还是在圆内.）

题 8.1.2 角平分线定理. 令 ABC 是一个三角形，并令 $\angle A$ 的平分线交边 CB 于 D，见下面中间的图. 证明

$$\frac{CD}{DB} = \frac{AC}{AB}.$$

题 8.1.3 重心定理. 三角形的**中线**是从一个顶点到对边中点的一条线段. 证明: 三角形的三条中线相交于一点，且交点将每条中线分为 2∶1 的两段. 例如，在下面最右边的图中，

$$\frac{BG}{GD} = \frac{AG}{GF} = \frac{CG}{GE} = 2.$$

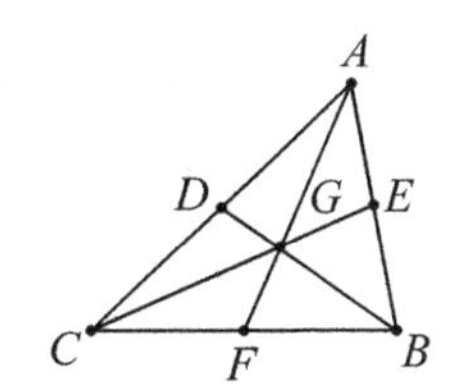

8.2 基础几何 I

当尝试题 8.1.1–8.1.3 时，你可能想知道：你能假设什么并能证明什么. 正如你所知道的，欧几里得几何基于少量的未定义的对象（包括“点”和“线”）和公设或公理（假定正确的理论，不需要证明）. 为了节约时间，我们将会使用快速且不十分严格的叙述，并且由一族更大的现在可以认为完全正确的“事实”开始.

同时，我们将会介绍由这些“事实”引出的简单的引理和定理. 将会证明其中的一些，以展现最重要的几何解题技巧. 请你将其余内容作为掌握这部分材料的必

要的练习（而不是问题），自行证明. 我们将会标出你不需要证明的“事实”，任何没有标记的问题都需要你来证明.

请不要消极地阅读. 现在你解决的这些简单问题越多，当你面对真正棘手的问题时你的表现会越好.

称 8.2–8.3 节为“基础几何”，是因为它们包含了能让你独立解决大部分问题的精炼且适当的“事实”和技巧. 如果你掌握了“事实”和引理，并且无所畏惧地使用下面两节展示的解题思想，你将能尝试相当多的有挑战性的问题.

点、线、角及三角形

假设：你至少在直觉上知道点、线、角、三角形和多边形的形象含义，以及平行线是“永不相交的直线”. **平角**是由直线上的三点组成的角，即大小为 π 或 180°（我们将根据方便程度，将交替使用弧度和角度）. **直角**当然是半个平角，即 90°. 两条**垂直**的线相交会形成四个直角.

直线两端能无限延伸. 如果一条直线只能往一个方向延伸，称其为**射线**，开始于一点并结束于另一点的直线称为**线段**. 使用精确的记号，符号

$$\overleftrightarrow{AB}, \quad \overrightarrow{AB}, \quad \overline{AB}, \quad AB$$

分别代表过 A 和 B 的直线，从 A 出发过 B 的射线，A 和 B 之间的线段，以及这条线段的长度. 然而，我们也会不严格地写“直线 AB”或只是“AB”，通过上下文应该容易确定字母代表的是直线、线段还是长度.

类似地，有序的三个点 A, B, C 确定了一个角. 角本身由 $\angle ABC$ 表示，它的**大小**可更准确地表示为 $m\angle ABC$. 例如，$m\angle ABC = 80^\circ$. 一般，用 $\angle ABC$ 来代表角或角的大小，并且有时只写成 ABC. 同理，这通常能从上下文区分. 当一张图简单而不凌乱时，甚至能用一个点来表示一个角. 例如，在右图中，$\angle A$ 很明确，但 $\angle C$ 却不行. $\triangle ABC$ 位于 C 点的**内角**为 $\angle ACB$，而**外角**为 $\angle ACD$.

如果能够移动其中一个三角形使其恰好与另一个重合（如有必要，可以在空间中的旋转），则称这两个三角形是**全等的**. 全等三角形是“相同”的，因为所有的对应边和对应角都是相等的. 使用准确的记号，写作

$$\triangle ABC \cong \triangle DEF,$$

但在实践中，除非通过上下文不能分清，一般会省略 $\triangle$ 符号.

事实 8.2.1 全等条件. 如果你沿着三角形行走，比如是从一个角出发，逆时针走，你会依次遇到一条边、一个角，等等. 假设你绕着三角形行走的同时依次记录一条边的长度、一个角的角度，然后是下一条边的长度. 接着假设你对另一个三

角形做同样的事，并且记录的数值是相等的．那么这两个三角形是全等的．这个条件常常缩写为 SAS．下面是一些全等条件：

$$SAS, \quad ASA, \quad SSS, \quad AAS.$$

事实 8.2.2 注意：除非角大于等于 90°，或者第二条边比第一条长，否则 ASS 不保证全等（请给出反例）．当然，AAA 也不意味着全等，它仅表明**相似性**（见第 256 页）．

事实 8.2.3 三角不等式．在三角形中，任意两边长度之和严格大于第三边．

事实 8.2.4 三角形中的角不等式．在 $\triangle ABC$ 中，如果 $m\angle A > m\angle B$，则 $BC > AC$，反之亦然．

题 8.2.5 对顶角．两条直线相交于一点会产生 4 个角，它们是两组相对的角．这些相对的角也称为**对顶角**．对顶角必相等．例如，右图中 $\angle ECD = \angle ACB$．

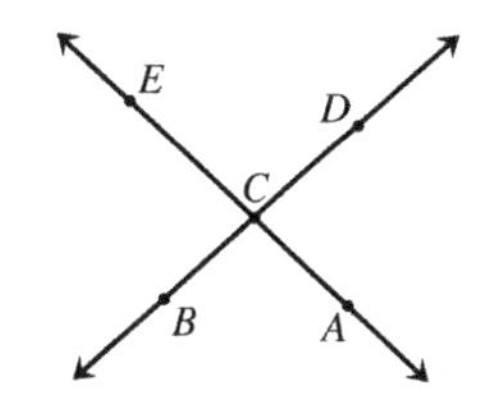

（记住，标记为“题”而不是“事实”，表明这是让你证明的习题．它是相当容易的．）

平行线

在右图中，AB 和 CD 是平行的，也就是 $AB \parallel CD$．与这两条平行线都相交的线段 BC 称为**截线**．

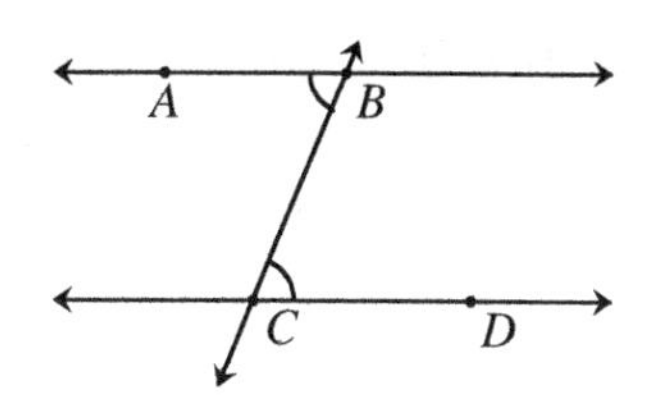

下面是关于平行线的一个重要“事实”，它引出了许多有趣的引理．①

事实 8.2.6

(a) **平行线的截线截出的内错角相等**．也就是说，在上图中 $\angle BCD = \angle ABC$．注意这个相等在图中用弧线标出．

(b) (a) 的逆命题也是正确的．即：如果两条直线被第三条所截，且内错角相等，则这两条直线平行．

下面是事实 8.2.6 的一些推论．

题 8.2.7 三角形内角和为 180°．提示：在 $\triangle ABC$ 中，考虑**直线**（不是线段）BC，并过 A 作 BC 的平行线．

题 8.2.8 对于任何三角形，外角等于不相邻的两个内角之和．

下面的例子非常简单，提供了相当完整的解，举例的意图是回顾基本的解题思

① 平行线是非常丰富和有趣的概念，而我们利用严格的“欧几里得”观点故意简化了这个概念．实际上，事实 8.2.6 依赖于一个独立于其他欧几里得公设之外的公设．修改这个公设将导出与欧几里得几何不同的、然而数学上一致的几何，称为**非欧几何**．更多的细节见文献 [14], [31], [21].

想，并引入在将来更复杂的方法中会用到的新的技巧.

例 8.2.9 平行四边形是两组对边分别平行的四边形. 证明：

(a) 平行四边形对边相等.

(b) 平行四边形对角相等，邻角互补（加起来等于 180°）.

(c) 平行四边形对角线互相平分.

解答 对于 (a)，需要证明 $AB = CD$ 和 $AC = BD$. 能推断出这两对对边相等的倒数第二步是什么？现有的唯一的工具是全等三角形，因此必须构造出一些三角形. 为此我们作一条对角线.

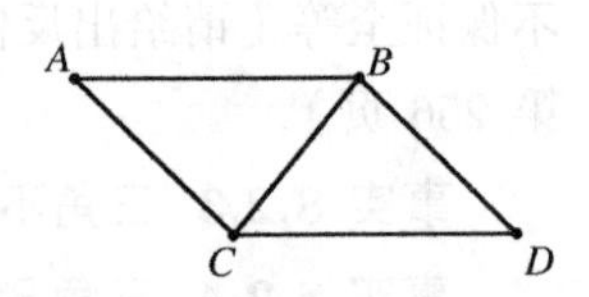

现在寻找相等的角. 因为对角线 BC 是交平行线 AB 和 CD 的截线，有

$$\angle DCB = \angle ABC.$$

类似地，因为 AC 和 BD 也平行，有

$$\angle ACB = \angle DBC.$$

最终，利用平凡的观察 $BC = BC$ 来得到 ASA，导出

$$\triangle ACB \cong \triangle DBC.$$

因此，对边的长度相等，且对角 $\angle A$ 和 $\angle D$ 相等. 为了证明另一对对角相等，需要作对角线 AD 并证明 $\triangle ACD \cong \triangle DBA$.

为了证明相邻角互补，我们或者利用事实 8.2.6（AC 是平行线 AB 和 CD 的截线），或者利用四边形内角和为 360° 的事实（第 43 页例 2.3.5）.

最后，一旦作出第二条对角线 AD，观察对顶角并利用全等很容易得到 (c). ■

这个例子使用的是最常用的技巧——**作辅助线**. 如前所述，有时作一条辅助线往往就能够解答一道题. 添加了合适的辅助线往往奏效，但做到这一点绝非易事，这需要技巧、经验和运气来找到适当的辅助线添加到已知图形中. 并且如果你添加了过多的辅助线，你的图将会变得毫无章法. 要始终让“倒数第二步”成为你的向导，并记住哪些是具有启发性且能帮助你的实体. 三角形？圆？对称性？

下面是些简单的练习.

题 8.2.10 如果一个三角形的两条边相等，称它为**等腰三角形**. 证明：如果一个三角形是等腰三角形，则相等的边对应的角也相等.

题 8.2.11 若 ABC 为等腰三角形，且 $AB = AC$，称 A 为等腰三角形的**顶角**，B 和 C 为底角. 事实 8.2.10 的一个近乎平凡的推论是

$$B = C = 90° - A/2.$$

也就是说，等腰三角形的底角与半个顶角互余（如果两个角加起来是直角，称这两个角**互余**. 请与“互补”对比）.

下面的例子使用相似三角形分析，提出了更具有普遍意义的简单结论，易于推广. 此外，通过运用角、平行线和全等三角形的概念，来检验我们能够得到多少结论，这极具启发性. 尽管我们的证明相当简单，但它包含了一个你需要掌握的微妙战略，即**幻象点方法**.

例 8.2.12 在任意 $\triangle ABC$ 中，令 D, E, F 分别是边 BC, AC, AB 的中点. 证明：DE, EF, FD 将原三角形剖分为 4 个全等三角形.

解答 避免相似三角形（例如第 257 页事实 8.3.8）的诱惑，它们不是必须的.

我们能连结中点并尝试得到相等的角，但是，我们没有通过连接两个中点来分析角度的工具（现在还没有引入相似三角形的概念）. 换种方法，让我们作出确实能产生角度信息的直线. 从中点 F 开始，过点 F 作 BC 的**平行线**. 我们清楚地知道这条线交 AC 于点 E，但还没有证明它. 因此，暂时记交点为 E'. 类似地，过点 F 作另外一条线，平行于 AC，交 BC 于点 D'. 因为 $BF = FA$，这促使我们尝试证明 $\triangle FD'B \cong \triangle AE'F$

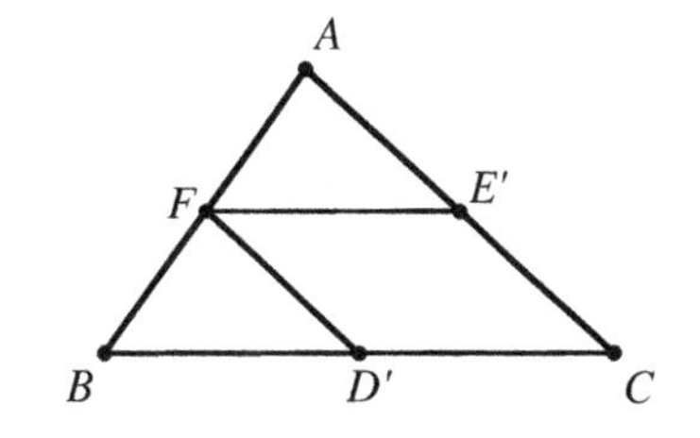

因为 $FE' \parallel BC$，所以 $\angle AFE' = \angle B$ 且 $\angle FE'A = \angle C$. 类似地，$FD' \parallel AC$ 蕴含着 $\angle FD'B = \angle C$. 因此 $\angle FE'A = \angle BD'F$，这允许使用 AAS 全等条件得到 $\triangle FD'B \cong \triangle AE'F$. 因此，$BD' = FE'$ 且 $D'F = E'A$.

因为 $E'FD'C$ 是平行四边形，所以 $CE' = D'F$ 且 $FE' = D'C$. 将这两个等式与前面一组等式相结合得到 $BD' = D'C$ 且 $CE' = E'A$. 也就是说，点 D' 和点 E' 分别与点 D 和点 E 重合.

因为 $E = E'$，现在能推断：连结中点 F 和 E 的线段平行于 BC. 并且，因为相同的论证告诉我们 $FD \parallel AC$ 且 $ED \parallel AB$，所以能顺利地继续证明. 重复第一个论证得到

$$\triangle AEF \cong \triangle FDB \cong \triangle ECD,$$

并且 SSS 表明 $\triangle DEF \cong FBD$. ■

“幻象”点 D 和 E 是不好看的构造，但绝对有存在的必要. 使用它们的目的类似于反证法中的“反设”：提出一些能处理的具体的事物. 并且，正如反设一样，一旦任务完成，幻象点将会退出.

圆和角

圆是欧几里得几何中最重要的实体，对它们的探索是无止境的. 我们将参考右图来回顾最重要的术语.

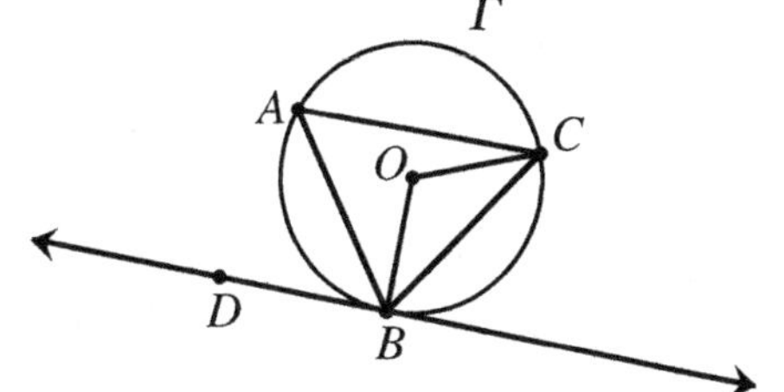

记这个圆为 Γ，圆心为 O，因此 $\angle COB$ 称为**圆心角**. 线段 BC 称为**弦**，而 $\overset{\frown}{BC}$ 代表从 B 到 C 的**弧**. 通常，可以非正式地用“弧 BC”来表示它.[1] 弧 BC 的大小定义为它对应的圆心角的大小，也就是

$$m\overset{\frown}{BC} = m\angle COB.$$

因为 A 在圆上，称 $\angle CAB$ 为**圆周角**，也可以说：这个角对应着圆上的弧 BC.

直线 DB 恰好交圆于一点 B，因此这条线称为**切线**.

事实 8.2.13　弦与半径的关系.[2] 考虑下面关于直线、圆和弦的三个命题：

1. 直线穿过圆心.
2. 直线穿过弦中点.
3. 直线垂直于弦.

上面命题如果有两条成立，那第三条也成立.

事实 8.2.14　圆的切线垂直于切点处的半径. 反之，垂直圆的切线于切点的直线必过圆心.

题 8.2.15　令 A 为圆外一点. 作直线 AX, AY 切圆于 X 和 Y. 证明 $AX = AY$.

下面的引理可能是你在中学几何中第一个证明的新奇有趣的结论.

例 8.2.16　圆周角定理. 一条弧的大小等于它所对圆周角大小的两倍.（也就是说：对于任何弧，它所对应的圆心角是它对应的圆周角的两倍.）

这真的不寻常. 它说：**无论将 A 放在下图圆 Γ 的圆周上的哪一点**，$\angle CAB$ 的大小是固定的（进一步可得：圆周角 $\angle CAB$ 的大小等于圆心角 $\angle COB$ 的一半）.

解答　令 $\theta = \angle COB$，我们想要证明 $\angle CAB = \theta/2$. 为了证明这点，需要收集尽可能多的关于角的信息. 作辅助线 AO 当然是有意义的，因为这增加了两个顶点为 A 的三角形. 进一步地，这些三角形是等腰的，因为 AO, BO, CO 都是圆 Γ 的半径.

令 $\beta = \angle AOB$. 我们的策略相当简单：通过求 $\angle CAO$ 和 $\angle BAO$ 来计算 $\angle CAB$. 它们很容易求出，因为根据事实 8.2.11 有

$$\angle BAO = 90 - \frac{\beta}{2},$$

$$\angle CAO = 90 - \frac{360 - \beta - \theta}{2} = \frac{\beta}{2} + \frac{\theta}{2} - 90.$$

将这些相加，得到

$$\angle CAB = \angle CAO + \angle BAO = \frac{\theta}{2}. \qquad \blacksquare$$

---

① 关于弧有容易混淆的地方. 弧 BC 是指沿着圆周顺时针方向那一段还是逆时针方向那一段？如果是前者，那圆心角将会大于 180°. 因此我们约定：**弧都是按逆时针方向看的**.

② 我们感谢刘江枫，他在文献 [20] 中聪明地使用了“三对二交易”公式.

这并不是很难! 由一条相当明显的辅助线可以导出尽可能多的角的信息，解题就势如破竹. 这个方法称为**角度追踪**. 它的思想是：计算尽可能多的角，控制变量的数量. 在上面的例子中，我们使用了两个变量，其中一个在最后被消去.

角度追踪法简单、有趣并且强大. 遗憾的是，许多学生总是通过三角或代数运用它，而没有运用其他更优美的战术. 本章的一个关键目标是教你懂得如何用角度追踪法得到最多的信息，以及在什么时候应该超越此方法.

下面是圆周角定理的一些简单而有用的推论.

题 8.2.17 圆内接直角. 令 AB 为圆的直径,C 为圆周上任意一点,则 $\angle BCA = 90°$. 反之，如果 AB 是直径且 $\angle BCA = 90°$，则 C 一定在圆周上.（见下左图.）

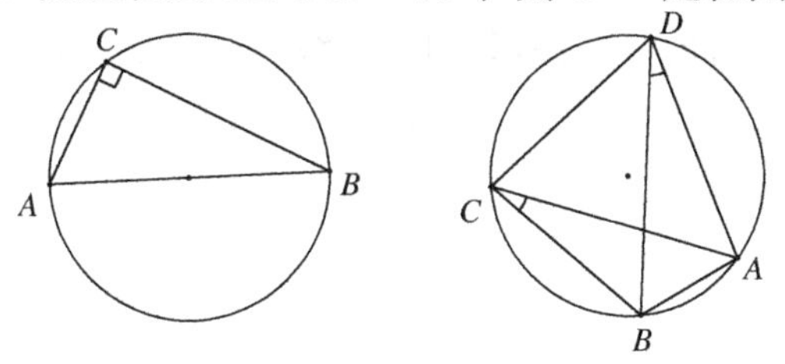

题 8.2.18 圆内接四边形. 如果四边形 $ABCD$ 的顶点都在圆周上，则称为**圆内接四边形**. 称点 A, B, C, D **共圆**.（见右上图.）

(a) 当且仅当一个四边形一组对角互补，它是圆内接四边形.

(b) 当且仅当 $\angle ACB = \angle ADB$，点 A, B, C, D 共圆.

通过圆内接四边形你自动地“免费”得到了圆及一对等角，这个额外的结构经常提供有用的信息. 请养成定位（或创造）圆内接四边形的习惯.

圆和三角形

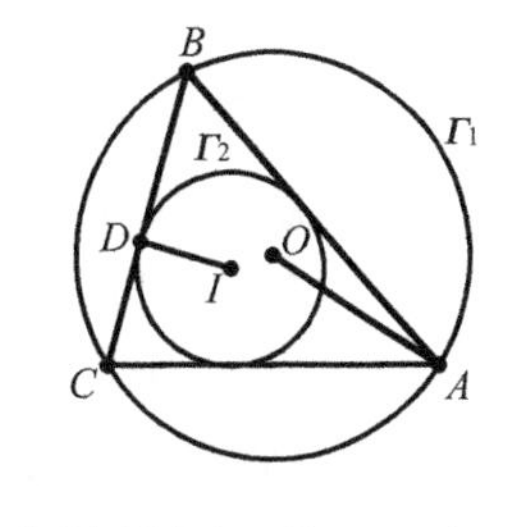

探索圆和三角形之间的关系能穷尽一生心血. 首先，我们将考察三角形的内切圆和外接圆.

在右图中，$\triangle ABC$ **内接于**圆 Γ_1，因为三角形每个顶点都在圆周上. 称 Γ_1 为 $\triangle ABC$ 的**外接圆**. Γ_1 的圆心（即**外心**）是 O，长度 OA 是**外接圆半径**.

同样地，圆 Γ_2 内接于 $\triangle ABC$，因为圆 Γ_2 与三角形的每条边相切. 称 Γ_2 为 $\triangle ABC$ 的**内切圆**. Γ_2 的圆心（即**内心**）是 I，一个切点是 D，长度 ID 是**内切圆半径**.

每个三角形都有内切圆和外接圆——这个结论并不明显. 不仅是这样的圆是否存在不明显，它们的唯一性也不明显. 让我们从外接圆开始探索这些问题.

题 8.2.19 假设一个三角形拥有外接圆. 那么外接圆的圆心是三角形的三条中垂线的交点.（因此，外接圆如果存在必唯一.）

题 8.2.20 给定任意三角形，考虑**任意两条边**的中垂线的交点. 这个交点与三个顶点是等距的，因此这个交点是外接圆的圆心.

题 8.2.21 三角形的外心是三条中垂线的交点.（因此"免费"得到一个有趣的事实，即三角形的三条中垂线交于一点.）

同理，存在（唯一的）内切圆，其圆心是三条特殊线的交点. 使用类似的策略：首先假定内切圆存在，并探索其性质. 和刚才的情况一样，棘手的部分是证明交点的唯一性.

题 8.2.22 每个三角形有唯一的内切圆，圆心是三条角平分线的交点.（提示：假设内切圆存在，利用事实 8.2.14 证明它的圆心是两条角平分线的交点. 然后证明逆命题也是正确的，即：任意两条角平分线的交点是内切圆的圆心. 最后证明：不可能有多于一个的这样的圆存在，因此三条角平分线交于一点.）

内切圆和外接圆的存在性引出了一些精彩的事实，即在任何三角形中，三条角平分线**共点**（交于一点），并且三条中垂线共点. 三角形中还有很多其他"浑然天成"的线. 其中哪些会是共点的?

我们将会在 8.4 节详细探讨这点，但下面是一个精妙的例子，它基本上只使用了一种巧妙构造的辅助线.

例 8.2.23　证明：任何三角形的三条高线共点. 这个点称为三角形的**垂心**.

解答　**高线**是过一顶点并垂直于对边（延长线，如需要的话）的直线（而非线段）. 非正式地，根据上下文，高线可以指直线、线段或者线段长度. 例如，在下图中，从点 B 到边 AC 的高线实际上是**直线** BD，但是我们把线段 BD 或它的长度（也写为 BD）称为高，这并不少见. 高线与边的交点 D 称为**垂足**. 在标准用法中，不必明确写出垂足. 例如，使用"高 BD"，而不使用更准确的"过点 B 作 AC 的一条垂线，交 AC 于 D".

注意高线并不总是在三角形内部. 如右图，过点 C 的高线与边 AB 的**延长线**相交于三角形外的 E 点. 也请注意：高 CE 和 BD 在三角形外相交（记住，它们是直线，不是线段）.

如何证明三条高线交于同一点呢? 还有什么其他线是共点的呢? 中垂线几乎能如我们所愿，因为它们交于同一点，即外心. 然而，高线垂直于对边. 通常，它们并不平分对边. 那么，存在什么方法使它们平分某个对象吗? 是的! 灵活的技巧就是：让平分点在顶点上，而不在边上.

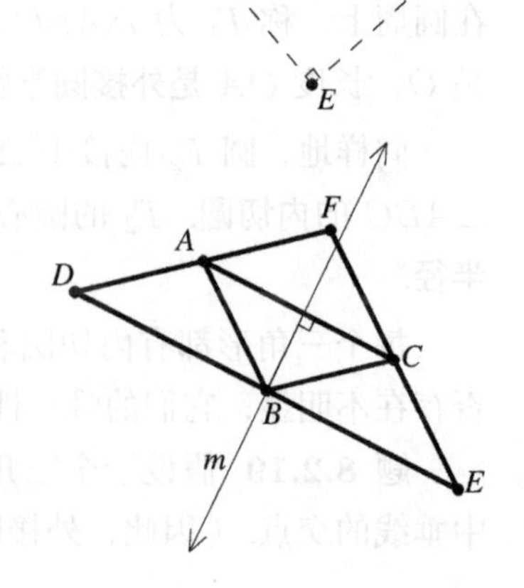

在右图中，由任意 $\triangle ABC$ 开始，然后过每个顶

点作对边的平行线. 这三条平行线形成了一个更大的三角形, 即 $\triangle EFD$, 它包含 $\triangle ABC$.

令 m 为 $\triangle ABC$ 过点 B 的高线. 当然, 根据定义, m 垂直于 AC. 但因为 $DE \parallel AC$, 则 m 也垂直于 DE.

注意: $ADBC$ 是平行四边形. 因此, 根据例 8.2.9, 有 $AC = BD$. 类似地, $AC = BE$. 因此, 点 B 是 DE 的中点. 故 m 是 DE 的中垂线.

通过类似的推理可得: $\triangle ABC$ 的另外两条高线是 EF 和 FD 的中垂线. 因此, 这三条高线交于一点——$\triangle DEF$ 的外心! ■

问题与练习

下面的问题很基础, 求解它们需要的几何事实都在本节中导出过. 当然, "基础" 并不意味着 "容易". 可能在学完下一节后有些问题解答起来会更容易些. 不过, 请试着全部做一下. 这些问题包含了后续学习中要用到的许多公式和重要思想.

题 8.2.24 令 ABC 是顶点为 A 等腰三角形, E 和 D 分别是 AC 和 AB 上的点, 使得

$$AE = ED = DC = CB.$$

求 $\angle A$.

题 8.2.25 在上题中, 通过选择等腰三角形的腰上的点来创造一条由 4 段相等的 (包括三角形的底的) 线段组成的 "链". 你能推广到 n 条线段的链?

题 8.2.26 证明: 任意四边形的边的中点是一个平行四边形的顶点.

题 8.2.27 令 ABC 是直角三角形, 直角为 C. 证明: 过点 C 的中线的长度等于斜边长度的一半. 因此, 如果 CE 是中线, 有一个美妙的恒等关系: $AE = BE = CE$.

题 8.2.28 **尺规作图**. 毋庸置疑, 你至少学过一些尺规作图 (也称为欧几里得作图法). 请通过进行下面的作图 (确保你能证明它们的可行性) 来回顾这个重要的内容. 你可以使用圆规和没有刻度的直尺, 不允许使用其他工具 (除了铅笔).

(a) 给定一条线段, 作出它的中点.

(b) 给定一条线段, 作出它的中垂线.

(c) 给定一条直线 ℓ 和不在 ℓ 上的点 P, 过 P 作 ℓ 的平行线.

(d) 给定一条直线 ℓ 和不在 ℓ 上的点 P, 过 P 作 ℓ 的垂线.

(e) 给定一个角, 作出它的平分线.

(f) 给定一个圆, 作出它的圆心.

(g) 给定一个圆和圆外一点, 过这个点作圆的切线.

(h) 给定一条长度为 d 线段, 作一个边长为 d 的等边三角形.

(i) 给定一个三角形, 作它的重心、外心、垂心、内心.

(j) 给定一个圆和圆内两点 P 和 Q, 作该圆的内接直角三角形, 使得一条直角边过 P, 另一条直角边过 Q. 根据 P 和 Q 的位置, 有可能无法作图.

(k) 给定两个圆, 作它们的公切线.

题 8.2.29 通过连接一个给定三角形的三条边的中点得到的三角形称为**中点三角形**.

(a) 证明: 中点三角形和原三角形有共同的重心.

(b) 证明: 中点三角形的垂心 (高线的交点) 是原三角形的外心.

题 8.2.30 令 ℓ_1 和 ℓ_2 是平行线, ω 和 γ 是介于这两条线之间的圆, 使得 ℓ_1 与 ω 相切, ω

与 γ 相切，γ 与 ℓ_2 相切. 证明：三个切点共线.

题 8.2.31 (Mathpath 2006 资格考试) 考虑如下所述的通过折纸得到的等边三角形的“配方”（见下图）：

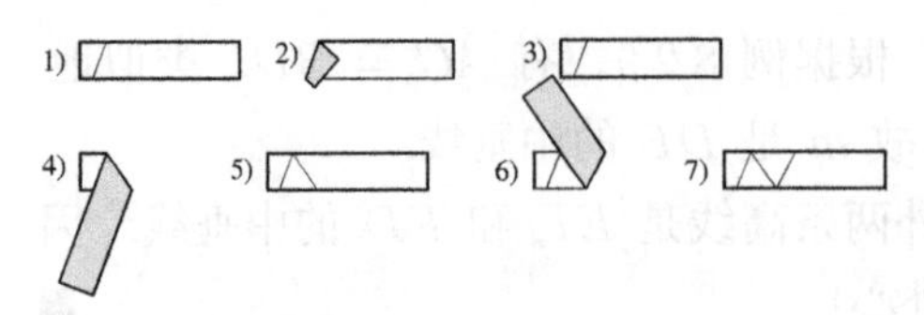

1. 从一张长条纸开始，在纸上画出一条细线. 这条细线可以有任何角度.

2. 拿住长条纸的左上角并沿着细线往下折，使得这个角在这条纸底边的下方.

3. 展开. 现在确实得到了一条折痕（表现为一条细线）.

4. 现在拿住长条纸的右边并往下折，使得纸条顶边沿着这条折痕.

5. 展开. 现在有两条折痕.

6. 现在拿住长条纸的右边并往上折，使得纸条底边与最近得到的折痕吻合.

7. 展开. 现在纸上有三条折痕.

8. 重复 4–7 步. 纸上的折痕已经是等边三角形了！

请对这一过程给出你的意见. 它在所有情况下有效，还是只在特殊情况下才有效呢？请解释！

题 8.2.32 (湾区数学奥林匹克竞赛 1999) 令 C 为 xy 平面中的一个圆，圆心在 y 轴上，该圆过点 $A=(0,a)$ 和 $B=(0,b)\,(0<a<b)$. 令 P 为圆上的其他任意一点，令 Q 为过 P 和 A 的直线与 x 轴的交点，令 $O=(0,0)$. 证明 $\angle BQP=\angle BOP$.

题 8.2.33 (加拿大 1991) 令 C 为一个圆，P 为平面中给定的一点. 每条过 P 与 C 相交的直线确定了 C 的一条弦. 证明：这些弦的中点位于一个圆上.

题 8.2.34 (湾区数学奥林匹克竞赛 2000) 在 $\triangle ABC$ 中，D 为 AB 的中点，E 为 BC 的中点，F 为 AC 的中点. 令 k_1 为过点 A, D, F 的圆，k_2 为过点 B, E, D 的圆，k_3 为过点 C, F, E 的圆. 证明：k_1, k_2, k_3 相交于同一点.

题 8.2.35 令 $\triangle ABC$ 的垂心为 H（回忆例 8.2.23 中垂心的定义）. 考虑 H 关于三角形每条边的对称点（下图中标为 H_1, H_2, H_3）.

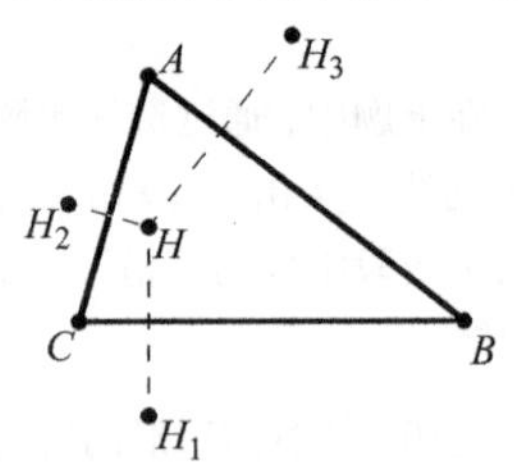

证明：这三个点都在 $\triangle ABC$ 的外接圆上.

8.3 基础几何 II

面积

我们可以凭经验来认识“面积”这个词，就像对点或直线一样，把它也理解为“不需要定义的”. 但面积不是“实体”，而是函数：为每个几何物体指定一个非负数的方法. 任何裁剪过美术纸的人都深知下面的公理.

- 全等的图形有相同的面积.
- 如果某个图形的各部分不重叠，它的面积是各部分面积之和.
- 如果某个图形是两块重叠部分的并，它的面积是两部分面积之和减去它们重叠部分的面积. 这是容斥原理（6.3 节）的几何解释.

但如何计算面积？我们还需要一个公理，它能用来定义面积：

矩形的面积是底和高的乘积.

很久以前，你学过：三角形的面积是“底乘高的一半”. 让我们利用上面的公理重新审视这点. 我们需要的第一个事实是：经过**剪切**后，面积不变.

例 8.3.1 两个同底且对边在同一条直线上的平行四边形的面积相等.

证明 在右下图中，平行四边形 $ABCD$ 和 $ABEF$ 有相同的底 AB，对边在同一条直线上（它当然平行于 AB）. 使用记号 $[\cdot]$ 表示面积. 注意到

$$[ABCD] = [ABG] + [BCE] - [EGD],$$
$$[ABEF] = [ABG] + [ADF] - [EGD].$$

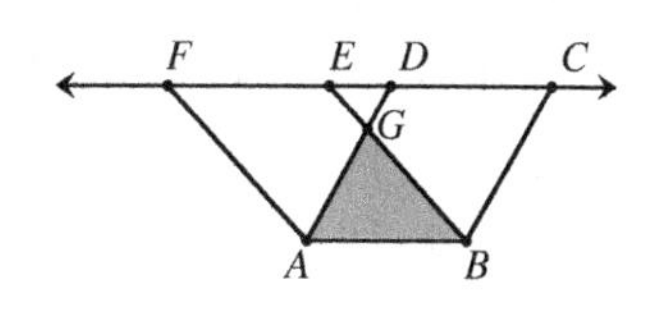

容易验证 $\triangle ADF$ 和 $\triangle BCE$ 全等，（为什么？）因此 $[ADF] = [BCE]$. 所以 $[ABCD] = [ABEF]$. ■

因为我们知道矩形面积的计算公式. 而且，总能将两个相同三角形“粘”在一起形成平行四边形，容易推导出下面的经典面积公式及一个非常重要的推论.

题 8.3.2 平行四边形的面积是底和高的乘积（高是从一个顶点到它对应的底边的垂线段的长度）.

题 8.3.3 三角形的面积是底和高的乘积的一半.

题 8.3.4 如果两个三角形有一个公共顶点，并且这个公共顶点对应的两条底边在同一条直线上，则它们的面积比等于它们的底边长度之比. 如右图，如果 $BD = 4$ 且 $BC = 15$，则

$$[ABD] = \frac{4}{15}[ABC].$$

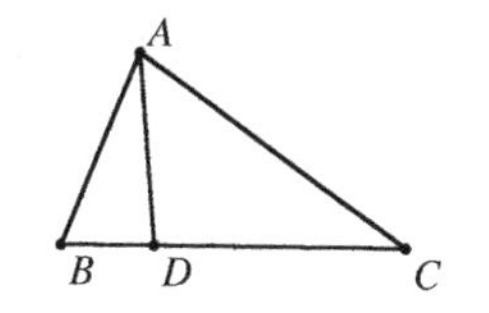

应该指出：如果将平行四边形画为一“堆”直线（就像一堆厚度为零的无限张纸牌），凭感觉 8.3.1 和 8.3.2 显然成立：只要纸牌还与底边平行，滑动纸牌后面积应该不会变. 纸牌的面积应该等于底边长度（恒为横截线长度）乘以高. 在右图中，两块图像的面积相等.

让我们利用**剪切工具**这个思想来证明初等数学中最著名的定理.

例 8.3.5 证明**勾股定理**：直角三角形直角边的平方和等于斜边的平方.

证明 令 $\triangle ABC$ 为直角三角形，直角为 $\angle B$. 我们想要证明

$$AB^2 + BC^2 = AC^2.$$

这是个新鲜事物：一个涉及长度乘以长度的等式. 迄今为止，只有“面积”这个几何概念允许我们考虑这样操作. 因此，自然而然地引出勾股定理最流行的改写：证明右图中两个小正方形面积之和等于大正方形的面积.

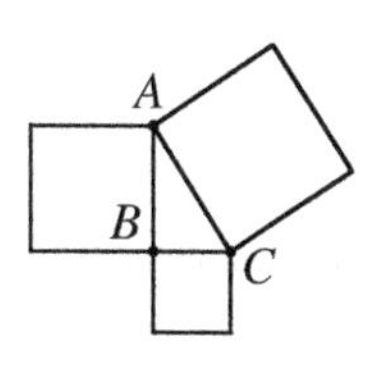

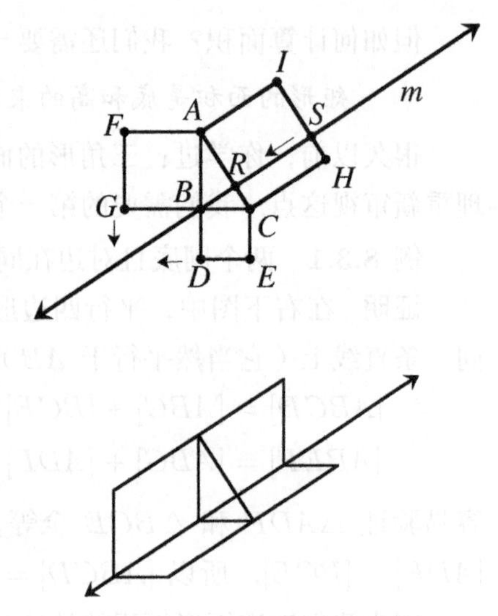

关键思想是：过直角 B 垂直于斜边 AC 作一条辅助线 m. 直线 m 将斜边上的大正方形分为两个矩形：$RSIA$ 和 $RCHS$. 如果沿着 m 平移线段 RS，这些矩形将会剪切变换为平行四边形，但面积不变.

特别地，我们能滑动 RS，使得 R 与 B 重合. 与此同时，我们可以对直角边上的两个小正方形做相同的操作. 如果沿着 m 向下滑动线段 FG（使得 G 在 m 上）而将 $BAFG$ 剪切变换为一个平行四边形，其面积不会改变. 类似地，通过向左滑动 DE 来剪切变换 $BDEC$. 结果如右图.

现在结论显而易见：两个“直角边”正方形和两个“斜边”矩形剪切变换为全等的平行四边形！面积当然是相等的！ ■

题 8.3.6 事实上，上面的结论可能不那么明显. 请严格证明两个平行四边形确实是全等的. 你将需要使用角度追踪法来找到与原三角形全等的三角形.

有上百种不同的方法可以证明勾股定理. 最简单的证明可能是在古印度发现的，并且只使用了“剪切和粘贴”方法.

例 8.3.7　勾股定理的一个“剖分”证明. 下面的图应该表现得比较清楚了. 第一个正方形的面积是 a^2+b^2 加上直角三角形面积的 4 倍. 第二个正方形的面积是 c^2 加上直角三角形面积的 4 倍. 因为这两个正方形全等，它们的面积也相同，因此得到 $a^2+b^2=c^2$. ■

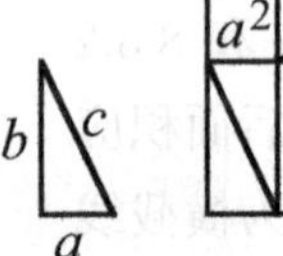

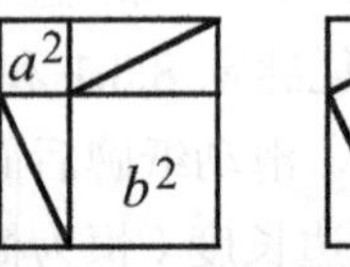

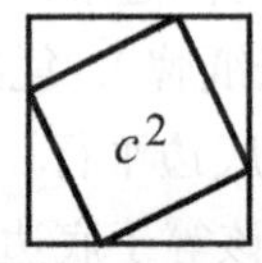

相似三角形

对于面积的思考为我们对几何问题的研究提供了强大的“乘法的”理解方式. 而由“相似三角形”的概念引入了除法.

如果 $\triangle ABC$ 和 $\triangle DEF$ 对应角相等且对应边成比例，即，

$$\angle A=\angle D,\quad \angle B=\angle E,\quad \angle C=\angle F,$$

$$AB/DE=AC/DF=BC/EF,$$

则它们相似（记为 $\triangle ABC\sim\triangle DEF$）. 换句话说，两个三角形“有相同的形状”.

事实 8.3.8 我们能放宽“相似性”定义中“等角”和“边成比例”的条件:

(a) 如果两个三角形对应角相等，则它们相似.

(b) 如果两个三角形对应边成比例，则它们相似.

(c) **“成比例的 SAS”**. 如果两个三角形有两组对应边成比例，且它们的夹角相等，则两个三角形相似. 例如，在右图中，$\angle C = \angle F$ 且 $CB/FE = CA/FD$，这足以确保 $\triangle ABC \sim \triangle DEF$.

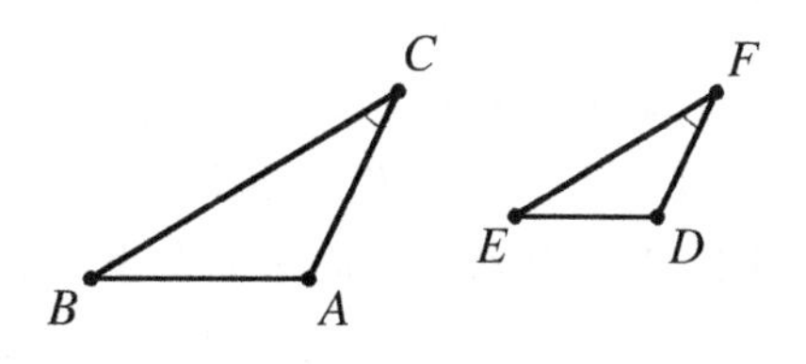

许多几何研究建立在寻找相似三角形对的基础之上. 我们常用辅助线，例如作平行线或垂直线. 它们实际上用到以下事实（你应该能毫无困难地证明它们）.

题 8.3.9 考虑 $\triangle ABC$，令 m 为平行于 BC 的直线，分别交 AB 和 AC 于 D 和 E. 那么 $\triangle ADE \sim \triangle ABC$.

反之，如果点 D 和 E 分别在边 AB 和 AC 上，并且等比例地分割两条边（$AD/AB = AE/AC$），则 $DE \parallel BC$.

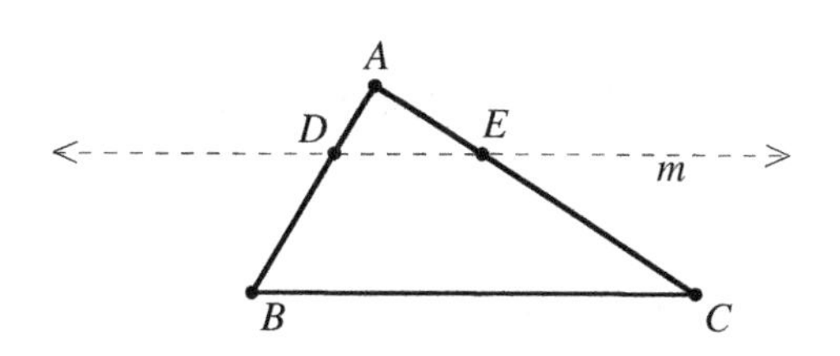

题 8.3.10 考虑一个直角三角形，它的直角边分别为 a 和 b，斜边为 c. 从直角顶点向斜边作垂线，将其分为长度为 x 和 y 的两条线段.

(a) 证明：两个小三角形相似，并且都与大三角形相似.

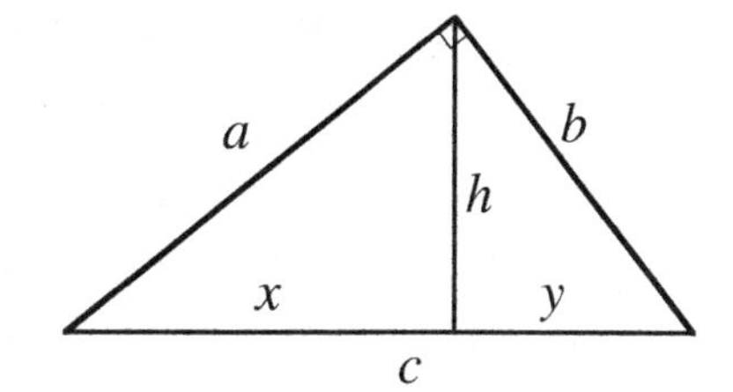

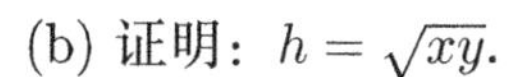

(b) 证明：$h = \sqrt{xy}$.

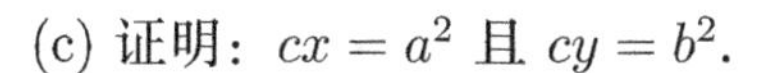

(c) 证明：$cx = a^2$ 且 $cy = b^2$.

如果几何题包含比例关系，你基本上必须要考察相似三角形. 请观察并找到相似三角形，如果一下子发现不了，请尝试用作辅助线的方法来构造它们.

三个“简单”问题的解

当你记住了上述战略，并且掌握了几何的基本知识后，第 245 页的三个“简单”问题（题 8.1.1–8.1.3）应该难不倒你了. 现在请尝试解答它们，并且用下面的讨论来检查你的解.

例 8.3.11 圆幂定理（题 8.1.1）的证明. 这个问题要证明乘积相等. 这也许包括面积计算，也许包括构造相似三角形、计算比例和交叉相乘. 让我们尝试第二种战略. 我们需要两条明显的辅助线（XY' 和 $X'Y$）来构造相似三角形.

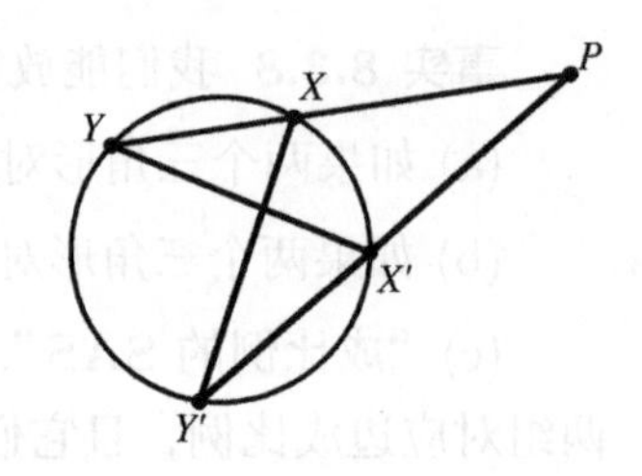

事实上，很容易找到这些相似三角形. 只要两个三角形有一个公共角，那么只要能找到另一对相等的角（因为三角形内角和为 180°，所以第三对角肯定相等），则两个三角形相似.

因此，需要考虑的是包含 $\angle P$ 的两个三角形. 下一步要应用例 8.2.16，它阐明了圆周角等于它所对应的弧的一半. 相对于圆周角的大小，下面的事实更重要：

对应于同一段弧的两个圆周角必相等.

因此，$\angle Y = \angle Y'$，因为它们对应于同一段弧 $\widehat{X'X}$. 从而我们有

$$\triangle PYX' \sim \triangle PY'X.$$

（注意，点的顺序很重要，$\triangle PYX'$ 与 $\triangle PXY'$ 不相似.）接下来得到

$$PX'/PY = PX/PY',$$

交叉相乘得到

$$PX \cdot PY = PX' \cdot PY'.$$

因为 P 可能在圆上或圆内，所以还有另外两种情形. 第一种情形很简单，乘积等于 0. 第二种情形的处理办法如前：通过作两条明显的辅助线，再找到两个相似三角形. ■

例 8.3.12　角平分线定理（题 8.1.2）的两种证明. 对于这个定理，我们有很多证明方法. 这里给出两种风格截然不同的证明.

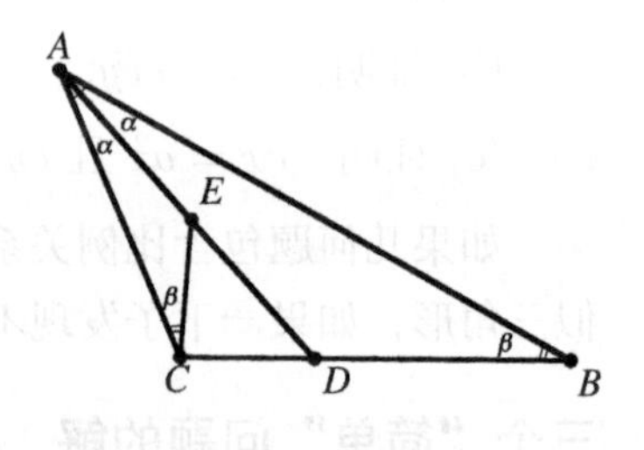

第一种证明利用构造相似三角形的战略. 我们已经给出了一条角平分线，因此已经有了两个三角形，它们有一对相等的角. 只要有另一对相等的角，问题就解决了！条件给出了 $\angle CAD = \angle DAB = \alpha$. 我们的技巧是在 AD 上寻找点 E 使得 $\angle ACE = \angle ABC$，记它们为 β.

这样，就得到两个相似三角形，即 $\triangle ACE \sim \triangle ABD$. 接下来该做什么呢？进一步地考察图形，以期得到更多的信息. 现在考虑比例关系.

记住，我们要证明 $CD/DB = AC/AB$. 使用相似三角形，我们知道 $AC/AB = CE/DB$. 如果能证明 $CE = CD$，那么问题就解决了！

怎么证明 $CE = CD$ 呢？我们需要证明 $\triangle CED$ 是等腰三角形. 用简单的角度追踪可以得出这点. 因为 $\angle CDE$ 是 $\triangle ABD$ 的外角，容易证明 $\angle CDE = \alpha + \beta$. 类似地有 $\angle CED = \alpha + \beta$. 因此 $\triangle CED$ 是等腰三角形，这就完成了证明. ■

第二种证明也使用了相似三角形，但关键思想与面积有关. 我们想要考察**长度**比 $CD/DB = x/y$.（见右下图标出的长度.）我们通过题 8.3.4 利用**面积**比来计算它. $\triangle ACD$ 和 $\triangle ADB$ 有公共顶点 A，因此面积比为

$$\frac{[ACD]}{[ADB]} = \frac{x}{y}.$$

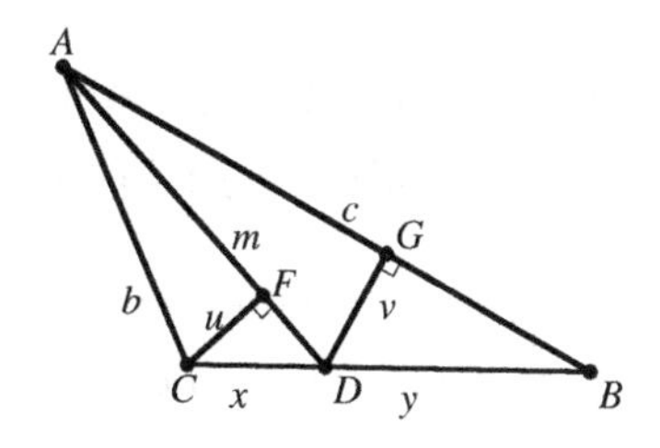

接下来，为了涉及两个长度 $AC = b$ 和 $AB = c$，我们用不同方法计算两块面积. 令 $m = AD$ 为角平分线的长度. 如图所示，考虑高 $u = CF$ 和 $v = DG$. 那么

$$\frac{[ACD]}{[ADB]} = \frac{\frac{1}{2}um}{\frac{1}{2}vc} = \frac{um}{vc}.$$

现在，让我们着手处理 u/v. 第一感觉就是考察相似三角形. 事实上，因为 AD 是角平分线，$\angle CAF = \angle DAG$，因此直角三角形 $\triangle CAF$ 和 $\triangle DAG$ 相似.（如果两个**直角**三角形有一对相等的角，它们就是相似的，因为已经有两个直角相等！）

而 $\triangle CAF \sim \triangle DAG$ 意味着 $u/v = b/m$. 因此

$$\frac{um}{vc} = \left(\frac{b}{m}\right)\left(\frac{m}{c}\right) = \frac{b}{c}.$$

所以

$$\frac{x}{y} = \frac{[ACD]}{[ADB]} = \frac{b}{c}.$$ ■

这个定理的逆命题也成立. 即，如果 BC 上的点 D 使得 $CD/DB = AC/AB$，那么 AD 平分 $\angle CAB$. 我们将这个重要事实的证明留给你（题 8.3.27）.

例 8.3.13 重心定理（题 8.1.3）的证明. 开始时，我们暂时去掉一条中线（毕竟，我们不知道三条中线是否交于一点），并且添加一条辅助线连结中点 E 和 F.

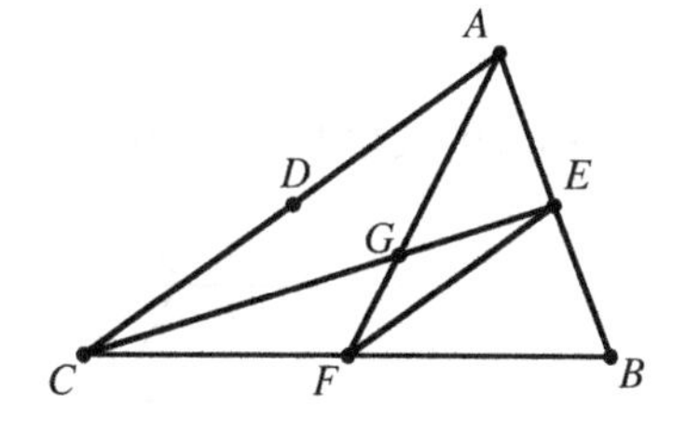

有时把 EF 称为 $\triangle ABC$ 的**中位线**. 根据题 8.3.9，这条中位线构造出了相似于 $\triangle BAC$ 的 $\triangle BEF$，**相似比**为 1∶2，因此 $EF:AC = 1:2$.

进一步地（也根据题 8.3.9），EF 平行于 AC. 因此 $\angle FEG = \angle GCA$ 且 $\angle EFG = \angle CAG$，因此 $\triangle GEF \sim \triangle GCA$. 同样可得相似比为 1∶2，这是因为 $EF:AC = 1:2$. 因此 $EG:GC = FG:GA = 1:2$.

我们使用的这两条中线无特别之处，我们已经证明了：**任意**两条中线的交点将它们分为 1∶2 的两部分. 当作第三条中线 BD 时，它将与中线 AF 交于某一点，将该点记为 G'，使得 $G'D:G'B = G'F:G'A = 1:2$. 但只有一点（即 G）能以这样的方式分割 AF. 因此 $G' = G$，这样我们就完成了证明. ■

注意比例、平行和相似三角形间的关系，和“幻象点”（G'）在交点唯一性证明中微妙的用法.

问题与练习

下面是很多基础问题和练习，利用本节和上节的几何事实就可证出. 当然，“基础”并不意味着“容易”. 然而，大多数问题需要耐心地研究、审慎地选择辅助线、持续地追踪角度、发现相似三角形，等等. 你应该尽可能解决下面的每个问题，至少把每个问题看一遍，因为这些问题中的很多思想在后续学习都会用到.

题 8.3.14 令直线 ℓ 分别交三条平行线于点 A, B, C，直线 t 分别交这三条平行线于点 D, E, F. 证明：$AB/BC = DE/EF$.

题 8.3.15 (纽约数学联盟 1992) 在 $\triangle ABC$ 中，CD 和 AE 是它的高，$BD = 3, DA = 5, BE = 2$. 求 EC.

题 8.3.16 令 $\triangle ABC$ 为直角三角形，$\angle B$ 为直角. 在 $\triangle ABC$ 的斜边上构造一个正方形（在三角形外部）. 令 M 为正方形的中心. 证明：MB 平分 $\angle ABC$.

题 8.3.17 证明欧拉不等式：三角形外接圆半径至少是其内切圆半径的两倍.

题 8.3.18 **圆周角定理的切线形式**. 让我们考虑第 249 页“圆和角”的图. 证明：$\angle ABD = \angle ACB$.

题 8.3.19 令 P 为等边三角形内部的任意一点. 证明：从 P 到三边的距离之和等于这个三角形的高.

题 8.3.20 使用下面的图重新证明第 255 页例 8.3.1.

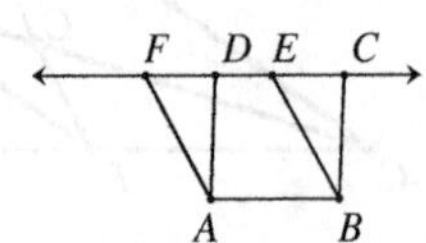

题 8.3.21 回忆：**梯形**是有两边平行的四边形，这两条边称为**底**. 梯形的**高**是底边之间的距离. 假设一个梯形底为 a, b，高为 h.

(a) 用 a, b, h 来表示梯形的面积.

(b) 求过梯形两条对角线的交点、平行于底边的、两端在另两条边（非底边）的线段的长度.

题 8.3.22 回忆：**菱形**是所有边都等长的四边形.

(a) 证明：菱形是平行四边形.

(b) 证明：菱形的对角线互相垂直平分.

(c) 证明：菱形的面积等于两条对角线的长度的乘积的一半.

题 8.3.23 (匈牙利 1936) 令 P 为 $\triangle ABC$ 内一点使得

$$[ABP] = [BCP] = [ACP].$$

证明：P 是 $\triangle ABC$ 的重心.

题 8.3.24 令三边为 a, b, c 的三角形的内切圆半径为 r，而 K 和 s 分别代表三角形的面积和**半周长**（周长的一半）. 证明：$K = rs$.

题 8.3.25 对“P 在圆内”“P 在圆周上”两种情形分别证明圆幂定理（题 8.1.1）.

题 8.3.26 **点到直线的距离**. 令 $ax+by+c=0$ 为平面直角坐标系中的直线方程，并令 (u, v) 为平面中任意一点. 那么我们以如下著名的公式来定义点 (u, v) 到这条直线的距离：

$$d = \frac{|au + bv + c|}{\sqrt{a^2 + b^2}}.$$

这能用标准的几何分析证明，即通过求垂线方程（它的斜率为 $ax + by + c = 0$ 的斜率的倒数的相反数）来寻找 (u, v) 到直线的垂足的坐标，然后使用距离公式. 但这种方法太烦琐了.

于是换另一种方法：构造相似三角形，形成简洁优雅的证明，两行足矣. 下面是这个证明，请你提供论证.（别忘了解释为什么需要绝对值.）

1. $\dfrac{d}{|h|}=\dfrac{|b|}{\sqrt{a^2+b^2}}$.

2. $|bh|=|au+bv+c|$.

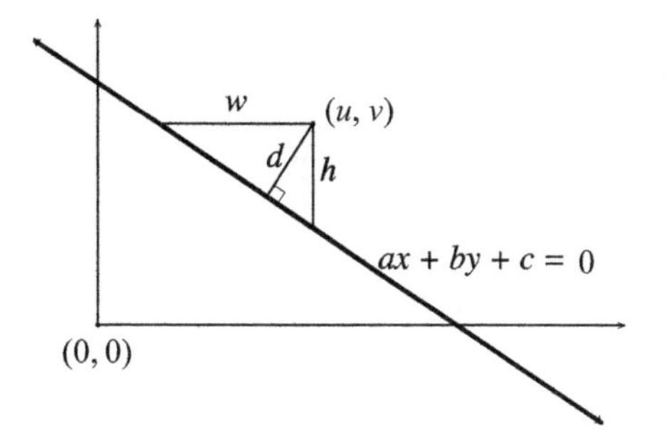

题 8.3.27 证明角平分线定理（题 8.1.2）的逆定理：考虑 $\triangle ABC$，D 是 BC 上一点，使得 $CD/DB=AC/AB$，则 AD 平分 $\angle CAB$.

题 8.3.28 证明圆幂定理（题 8.1.1）的逆定理：如果 P 是直线 XY 和 $X'Y'$ 的交点，且 $PX\cdot PY=PX'\cdot PY'$，则 X, Y, X', Y' 共圆.

题 8.3.29 相似子三角形. 假设 $\triangle ABC\sim\triangle DEF$，并令 X 和 Y 分别是 AB 和 DE 上的点，将这两条边同比分割. 也就是说，$AX/XB=DY/YE$. 证明：$\triangle AXC\sim\triangle DYF$. 我们称 $\triangle AXC$ 和 $\triangle DYF$ 为“相似子三角形”是因为 $\triangle AXC$ 和 $\triangle DYF$ 分别以“相似”的方式位于 $\triangle ABC$ 和 $\triangle DEF$ 内. 这似乎显而易见，即相似对象的成比例的子集应该相似，但你需要花一些时间严格证明它.

相似子三角形经常出现. 例如，见题 8.4.31 和例 8.4.4.

题 8.3.30 尺规作图. 进行下面的作图（确保你能证明它们的可行性）.

(a) 给定一条单位长度的线段，作一条如下长度的线段.

1. k，其中 k 是任意正整数.

2. a/b，其中 a 和 b 是任意正整数.

(b) 给定长度分别为 1 和 x 的线段，作一条长度为 $\sqrt{x}$ 的线段.

(c) 给定三角形各边的中点，作出这个三角形.

题 8.3.31 (湾区数学奥林匹克竞赛 2016) 考虑锐角 $\triangle ABC$，令 K, L, M 分别是边 AB, BC, CA 的中点. 从 K, L, M 分别向三角形的另外两条边作垂线，即从 K 向边 BC 和 CA 作垂线，以此类推. 结果是这 6 条垂线交于点 Q, S, T，在 $\triangle ABC$ 内构成六边形 $KQLSMT$. 证明：六边形 $KQLSMT$ 的面积是原 $\triangle ABC$ 的面积的一半.

题 8.3.32 华莱士-鲍耶-格温定理. (感谢拉利特 · 贾殷) 这个定理表明，平面上任意两个面积相等的多边形都是“剪切全等”的，即可以把一个多边形切成几块，它们可以完美地组合在一起（没有空隙，没有重叠），形成另一个多边形. 证明这个定理. 关键是证明两个面积相同的矩形是剪切全等的. 例如，证明 2×5 矩形和 $\sqrt{10}\times\sqrt{10}$ 矩形是剪切全等的.

题 8.3.33 回顾三角法. 一些纯几何学者看不起三角法，认为它“不纯粹”，但这种看法是愚蠢的. 当然，存在许多优雅的几何证明方法，它们不使用“不纯粹”的三角方法. 但三角法有时更省时间并且更有效. 毕竟，三角法本质上是对相似三角形比例的变形. 因此，每当处理相似三角形时，你至少应该意识到三角法可能可行. 现在你应该复习 sin, cos, tan 的定义和基本的和角与差角公式（如果还不熟悉）. 接着（做题时不许再查阅它们！）完成下面的练习.

(a) 如果三角形两边的长度是 a 和 b，它们的夹角是 θ，证明：三角形的面积是 $\frac{1}{2}ab\sin\theta$.

(b) 利用这个公式得到角平分线定理（题 8.1.2）的第三个证明.

(c) 证明**正弦定理**：考虑 $\triangle ABC$，令 $a=BC, b=AC, c=AB$. 那么

$$\frac{a}{\sin A}=\frac{b}{\sin B}=\frac{c}{\sin C}.$$

(d) 证明**扩展的正弦定理**，它说上面的比等于 $2R$，其中 R 是外接圆半径.

(e) 证明**余弦定理**，它说［使用 (c) 中的三角记号］

$$c^2=a^2+b^2-2ab\cos C.$$

题 8.3.34 利用余弦定理证明有用的斯图尔特定理：考虑 $\triangle ABC$，点 X 在边 BC 上. 如果 $AB=c, AC=b, AX=p, BX=m, XC=n$，则

$$ap^2 + amn = b^2m + c^2n.$$

题 8.3.35 利用题 8.3.10 和相似三角形，给出勾股定理的另一个证明.

题 8.3.36 令 a, b, c 为面积为 K 的三角形的边，并令 R 为外接圆半径. 证明：$K = abc/4R$.

题 8.3.37 这题是三角法应用的例子. 使用面积公式 $\frac{1}{2}ab\sin\theta$ 来证明下面惊人的事实：任何梯形都被其对角线划分为四个三角形，其中两个是相似的，另外两个面积相等. 例如，在下图中，阴影三角形有相同的面积.

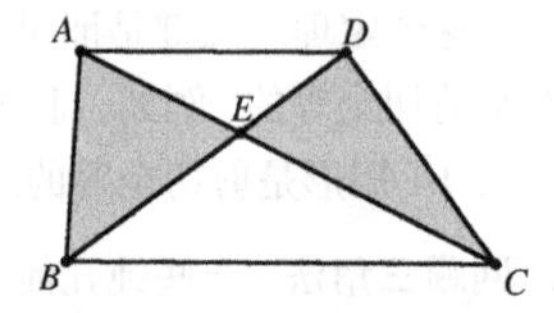

题 8.3.38 思考下图，它描绘了直角 $\triangle ABC$，直角为 $\angle B$，$AB = 1$. 令 D 为 AC 上一点，使得 $AD = 1$. 令 $DE \parallel CB$.

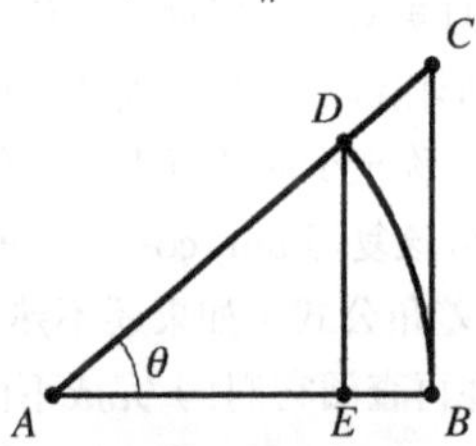

(a) 回忆：半径为 r 的圆上对应圆心角为 θ 的圆弧的长度是 $r\theta$（当然，θ 是弧度制的）. 利用这点证明对于锐角 θ 有

$$\sin\theta < \theta < \tan\theta.$$

(b) 不用微积分，证明：$\lim\limits_{\theta\to 0}\dfrac{\sin\theta}{\theta} = 1.$

题 8.3.39 (普特南 1999) 直角 $\triangle ABC$ 的直角为 $\angle C$，$\angle BAC = \theta$. 点 D 在 AB 上，使得 $AC = AD = 1$. 点 E 在 BC 上，使得 $\angle CDE = \theta$. 过点 E 作垂直 BC 的垂线交 AB 于 F. 计算 $\lim_{\theta\to 0} EF$. 提示：答案不是 1, 0, 1/2.

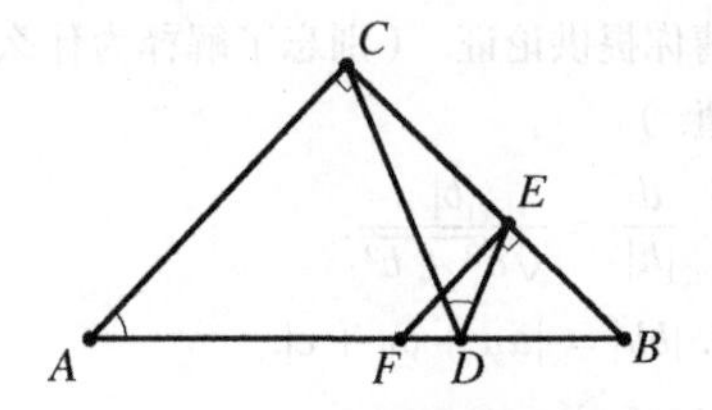

题 8.3.40 下图表示勾股定理的另一种“剖分”证明. 请指出（并证明）为什么这成立.

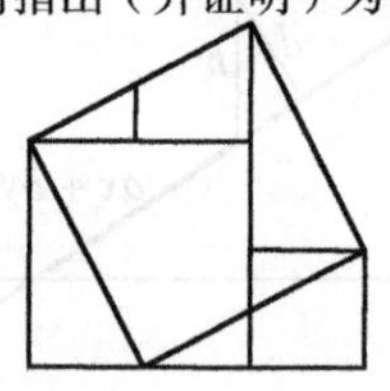

题 8.3.41 (普特南 1998) 令 s 是单位圆在第一象限上的任意弧. 令 A 表示 x 轴上方 s 下方区域的面积，B 表示 y 轴右方 s 左方区域的面积. 证明 $A+B$ 仅依赖于 s 的长度，而与弧 s 的位置无关.

题 8.3.42 在下图中，D, E, F 分别是 AF, BD, CE 的中点. 如果 $[ABC] = 1$，求 $[DEF]$.

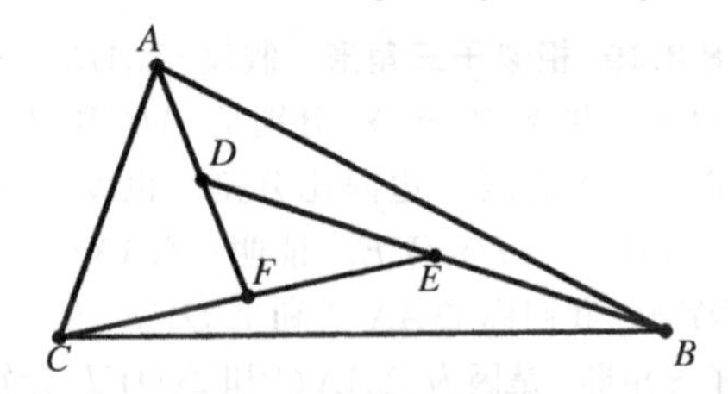

题 8.3.43 旁切圆. 三角形的内切圆与三条边相切，内切圆的圆心当然在三角形内部. 然而，还有另外三个圆. 只要允许圆心在三角形外部，并且按照需要延长三角形的边，那么这三个圆都与三角形三条边相切！例如，下面是一个半径为 r_a 的旁切圆（因为它与顶点 A 相对）.

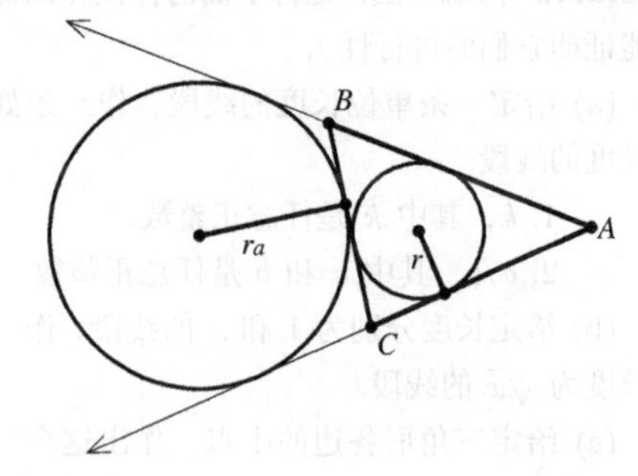

可以用类似的方式定义另两个旁切圆（也称为外圆），它们的半径分别为 r_b 和 r_c.

(a) 证明：每个外圆的圆心是三角形三个角（一个内角和两个外角）平分线的交点.

(b) 沿用题 8.3.24 的符号，证明：

$$K = (s-a)r_a = (s-b)r_b = (s-c)r_c.$$

(c) 证明著名的公式：

$$\frac{1}{r_a} + \frac{1}{r_b} + \frac{1}{r_c} = \frac{1}{r}.$$

8.4 初等几何的威力

让我们对上一节快速复习并重组，其内容涵盖了很多专题，现在让我们再次讨论最重要的一些内容. 本节引入了一些新的理论和工具，但学习重点是解几何题战略和战术，以及以创新的方式来应用简单的思想.

上一节介绍的解题方法共有三个层面（战略、战术、工具），让我们把其中的一些归纳成一个清单. 这个清单并不全面，却是个良好的开端，它还能帮助初学者找到头绪.

1. 仔细作图.
2. 作辅助线，但要简洁.
3. 从角度追踪开始. 但不要事事皆依赖于此!
4. 寻找你最有利的工具：直角三角形、平行线和共圆的点.
5. 比较面积.
6. 牢记：探寻相似三角形.
7. 寻找对称性和“典型的”点或线.
8. 创建具有所需属性的“幻象”点，并证明它与某个已知点重合.

让我们通过一些问题、例题及新观点来更仔细地考察其中的一些解题方法. 对 8.4–8.4 项几乎没什么要说的，除了它们的显然性：没有一张认真画的图，你将会浪费时间；辅助线是神奇的，但有时需要真正的艺术感才能找到；角度追踪法是有趣的，但不能解决所有问题. 从第 8.4 项开始，通过观察一些好的例题，有很多值得学习的东西.

共圆的点

下面的问题明确地要求寻找共圆的点，让我们从此题入手. 我们将会给出两种解法. 请你花时间来思考其中用到战略、战术和工具.

例 8.4.1 (USAMO 1990) 在平面中给定一个锐角 $\triangle ABC$. 直径为 AB 的圆交高线 CC' 及其延长线于点 M 和 N. 直径为 AC 的圆交高线 BB' 及其延长线于点 P 和 Q. 证明：点 M, N, P, Q 共圆.

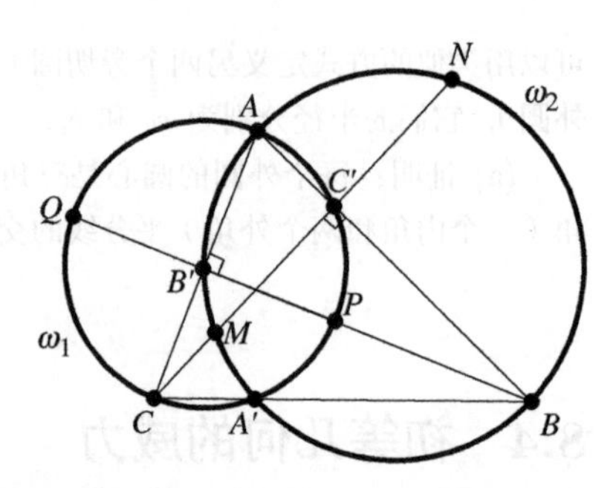

解答 必须强调仔细作图和保持纸面整洁的重要性(至少在开始时这么做). 在右图中, 把直径为 AC 和 AB 的圆分别标为 ω_1 和 ω_2, 并不包含多余的对象.

我们的准确绘图(在这个例子中是计算机辅助绘成的)立即给了回报: 观察到 C' 在 ω_1 上而 B' 在 ω_2 上. 只是我们很幸运吗? 当然不是! $\triangle AB'B$ 是直角三角形, 直角为 $\angle B'$(高 BB' 的垂足), 斜边 AB 就是 ω_2 的直径. 通过关于内接直角三角形的事实(题 8.2.17)知道, B' 一定在 ω_2 上. 通过相同的推理, C' 在 ω_1 上. 这虽是简单的几何观察, 但如果没有好好作图, 它可能会逃出我们的视线!

现在是进行战略性思考的时候了. 我们想要证明 M, N, P, Q 在同一个圆上. 让我们循序渐进地列出"倒数第二步"的一些选项.

1. 为假想的圆寻找可能的圆心, 并证明这四个点与它的距离相等.

2. 根据圆内接四边形引理(题 8.2.18), 如果能证明 $\angle QMP$ 和 $\angle QNP$ 互补, 便大功告成.

3. 使用相同的引理, 另一种解法是证明 $\angle QPM = \angle QNM$.

4. 使用圆幂定理的逆定理(题 8.3.28)来推断 M, N, P, Q 共圆. 我们将 PQ 和 MN 的交点称为 X. 然后需要证明

$$QX \cdot XP = MX \cdot XN.$$

5. 使用托勒密定理(题 8.4.29)的逆定理来证明四点共圆. 为了做到这点, 我们必须证明:

$$QM \cdot NP + MP \cdot NQ = QP \cdot MN.$$

这些思想各有千秋, 但选项 #2 和选项 #3 比较烦琐, 需求添加更多的辅助线, 会让人感觉很困惑. 类似地, 托勒密定理看起来也很复杂.

另一方面, 选项 #1 看起来很有希望. 因为已经标出的点中的某一点很有可能实际上是圆心, 故选项 #1 看起来自然而然可行. 如果 M, N, P, Q 共圆, 则 MN 和 PQ 会是某个圆的弦, 并且通过弦与半径的关系(事实 8.2.13)可知: 这些弦的中垂线会穿过圆心.

注意: AB 是 MN 的中垂线. 这是因为: MN 垂直于 AB(因为 M 和 N 在垂直于 AB 的高线上), 并且 MN 是圆 ω_2(直径为 AB)的弦. 类似地, AC 是 QP 的中垂线.

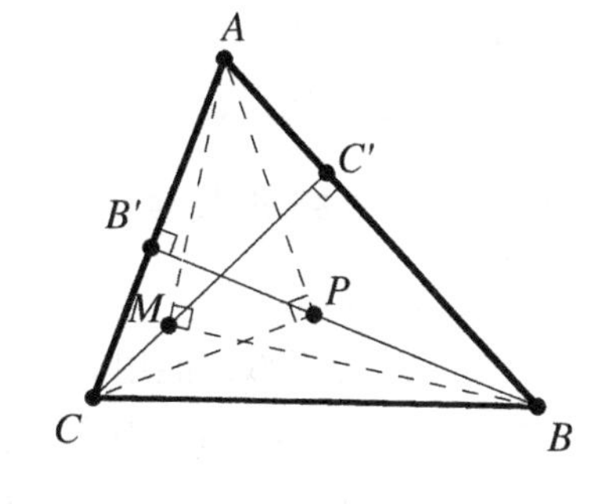

因此，唯一可行的圆心是 A. 我们知道 $AQ = AP$ 且 $AM = AN$，并已经将问题转化为证明 $AM = AP$. 注意：AM 和 AP 分别是圆 ω_2 和 ω_1 的内接直角三角形的直角边. 右图说明了这点，为清晰起见，省略了前面图中的一些线.

这个问题归结为完全可以证明的问题. 利用相似三角形，或回忆题 8.3.10，我们有

$$AM^2 = AC' \cdot AB,$$
$$AP^2 = AB' \cdot AC.$$

因为 C' 和 B' 是 $\triangle ABC$ 的高的垂足，它们的位置固定，且长度也能用一般的三角几何计算得到，分别为 $AC' = AC\cos A$ 和 $AB' = AB\cos A$. 代入前式，得到

$$AM^2 = AC' \cdot AB = AC \cdot AB\cos A,$$
$$AP^2 = AB' \cdot AC = AB \cdot AC\cos A.$$

这就完成了证明. ■

但前面曾承诺要使用两种证明方法！来看一下选项 #4：利用圆幂定理的逆定理. 一开始，这看起来很复杂，因为圆幂定理需要四条不同的线段. 然而，我们要处理两个圆，因此**对于重叠的圆多次使用圆幂定理**是个明智的选择. 需要标出 QP 和 MN 的交点，它现在很重要. 在下图中，把交点称为 X. 注意：X 是 $\triangle ABC$ 的垂心. 也请注意（这得再次归功于仔细作图）ω_1, ω_2 和 CB 交于同一点，故很自然地把它标为 A'，因为它正好是过点 A 的高线的垂足.（三条高线交于 X，并且 $\triangle AA'B$ 是内接于 ω_2 的直角三角形，而 $\triangle AA'C$ 是内接于 ω_1 的直角三角形.）

我们需要证明：$QX \cdot XP = MX \cdot XN$. 遗憾的是，这四条线段不在同一个圆中. 然而令人兴奋的是：虚线 AXA' 同时是 ω_1 和 ω_2 的弦！

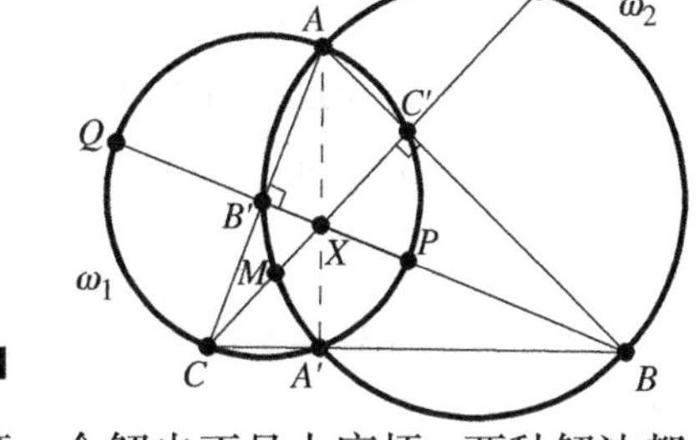

对 ω_1 应用圆幂定理，有

$$AX \cdot XA' = QX \cdot XP.$$

而在 ω_2 中，可用圆幂定理导出

$$AX \cdot XA' = MX \cdot XN.$$

于是完成了另一种证明. ■

注意：用圆幂定理给出解要容易很多，但第一个解也不是太麻烦. 两种解法都需要解题者的勇气和耐心，仔细作图以及对垂直、圆内接直角三角形等的系统观察. 同样，两个解都依赖于寻找“关键对象”. 在第一个解中，把点 A 作为目标. 而在第二个解中，直线 AA' 是关键. 这也不是巧合：因为问题是关于直径 AC 和 AB “对称”地建立的，而我们感兴趣的对象包含点 A，这说得过去. 这种战略性的推

导需要开阔的视野和奇思妙想. 这比起技术来说它更是艺术. 但有目的的研究有别于毫无章法的构造，它们之间是有区别的!

面积、塞瓦线和共点的线

连接三角形的一个顶点和它的对边（或延长线）上一点的线段称为**塞瓦线**. 许多图形包含塞瓦线. 能用如下法则研究它们，即有公共顶点的、底边在同一条直线上的两个三角形的面积比等于底边长度比（题 8.3.4）. 我们已经多次使用这个思想，但仍然能从中获取更多有用信息. 让我们利用它来解决一个著名的难题. [①]

例 8.4.2　点 D, E, F 分别是 BC, CA, AB 的三分之一点（即 $AF = AB/3$, $BD = BC/3, CE = CA/3$）. 如果 $[ABC] = 1$，求阴影三角形的面积 $[GHI]$.

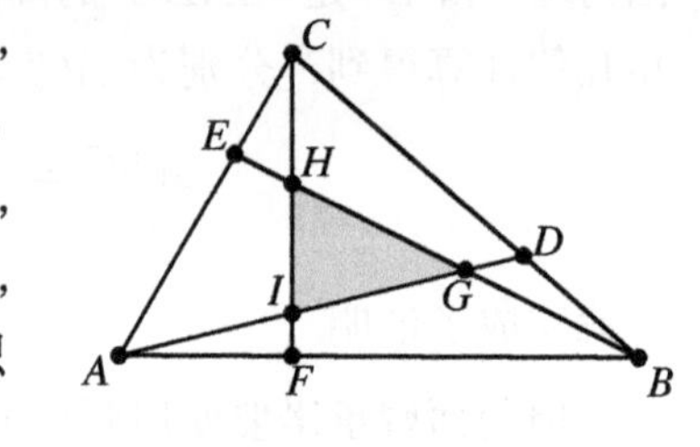

解答　正如在重心问题（例 8.3.13）中所做的，从只考虑两条相交的塞瓦线开始. 去掉塞瓦线 BE. 为方便比较面积，加上辅助线 IB. 令 $[FIA] = x$，因为 $AF : FB = 1 : 2$，所以 $[FBI] = 2x$. 类似地，如果 $[DIB] = 2y$，则 $[CID] = 4y$（令第一个面积为 $2y$ 而非 y 是为了避免后面出现分数）.

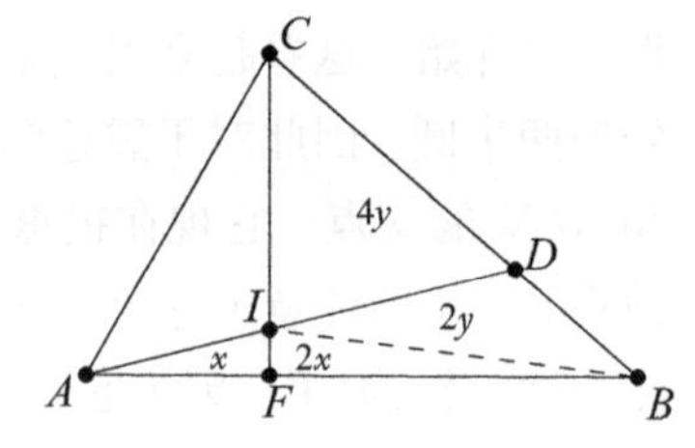

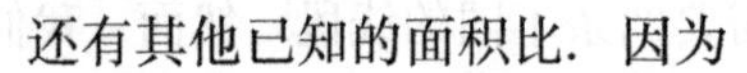
还有其他已知的面积比. 因为

$$[CAF] : [CFB] = 1 : 2,$$

$$[CFB] = 6y + 2x,$$

所以我们有 $[CAF] = 3y + x$，从而 $[CIA] = 3y$.

现在可以反向进行，由面积比

$$[CIA] : [CID] = 3y : 4y = 3 : 4$$

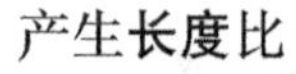
产生长度比

$$AI : ID = 3 : 4.$$

我们尚未完成，通过这种方法还能得到更多信息. 因为

$$[BAD] : [CAD] = 1 : 2,$$

有

$$2(3x + 2y) = 3y + 4y,$$

因此 $2x = y$. 这意味着

$$[FIA] : [CIA] = 1 : 6,$$

因此得到

$$FI : IC = 1 : 6.$$

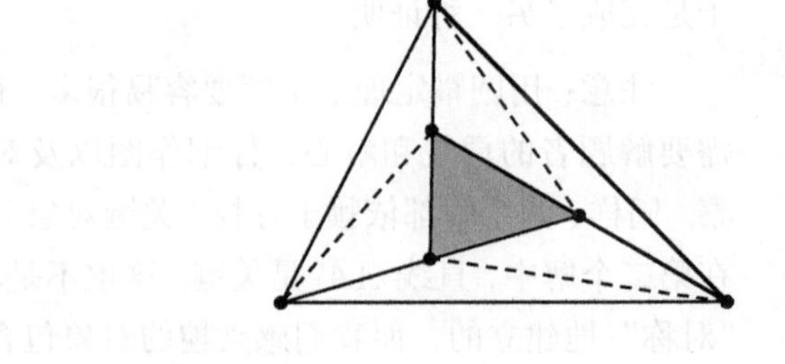

① 更多的解法请参见文献 [7] 和 [20].

回到有三条塞瓦线的原图（上页第一幅图），我们看到，每条塞瓦线都被按比例分为 1∶3∶3. 例如，$FI:IH:HC = 1:3:3$. 更重要的是，阴影三角形的顶点 G, H, I 分别平分线段 BH, CI, AG. 这种情形在上页最后一幅图中得以清晰简洁地展现.（尽管有一些重要的辅助线.）

辅助线清楚地表明：大三角形被分解为 7 个小三角形，且每个小三角形的面积都等于阴影三角形的面积. 因此得到 $[GHI] = 1/7$. ■

运用已有的技巧，我们应该能够判定三条塞瓦线何时共点. 在 17 世纪，乔瓦尼 · 塞瓦发现了一个很优雅的解答（现在你该知道“塞瓦线”的由来了吧）.

例 8.4.3 **塞瓦定理**. 塞瓦线 AD, BE, CF 共点，当且仅当

$$\frac{AF}{FB} \times \frac{BD}{DC} \times \frac{CE}{EA} = 1.$$

证明 首先回忆一个与比例有关的简单的代数引理：

如果
$$\frac{x}{y} = \frac{a}{b},$$
则我们有
$$\frac{x}{y} = \frac{x+a}{y+b} = \frac{x-a}{y-b}.$$

这个引理看似惊人，但很容易证明. 记住：分子分母同乘以一个数，分数值不变；但若分子分母同时加上或减去一个数，分数值可能改变！

有了这个引理，塞瓦定理就变得相当简单. 假设塞瓦线共点于 G. 将其转换为面积（符号如上图），得到

$$\frac{AF}{FB} = \frac{y}{w} = \frac{x+y+z}{u+v+w} = \frac{x+z}{u+v},$$
$$\frac{BD}{DC} = \frac{v}{u} = \frac{y+w+v}{x+z+u} = \frac{y+w}{x+z},$$
$$\frac{CE}{EA} = \frac{z}{x} = \frac{z+u+v}{x+y+w} = \frac{u+v}{y+w},$$

这些表达式的乘积显然是 1. 我们将逆命题（如果乘积为 1，则塞瓦线共点）留作练习. ■

相似三角形和共线的点

毫无疑问，你已经注意到，几乎在每个几何问题中，相似三角形都是重要的因素. 寻找起到关键作用的相似三角形可能相当困难. 有时，你必须构造相似三角形；又有时，你需要从复杂而纷繁的图中艰难地寻找饱含玄机的，能让人看见胜利的曙光的对应关系. 下面举一些例子来说明这点.

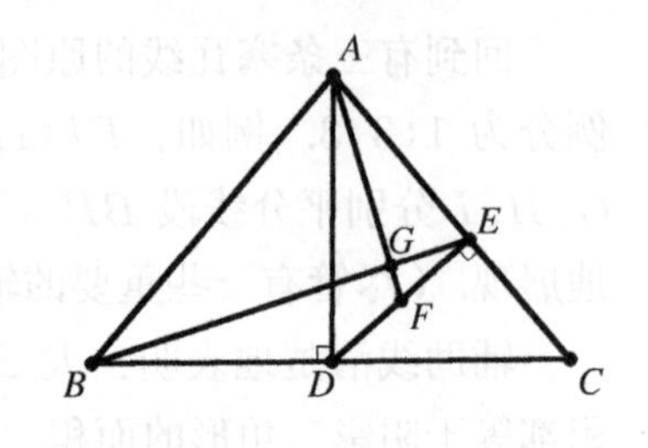

例 8.4.4　在等腰$\triangle ABC$中，$AB = AC$. 从 A 作 BC 的垂线，交 BC 于 D. 然后过 D 作 AC 的垂线，交 AC 于 E. 令 F 为 ED 的中点. 证明 $AF \perp BE$.

解答　角度追踪一直十分诱人，但若在这里使用角度追踪，你会功败垂成. 我们所感兴趣的相交的直线之一的 AF 是 $\triangle AED$ 的一条中线. 中线不像角平分线或者高线那样有十分复杂的三角分析，它不会产生有用的角度信息.

我们需要从战略上思考. 对于垂线来说，倒数第二步是什么？圆内接直角三角形！根据题 8.2.17，如果三角形的一条边是圆的直径，且这条边相对的顶点在圆上，则这个对角是直角. 注意：$\triangle ADB$ 就是内接于直径为 AB 的圆的直角三角形. 因此，如果能证明 G 在圆上，我们便完成了证明，因为 $\triangle AGB$ 也将会是直角三角形.

也就是说，必须证明 A, G, D, B 是共圆的点. 根据题 8.2.18，当且仅当

$$\angle GAD = \angle GBD$$

时这才成立. 在几乎能品尝到胜利的果实之际，我们当然希望尝试更多的角度追踪. 但我们需要更多：必须用“角度的”方式来运用“F 是 DE 的中点”的条件. 我们需要一个与某个中点有相似（双关语）关系的三角形.

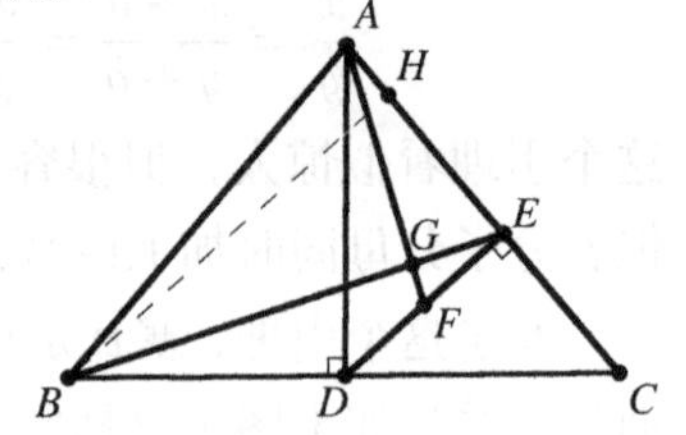

注意：AF 是直角三角形的一条中线. 在它附近有其他中点吗？有，点 D 是 BC 的中点，因为 $\triangle ABC$ 是等腰三角形（我们第一次用到这个条件）！只要 DE 是三角形的中位线，证明就会容易许多. 异想天开战略为我们带来了帮助：作 BH 平行于 DE.

现在，$\triangle BHC$ 是直角三角形，DE 是中位线，BE 是**中线**. 显然，我们有

$$\triangle BHC \sim \triangle AED.$$

使用题 8.3.29 的相似子三角形推理，立即得到

$$\triangle FAD \sim \triangle EBC,$$

因此 $\angle GAD = \angle GBD$，这正是我们所希望的. ■

作辅助线 BH 是明智的，同时也是非常自然而然的关键一步. 在下面的例子中，图形更杂乱，也有更多的选择. 因此必须特别关注思考“隐藏”的辅助线. 在这个例子中，需要的辅助线是三角形，而不仅仅是一条直线.

例 8.4.5　**欧拉线**. 证明：任何三角形的垂心、外心和重心共线，进一步而言，重心将垂心到外心的距离按比例分为 2∶1. 这三个点确定了一条直线，称为三角形的欧拉线.

解答　如何证明呢？仔细作图永远是重要的，同时必须努力不要让图变得拥挤

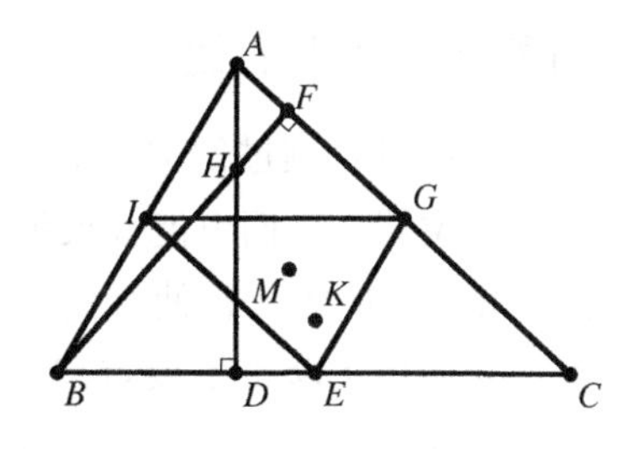

不堪. 让我们开始吧. $\triangle ABC$ 的垂心、重心和外心分别是点 H, M, K. 我们画出两条高线来确定 H, 但没有作出任何中线、外接圆半径或者中垂线. 图中确实包含辅助线构造: 连接 $\triangle ABC$ 各边中点 E, G, I, 得到**中点三角形** EGI. 事实上, 这就是关键性一步. 如果你不知道这么做的原因, 你可能还没有完成题 8.2.29. 请先完成它, 再继续阅读!

证明 H, M, K 共线的战略是证明 HM 和 MK 有相同的"斜率". 这需要从某处寻找相等的角. 我们将通过寻找相似三角形来做到这点.

我们之所以画出了中点三角形, 是因为它以一种非常有趣的方式"连接"了点 K 和 H, 即中点三角形相似于 $\triangle ABC$, 并且 (你完成题 8.2.29 了吗?) $\triangle ABC$ 的外心是中点三角形的垂心. 也就是说, K 是 $\triangle EGI$ 的垂心, 并且 $\triangle EGI \sim \triangle ABC$, 相似比为 $1:2$.

进一步可知, $\triangle EGI$ 的重心也是 M. 至此几乎完成了证明. 线段 HM 和 KM 是"姐妹", 每个都连接相似的三角形的垂心和重心. 让我们将这个命题正式化.

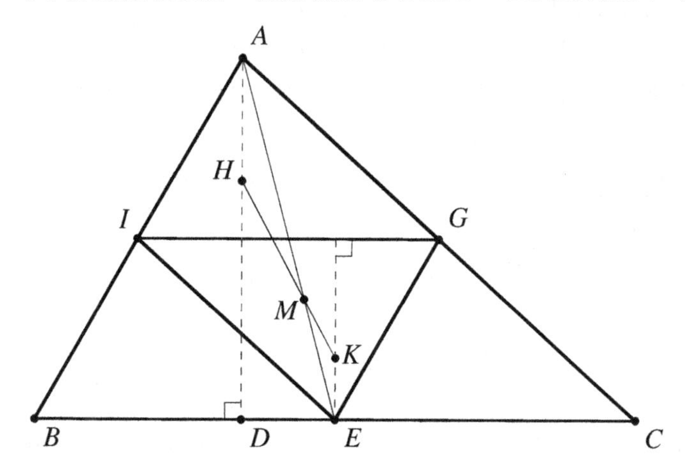

过点 K 作直线垂直于 IG. 因为 K 是 $\triangle EGI$ 的垂心及 $\triangle ABC$ 的外心, 这条垂线过 BC 的中点 E. 作中线 AE, 并且因为 $AD \parallel EK$, 我们可以发现

$$\angle HAM = \angle KEM.$$

最后, 作线段 HM 和 MK. 我们希望通过 $\triangle HAM \sim \triangle KEM$ (比如说, 这蕴含着 $\angle AHM = \angle EKM$, 因此直线 HM 和 MK 有相同的斜率), 来证明这两条线段形成一条直线. 因为有角度等式, 所以几乎能够证明这点. 我们需要的只是成比例的长度, 这很容易. 因为 $\triangle EGI \sim \triangle ABC$, 所以有 $EK/AH = 1/2$. 并且, 根据重心定理 (题 8.1.3), 有 $EM/MA = 1/2$. 因此, 根据"成比例的 SAS" (事实 8.3.8), 我们推断出 $\triangle HAM \sim \triangle KEM$, 这就完成了证明. ■

幻象点和共点的线

你已经看到过幻象点的使用方法. 那时，我们创造了一个点，它有我们想要的性质或位置. 我们也能在反证法中很明确地利用幻象点. 其中，幻象点扮演了稻草人的角色，他的死亡使我们得到了想要的结果. 下面是一个漂亮和富有启发性的例子，它使用了两个幻象点来证明三条直线交于一点.

例 8.4.6　如右图所示放置三个圆 $\omega_1, \omega_2, \omega_3$，使得每对圆都交于两点. 这些点对是三条弦（每条都是两个圆的公共弦）的端点对. 证明这些弦共点，即右图中的弦 AB, CD, EF 交于同一点.

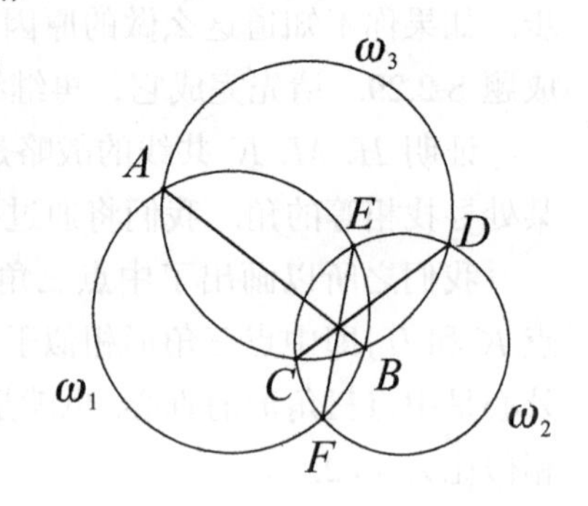

解答　这是一个漂亮的结果，既惊人又自然. 如何证明三条线共点呢？我们想起塞瓦定理，但它需要一个三角形. 图形已经很复杂了，因此添加辅助线的前景是令人生畏的.

取而代之的是仿效第 259 页的重心定理的证明：首先，考察两条中线的交点，并且刻画此点的性质，以此证明三条中线交于一点.

让我们对手头的问题进行相同的处理. 暂时去掉弦 EF，并令 X 为 AB 与 CD 的交点. 它们都是 ω_3 的弦，因此很自然地应用圆幂定理，得到

$$AX \cdot XB = CX \cdot XD. \tag{8.4.1}$$

这提示我们使用如下战略，即假设第三条弦不与前面两条共点. 我们仍然要处理交点（幻象点），也许能用圆幂定理来处理.

第三条弦有两种完全不同的画法，使得它与前两条不共点. 一种方法是：用不经过 X 的"直线"连接 E 和 F，因此交 AB 和 CD 于两个不同的点. 应用此方法的问题很微妙. 此法能生成两个新的圆幂定理等式，但导出代数矛盾比较困难. 请你自己尝试！

另一种作假的"直线"的方法是从 F 出发，经过 X（从而使用一个有等式的点），然后继续画不经过 E，分别交 ω_1 和 ω_2 于幻象点 E_1, E_2 的"直线". 这在下图中用虚"直线"表示.（注意，这实际上是两条线段，因为直线确实会经过 E. 这是使用精确的计算机绘图的代价.）

对 ω_1 应用圆幂定理产生

$$AX \cdot XB = FX \cdot XE_1,$$

对 ω_2 应用圆幂定理产生

$$CX \cdot XD = FX \cdot XE_2.$$

将它们与 (8.4.1) 合并，得到

$$FX \cdot XE_1 = FX \cdot XE_2,$$

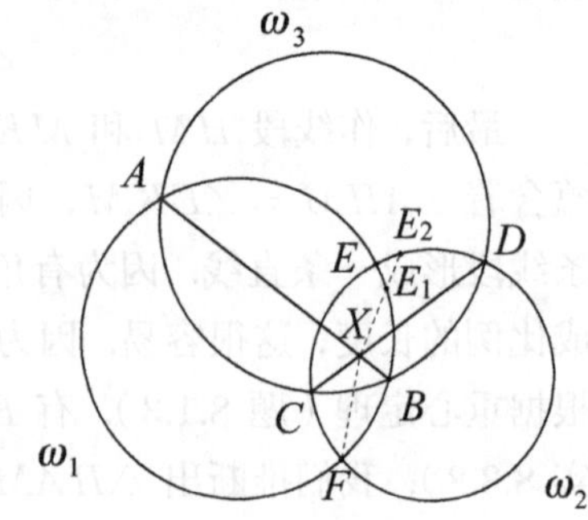

因此 $XE_1 = XE_2$，这迫使 E_1 与 E_2 重合. 但那将会意味着这个公共点是 ω_1 和 ω_2 的交点. 也就是说，$E_1 = E_2 = E$，于是完成了证明. ■

问题与练习

下面这些习题除了用到了本节中介绍的知识，并没有用到其他新的技巧，其中一些问题则只需要 8.2–8.3 节“基础几何”中的知识. 你可能希望先再次尝试解决这节中你没解决的问题. 现在你也许会发现自己已经变得足智多谋了.

题 8.4.7 两个圆交于点 A 和 B. 令 ℓ 为穿过 A 的直线，分别交两个圆于 X 和 Y. 关于比值 BX/BY，你能给出什么结论?

题 8.4.8 (加拿大 1969) 若 P 是等边 $\triangle ABC$ 内任意一点，PD, PE, PF 分别是 P 到三条边的垂线. 证明：无论 P 在何处都有

$$\frac{PD+PE+PF}{AB+BC+CA} = \frac{1}{2\sqrt{3}}.$$

题 8.4.9 (加拿大 1986) 一条定长的弦 ST 在直径为 AB 的半圆上滑动. M 是 ST 的中点，P 是从 S 到 AB 的垂线的垂足. 证明：无论 ST 位于何处，$\angle SPM$ 为定值.

题 8.4.10 通过建立逆命题完成塞瓦定理的证明：如果比例的乘积（见第 267 页的图）

$$\frac{AF}{FB}\frac{BD}{DC}\frac{CE}{EA} = 1,$$

则塞瓦线 AD, BE, CF 共点. 提示：用反证法.

题 8.4.11 (普特南 1997) 矩形 $HOMF$ 有边 $HO = 11$ 及 $OM = 5$. 在 $\triangle ABC$ 中，H 为高线的交点，O 为外心，M 为 BC 的中点，F 为从 A 出发的高线的垂足. 求 BC 的长度.

题 8.4.12 利用塞瓦定理重新证明下述结论.

(a) 三角形的三条角平分线交于一点.

(b) 三角形的三条中线交于一点.

(c) 三角形的三条高线交于一点.

题 8.4.13 (AIME 2003) 在菱形 $ABCD$ 中 $\triangle ABD$ 和 $\triangle ACD$ 的外接圆半径分别为 12.5 与 25，求菱形 $ABCD$ 的面积.

题 8.4.14 (加拿大 1990) 令 $ABCD$ 为圆内接凸四边形，并令对角线 AC 和 BD 交于 X. 过 X 的垂线分别交 AB, BC, CD, DA 于 A', B', C', D'. 证明：

$$A'B' + C'D' = A'D' + B'C'.$$

题 8.4.15 (湾区数学奥林匹克竞赛 2001) 在矩形 $JHIZ$ 中，令 A 和 C 分别为边 ZI 和 ZJ 上的点. 从 A 到 CH 的垂线交 HI 于 X，从 C 到 AH 的垂线交 HJ 于 Y. 证明 X, Y, Z 共线.

题 8.4.16 垂线三角形. 考虑 $\triangle ABC$. 三个顶点分别为 $\triangle ABC$ 三条高线的垂足的三角形称为 $\triangle ABC$ 的**垂线三角形**.

(a) 证明：$\triangle ABC$ 的垂线三角形的三个角的大小分别为 $\pi - 2\angle A, \pi - 2\angle B, \pi - 2\angle C$.

(b) 证明：如果 $\triangle ABC$ 是锐角三角形（因此垂线三角形在其内部），则 $\triangle ABC$ 的高线平分垂线三角形的角. 也就是说，锐角三角形的垂心是它的垂线三角形的内心.

题 8.4.17 从平行四边形每个顶点往两个对边的中点画直线，平行四边形的中心会出现一个八边形. 计算八边形与平行四边形的面积比.

题 8.4.18 令 $ABCD$ 为凸四边形（“凸”意味着连接任意两个顶点的每条线段都完全在四边形内或上，非凸多边形有“凹槽”）. 假定 P 为 AB 上任意一点. 过 A 作直线平行于 PD. 类似地，过 B 作直线平行于 PC. 令 Q 为这两条直线的交点. 证明：

$$[DQC] = [ABCD].$$

题 8.4.19 考虑第 267 页塞瓦定理证明中用到的图. 证明：

$$\frac{GD}{AD} + \frac{GE}{BE} + \frac{GF}{CF} = 1.$$

题 8.4.20 "重量"法. 在第 266 页例 8.4.2 中，比较面积给了我们关于线段比的信息. 下面是另一个方法：使用（不严格的）物理直觉. 假设在 $\triangle ABC$ 的顶点上放置重物（参考第 266 页的图）. 顶点 B 上开始有 2 个单位重量. 我们能在 A 放置任何重量，但如果假设 F 是平衡点，则必须在 A 放置 4 个单位重量，因为每个重量与它到平衡点的距离的乘积必须相等. 于是可以假设：A 和 B 两点的重量等价于 F 点的 6 个单位重量.

继续此过程，现在观察边 CB，平衡点在 D. 在 B 点已有 2 个单位重量，因此为了保持平衡，C 点必须有 1 个单位重量. 将它们的和（3 个单位重量）放置在平衡点. 结果如下图：

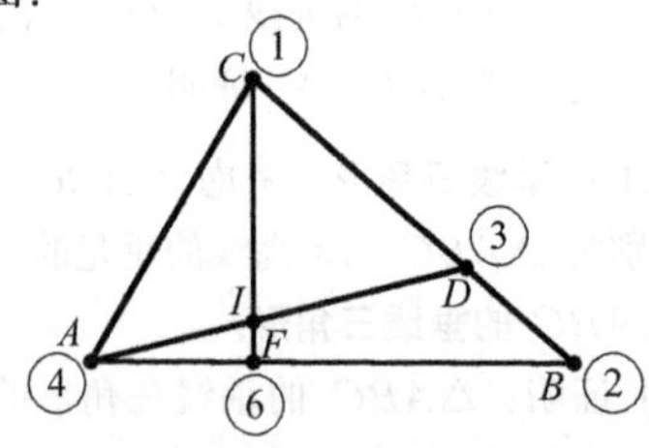

我们的重量分配看起来恒定，因为不论使用 AD 还是 CF，内部平衡点 I 有 7 个单位重量.

现在考察 AD 的端点重量，我们推断：如果想要在 I 点保持平衡，长度比 $AI:ID$ 必须等于 3:4. 类似地，$FI:IC=1:6$. 这比起比较面积来简单多了!

这个精彩的且直觉上可行的过程看起来像魔术. 你能严格证明它可行吗?

题 8.4.21 能用重量法来证明塞瓦定理吗?

题 8.4.22 (AIME 1988) 令 P 为 $\triangle ABC$ 的塞瓦线 AD, BE, CF 的交点. 如果 $PD=PE=PF=3$ 且 $AP+BP+CP=43$，求 $AP\cdot BP\cdot CP$.

题 8.4.23 第 270 页例 8.4.6 能推广到包含圆不相交的情形. 给定点 P 和圆心为 O 半径为 r 的圆，定义点 P 相对于圆的**幂**为 $(OP+r)(OP-r)$. 则给定两个圆 ω_1 和 ω_2，定义它们的**根轴**为这样的点 P 的集合，使得 P 关于 ω_1 的幂等于 P 关于 ω_2 的幂.

(a) 解释此处幂的定义与圆幂定理的关系. 幂是正的、负的或零意味着什么?

(b) 证明：根轴是一条垂直于两个圆心连线的直线.

(c) 根据例 8.4.6，证明：在一般情况下，三个圆的根轴或者共点，或者重合，或者平行. 作图来表明这些不同的情形.

题 8.4.24 令 AB 和 CD 是一个给定圆的两条不同的直径. 令 P 为这个圆上的一点，且从 P 作这两条直径的垂线，与直径分别交于 X 和 Y. 证明：XY 是不变量，即，不论 P 在圆上哪个位置，它的值都不变.

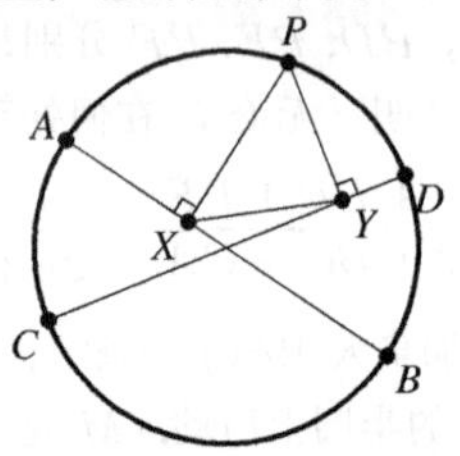

题 8.4.25 塞瓦定理的一个姐妹定理是梅涅劳斯定理，你现在应该能独立证明它. 在 $\triangle ABC$ 中，令直线 m 交三角形三条边（延长线，如果需要的话）于 D, E, F. 则

$$\frac{AD}{DC}\frac{CF}{FB}\frac{BE}{EA}=1.$$

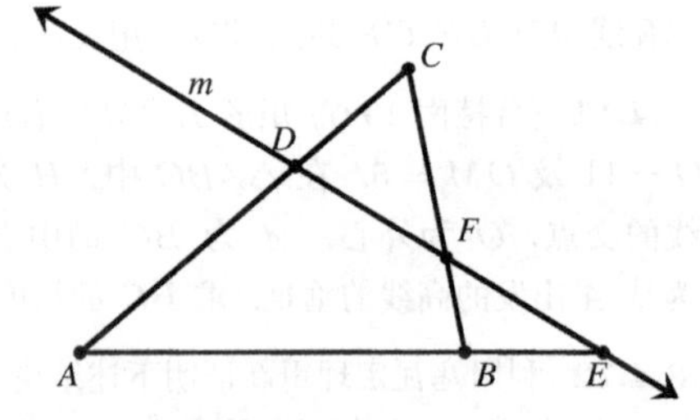

提示：过点 C 作直线平行于 AB，并寻找相似三角形.

题 8.4.26 整理并证明梅涅劳斯定理的逆定理，它是证明共线的点的有用工具.

题 8.4.27 (USAMO 1994) 考虑内接于圆的凸六边形 $ABCDEF$，满足 $AB=CD=EF$ 且对角线 AD, BE, CF 共点. 令 P 为 AD 与 CE 的交点. 证明：$CP/PE=(AC/CE)^2$.

题 8.4.28 (保加利亚 2001) 给定凸四边形 $ABCD$ 使得 $OA = OB \cdot OD/(OC + OD)$，其中 O 是对角线的交点. $\triangle ABC$ 的外接圆交直线 BD 于点 Q. 证明：CQ 是 $\angle DCA$ 的平分线.

题 8.4.29 **托勒密定理**是一个将圆内接四边形的边与对角线相结合的有用的公式：对边长度乘积之和等于对角线长度乘积. 也就是说，下面的图满足：

$$AD \cdot BC + DC \cdot AB = AC \cdot DB.$$

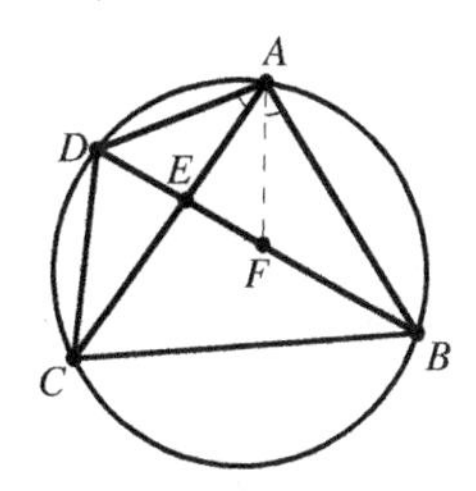

有很多种证法能证明这个奇妙的等式. 其中，最简短的证法使用了相似三角形，以及上图中给出的精巧的辅助线构造（$\angle DAE = \angle FAB$）. 虽然已经有了这么有价值的提示，但你不必感到惭愧，请继续完成证明！当完成后，请证明其逆定理：上面的等式使得四点共圆.

题 8.4.30 令 Γ_1 和 Γ_2 为两个不相交的、互在对方外部的圆（即任何一个圆都不在另一个圆的内部），设它们的圆心分别为 P 和 Q. 过 P 作线段 PA 和 PB 与 Γ_2 相切（因此 A 和 B 在 Γ_2 上），令 C, D 分别为 PA 和 PB 与 Γ_1 的交点. 类似地，作圆 Γ_1 的切线 QE 和 QF，分别交 Γ_2 于 G 和 H. 证明：$CD = GH$.

题 8.4.31 (湾区数学奥林匹克竞赛 1999，起初是 1998 年 IMO 的提案) 令 $ABCD$ 为圆内接四边形. E 和 F 分别为边 AB 和 CD 上的动点，使得 $AE/EB = CF/FD$. P 为线段 EF 上的点，使得 $PE/PF = AB/CD$. 证明：$\triangle APD$ 和 $\triangle BPC$ 的面积比不依赖于 E 和 F 的选择.

题 8.4.32 (列宁格勒数学奥林匹克竞赛 1987) 给定 $\triangle ABC$，$B = 60^\circ$，高 CE 和 AD 交于点 O. 证明：$\triangle ABC$ 的外心在 $\angle AOE$ 和 $\angle COD$ 的公共平分线上.

题 8.4.33 (列宁格勒数学奥林匹克竞赛 1987) 两个圆交于点 A 和 B，两圆在点 A 和 B 的切线互相垂直（也就是说，两个圆“以直角相交”）. 令 M 是在一个圆上且位于另一个圆内的任意一点. 记 AM 和 BM 与后一个圆分别交于 X 和 Y，证明：XY 是这个圆的直径.

题 8.4.34 (IMO 1990) 一个圆的弦 AB 和 CD 在圆内一点 E 相交. 令 M 为线段 EB 上的一点，过点 D, E, M 的圆有一条切线，这条切线经过点 E，并分别交 BC 和 AC 于 F 和 G. 如果 $AM/AB = t$，请用 t 来表示 EG/EF.

8.5 变换

再次讨论对称性

我们在 3.1 节第一次讨论了对称性，到现在，你已经领略了它的重要性. 为什么对称性如此普遍地存在呢？在很多数学场合中，在认真甄选的“变换”下，对称性会表现为一种不变的结构. 例如，和

$$1 + 2 + 3 + \cdots + 100$$

并不对称，但如果将它的逆序和放在下面，将会得出一些关于中心对称的结论.

$$\begin{array}{ccccccccc} 1 & + & 2 & +\cdots+ & 99 & + & 100, \\ 100 & + & 99 & +\cdots+ & 2 & + & 1. \end{array}$$

并且可以肯定，让这个特殊的对称性有用的事实是：每一列的和都是相同的！

下面是一个相同类型的几何问题.

例 8.5.1 六边形 $ABCDEF$ 内接于圆，$AB = BC = CD = 2$ 且 $DE = EF = FA = 1$. 求圆的半径.

解答 长度为 1 和 2 的线段分离在圆的两边，形成只有适度的双边对称性的图形（下左图）. 然而，这些线段是等腰三角形（顶点是圆心）的底边. 整个六边形是三个同种类型的三角形和三个另种类型的三角形的并，并且这些等腰三角形的腰（也就是圆的半径相同）的长度相同.

因此，为什么不把这六个三角形用一种更为对称的方式排列呢？如果交错排列长度为 1 和 2 的线段，就能得到更对称的六边形（下右图）.

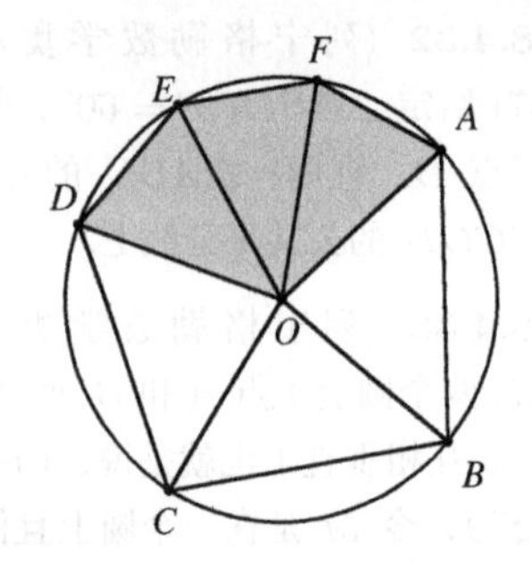

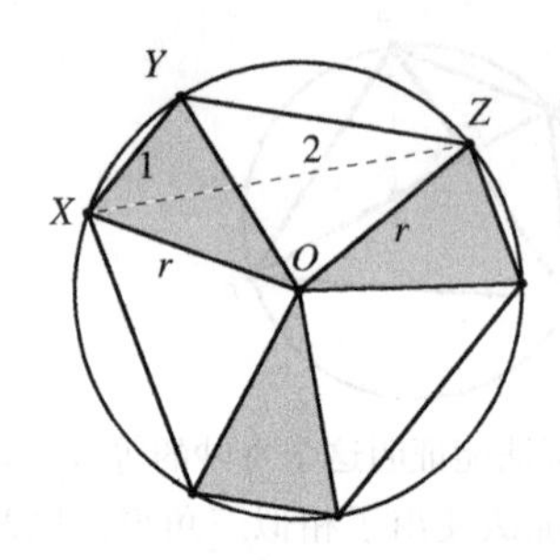

记圆心为 O, $XY = 1$ 和 $YZ = 2$ 为重排后的六边形的邻边. 注意四边形 $XOZY$ 恰好是整个六边形的三分之一. 令圆的半径为 r；因此 $OX = OY = OZ = r$. 因为 $XOZY$ 恰好是整个六边形的三分之一，我们知道 $\angle XOZ = 360/3 = 120°$. 类似地，根据重排后的六边形的对称性，它所有内角相等，因此 $\angle XYZ = 720/6 = 120°$（也能用角度追踪法推断出这点，利用 XOY 和 YOZ 是等腰三角形的条件）.

现在，我们已将这个问题简化为常规三角学问题. 请验证：两次使用余弦定理，（你已在题 8.3.33 证明了它，对吧？）可以得到 $XZ = \sqrt{7}$，因此 $r = \sqrt{7/3}$. ■

我们通过将一个对称结构强加于它，使其更易于理解，从而轻易地解决了这个相对简单的问题. 更多复杂问题可能有几种不同的结构，每个结构都有完全对称性. 如果能找到某种对称性并应用某种变换，此变换能够在保持某种结构不变的同时改变其他结构，或许就能发现新的有用的结论. [①] 简而言之，这就是为什么对称很重要.

1872 年，伟大的德国数学家克莱因引入了“变换”的观点. 当时他提出：研究几何变换的代数性质可能有助于发现有关几何（这里的“几何”一词，他指的仅是欧几里得几何）本身的新事物. 这个看似单纯的建议深刻地改变了数学——而不仅仅是几何学.

① 见第 60 页例 3.1.4 中一个关于这点的简单而突出的例子.

本节是对欧几里得几何中一些最有用的变换的一个非常简短的回顾. 我们将会以“使得距离不变”的**刚体运动**开篇, 继而过渡到更奇异、使角度不变但极大改变其他所有东西的变换. 考虑到学时限制, 以及渴望你能尽可能快地应用这些概念的初衷, 我们会省略一些命题的证明. 我们将一些证明留给你, 它们中的一些相当有挑战性.

刚体运动与向量

变换是从平面的点集到其自身的映射 (函数). 变换能有很多形式, 也有很多定义方法. 我们也能用很多方式 (例如坐标、复数、矩阵或词语) 来定义变换. **刚体运动**是保持长度的变换. 也就是说, 如果点 X 经过刚体运动移动到 X', 那么对于任意点 A, B, 有 $A'B' = AB$. 共有四种类型的刚体运动: 平移、反射、滑移反射和旋转. 也就是说, 其中任意两种类型变换的复合一定也是这四种类型之一. 这个结论一点儿也不明显, 我们将在本节中证明其中一部分结论.

平移

平移通过固定的向量来移动平面中每一点. 下面是平移 T 的几种等价说法.

- 直角坐标 (笛卡儿坐标): $T(x, y) = (x+2, y-1)$.
- 复数: $T(z) = z + a$, 其中 $a = 2 - \mathrm{i}$.
- 向量: $T(\overrightarrow{x}) = \overrightarrow{x} + \overrightarrow{a}$, 其中 $\overrightarrow{a}$ 是模为 $\sqrt{5}$ 方向角 $\theta = -\arctan\frac{1}{2}$ 的向量.
- 词语: T 将每点向右移两个单位, 再向下移一个单位.

也能省略 $T(\cdot)$ 符号, 写成 $z \mapsto z + a$, 等等.

一般地, 向量形式, 或者向量观点, 是最有用的. 将平移看作**运动的**实体, 也就是说, 看作事实上的“运动”. 记住: 向量没有固定的起点, 它们是**相对**运动. 在任何向量研究中, 必须注意并仔细选择原点. 例如, 假设三角形的顶点是**点** A, B, C. 我们也能将 A, B, C 认为是相对于原点 O 的向量. 这允许我们对位置使用向量符号, 因此有了一个灵活的记号, 使我们能在位置和相对运动中选择更方便的一个.

因此 $\overrightarrow{A}, \overrightarrow{B}, \overrightarrow{C}$ 分别表示从原点 O 到 A, B, C 的运动, 在下图中 (左边) 用虚线表示. 它们也能写成 (例如) $\overrightarrow{OA} = \overrightarrow{A}$ 的形式.

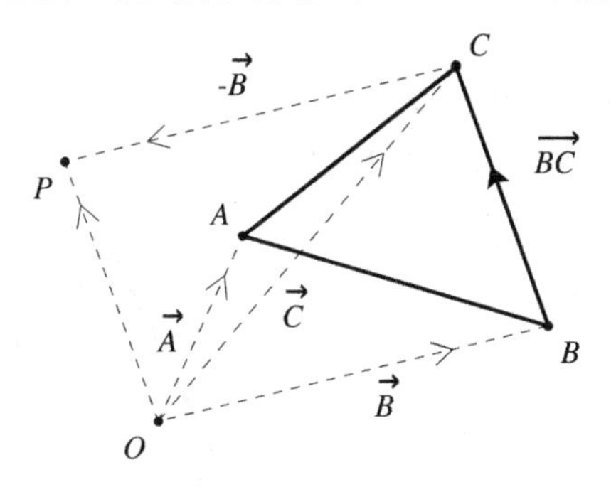

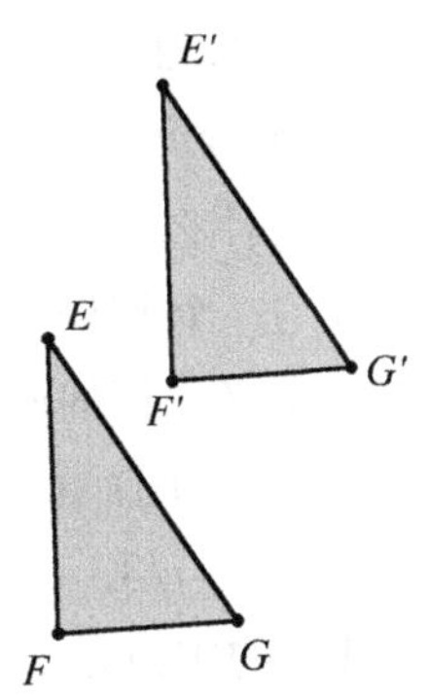

为了表示沿着 $\triangle ABC$ 一条边的运动，需要向量减法. 向量 $\overrightarrow{BC}$ 表示从 B 到 C 的（相对）运动. 这也能写作

$$\overrightarrow{BC} = \overrightarrow{C} - \overrightarrow{B}.$$

记住：这些都是相对运动. 我们能将 $\overrightarrow{C} - \overrightarrow{B}$ 理解为“从原点运动到 C，然后执行反向的向量运动 $\overrightarrow{B}$”. 从 O 开始，运动到 C，最后结束于 P. 注意：OP 和 BC 是等长的平行线段. 因此相对运动“从 O 开始，结束于 P”等价于相对运动“从 B 开始，结束于 C”. 作为向量，这两者**完全相同**：$\overrightarrow{OP} = \overrightarrow{BC}$.

上图中（右边）的阴影三角形表明了通过 $\overrightarrow{A}$ 的平移. 如果将这个平移记为 T，我们有

$$T(\triangle EFG) = \triangle E'F'G',$$

因为

$$\overrightarrow{E'} - \overrightarrow{E} = \overrightarrow{F'} - \overrightarrow{F} = \overrightarrow{G'} - \overrightarrow{G} = \overrightarrow{A}.$$

现在让我们回忆向量加法. 相信你能回忆起“平行四边形法则”. 但首先，将向量加法仅仅看作运动的复合. 也就是说，向量和 $\overrightarrow{X} + \overrightarrow{Y}$ 表示“先进行（相对）运动 $\overrightarrow{X}$，然后进行（相对）运动 $\overrightarrow{Y}$”. 例如，在上图中，$\overrightarrow{OP} + \overrightarrow{B} = \overrightarrow{C}$ 这个等式应该是很明显的. 要看出这点有两种方法. 一种方法是利用平行四边形法则（OC 是平行四边形的对角线，平行四边形的边分别为 OP 和 OB）. 另一种方法是复合运动：首先应用 $\overrightarrow{OP}$，这是从原点到 P 的（相对）运动；然后应用 $\overrightarrow{B}$. 因此，如果从 O 开始运动，那么结束于 C.（当然，如果从其他地方开始，将会在其他地方结束，但此时的运动将会与从 O 到 C 的运动平行且等长.）

下面是这些思想的两个简单而著名的例子：

- 沿着一个封闭多边形各边的向量和为 0. 例如，在上图中我们有

  $$\overrightarrow{AB} + \overrightarrow{BC} + \overrightarrow{CA} = \overrightarrow{0}.$$

  我们能写出 $\overrightarrow{AB} = \overrightarrow{B} - \overrightarrow{A}$，以此类推，能消去所有项，或者动态地思考：上面方程左边的和意味着，“从 A 开始，移动到 B，然后移动到 C，再回到 A”. 我们结束于开始的地方，相对位移为 0.
- 因为平行四边形的对角线互相平分（例 8.2.9），线段 AB 的中点有向量位置 $(\overrightarrow{A} + \overrightarrow{B})/2$.

下面两个例子告诉了我们如何使用动态方法来考察更多有挑战性的问题.

例 8.5.2　为什么三角形的重心是它的顶点的质量中心？

解答　令 n 个相同的点质量放置在向量位置 $\overrightarrow{x_1}, \overrightarrow{x_2}, \cdots, \overrightarrow{x_n}$，定义它们的质量中心为 $(\overrightarrow{x_1} + \overrightarrow{x_2} + \cdots + \overrightarrow{x_n})/n$. 因此，必须证明：顶点为 A, B, C 的三角形的的重心为 $(\overrightarrow{A} + \overrightarrow{B} + \overrightarrow{C})/3$. 在右图中，$\triangle ABC$ 的重心标记为 K，且 AB 的中点是 M.

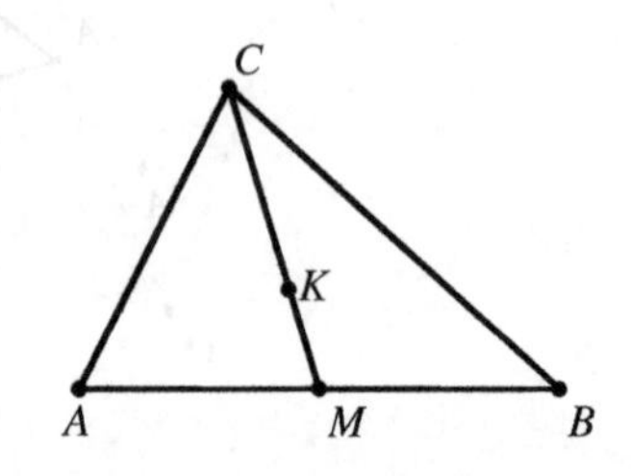

根据重心定理，我们知道 $KM/CM = 1/3$. 现在让我们“旅行”到 K. 从 M 开始，我们只走了到 C 之路的三分之一，也就是说，

$$\begin{aligned}\overrightarrow{K} &= \overrightarrow{M} + \frac{1}{3}\overrightarrow{MC} \\ &= \overrightarrow{M} + \frac{1}{3}(\overrightarrow{C} - \overrightarrow{M}) \\ &= \frac{2\overrightarrow{M} + \overrightarrow{C}}{3} \\ &= \frac{\overrightarrow{A} + \overrightarrow{B} + \overrightarrow{C}}{3},\end{aligned}$$

其中，最后一步利用了事实 $\overrightarrow{M} = (\overrightarrow{A} + \overrightarrow{B})/2$. ■

例 8.5.3 (匈牙利 1935) 证明：有限点集 S 不可能有多于一个对称中心. [集合 S 的**对称中心**是指点 O（O 不必一定要在 S 中），使得对于所有点 $A \in S$，存在另一点 $B \in S$，使得 O 是 AB 的中点. 称 B 关于 O 与 A 对称.]

解答 假设相反结论成立,存在两个对称中心 P 和 Q. 令 $S = \{A_1, A_2, \cdots, A_n\}$. 对于每个 $k = 1, 2, \cdots, n$，令 B_k 表示 S 中的关于 P 与 A_k 对称的点（注意：存在某个 j 使得 $B_k = A_j$）. 根据对称性的定义，有

$$\overrightarrow{PA_k} + \overrightarrow{PB_k} = \overrightarrow{0}.$$

将上式从 $k = 1$ 到 $k = n$ 求和，得到

$$\overrightarrow{PA_1} + \overrightarrow{PA_2} + \cdots + \overrightarrow{PA_n} = \overrightarrow{0}.$$

通过类似的推理，也有

$$\overrightarrow{QA_1} + \overrightarrow{QA_2} + \cdots + \overrightarrow{QA_n} = \overrightarrow{0}.$$

相减，得到 $n\overrightarrow{QP} = \overrightarrow{0}$，因此 $Q = P$. ■

除了加法、减法和向量数乘，我们也能通过点积将两个向量“相乘”. 回忆公式 $\overrightarrow{A} \cdot \overrightarrow{B}/(|\overrightarrow{A}| \cdot |\overrightarrow{B}|) = \cos\theta$，其中 $|\overrightarrow{X}|$ 代表向量 $\overrightarrow{X}$ 的模，θ 是旋转 $\overrightarrow{A}$ 使其平行于 $\overrightarrow{B}$ 所需要的角度（即，两个向量间的角度）. 使用坐标能容易地计算点积，但仍应该尽可能地避免使用坐标. 以下三个定理使得点积在解决欧几里得几何问题时偶尔会大显身手.

- 点积是交换的，且代数上的表现像通常的乘法，因为它遵循“分配律”：

$$\overrightarrow{A} \cdot (\overrightarrow{B} + \overrightarrow{C}) = \overrightarrow{A} \cdot \overrightarrow{B} + \overrightarrow{A} \cdot \overrightarrow{C}.$$

- 向量与自身的点积等于向量模的平方：$\overrightarrow{AB} \cdot \overrightarrow{AB} = AB^2$.
- 当且仅当 $\overrightarrow{A} \cdot \overrightarrow{B} = 0$ 时，$\overrightarrow{A} \perp \overrightarrow{B}$.

你可能想对题 8.5.24–8.5.26 应用这些思想.

反射和滑移反射

关于直线 ℓ 的**反射**将每一点 X 映射为 X'，使得 ℓ 垂直平分 XX'. 你从 3.1 节就开始熟悉反射变换，已经称得上是个老手. 注意：ℓ 中任意一点在关于 ℓ 的反射变换下都是不变的，这与平移变换形成了对比. 平移变换没有不动点（除非平移向量是零向量，也就是恒等变换，它使每点都不变）.

沿着直线 ℓ 的**滑移反射**是两个映射的复合：首先是关于 ℓ 的反射，接着是平行于 ℓ 的平移. 与反射变换不同，滑移反射没有不动点. 然而，整条直线 ℓ 是不变的；也就是说，ℓ 中的每一点都映为 ℓ 中另一点.

旋转

顾名思义，以 C 为中心、角度为 θ 的**旋转**就是按照你所希望的方式运行，即：关于 C 点，将每一点逆时针旋转 θ 的角度. 利用三角几何，旋转能以矩阵形式表示，但用复数表示旋转更优. 回忆：乘以 $\mathrm{e}^{\mathrm{i}\theta}$ 就是将一个复向量旋转 θ 的角度. 因此，如果 c 是中心，那么旋转是映射 $z \mapsto c + (z - c)\mathrm{e}^{\mathrm{i}\theta}$.

相比于平移和反射/滑移反射，每个旋转恰好有一个不动点，即它的中心.

例 8.5.4　由两个反射复合得到什么变换结果?

解答　令 T_1, T_2 分别表示关于 ℓ_1, ℓ_2 的反射. 共有三种要考虑的情形.

- 如果 $\ell_1 = \ell_2$，则复合 $T_2 \circ T_1$ 是恒等变换.
- 如果 $\ell_1 \parallel \ell_2$，有下面的情形. T_1 把 X 移动到 X'，T_2 把 X' 移动到 X''. 结果显然是：通过向量 $2\overrightarrow{AB}$ 的**变换**，其中 A, B 分别是 ℓ_1, ℓ_2 上使得 AB 垂直于 ℓ_1 和 ℓ_2 的点.（也就是说，$\overrightarrow{AB}$ 是将 ℓ_1 变为 ℓ_2 的变换.）

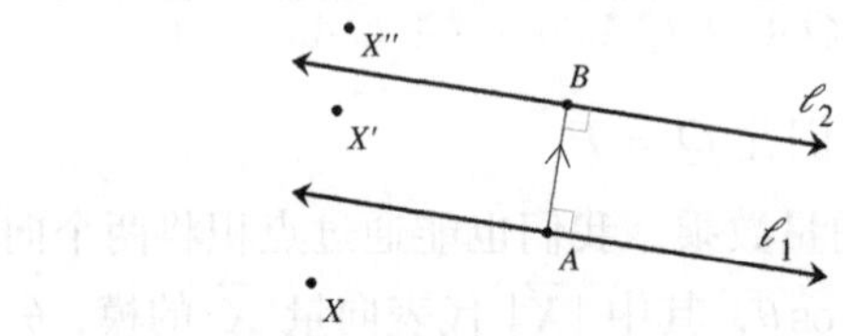

- 如果 ℓ_1 和 ℓ_2 交于点 C，则这个点将会是每个反射变换的不动点，并且也是复合变换的不动点. 这暗示我们：复合变换是关于 C 的旋转. 运用一些快速的角度追踪容易验证：复合变换确实是关于 C 的旋转，角度为 2θ，其中 θ 是从 ℓ_1 到 ℓ_1 的角度（即，在下图中，角度方向是顺时针的）.

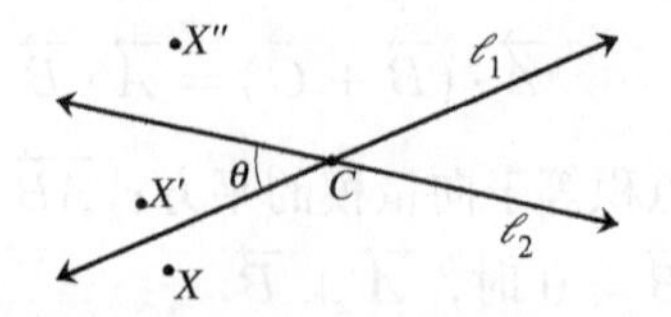

总之，两个反射的复合既可能是平移（包括恒等变换），也可能是旋转.　■

正如先前提到的那样：有选择性地使用变换将会给成功解决问题带来曙光. 也就是说，只有图中的唯一部分（可能是“对称”部分）发生了变换，而其余部分保持不变. 下面是一个著名的问题的例子，如果不使用变换去求它是相当麻烦的事，而如果关注到题目暗藏的解法——对称变换，问题几乎可以说是微不足道.

例 8.5.5 直线 ℓ_1, ℓ_2, ℓ_3 平行. 令 a 和 b 分别是 ℓ_1 到 ℓ_2 和 ℓ_2 到 ℓ_3 的距离. 在 ℓ_1 上给定点 A. 请在 ℓ_2 和 ℓ_3 分别给定点 B 和 C，使得 $\triangle ABC$ 是等边三角形.

解答 当然可以使用平面直角坐标系来解决这个问题，一共只有两个变量（例如 B 的坐标，或者 AB 的长度及它与 ℓ_1 的夹角），以及由角度和交点确定的许多等式. 但它将会是很烦琐的，也没有启发性.

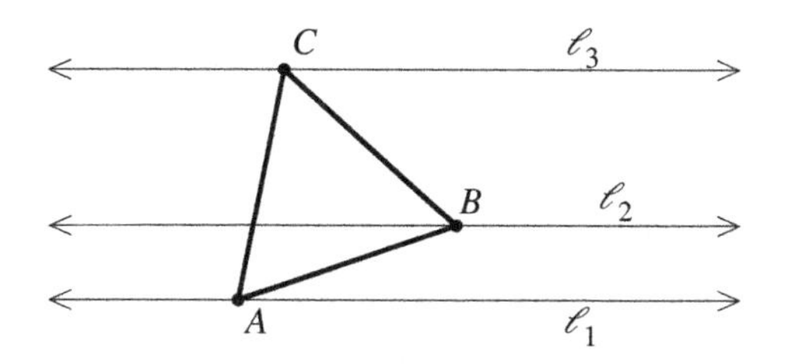

在图中，假设我们已经解决了这个问题，（异想天开战略！）因此，可以考虑一个有助于解题的等边三角形. **自然的**变换是考虑使此三角形部分不变的旋转变换. 考虑关于 A 进行 60° 的顺时针旋转，这将使 AC 变成 AB. 现在假设 ℓ_3 也一起进行变换，因此 AC 加上 ℓ_3 会被旋转为一条线段加上一条直线. 因为 ℓ_3 与 C 相交，ℓ_3 的象将会交 ℓ_2 于 B. 因此我们完成了：我们所需要做的竟然只是把 ℓ_3 顺时针旋转 60°！在下图中，ℓ_4 是 ℓ_3 在这个旋转下的象. ℓ_4 和 ℓ_2 的交点是 B. 并且，只要知道点 B 的位置，便能轻易地构造等边 $\triangle ABC$. 我们从 A 作 ℓ_3 和 ℓ_4 的垂线来得到一个欧几里得构造.

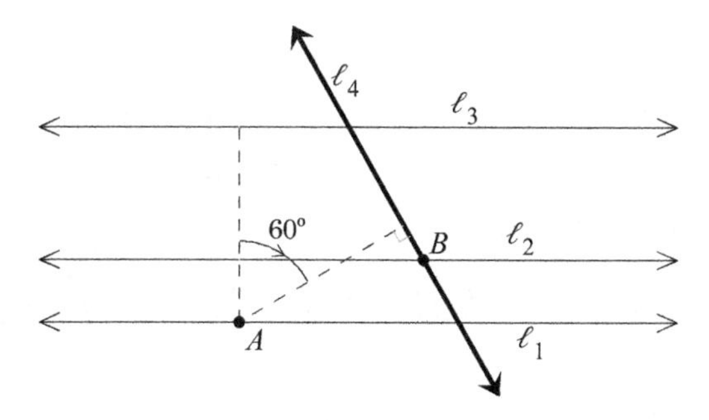

- 过点 A 作 ℓ_3 的垂线.
- 将这个垂直线段旋转 60°，因为你知道如何构造一个等边三角形，所以这应该是简单的，不是吗?（如果不是，请完成题 8.2.28 和 8.3.30！）
- 过这个旋转线段的终点作它的一条垂线. 记为 ℓ_4，它与 ℓ_2 的交点是 B. ■

这题极为有趣，且相当简单，但幸运之神不会总是如此垂青我们. 有时，需要结合多个旋转来做题. 将两个旋转复合会发生什么？首先，给出一个简单引理.

事实 8.5.6 令 ℓ 是一条直线，且 ℓ' 是 ℓ 关于中心 C 角度 θ 的旋转后的象. 则 ℓ' 与 ℓ 的夹角也是 θ.

无须对这个事实感到诧异. 在下图中，我们断言 $\angle XPY = \theta$，这由一个简单的角度追踪可以得到. 请完成它！

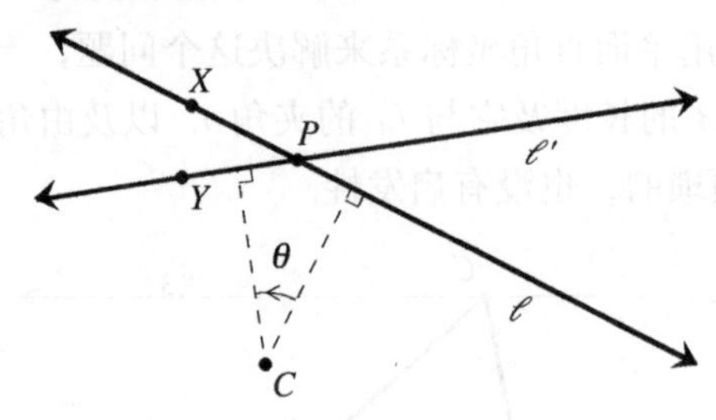

这个引理应该能帮助你轻易地证明下面的复合事实.

事实 8.5.7 角度分别为 α 和 β 的旋转（可能关于不同的中心）的复合是

- 如果 $\alpha+\beta \neq 360°$，称之为"角度为 $\alpha+\beta$ 的旋转".
- 如果 $\alpha+\beta = 360°$ 且中心不同，称之为"平移（不是恒等变换）".
- 如果 $\alpha+\beta = 360°$ 且中心相同，称之为"恒等变换".

事实 8.5.8 当两个旋转的复合是另一个旋转时，下面是一种寻找旋转中心的方法. 令 $R_{A,\alpha}$ 代表关于 A 角度 α 的旋转. 类似地，可定义旋转 $R_{B,\beta}$. 作射线 AX 和 BY，使得 $BAX = \alpha/2$ 且 $YBA = \beta/2$. 则 AX 和 BY 的交点是旋转 $R_{B,\beta} \circ R_{A,\alpha}$ 的中心.（记住：复合 $T \circ S$ 意味着"先 S 后 T".）

事实 8.5.9 旋转和平移的复合（以任一种顺序）是关于相同角度不同中心的旋转.（把寻找中心作为练习题.）

让我们用一个精彩的经典问题的特殊情形来结束对本部分内容的讨论.

例 8.5.10 在 $\triangle XYZ$ 中，以三边 XY, YZ, XZ 向外作等腰三角形，顶点分别为 A, B, C，使得 $\angle A = 60°, \angle B = 120°, \angle C = 90°$. 只给定点 A, B, C 的位置，说明如何确定点 X, Y, Z 的位置.

解答 从异想天开战略开始：假设已经确定了未知点 X, Y, Z 的位置. 而事实上，我们不知道应该将右图中的各个线段作在何处. 但对一些结构，可以抓住它们的特征来好好把握. 譬如，顶角在点 A, B, C 的三角形是等腰三角形. 等腰三角形是对称的，旋转它的一条边能与它的另一条边重合.

既然思考旋转，便要找到不动点. 记关于 A 的逆时针 $60°$ 旋转（也就是将 AX 变成 AY 的旋转）为 R_A. 类似地定义 R_B 和 R_C. 则 $R_A(X)=Y, R_B(Y)=Z, R_C(Z)=X$. 也就是说，$R_C\circ R_B\circ R_A$ 能将 X 变为自身!

根据 8.5.7，$R_C\circ R_B\circ R_A$ 是 $60+120+90=270°$ 的旋转. 旋转恰好只有一个不动点，就是它们的中心，因此 X 是 $R_C\circ R_B\circ R_A$ 的中心. 应用 8.5.8 两次确定 X 的位置. 一旦找到 X，便能轻松地确定另外两点的位置，因为 $R_A(X)=Y$ 且 $R_B(Y)=Z$. ■

位似

很多重要的变换并不是刚体运动. 例如，**相似变换**是任何保持距离比的变换. 其中最简单的是位似，也称为中心相似变换. 一个中心为 C 相似比为 k 的**位似**将在射线 CX 上的每点 X 映为 X'，使得 $CX'/CX=k$. 右图是一个例子，中心为 C 且 $k=1/2$.

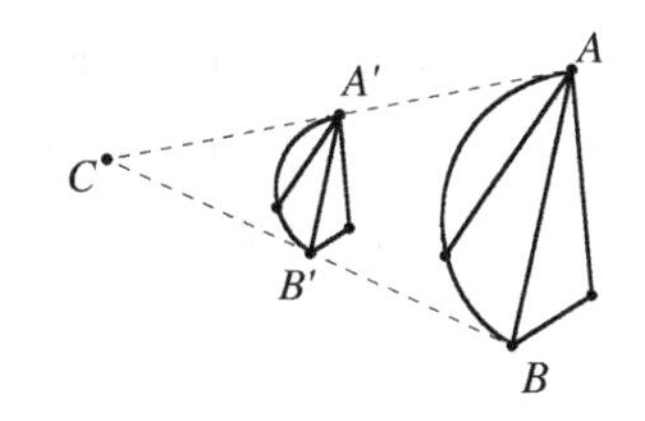

位似是一种思考相似变换的方式. 并非所有相似变换都是位似，但所有的位似都是相似变换.

正如其他变换一样，思考不变量非常重要. 显然，它们只有一个不动点——中心，但位似还有其他不变量.

事实 8.5.11 位似把直线映为平行线. 因此，位似保持角度不变.①反之，如果两个图正向相似②而不全等，且对应边平行，则它们是位似的.

事实 8.5.11 给了我们一个很好的共点准则：如果两个图正向相似且对应边平行，则连结对应点的直线共点于位似的中心.

每当一个问题与中点有关时，应该寻找相似比为 $1/2$ 的位似. 让我们应用这个思想，来得到曾在例 4.2.14 中利用复数解决的问题的新的解法.

例 8.5.12 （普特南 1996）设 C_1 和 C_2 是圆心相距 10、半径分别为 1 和 3 的两个圆. 找出并证明所有点 M 的轨迹，其中 M 是 C_1 上任意点 X 与 C_2 上任意点 Y 的连线 XY 的中点.

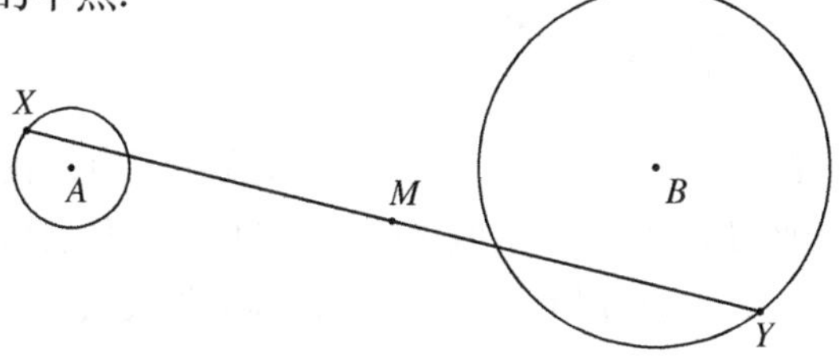

① 对于了解“有向长度”的读者，我们假设相似比 k 是正的.

② 如果两个图对应角相等、方向相同，则称为**正向相似**；如果方向相反，则称为**反向相似**. 也就是说，如果你用平移、旋转，然后缩小或放大，将一个图形变为另一个图形，则它们是正向相似的. 如果你必须从纸上将图形抬起并翻转，或用它的等价形式——进行一个反射变换，则它们是反向相似的.

解答 令 A 和 B 分别表示圆 C_1 和 C_2 的圆心. 现在, 将 X 固定在 C_1 上并令 Y 在 C_2 上移动. 注意: M 是 Y 在中心为 X 相似比为 1/2 的位似下的象. 因此, 当 Y 沿着 C_2 移动时, 点 M 描绘出一个半径为 3/2 的圆. 这个圆可能位于何处呢? 它的圆心将会是 B 在这个位似下的象, 也就是说, 圆心是 BX 的中点.

既然知道了当 X 固定, Y 沿着 C_2 自由移动时发生的情况, 我们便能令 X 沿着 C_1 自由移动. 现在点 M 的位置便在一些半径都是 3/2 的圆上. 它们的圆心位置在何处呢? 当 X 沿着 C_1 自由移动时, 每个圆心都是 BX 的中点. 也就是说, 这些圆心是 C_1 在中心为 B 相似比为 1/2 的位似下的象. 但这恰好是另一个圆, 圆心在这两个圆连线的中点, 半径为 1/2.

正如例 4.2.14, 现在可以观察到: M 的轨迹形成了一个环形区域, 中心在这两个圆连线的中点, 内径为 1, 外径为 2. ■

类似第二种解法, 请寻找第三种解法 (利用向量).

反演

反演变换的历史可以追溯到 19 世纪. 它极大地改变了长度和形状. 然而, 它具有神奇的功能, 因为它提供了一种将圆和直线交换的方法.

中心为 O 半径为 r 的**反演**变换将点 $X \neq O$ 沿射线 OX 移动到 X' 使得 $OX \cdot OX' = r^2$. 由于 O 和 r 唯一确定一个圆 ω, 也可以等价地说 "关于圆 ω 的反演". 反演是一种相似比可变的位似, 其中相似比与到中心的距离成反比, 故得其名. 现在让我们通过一张图来观察它是如何运作的, 这张图也使人联想到反演的一个简单的欧几里得构造.

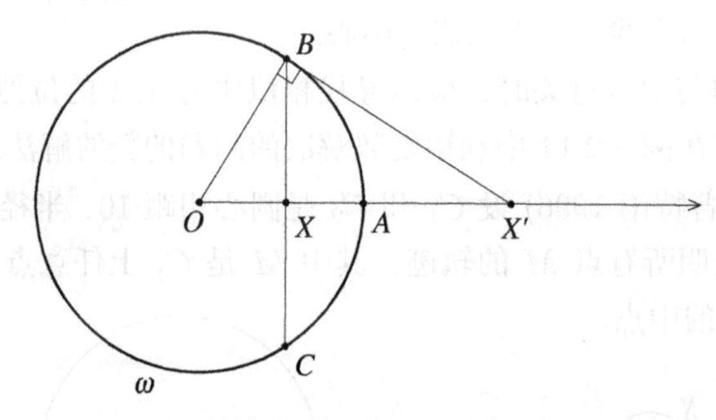

考虑圆心为 O 半径为 r 的圆 ω. 将点 X 放置在圆内, 我们希望找到它的反演点 X'. 过点 X 作弦 BC 垂直于射线 OX, 再过点 B 作直线垂直于 OB, 这条直线交射线 OX 于点 X'. 通过相似三角形, 很容易地发现

$$\frac{OB}{OX'} = \frac{OX}{OB}.$$

因此 $OX \cdot OX' = OB^2 = r^2$, 从而 X' 确实是 X 在关于 ω 的反演下的象. 反过来, X 是 X' 的反演. (根据定义容易看出, 任何点 P 的反演的反演是 P.) 因此

反演的算法如下：

> 如果 X 在 ω 内，过 X 作弦垂直于 OX，交 ω 于两点：这两点处切线的交点为 X'. 反过来，如果 X 在圆外，过 X 作圆 ω 的两条切线，这两个切点确定了一条弦，其中点便为 X'.

下面的事实从上面的图中来看应该是显然的.

事实 8.5.13 令 T 代表关于圆心为 O 的圆 ω 的反演.

(a) 如果点 A 在 ω 上，则 $T(A) = A$. 因此 $T(\omega) = \omega$.

(b) T 将圆 ω 内的点映射为圆外的点，反之亦然.

(c) 当点 X 向圆心 O 移动时，它的象 $T(X)$“向着无穷远的点”往外移动. 反之，当 X 远离 O 时，它的象 $T(X)$ 向 O 移动.

(d) 对于任何点 X，有 $T(\overrightarrow{OX}) = \overrightarrow{OX}$.（注意 $\overrightarrow{OX}$ 在此是射线，而非向量.）

(e) 令 γ 为 ω 的半径为 t 的同心圆，那么 $T(\gamma)$ 也是 ω 的同心圆，半径为 r^2/t.

“反演”鼓励我们引入“无穷远点”，因为“无穷远点”是一个点接近反演中心时的象的极限位置. 我们能严格定义这个概念（并且这也是射影几何中的标准思想），但现在还是先通俗地理解它. 因此，能将上面的 (d) 修改为：

> 如果 ℓ 是一条过 O 的直线，则 $T(\ell) = \ell$.

尝试将此可视化. 假设点 X 在穿过 O 的南北向的直线 ℓ 上移动. 同时，想象 $T(X)$. 从 ℓ 与圆 ω 北面的交点开始，往南向中心 O 移动. 象 $T(X)$ 将会沿 ℓ 往北向（北面的）“无穷远点”移动. 当 X 穿过 O，并向圆的南边界移动时，象 $T(X)$ 从 ℓ 的南面的“无穷远点”往北向圆的边界快速移动，与 X 同时到达圆的南边界. 然后，当 X 继续沿它的路径，向着“南面的无穷远点”移动时，象 $T(X)$ 往北向 O 缓慢移动. “无穷远点”并不只在北面或南面，而可能在所有的方向. 把它记为 ∞，因此 $T(\infty) = O$ 且 $T(O) = \infty$.

既然有了 ∞，便可以推广圆的符号，使它包含直线. 这并不夸张：一条直线可以看作经过 ∞ 的“圆”! 它的半径为无穷大，这解释了零曲率（平直度）. 任意一个普通的圆由三个点确定. 类似地，可以认为：直线是恰好为三个点确定的圆：两点在直线上，一点在 ∞ 上. 于是将普通的圆和普通的直线称为“圆”. 利用这个定义，当且仅当两条直线重合或者平行时，我们也称它们相切. 在后一种情况下，它们是切点为 ∞ 的“圆”.

我们已经看到，在一些情况下，反演将圆变为圆，将直线变为直线. 原来情况总是这样的!

事实 8.5.14 反演的基本性质. 令 X' 代表 X 在中心为 O 半径为 r 的圆 ω 的反演下的象.

(a) 对于任何点 X,Y, $\triangle OXY$ 和 $\triangle OX'Y'$ 是反向相似的. 换句话说, $\triangle OXY \sim \triangle OY'X'$.

(b) 对于任何点 X,Y, 有

$$X'Y' = \frac{XY}{OX \cdot OY} r^2.$$

(c) 任何“圆”的象是“圆”.

(d) 任何不与 O 相交的（普通的）圆 γ 的象是 γ 的中心为 O 的位似的象.

利用相似三角形容易证明命题 (a) 和 (b), 而 (d) 是 (c) 的简单推论. 即使是 (c), 虽然貌似惊人, 但实际证明起来也不是太难. 共有几种情形要考虑, 让我们考虑其中的一种.

例 8.5.15　令 ω 是圆心为 O 的圆, γ 是过点 O 交 ω 于 A 和 B 的圆. 在关于 ω 的反演下, γ 的象是过 A 和 B 的直线.

解答　如下图, 令 X 为 γ 上一点且此点在 ω 外部. 使用第 282 页的算法, 过 X 作圆 ω 的切线, 交 ω 于 C 和 D, CD 的中点是象 X'. 我们希望证明: X' 在 AB 上.

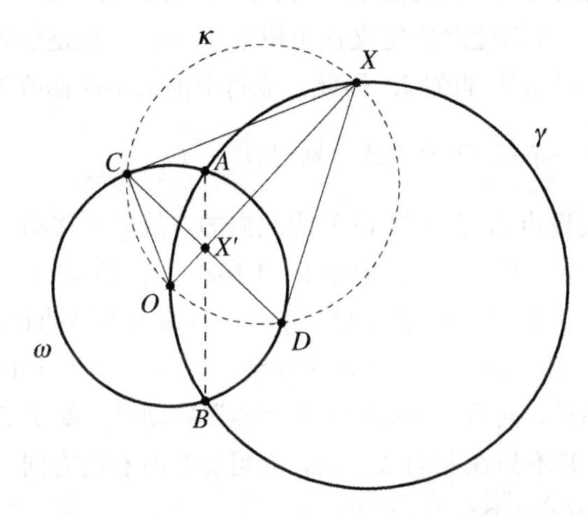

这很容易, 因为我们俨然是有实际经验的几何学家. 首先, 如何作出这些切线呢? 在 ω 上作一个斜边为 OX 直角在 C 点的直角三角形. 为了做到这点, 画一个直径为 OX 的圆, 它交 ω 于 C 和 D. 也就是说, 在图中隐含了三个圆: ω, γ 和直径为 OX 的圆 κ.

现在, CD 是 ω 和 κ 的公共弦, OX 是 κ 和 γ 的公共弦, AB 是 ω 和 γ 的公共弦. 这恰好是第 270 页例 8.4.6 的情形, 因此, 我们得出这三条弦共点. 则 X' 必须在 AB 上. ■

事实上, 我们的证明并不完整, 因为这个图形只处理了 X 在圆 ω 外的情形. 如果 X 在 γ 上, 且在 ω 内, 象 X' 将会在直线 AB 上, 而非局限于线段 AB. 可用类似方法证明它, 我们将这个证明过程留给你.

然而，我们强烈地鼓励你完整地证明：反演将一个“圆”变为另一个“圆”. 这个命题能带给你简化问题的无穷新力量. 基本战略是：寻找一个与几个圆有关的点，将它反演，力图得到一个更简单的象. 通常直线比圆简单，所以试着把一些圆变成直线. 如果对“象”的反演更易理解，它可能可以用于解释原图. 下面是一个特殊的例子，我们敢说你不用反演就无法证明它!

例 8.5.16 令 c_1, c_2, c_3, c_4 为“循环”相切的圆，即，c_1 与 c_2 相切，c_2 与 c_3 相切，c_3 与 c_4 相切，c_4 与 c_1 相切. 证明：这四个切点共圆.

解答 令这四个切点分别为点 A, B, C, D，则我们希望证明 A, B, C, D 共圆. 不失一般性，我们选择任意半径以 C 为中心反演. 用 ω 表示反演圆. 令 c'_k 表示 c_k 在这个反演下的象.

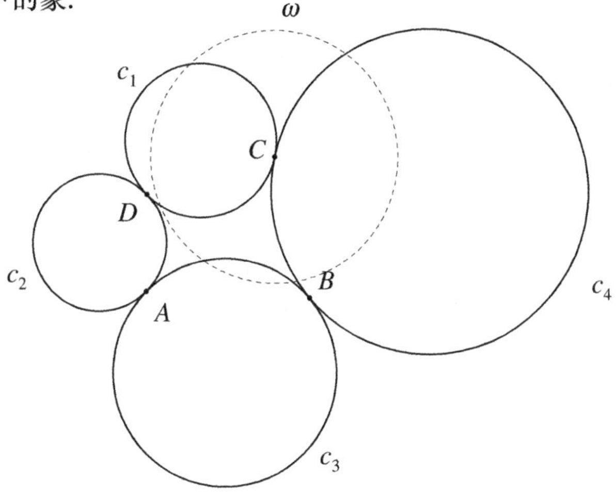

上图能说明什么? 根据例 8.5.15，c'_1 是 c_1 和 ω 的公共弦，延长为直线. 类似地，c'_4 是平行于 c'_1 的另一条直线. 这是合乎情理的，因为这些象“圆”仍然相切——在 ∞ 点!

关于 c_2 和 c_3 有何结论? 因为这两个圆没有过点 C，它们的象是普通的圆，是原来的圆关于中心 C 的位似的象. 进一步，c'_2 与 c'_1 和 c'_3 均相切，c'_3 与 c'_4 相切. 这也是合乎情理的，因为反演不会扰乱相切性. 右图是结果.

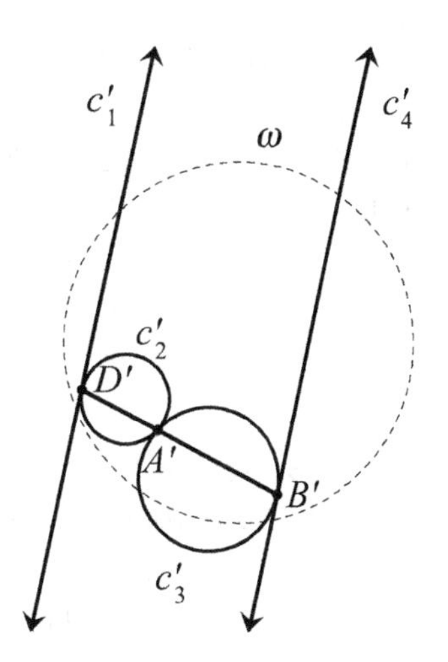

在反演后，仍然有四个“圆”，但现在的情形变得易于分析. 圆 c'_2 和 c'_3 夹在平行线 c'_1 和 c'_4 之间. 直接用角度追踪（题 8.2.30）验证：在这个情形中，三个切点 D', A', B' 共线. 第四个切点是 $C' = \infty$. 同样地，这也都合乎情理. A, B, C, D 的象是一条直线（即一个“圆”）上的点. 如果重复这个反演，会将它

们恢复为 A, B, C, D. 但"圆"的象仍然是"圆", 因此 A, B, C, D 必须是共线或者共圆. 显然它们不共线. 问题得证! ■

恭喜你, 读完了这一长章! 现在, 你已经准备好通过精读经典的 *Geometry Revisited*[4] 和最近出版的(由一名非常有经验的高中生写的!) *Euclidean Geometry in Mathematical Olympiads*[3] 来真正研究这个课题了.

问题与练习

题 8.5.17 设 $ABCD$ 为正方形, 它的中心为 X, 边长等于 8. 设 $\triangle XYZ$ 为直角三角形, 它的直角为 X, $XY = 10$, $XZ = 24$. 已知: XY 交 BC 于 E, 且 $CE = 2$, $EB = 6$. 计算三角形与正方形公共区域面积.

题 8.5.18 假定 $ABCDEF$ 为六边形, 满足: $AB = DE$, $BC = EF$, $CD = FA$, $AB \parallel DE$, $BC \parallel EF$, $CD \parallel FA$. 证明 AD, BE, CF 共点.

题 8.5.19 给定 n 边形的每条边的中点, 对于哪些 n 值有可能作出 n 边形的顶点?

题 8.5.20 证明: 对于有固定的面积和底的三角形来说, 当它是等腰三角形时周长最短.

题 8.5.21 设 $ABCDE$ 为圆内接五边形 (不必是正五边形). 令 A' 为 CD 的中点, B' 为 DE 的中点, C' 为 EA 的中点, D' 为 AB 的中点, E' 为 BC 的中点. 证明 $A'C'$, $C'E'$, $E'B'$, $B'D'$, $D'A'$ 的中点共圆.

题 8.5.22 请给出例 8.4.2 的平移解法. 提示: 通过平行运动平移三角形, 得到一个平行四边形 (也平移了三分线), 然后寻找可以重组的全等形状. 如果你觉得这还太难, 请先尝试如下更为简单的问题: 设 $ABCD$ 为矩形, 令 E, F, G, H 分别为 AB, BC, CD, DA 的中点. 直线 AF, BG, CH, DE 两两相交形成一个位于 $ABCD$ 内部的四边形. 证明这个四边形的面积等于 $[ABCD]/5$.

题 8.5.23 (匈牙利 1940) 设 T 为任意三角形. 定义 $M(T)$ 为如下三角形: 它的三边长度分别等于 T 的三条中线的长度.

(a) 证明: 对于任何三角形 T, $M(T)$ 都存在. 给定 T, 请给出 $M(T)$ 的尺规作图方法.

(b) 计算 $M(T)$ 与 T 的面积比.

(c) 证明: $M(M(T))$ 与 T 相似.

题 8.5.24 证明: 直线 AB 与 CD 垂直当且仅当 $AC^2 - AD^2 = BC^2 - BD^2$.

题 8.5.25 在 $\triangle ABC$ 中, $a = BC, b = AC, c = AB$, 内心、外心和垂心分别为 I, K, H.

(a) 证明 $\vec{A} + \vec{B} + \vec{C} = 2\vec{K} + \vec{H}$. (换句话说, 若外心位于原点, 则三角形各顶点向量之和给出了垂心.)

(b) 证明 $\vec{I} = \dfrac{a\vec{A} + b\vec{B} + c\vec{C}}{a+b+c}$.

题 8.5.26 证明对于任何平行四边形 $ABCD$, 下式成立:

$$2(AB^2 + AD^2) = AC^2 + BD^2.$$

题 8.5.27 设直线 p, q, r 共点, F_a 表示关于直线 a 的反射. 证明存在唯一直线 t, 使得 $F_p \circ F_q \circ F_r = F_t$.

题 8.5.28 请认真证明事实 8.5.7 和 8.5.9. 并给出计算新旋转中心的方法.

题 8.5.29 我们已经给出了以下命题的大部分证明: "所有刚体运动是平移、旋转、反射和滑移反射." 请完成剩下的证明.

题 8.5.30 给定任意 $\triangle ABC$. 在每条边上作 (外部) 等边三角形, 如下图所示:

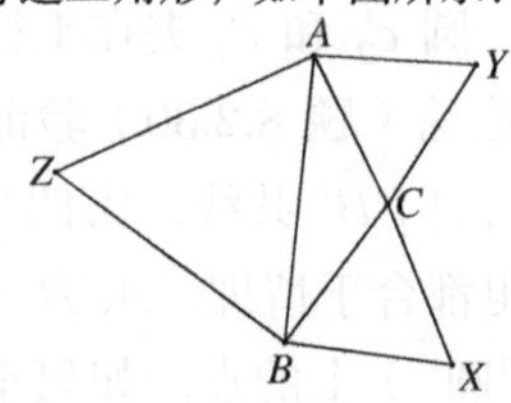

证明 $AX = BY = CZ$.

题 8.5.31 给定三个同心圆. 请利用尺规作图, 画出一个等边三角形, 使它三个顶点分别位于这三个同心圆上.

题 8.5.32 证明如果四个正方形立于一个平行四边形的边的外部, 则它们的中心是一个正方形的顶点.

题 8.5.33 (加拿大 1989) 设直角 $\triangle ABC$ 的面积为 1, A', B', C' 分别为 A, B, C 关于对边的反射点. 求 $\triangle A'B'C'$ 的面积.

题 8.5.34 给定 $\triangle ABC$. 请利用尺规作图画出如下正方形: 它的一个顶点在 AB 上, 一个顶点在 AC 上, 另两个 (相邻) 顶点在 BC 上.

题 8.5.35 将任意 $\triangle ABC$ 关于它的中心 M 旋转 $180°$, 得到一个六角星, 如下图所示:

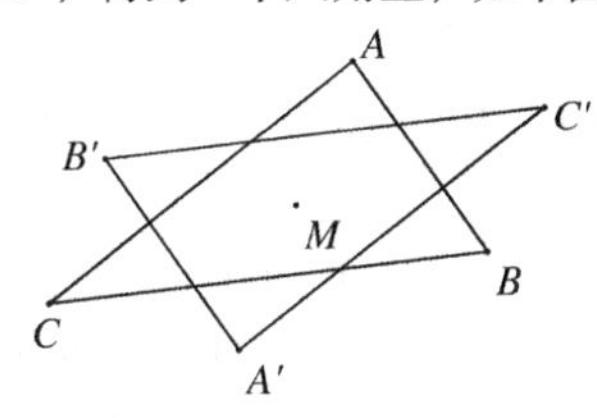

计算这个六角星的面积, 并用 $[ABC]$ 表示.

题 8.5.36 **缩放仪**. 下图刻画了一台缩放仪. 这是一种用来放缩复制的设备, 如今仍能在雕刻店中找到. 缩放仪固定在点 F, 并在平面 (可能是一张纸或者塑料或者金属) 上作图. 线段 FB 和 BP 有固定的长度, 在 B 点相连. 类似地, 线段 AP 和 PC 有固定长度, 在 P 点相连. 点 A 和 C 也是分别固定在 FB 和 BP 上的连接点, 使得 $FA = AP'$ 且 $AB = P'C = CP$. 绘图笔 (或雕刻工具) 位于点 P 和点 P', 笔尖向下指向平面. 在操作员移动点 P 并在平面上作图的同时, P' 也会自动移动. P' 的绘图笔将会画出什么? 为什么? 如果希望得到不同大小的复制品, 应该如何调整这台仪器呢?

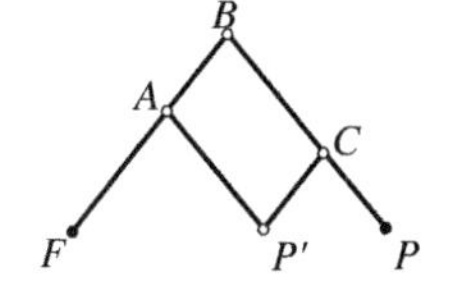

题 8.5.37 (美国队选拔测试 2000) 考虑圆的内接四边形 $ABCD$, 从对角线 AC 和 BD 的交点出发, 作 AB 和 CD 垂线, 垂足分别为 E 和 F. 证明 EF 与过 AD 和 BC 中点的直线垂直.

题 8.5.38 有很多种方法可以对第 280 页例 8.5.10 进行推广, 请尝试下面的几种.

(a) 给定的等腰三角形的顶角为任意大小 α, β, γ.

(b) 必须为 n 边形的顶点定位, 条件是给定 n 个点, 它们分别是顶角为 $\alpha_1, \alpha_2, \cdots, \alpha_n$ 的等腰三角形的顶点.

(c) 如果角度和是 $360°$ 呢? 能使用与原来一样的论证吗?

(d) 如果所有的角都等于 $180°$ 呢?

题 8.5.39 (普特南 2004) 对于正整数 $n \geqslant 2$, 令 $\theta = 2\pi/n$. 对于 $k = 1, 2, \cdots, n$, 在 xy 平面中定义点 $P_k = (k, 0)$. 令 R_k 为将平面关于点 P_k 逆时针旋转 θ 的映射. 令 $R := R_n \circ R_{n-1} \circ \cdots \circ R_1$. 对于平面上任意点 (x, y), 找到 $R(x, y)$ 的坐标并化简.

题 8.5.40 利用事实 8.5.11 证明: 两个位似的复合是另一个位似. 你能找到这个复合变换的中心吗?

题 8.5.41 (保加利亚 2001) 设点 A_1, B_1, C_1 分别位于 $\triangle ABC$ 的边 BC, CA, AB 上. 点 G 是 $\triangle ABC$ 的重心, G_a, G_b, G_c 分别是 $\triangle AB_1C_1, \triangle BA_1C_1, \triangle CA_1B_1$ 的重心, G_1 和 G_2 分别是 $\triangle A_1B_1C_1$ 和 $\triangle G_aG_bG_c$ 的重心. 证明 G, G_1, G_2 共线.

题 8.5.42 (匈牙利 1941) $ABCDEF$ 是圆内接六边形, 它的边 AB, CD, EF 的长度都与该圆的半径相等. 证明: 六边形 $ABCDEF$ 另外三条边的中点, 是某个等边三角形的顶点. (本题有多种可能的解法. 如果已经掌握了 4.2 节的材料, 你也可以尝试利用复数给出证明.)

反演问题

下面是很多反演问题，提示你尝试用反演方法求解. 你可能也愿意在其他问题中应用反演方法，也许还会从中发现有趣且非传统的解决方案，至少你会喜欢上这种复杂的技巧.

题 8.5.43 请寻找一种欧几里得构造方法，如第 282 页的图所示，画出点 X 关于圆 ω 的反演点.

题 8.5.44 请考察下列情形，并完成证明：反演运算将“圆”映为“圆”（请至少认真地画出有说服力的图）. 假设上述反演关于圆 ω（圆心为 O）. 请画出下列图形（并说明其正确性）：

(a) 与 ω 相切的直线.

(b) 交 ω 于两点但不过 O 的直线.

(c) 过 O 的直线.

(d) 与 ω 不相交的直线.

(e) 在 ω 外部的圆.

(f) 在 ω 内部并过 O 的圆.

(g) 交 ω 于两点但不过 O 的圆.

(h) 与 ω 相切的圆.（有不止一种情形！）

题 8.5.45 请设计一种与缩放仪（题 8.5.36）类似的“机器”. 利用这种机器，操作员在画出点 P 的同时，也能画出 P 的反演点. 这种机器有一个有用的性质：它能把圆周运动变为直线运动，反之亦然.

题 8.5.46 请利用尺规作图作一个圆，它经过给定的点 P，并与给定的两个圆相切.

题 8.5.47 请利用尺规作图作一个圆，使其与给定的两两不重叠的三个圆外切.

题 8.5.48 (USAMO 1993) 考虑凸四边形 $ABCD$，它的对角线 AC 和 BD 相交于 E，交角为直角. 证明：E 关于 AB, BC, CD, DA 的反射点共圆.（本题也可以不使用反演法，而使用位似方法来证明.）

题 8.5.49 托勒密定理与反演. 题 8.4.29 给出了证明托勒密定理的一种方法，它利用了相似三角形. 现在请给出一种反演证明. 提示：选择一个顶点，并将其余三个顶点关于这个顶点反演到一条直线上. 这种方法能更容易地处理这三个点的象的距离，然后运用事实 8.5.14(b) 中的象距离公式寻找这些象的距离与原边长的关系.

题 8.5.50 (USAMO 2000) 考虑 $\triangle A_1A_2A_3$，令 ω_1 表示其所在平面内过 A_1 和 A_2 的圆. 假设存在圆 $\omega_2, \omega_3, \cdots, \omega_7$，使得对于 $k = 2, 3, \cdots, 7$，圆 ω_k 与圆 ω_{k-1} 相切并过 A_k 和 A_{k+1}，其中对于所有 $n \geqslant 1$ 有 $A_{n+3} = A_n$. 证明 $\omega_7 = \omega_1$.

第 9 章 微积分

在这一章中，默认读者熟悉微积分的基本概念，诸如极限、连续性、微分、积分和幂级数. 另一方面，假设读者听过（但可能还没有掌握）以下概念：

- 正式的“$\delta-\epsilon$”证明；
- 带余项的泰勒级数；
- 平均值定理.

与第 7 章相比，本章不系统，也不独立. 我们旨在强调几个重要的概念，以便使读者更深入地理解微积分的作用. 我们有两个目标：第一，通过重新整理已有概念，来揭示一些已经学过的概念的实际意义；第二，通过呈现一些虽不严格但有用的“活动帷幕”（Moving Curtain）论证，来增进读者对微积分的感性认识. 建议读者通过学习具体例子来理解“活动帷幕”这个概念.

9.1 微积分基本定理

为了理解什么是“活动帷幕”，需要具体地引入基础微积分中最重要的思想. 下面这个例子还介绍了一些基本思想，你在本章中将经常会用到它们.

例 9.1.1 什么是微积分基本定理？它有什么含义？它为什么成立？

部分解答 毫无疑问，读者已经对微积分基本定理有所了解. 其中的一个公式为：如果 f 是连续函数，[①] 则

$$\int_a^b f(x)\mathrm{d}x = F(b) - F(a), \tag{9.1.1}$$

其中 F 是 f 的任意**原函数**，即 $F'(x) = f(x)$. 这是一个很重要的结论. 式 (9.1.1) 左边可以理解成函数 $y = f(x)$、x 轴，以及竖线 $x = a$ 和 $x = b$ 围成的面积. 等式右边的含义完全不同：通过求导运算，它和 $f(x)$ 联系在一起，即它的切线斜率就是 $f(x)$. 面积怎么就和斜率联系到了一起呢？

上述表述方式让微积分基本定理显得非常神秘. 下面给出一种更为直观的理解. 从某种意义上说，微积分基本定理是一种神奇的算法的表达方式. 因为在实际问题中，原函数的计算可能更加容易. 但这仅仅说明了它**是什么**，并没有说明它**为什么**成立. 实际上，你只要理解了微积分基本定理成立的原因，也就恰当地理解了 (9.1.1).

① 在本章中，我们会假设函数的值域和定义域是实数的子集.

首先讨论一种很有用的**定义一个函数工具**，它曾在例 5.4.2 中出现. 定义

$$g(t) := \int_a^t f(x)\mathrm{d}x.$$

我们有意地选择 t 作为变量，从而可以自然而然地把 $g(t)$ 理解成关于时间的函数. 随着时间 t 从 a 开始增加，函数 $g(t)$ 给出了如下“活动帷幕”的面积，注意 $g(a)=0$.

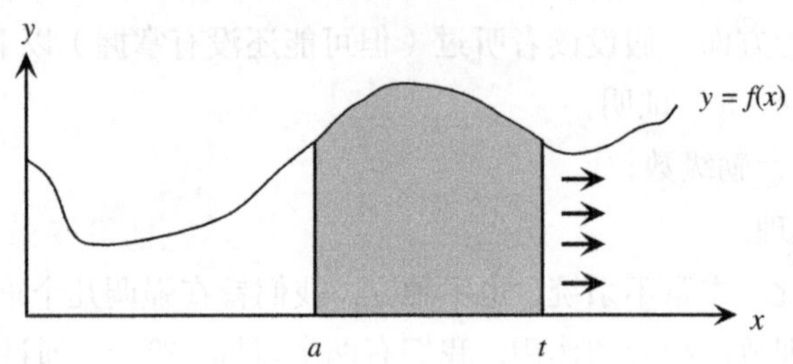

微分不仅有切线的含义，还有瞬时变化率的**动态**理解. 因此 $g'(t)$ 等于窗帘在 t 时刻面积的变化率. 记住这点，考察右图. 凭你的直觉，你认为它说明了什么呢?

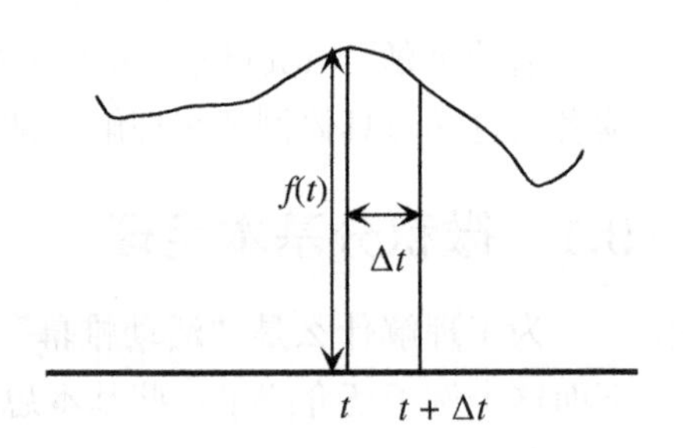

当帷幕的上边界高的时候面积的增长速度快，当上边界低的时候面积的增长速度慢. 因此可以得到如下的直观理解:

$$g'(t) = f(t), \tag{9.1.2}$$

因为在一个很短的时间 Δt 内，帷幕面积的增加可以近似地表示为 $f(t)\Delta t$. 由等式 (9.1.2) 可以立即得到微积分基本定理. 这是因为，若定义 $F(t) := g(t) + C$（其中 C 是常数），则 $F'(t) = f(t)$，并且

$$F(b) - F(a) = g(b) - g(a) = \int_a^b f(x)\mathrm{d}x.$$

上述论证中的关键步骤是: 动态地理解定积分，从而可以观察到面积变化速度和帷幕高度之间的直观关系. 这个经典的观点说明: 给出微分和积分多种可能不同的理解是非常重要的.

读者可能认为我们并没有严格地证明微积分基本定理. 事实确实如此，因为等式 (9.1.2) 需要更加严格的处理. 毕竟，帷幕面积的增长并不严格等于 $f(t)\Delta t$，确切值等于

$$\int_t^{t+\Delta t} f(x)\mathrm{d}x,$$

它也等于 $f(t)\Delta t+E(t)$，其中 $E(t)$ 是误差的面积，如右图阴影部分所示（注意，图中 $E(t)$ 是负的）.

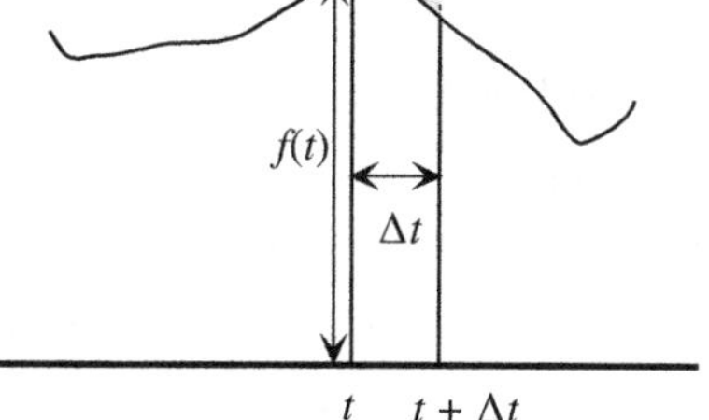

上述论证的关键是要说明

$$\lim_{\Delta t\to 0}\frac{E(t)}{\Delta t}=0. \qquad (9.1.3)$$

这需要你理解连续性的概念. 因此，我们将在例 9.2.7 中证明 (9.1.3).

9.2 收敛性和连续性

你已经对诸如极限和连续性的概念有了直观理解，但是为了解决一些有意思的问题，必须发展出一套严格的理论. 幸运的是，几乎所有的分支都来自一个基本的概念：数列的收敛性. 只要掌握了这个概念，你就可以处理极限、连续性、微分和积分问题了. 数列的收敛是微积分的理论基础.

收敛性

说一个实值数列 $\{a_n\}$ **收敛**到极限 L，如果：

$$\lim_{n\to\infty}a_n=L.$$

这表示：对于任意给定的距离 $\epsilon>0$，a_n 最终都将会和 L 只相距 ϵ. 确切地说，对于任意 $\epsilon>0$（把 ϵ 想象成一个非常小的数），都存在整数 N（把 N 想象成一个很大很大的整数，它可能依赖于 ϵ），使得对于所有的数

$$a_N,a_{N+1},a_{N+2},\cdots$$

与 L 的距离都在 ϵ 以内. 也就是说，对于任意的 $n\geqslant N$，都有

$$|a_n-L|<\epsilon.$$

在上下文很清楚的情况下，可以将 $\lim\limits_{n\to\infty}a_n=L$ 简单地记为 $a_n\to L$.

在实际问题中，下面的多种可能的方法都能说明给定的数列收敛到某个极限.

1. 尽可能画出这个数列的图像. 图像虽然不是很严谨，但反映了数列绝大部分的信息，从而使问题变得清晰明了且正确无误.

2. 猜测的极限 L，然后证明 a_n 可以和 L 靠得无穷近.

3. 说明当 n 足够大时，a_n 互相之间的距离可以任意小. 确切地说，就是 $\{a_n\}$ 满足**柯西条件**：对于任意 $\epsilon>0$，存在足够大的 N 使得

$$|a_m-a_n|<\epsilon$$

对于所有 $m,n\geqslant N$ 成立. 满足柯西条件的实数数列是收敛的. ① 柯西条件通常很容易验证，但其缺点是：我们不知道收敛的实际极限值的任何信息.

① 关于实数的这一特性及其他“基本的”性质的更多信息，请参阅文献 [27].

4. 证明数列单调有界. 如果存在一个有限的数 B 使得对于任意的 n 有 $|a_n| \leqslant B$, 则称数列 $\{a_n\}$ 是**有界**的. 如果数列或者单调非增，或者单调非减，则称数列是**单调**的. 例如，如果对于任意的 n 都有 $a_{n+1} \leqslant a_n$，则称数列 $\{a_n\}$ 单调非增.

单调有界的数列是具有很好性质的数列，因为它们总是收敛的. 可以用反证法来证明这个事实：如果某个数列不收敛，它将不满足柯西条件. 但是要注意的是，单调数列的极限不一定就是它的界 B. 读者可以构造一个例子来说明这个事实.

5. **夹逼原理**. 如果某个数列被两个具有相同极限的收敛数列控制，那么这个数列也收敛到这个相同的极限. 例如，若对于所有的 n 都有

$$0 < x_n < (0.9)^n,$$

那么 x_n 便收敛到 0. 相反，如果某个数列各项的绝对值均大于另一个**发散**（有无穷极限）数列相应项的绝对值，那么这个数列本身也是发散的.

6. **利用大 O 记号和小 o 记号进行分析**. 大部分收敛性的判断都需要估计和比较. 大 O 记号和小 o 记号给出了一种描述当变量趋向于无穷或零时函数增大速度的系统的方法.

如果对于足够大的 n, 存在常数 C 使得 $|f(n)| \leqslant C|g(n)|$, 则称 $f(x) = O(g(x))$（f 的阶不超过 g）. 如果 $\lim_{x\to\infty} f(x)/g(x) = 0$，则称 $f(x) = o(g(x))$. 例如，$f(x) = O(x^3)$ 表示对于足够大的 x，可以用 x 的三次方来控制 $f(x)$ 的上界. 另一方面，$f(x) = o(x^3)$ 表示 $f(x)$ 的增长速度比 x 的三次方要慢.

上述记号也可以用来描述函数在零附近的表现. 称 $f(x) = O(g(x))$（当 $x \to 0$ 时），是指对于任意足够小但不等于零的 x，$f(x)$ 的绝对值的上界可以被 $g(x)$ 的绝对值乘上一个常数来控制. 同样地，可以定义 $f(x) = o(g(x))$（当 $x \to 0$ 时）.

上述方法之所以非常有效，是因为如下两个原因：首先，它允许我们只关注函数中真正起作用的部分. 例如，当 x 很小时，如果知道 $f(x) = x + O(\sqrt{x})$（当 $x \to 0$ 时），那么对 f 的处理就会非常方便，尤其在将它和别的函数［比方说 $g(x) = x + O(\sqrt[3]{x})$（当 $x \to 0$ 时）］进行比较时. 其次，类似一般的运算，大 O 记号和小 o 记号也有一些基本的运算法则. 例如，若 $f(x) = O(x^2)$, 则 $xf(x) = O(x^3)$, 等等.

接下来的几个例子具体地说明了上述原理. 第一个例子中的要求并不高，只要找到一个无穷数列大致的上下界就可以了. 但是其运算过程确实具有指导意义.

例 9.2.1　令 $a_n = (1 + 1/2)(1 + 1/4)\cdots(1 + 1/2^n)$. 求数列 $\{a_n\}$ 的下界 a 和上界 b，使得 $a \leqslant \lim\limits_{n\to\infty} a_n \leqslant b$.

解答　定义乘积

$$S(x, n) = (1 + x)(1 + x^2)\cdots(1 + x^n),$$

其中 $0 < x < 1$. 我们感兴趣的是当 $n \to \infty$ 时 $S(x, n)$ 的极限，记为 $S(x)$.

把上述乘积展开并忽略重复的项，得到

$$S(x) > 1 + x + x^2 + x^3 + \cdots = \frac{1}{1-x}, \tag{9.2.1}$$

这是因为 x 的所有次幂都出现在了乘积中（系数至少是 1）.

为了得到另一个方向的不等式估计，需要更为精细的分析. 我们指出：对于任意正整数 m 都有

$$\left(1+\frac{1}{m}\right)^m < \mathrm{e}.$$

为了说明此不等式为何成立，通过二项式定理[①]得到

$$\begin{aligned}\left(1+\frac{1}{m}\right)^m &= 1 + m\frac{1}{m} + \binom{m}{2}\frac{1}{m^2} + \binom{m}{3}\frac{1}{m^3} + \binom{m}{4}\frac{1}{m^4} + \cdots \\ &= 1 + 1 + \frac{m(m-1)}{2!m^2} + \frac{m(m-1)(m-2)}{3!m^3} \\ &\quad + \frac{m(m-1)(m-2)(m-3)}{4!m^4} + \cdots \\ &< 1 + 1 + \frac{1}{2!} + \frac{1}{3!} + \frac{1}{4!} + \cdots \\ &= \mathrm{e}.\end{aligned}$$

从而得到 $(1+x) < \mathrm{e}^x$，进而有

$$\begin{aligned}S(x,n) &= (1+x)(1+x^2)\cdots(1+x^n) \\ &< \mathrm{e}^x\mathrm{e}^{x^2}\cdots\mathrm{e}^{x^n} \\ &= \mathrm{e}^{x+x^2+\cdots+x^n}.\end{aligned}$$

对几何级数求和，就得到

$$\frac{1}{1-x} < S(x) < \mathrm{e}^{x/(1-x)}$$

对于任意 $0 < x < 1$ 成立. 上述上下界能够改进吗? ■

例 9.2.2 固定 $\alpha > 1$，考虑数列 $\{x_n\}_{n\geqslant 0}$，其定义为：$x_0 = \alpha$ 且

$$x_{n+1} = \frac{1}{2}\left(x_n + \frac{\alpha}{x_n}\right), \quad n = 0, 1, 2, \cdots.$$

这个数列收敛吗? 如果收敛，极限是什么?

解答 首先尝试 $\alpha = 5$ 的情形. 在此情形下，

$$x_0 = 5,$$

① 或者利用 $\lim_{m\to\infty}(1+1/m)^m = \mathrm{e}$ 这一事实，对函数 $f(x) = (1+1/x)^x$ 的导数进行分析表明 $f(x)$ 是从下方趋向于这一极限的.

$$x_1 = \frac{1}{2}\left(5 + \frac{5}{5}\right) = 3,$$
$$x_2 = \frac{1}{2}\left(3 + \frac{5}{3}\right) = \frac{7}{3}.$$

根据这几项，观察到（到目前为止）这个数列是严格递减的. 但实际情况确实如此吗? 让我们来看一下这个数列的演化过程. 如果画出 $y = x$ 和 $y = 5/x$ 的图像，便可以通过一个很简洁的算法来得到这个数列，这是因为 x_{n+1} 是 x_n 和 $5/x_n$ 的平均. 在下面的图像中，A、B 两点的纵坐标分别是 $5/x_0$ 和 x_0. 请注意：线段 AB 中点的纵坐标就是这两个数的平均，也就是 x_1.

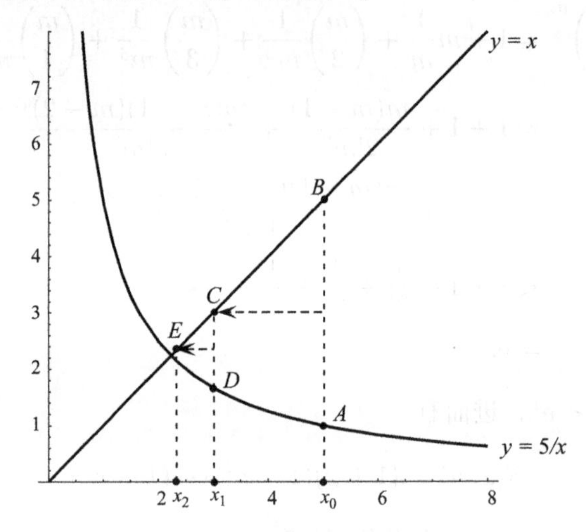

接下来，从这个中点出发作一条水平线交直线 $y = x$ 于 C 点，C 点的坐标是 (x_1, x_1). 再从 C 点出发作一条竖直线交图像 $y = 5/x$ 于 D 点. 同理，x_2 是线段 CD 中点的纵坐标.

持续这个过程，得到点 $E = (x_2, x_2)$. 并且当继续进行这个过程时，从图像中可以很清楚地看到，这个点将会收敛到交点 $(\sqrt{5}, \sqrt{5})$.

所以我们推断 $\lim_{n\to\infty} x_n = \sqrt{5}$. 尽管如此，图像并没有提供严格的证明，但却有助于推理过程. 用此图来说明收敛，我们还得严格证明为什么这些点永远都不会远离收敛点. 在将其严格化后，便可以改变策略，从而从代数方法上分析更为一般的问题.

图像说明了两点：第一，数列单调递减；第二，数列单调递减到 $\sqrt{\alpha}$. 为了说明单调递减性，就必须说明 $x_{n+1} \leqslant x_n$. 这并不困难，因为可以计算它们的差

$$x_n - x_{n+1} = x_n - \left(\frac{x_n^2 + \alpha}{2x_n}\right) = \frac{2x_n^2 - x_n^2 - \alpha}{2x_n} = \frac{x_n^2 - \alpha}{2x_n}.$$

只要 $x_n^2 \geqslant \alpha$，上述差就是非负的. 然而也是正确的，因为这只是“算术-几何平均

不等式”（见第 168 页）的推论：

$$\frac{1}{2}\left(x_n+\frac{\alpha}{x_n}\right)\geqslant\sqrt{x_n\left(\frac{\alpha}{x_n}\right)}=\sqrt{\alpha},$$

从而无论 x_n 等于多少，都有 $x_{n+1}\geqslant\sqrt{\alpha}$. [①] 而又因为 $x_0=\alpha>\sqrt{\alpha}$，从而数列中所有的项都大于等于 $\sqrt{\alpha}$.

因为数列 $\{x_n\}$ 单调有界，所以它一定收敛. 下面证明它收敛到 $\sqrt{\alpha}$. 因为 0 是一个比较容易处理的数，所以定义数列 $\{x_n\}$ 的偏差 E_n 为

$$E_n:=x_n-\sqrt{\alpha},$$

然后说明 $E_n\to 0$. 注意到 E_n 是非负的. 下面考察 E_{n+1} 和 E_n 的比值，从而得出上述偏差的变化规律. 我们希望得出 E_n 是递减的. 我们有（难道你不为在 5.2 节学过因式分解而感到高兴吗？）

$$\begin{aligned}E_{n+1}&=x_{n+1}-\sqrt{\alpha}\\&=\frac{1}{2}\left(x_n+\frac{\alpha}{x_n}\right)-\sqrt{\alpha}\\&=\frac{x_n^2+\alpha-2x_n\sqrt{\alpha}}{2x_n}\\&=\frac{(x_n-\sqrt{\alpha})^2}{2x_n}\\&=\frac{E_n^2}{2x_n}.\end{aligned}$$

因此

$$\frac{E_{n+1}}{E_n}=\frac{E_n}{2x_n}=\frac{x_n-\sqrt{\alpha}}{2x_n}<\frac{x_n}{2x_n}=\frac{1}{2}.$$

因为这个比值是正的，所以第 292 页的夹逼原理保证了 $\lim_{n\to\infty}E_n=0$.

至此，我们完成了解答，证明了 $x_n\to\sqrt{\alpha}$. ■

上面的例子中最困难的部分，是猜出数列的极限就是 $\sqrt{\alpha}$. 那假使我们运气没那么好，不能画出那么好的图像，该怎么办呢？当数列由递归方法给出时，存在一种很简单但是很有用的处理方法. 让我们把它应用到上述的例子中. 如果 $x_n\to L$，那么对于足够大的 n，x_n 和 x_{n+1} 都足够地靠近 L. 因此当 n 趋于正无穷时，等式 $x_{n+1}=(x_n+\alpha/x_n)/2$ 变成

$$L=\frac{1}{2}\left(L+\frac{\alpha}{L}\right),$$

通过简单的代数运算便可以得到 $L=\sqrt{\alpha}$. 这个**极限解决工具**没有证明极限是否存在，但是当极限存在时，它确实告诉我们如何计算数列极限.

① 通过研究比 x_{n+1}/x_n（而非差 x_n-x_{n+1}）可以方便地证明这个命题，因为经过少许计算并利用 $x_n\geqslant\sqrt{\alpha}$，可以证明 x_{n+1}/x_n 恒小于等于 1.

下面是一个棘手的问题，有多种解决方案，这里介绍一种采用大 O 估计的解决方案.

例 9.2.3 (普特南 1990) $\sqrt{2}$ 是形如 $\sqrt[3]{n}-\sqrt[3]{m}$（$n,m=0,1,2,\cdots$）的数列的极限吗?

部分解答 你的直观感觉可能是“是”. 因为“对于足够大的整数，立方根之间将变得更加接近，所以可以逼近任意数”. 下面的方法是上述思想的严格化表述.

1. 首先指出：$\sqrt[3]{n+1}-\sqrt[3]{n}=O(n^{-2/3})$.

2. 问题的关键是要说明：当 n 足够大时，$O(n^{-2/3})$ 可以任意的小. 所以现在我们通过立方根的差来逼近一个特定的数（比如说 π）. 如果只是想适度地逼近，可以看以下的数列

$$\sqrt[3]{27},\sqrt[3]{28},\sqrt[3]{29},\sqrt[3]{30},\cdots,$$

它从 $3<\pi$ 开始，接下来的那些数之间的距离都不会超过 $\sqrt[3]{28}-3$. 如果需要更加精确地逼近，可以像以前一样从 3 开始，但却由 $\sqrt[3]{10^3}-\sqrt[3]{7^3}$ 的差来表示，从而得到一个更加精确的逼近数列

$$3,\sqrt[3]{1001}-7,\sqrt[3]{1002}-7,\cdots.$$

3. 将上述表述严格化一般化（不只是对于 π 成立），你就可以得到结论.

连续性

通俗地说，一个函数连续，是指这个函数的图像能够一笔画出. 在很多等价的正式的定义中，下面这种定义最容易直接应用.

> 令 $f:D\to\mathbb{R}$，并且 $a\in D$. 如果对于 D 中的任意收敛到 a 的数列 $\{x_n\}$ 都有 $\lim_{n\to\infty}f(x_n)=f(a)$，则称函数 f 在 a 处连续.

如果函数 f 在 D 内所有点都是连续的，则称 f 在 D 内连续.

连续性是可以默认的基本条件. 这是因为你实际上遇到的几乎每个函数（当然，大多数都可以用一个简单的公式表示出来）都是连续的. ① 例如，所有初等函数（多项式函数、有理函数、三角函数、反三角函数、指数函数、对数函数、根式函数，以及它们的有限组合）在其定义域内的所有点都是连续的.

所以我们只需关注连续函数的一些基本性质. 例如下面两个非常重要的性质.

> **介值定理** 如果 f 是闭区间 $[a,b]$ 上的连续函数，则 f 能取到 $f(a)$ 和 $f(b)$ 之间的所有值. 换句话说，如果 y 在 $f(a)$ 和 $f(b)$ 之间，那么存在 $x\in[a,b]$ 使得 $f(x)=y$.

① 最显著的两个例外就是下取整函数 $\lfloor x\rfloor$ 和上取整函数 $\lceil x\rceil$.

> **极值定理** 如果 f 是闭区间 $[a,b]$ 上的连续函数，那么 f 在这个区间上能取到最大值和最小值. 换句话说，存在 $u,v \in [a,b]$，对于所有 $x \in [a,b]$，有 $f(u) \leqslant f(x)$ 且 $f(v) \geqslant f(x)$.

极值定理看似没有什么内容，但是请仔细观察它的条件. 如果定义域不是闭区间，那么结论可能不成立. 例如 $f(x) := 1/x$ 在区间 $(0,5)$ 上连续，但是它在这个区间上既不能达到最大值也不能达到最小值.

另一方面，介值定理看似更加显然（参见题 9.2.22 中关于其证明的提示），但它有着很多立竿见影的应用. 下面就是一个简单的例子. 定义一个新函数的这一关键步骤是解决此类型问题的典型战术.

例 9.2.4 令 $f:[0,1] \to [0,1]$ 是连续函数，证明 f 在区间 $[0,1]$ 上有一个**不动点**（即存在 $x \in [0,1]$ 使得 $f(x)=x$）.

解答 令 $g(x) := f(x) - x$. 注意到 g 是连续的（因为它是两个连续函数的差），且 $g(0) = f(0) \geqslant 0$，$g(1) = f(1) - 1 \leqslant 0$. 由介值定理知，存在 $u \in [0,1]$ 使得 $g(u) = 0$，即 $f(u) = u$. ■

一致连续性

闭区间上的连续函数（即定义域是闭区间的连续函数）另有一个很重要的性质：**一致连续性**. 通俗地说，这意味着函数图像在整个定义域上的摆动幅度是一致的. 严格地说：

> 令 $f: A \to B$，如果对于任意 $\epsilon > 0$，存在 $\delta > 0$，使得如果 $x_1, x_2 \in A$，并且满足 $|x_1 - x_2| < \delta$，则有 $|f(x_1) - f(x_2)| < \epsilon$，则称函数 f 在 A 上一致连续.

这个定义的重要之处在于 δ 的值仅仅和 ϵ 有关，而与 x 的取值没有关系. 对于任意的正数 ϵ，存在一个 δ，它在整个定义域中都适用. 由于证明闭区间上的任意连续函数是一致连续的比较困难，所以在初级的微积分课本中是不介绍一致连续性这个概念的. 但这个概念十分有用，我们在此处只要承认并记住它即可. ①

例 9.2.5 函数 $f(x) = x^2$ 在区间 $[-3,3]$ 上一致连续. 只要 $|x_1 - x_2| < \delta$，就可以确保 $|f(x_1) - f(x_2)| < 6\delta$. 这是很容易证明的. 对于任意 $x_1, x_2 \in [-3,3]$，$|x_1 + x_2|$ 的最大可能取值是 6，故

$$|f(x_1) - f(x_2)| = |x_1 + x_2| \cdot |x_1 - x_2| \leqslant 6|x_1 - x_2|.$$

所以为了确保函数值在 ϵ 内，只要让自变量 x 的差不超过 $\epsilon/6$ 即可.

---

① 详情可参阅文献 [30].

例 9.2.6　函数 $f(x)=1/x$ 在区间 $(0,\infty)$ 上不是一致连续的. 函数在 0 附近的取值变化得很快. 给定一个 ϵ，当自变量 x 充分靠近 0 时，没有一个 δ 能起到上一个例子中的作用. 注意到在任何一个闭区间上 $f(x)$ 是一致连续的. 例如，如果把定义域限制在区间 $[2,1000]$ 上，那么相应于 ϵ 的 δ 应该是取 $\delta=4\epsilon$. 换言之，为了确保函数值的变动不超过 ϵ，只需要自变量的变动不超过 4ϵ.

一致连续性正是完成微积分基本定理证明所需的工具.

例 9.2.7　证明

$$\lim_{\Delta t\to 0}\frac{E(t)}{\Delta t}=0,$$

其中 $E(t)$ 是第 291 页图中的阴影部分面积.

解答　因为 f 定义在闭区间 $[a,b]$ 上，并且是连续的，所以它是一致连续的. 取 $\epsilon>0$. 根据一致连续性，存在一个足够小的 Δt，使得无论 t 取何值，$f(t)$ 和 $f(t+\Delta t)$ 的偏差不超过 ϵ. 也就是说

$$|f(t+\Delta t)-f(t)|<\epsilon.$$

因此面积偏差 $E(t)$ 的绝对值最大也不会超过 $\epsilon\cdot\Delta t$，因此有

$$\frac{|E(t)|}{\Delta t}<\frac{\epsilon\cdot\Delta t}{\Delta t}=\epsilon.$$

换言之，不论 ϵ 取得如何小，我们可以选择一个足够小的 Δt 使得 $|E(t)|/\Delta t$ 小于 ϵ. 因此上述极限为 0. 从而微积分基本定理得证. ■

正如刚才所见，一致连续性是一种非常强大的技术型工具. 但是要记住，上述证明微积分基本定理的关键，是画一个活动帷幕. 这个图像很容易记住，并且可以给出一种直观但缺乏技术性细节的“证明”. 诚然，细节是重要的，但是图像——至少是图像背后的思想——也是很基础的.

问题与练习

本章中的问题是本书中最富挑战性的，因为“微积分”是一个庞大的开放式主题，它常常会涉及高等数学的概念. 我们强烈推荐你仔细阅读参考文献中提及的一些微积分教材，从而补充知识.

题 9.2.8　阿尼和贝蒂玩拼字游戏. 阿尼从开始游戏时便记录他所赢得的局数. 他告诉他的朋友卡拉：“几天前我的胜率小于 $p\%$，但今天的大于 $p\%$.”卡拉说：“我能证明在过去的某个时间，你的胜率恰好是 $p\%$.”假设卡拉的断言正确，你能得到 p 的哪些性质?（受一个 2004 年普特南数学竞赛题所启发.）

题 9.2.9　定义序列 $\{a_n\}$ 为 $a_1=1$ 且 $a_n=1+1/a_{n-1}$（对于 $n>1$）. 请讨论该序列的收敛性.

题 9.2.10　假设序列 $\{a_n\}$ 和 $\{a_n/b_n\}$ 都收敛. 请讨论序列 $\{b_n\}$ 的收敛性.

题 9.2.11 理解

$$\sqrt{2+\sqrt{2+\sqrt{2+\sqrt{2}+\cdots}}}$$

的含义.

题 9.2.12 固定 $\alpha > 1$，考虑序列 $\{x_n\}_{n\geqslant 0}$，其定义为：$x_0 > \sqrt{\alpha}$ 且

$$x_{n+1} = \frac{x_n + \alpha}{x_n + 1}, \quad n = 0, 1, 2, \cdots.$$

这个序列收敛吗？如果收敛，极限是什么？将此问题与第 293 页例 9.2.2 关联在一起.

题 9.2.13 令 $\{a_n\}$ 为一个（可能无限的）正整数序列. 一个类似

$$a_0 + \cfrac{1}{a_1 + \cfrac{1}{a_2 + \cfrac{1}{a_3 + \cfrac{1}{\ddots}}}}$$

的式子称为**连分式**，有时用 $[a_0, a_1, a_2, \cdots]$ 来表示.

(a) 给出 $[a_0, a_1, a_2, \cdots]$ 的一种严格理解.

(b) 计算 $[1, 1, 1, \cdots]$.

(c) 计算 $[1, 2, 1, 2, \cdots]$.

(d) 求正整数序列 $\{a_n\}$ 使得

$$\sqrt{2} = [a_0, a_1, a_2, \cdots].$$

存在多于一个这样的序列吗?

(e) 证明不存在一个 $\{a_n\}$ 的重复序列使得

$$\sqrt[3]{2} = [a_0, a_1, a_2, \cdots].$$

题 9.2.14 仔细证明第 292 页的论断：所有单调有界序列必收敛.

题 9.2.15 稠密集. 一个实数集的子集 S 称为稠密的，如果给定任意实数 x，存在 S 中的与 x 任意接近的元素. 例如，有理数集 $\mathbb{Q}$ 是稠密的，因为任何实数能用分式给出任意好地近似值（查看十进制近似值）. 下面是一个正式的定义.

> 一个实数集 S 是稠密的，如果给定任意 $x \in \mathbb{R}$ 及 $\epsilon > 0$，存在 $s \in S$ 使得 $|s - x| < \epsilon$.

更一般地，称 S 在 T 中稠密，如果任意 $t \in T$ 能被 S 的元素任意好地估计近似值. 例如，正真分数集在单位区间 $[0, 1]$ 中稠密.

(a) 注意“S 在 T 中稠密”等价于：对于每个 $t \in T$，存在 S 中元素的一个无穷列 $\{s_k\}$ 使得 $\lim_{k\to\infty} s_k = t$.

(b) 证明整系数二次方程的实数零点集是稠密的.

(c) 令 D 为二进分式，它是分母是 2 的幂次的有理数（一些例子是 1/2, 5/8, 1037/256）. 证明 D 稠密.

(d) 令 S 为 $[0, 1]$ 中十进制表示不包含 3 的实数的集合. 证明 S 在 $[0, 1]$ 中不稠密.

题 9.2.16 定义 $\langle x\rangle := x - \lfloor x\rfloor$. 换言之，$\langle x\rangle$ 是 x 的“小数部分”. 例如，$\langle \pi\rangle = 0.141\,59\cdots$. 令

$$a = 0.123\,456\,789\,101\,112\,131\,415\cdots,$$

也即 a 是通过在小数点后依次写出正整数得到的. 证明集合

$$\{\langle a\rangle, \langle 10a\rangle, \langle 10^2 a\rangle, \cdots\}$$

在 $[0, 1]$ 中稠密（“稠密”的定义见题 9.2.15）.

题 9.2.17 令 α 为无理数.

(a) 证明序列

$$\langle\alpha\rangle, \langle 2\alpha\rangle, \langle 3\alpha\rangle, \cdots$$

包含一个收敛于 0 的子列. 提示：首先使用鸽笼原理，证明在序列中能找出任意接近的两点.

(b) 证明集合

$$\{\langle\alpha\rangle, \langle 2\alpha\rangle, \langle 3\alpha\rangle, \cdots\}$$

在 $[0, 1]$ 中稠密.（“稠密”的定义见题 9.2.15，$\langle x\rangle$ 的定义见题 9.2.16.）

题 9.2.18 考虑一个半径为 3、圆心在原点的圆. 点 A 和点 B 坐标分别为 $(2, 0)$ 和 $(-2, 0)$. 如果飞镖向圆飞去，假设在圆上的落点服从均匀分布，那么下面两个事件的概率显然相同.

- 飞镖较 B 更靠近 A.
- 飞镖较 A 更靠近 B.

我们称上述两点被“恰当放置”. 在圆上是否可能存在 C 点，使得 A, B, C 两两被恰当放置?

题 9.2.19 定义序列 $\{a_n\}$ 如下：$a_0 = \alpha$，对于 $n \geqslant 0$ 有 $a_{n+1} = a_n - a_n^2$. 讨论这个序列的收敛性（它依赖于初值 α）.

题 9.2.20 在一张纸上画两个不相交的圆，证明可以作一条直线平分每一个圆，这很简单. 接着考虑如下情形：

(a) 如果用任意两个不相交的矩形代替圆会如何？

(b) 如果用任意两个不相交的凸多边形代替圆会如何？

(c) 如果用任意两个不相交的（可能不是凸的）“阿米巴原虫”（边界不规则的平面图形）代替圆会如何？

题 9.2.21 (普特南 1995) 计算

$$\sqrt[8]{2207-\cfrac{1}{2207-\cfrac{1}{2207-\cdots}}}.$$

用 $(a+b\sqrt{c})/d$ 的形式表示解，其中 a,b,c,d 是整数.

题 9.2.22 下面这段叙述应该能提供一种严格证明中值定理的新策略（“二分法”）. 考虑如下具体问题：使用没有开方功能的计算器尝试求 2 的平方根. 因为 $1^2=1$ 且 $2^2=4$，我们知道 $\sqrt{2}$ 如果存在一定介于 1 和 2 之间. 因此猜是 1.5. 但 $1.5^2>2$，因此这个神秘的数应该介于 1 和 1.5 之间. 我们猜它等于 1.25. 事实证明这个数太小. 因此接下来尝试 $\frac{1}{2}(1.25+1.5)$，以此类推. 由此我们构造了一个连续估计序列，它的各项交替地高估了或低估了，但每次的估计变得越来越精确.

题 9.2.23 (列宁格勒数学奥林匹克竞赛 1991) 设 f 连续且单调递增，并且 $f(0)=0$，$f(1)=1$. 证明

$$f\left(\frac{1}{10}\right)+f\left(\frac{2}{10}\right)+\cdots+f\left(\frac{9}{10}\right)+ f^{-1}\left(\frac{1}{10}\right)+f^{-1}\left(\frac{2}{10}\right)+\cdots+f^{-1}\left(\frac{9}{10}\right)\leqslant\frac{99}{10}.$$

题 9.2.24 (列宁格勒数学奥林匹克竞赛 1988) 设 $f:\mathbb{R}\to\mathbb{R}$ 连续，对于所有 $x\in\mathbb{R}$ 有 $f(x)\cdot f(f(x))=1$. 如果 $f(1000)=999$，求 $f(500)$.

题 9.2.25 设 $f:[0,1]\to\mathbb{R}$ 连续，$f(0)=f(1)$. 证明存在 $x\in[0,1998/1999]$ 使得 $f(x)=f(x+1/1999)$.

题 9.2.26 证明 $\sqrt{n+1}-\sqrt{n}=O(\sqrt{n})$.

题 9.2.27 补充例 9.2.3 的细节.

题 9.2.28 利用题 9.2.17，通过证明集合

$$\{\sqrt[3]{n}-\sqrt[3]{m}:n,m=0,1,2,\cdots\}$$

稠密，给出例 9.2.3 的另一种解法.

题 9.2.29 (普特南 1992) 对于任何实数对 (x,y)，定义序列 $\{a_n(x,y)\}_{n\geqslant0}$ 如下：

$$a_0(x,y)=x,$$

$$a_{n+1}(x,y)=\frac{(a_n(x,y))^2+y^2}{2},\quad n\geqslant0.$$

求如下区域的面积：

$$\{(x,y)|\{a_n(x,y)\}_{n\geqslant0}\text{ 收敛}\}.$$

题 9.2.30 设序列 $\{x_n\}$ 满足

$$\lim_{n\to\infty}(x_n-x_{n-1})=0.$$

证明

$$\lim_{n\to\infty}\frac{x_n}{n}=0.$$

题 9.2.31 (普特南 1970) 设序列 $\{x_n\}$ 满足

$$\lim_{n\to\infty}(x_n-x_{n-2})=0.$$

证明

$$\lim_{n\to\infty}\frac{x_n-x_{n-1}}{n}=0.$$

常数项无穷级数

设 $\{a_n\}$ 是实数序列，如果部分和序列 $\{s_n\}$ 的极限存在（其中 $s_n:=\sum_{k=1}^{n}a_k$），将此极限定义为无穷级数 $\sum_{k=1}^{\infty}a_k$. 下面的题 9.2.32–9.2.38 与常数项无穷级数有关.（你可以重新阅读第 5 章中关于无穷级数的内容，特别是第 154 页例 5.3.4.）

题 9.2.32 严格证明：如果 $|r|<1$，则

$$a+ar+ar^2+ar^3+\cdots=\frac{a}{1-r}.$$

题 9.2.33 设 $\sum_{k=1}^{\infty} a_k$ 是收敛的无穷级数，即它的部分和收敛. 证明

(a) $\lim\limits_{n\to\infty} a_n = 0$;

(b) $\lim\limits_{n\to\infty} \sum\limits_{k=n}^{\infty} a_k = 0$.

题 9.2.34 (普特南 1994) 设 $\{a_n\}$ 是正实数序列，对于所有 n 有 $a_n \leqslant a_{2n} + a_{2n+1}$. 证明 $\sum_{n=1}^{\infty} a_n$ 发散.

题 9.2.35 设 $\{a_n\}$ 是符号交错的序列，各项的绝对值单调递减到 0.（例如 $1, -1/2, +1/3, -1/4, \cdots$）证明 $\sum_{n=1}^{\infty} a_n$ 收敛.

题 9.2.36 假设 $a_n > 0$ 对于所有的 n 成立，$\sum_{n=0}^{\infty} a_n$ 发散. 证明：对于不同的序列 $\{a_n\}$，$\sum_{n=0}^{\infty} \frac{a_n}{1+na_n}$ 既可能收敛也可能发散.

题 9.2.37 **和与积.** 假设 $a_n > 0$ 对于所有的 n 成立. 证明：和式 $\sum_{n=0}^{\infty} a_n$ 收敛当且仅当乘积 $\prod_{n=0}^{\infty}(1+a_n)$ 收敛.

题 9.2.38 设 $\{a_k\}$ 是题 9.2.35 中所用到的序列，在该题中我们已证明 $\sum_{n=1}^{\infty} a_n$ 收敛. 但与此同时，请注意 $\sum_{n=1}^{\infty} |a_n|$ 是发散的（毕竟这是调和级数）. 利用这两个事实证明：给定任意实数 x，可以通过重排 $\{a_n\}$ 中的各项，来得到一个新的收敛于 x 的级数. “重排”意味着重新排列顺序. 例如，一种重排可能是以下级数：

$$\frac{1}{3} + \frac{1}{19} - \frac{1}{100} + \frac{1}{111} + 1 + \cdots.$$

9.3 导数和积分

近似和曲线的描绘

读者肯定已经知道了函数 $f(x)$ 的导数 $f'(x)$ 可以有如下两种理解：第一，$f(x)$ 关于 x 的动态变化率；第二，其几何定义为 $y = f(x)$ 在点 $(x, f(x))$ 的切线斜率.

变化率这个定义对于研究函数如何增长是极其重要的. $f(x)$ 的二阶导数 $f''(x)$ 提供了更多精确的信息，它表示导函数 $f'(x)$ 的变化率. 很多时候只需简单分析 $f'(x)$ 和 $f''(x)$ 就可以解决比较复杂的问题.

例 9.3.1 在第 32 页例 2.2.7 中，我们考察了不等式 $p(x) \geqslant p'(x)$，其中 p 是多项式函数. 注意到我们将原问题化简成了以下问题.

> 证明：设 $p(x)$ 是首项系数为正的最高次幂为偶数的多项式，如果 $p(x) - p''(x) \geqslant 0$ 对任意实数 x 成立，则对任意实数 x 都有 $p(x) \geqslant 0$.

解答 由假设“$p(x)$ 是首项系数为正的最高次幂为偶数的多项式”可得

$$\lim_{x\to-\infty} p(x) = \lim_{x\to+\infty} p(x) = +\infty,$$

从而 $p(x)$ 的最小值一定是有限的数（因为 p 为多项式，它只会“放大” $x \to \pm\infty$），现在让我们用反证法来解答，假设对于某些 x 值 $p(x)$ 取负值，令 $p(a)$ 是 $p(x)$ 的最小值，则 $p(a) < 0$. 由函数取到最小值的二阶条件可得 $p''(a) \geqslant 0$. 但根据题设有 $p(a) \geqslant p''(a)$，这与 $p(a) < 0$ 矛盾. ■

下面是另一个关于多项式的例子，在标准多项式技术中增加了对导数的分析.

例 9.3.2 (英国 1995) 设实数 a, b, c 满足以下条件：$a < b < c$, $a + b + c = 6$, $ab + bc + ca = 9$. 证明 $0 < a < 1 < b < 3 < c < 4$.

解答 由于题目给的条件是有关 $a+b+c$ 和 $ab+bc+ca$ 的信息，这提醒我们考虑零点为 a, b, c 的最高项次数为 3 的首一多项式 $P(x)$，根据多项式方程根与系数的关系（见第 160 页），我们有

$$P(x) = x^3 - 6x^2 + 9x - k,$$

其中 $k = abc$. 故必须找出多项式 $P(x)$ 的零点. 为此，我们画出这个函数的简图. 不难知道，$P(x)$ 的图像一定有类似下图的形状：

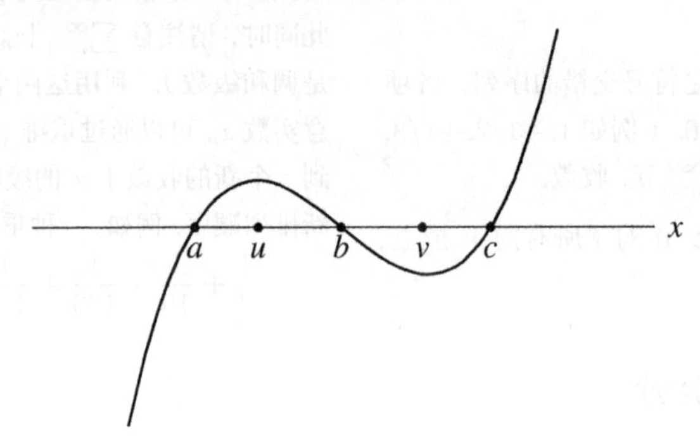

我们之所以没有画出 y 轴，是因为 a, b, c 的符号尚未确定. 但我们能确定当 x 是绝对值足够大的负数时 $P(x)$ 将是负的，因为当 x 是负数时首项 x^3 也是负数，而当 x 的绝对值足够大时首项 x^3 支配 $P(x)$ 的其他项. 同样，当 x 是绝对值足够大的正数时 $P(x)$ 将是正的. 由于 $P(x)$ 的三个零点满足关系 $a < b < c$，所以当 $a < x < b$ 时 $P(x)$ 取正值，$P(x)$ 在某个点 $u \in (a, b)$ 处达到极大值，而当 $b < x < c$ 时 $P(x)$ 取负值，$P(x)$ 在某个点 $v \in (b, c)$ 处达到极小值.

对 $P(x)$ 求一阶导数，得到

$$P'(x) = 3x^2 - 12x + 9 = 3(x-1)(x-3).$$

当一阶导数为零时函数取极大值或极小值，所以 $u = 1, v = 3$，因此 $a < 1 < b < 3 < c$. 此外，我们顺便得出 $P(1) > 0, P(3) < 0$.

下面只需证明另外两个不等式 $a > 0$ 和 $c < 4$. 为此只要证明 $P(0) < 0$ 且 $P(4) > 0$. 为了得到这两个不等式，我们只需进一步考察未知参数 k 的特性. 这很容易：因为 $P(1) = 4 - k > 0$ 且 $P(3) = -k < 0$，所以 $0 < k < 4$. 因此得到 $P(0) = -k < 0$ 且 $P(4) = 4 - k > 0$，正如所需. ■

切线斜率这个概念源于导数的极限形式的定义. 下面的这个定义是你在微积分课程里所学的基础知识之一：

$$f'(a) := \lim_{x \to a} \frac{f(x) - f(a)}{x - a} = \lim_{h \to 0} \frac{f(a+h) - f(a)}{h}.$$

其中分式计算的是曲线割线的斜率，割线取极限就是切线. 这个定义得到了导数的一个很有用但不是很出名的应用：函数的**切线近似**. 例如，假设 $f(3) = 2$ 且

$f'(3)=4$，则

$$\lim_{h\to 0}\frac{f(3+h)-f(3)}{h}=4.$$

因此当 h 的绝对值足够小时 $(f(3+h)-f(3))/h$ 将会接近 4，所以我们有

$$f(3+h)\approx f(3)+4h=2+4h.$$

也就是说，函数 $\ell(h):=2+4h$ 在如下意义下是 $f(3+h)$ 的最佳线性估计：它是满足

$$\lim_{h\to 0}\frac{f(3+h)-\ell(h)}{h}=0$$

的唯一线性函数 $\ell(h)$. 换言之，$\ell(h)$ 是在 $h=0$ 处与 $f(3+h)$ 和 $f'(3+h)$ 一致的唯一线性函数.

在一般情况下，尤其是与其他几何信息（例如凸性）结合时，用切线近似 $f(a)+hf'(a)$ 来分析 $f(a+h)$ 这种方法非常有效.

例 9.3.3 证明伯努利不等式：如果 $x>-1$ 且 $a\geqslant 1$，则

$$(1+x)^a\geqslant 1+ax,$$

当 $x=0$ 或 $a=1$ 时取等号.

解答 对于整数 a，这能利用数学归纳法证明，事实上这就是第 49 页题 2.3.29. 但数学归纳法并不适用于任意实数 a. 取而代之，定义 $f(u):=u^a$. 注意到 $f'(u)=au^{a-1}$ 且 $f''(u)=a(a-1)u^{a-2}$. 于是只要 $u>0$ 就有 $f(1)=1, f'(1)=a, f''(u)>0$（当然假设 $a>1$）. 因此对于所有 $u\geqslant 0$，函数 $y=f(u)$ 的图像上凹，如下图所示.

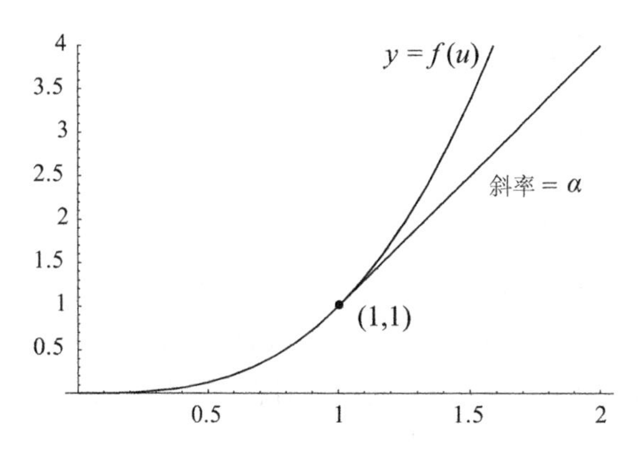

因此，对于所有 $u\geqslant 0$，$y=f(u)$ 的图像都在它的切线上方. 另一种叙述方法（进行 $x=u-1$ 的替换）是：除了在 $x=0$ 时取等号 [对应图中点 $(1,1)$]，$f(1+x)$ 总是严格大于它的线性估计 $1+ax$. 我们已经建立了伯努利不等式.① ■

① 有经验的读者可能会提出反对意见：当 a 为无理数时，我们首先需要伯努利不等式（或类似的公式）来计算 $f'(u)=au^{a-1}$. 这不正确. 例如，见文献 [21] 第 229–231 页的灵巧处理，它出人意料地使用复数几何的方式.

中值定理

微积分初学者通常会遇到的一个困难是：什么时候该严格证明，什么时候能用“直觉上显然”来假设．这不是容易的问题，因为很多最简单、最“显然”的命题都要用到关于实数与可微函数的性质，这些性质很深刻且很难证明.[①] 这本书并不是实分析教材，也不会尝试证明所有这些命题．然而，下面将陈述一个重要的理论工具（仅给出不严格的“作图”证明），它允许我们更严格地思考许多与微分有关的问题．

首先叙述**罗尔定理**．它当然应该属于“直觉上显然”的范畴．

> 如果 $f(x)$ 在 $[a,b]$ 上连续，在 (a,b) 内可微，且 $f(a)=f(b)$，则存在一点 $u\in(a,b)$ 使得 $f'(u)=0$.

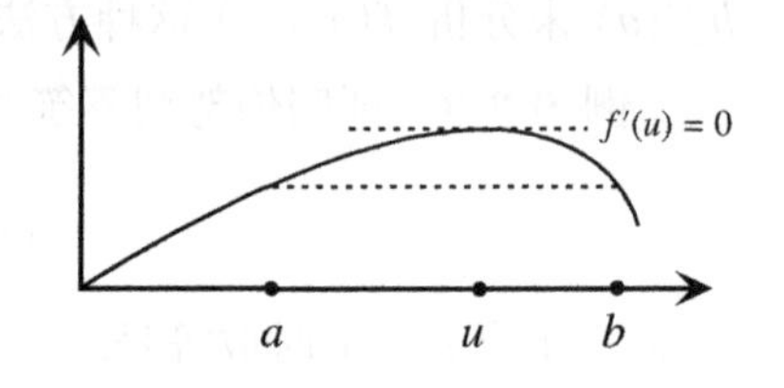

通过作图，便能得到它的“证明”．从图中可知：在 a 和 b 间将会存在局部最大值或最小值，而函数在这些点处的导数等于 0.

罗尔定理有一个重要推广——**中值定理**：

> 如果 $f(x)$ 在 $[a,b]$ 上连续，在 (a,b) 内可微，则存在一点 $u\in(a,b)$ 使得
>
> $$f'(u)=\frac{f(b)-f(a)}{b-a}.$$

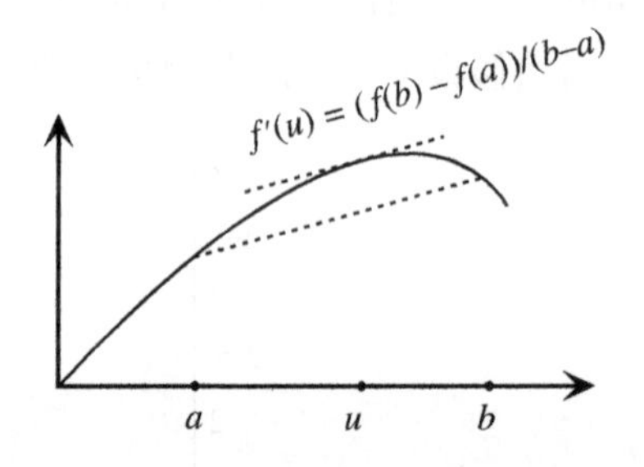

用几何术语来说，中值定理断言：存在 $u\in(a,b)$，使得 f 在 $(u,f(u))$ 处切线平行于连结 $(a,f(a))$ 和 $(b,f(b))$ 的割线．证明归结为一句话：

> 将罗尔定理的图倾斜！

中值定理将函数的“全局”性质（在区间 $[a,b]$ 上的平均变化率）和“局部”性质（在特定点处的导数值）结合，因此它比初看上去更深入、更有用．下面是一个例子．

例 9.3.4 假设 f 在 $(-\infty,\infty)$ 可微，且存在常数 $k<1$，对于所有实数 x 使得 $|f'(x)|\leqslant k$．证明 f 有一个不动点．

解答 由第 297 页例 9.2.4 可知，不动点 x 是满足 $f(x)=x$ 的点．因此必须证明 $y=f(x)$ 和 $y=x$ 的图像有交点．不失一般性，假设 $f(0)=v>0$，如下图所示．

---

① 如果 $f'(x)$ 对于所有 $x\in(a,b)$ 存在，则称函数 f 在开区间 (a,b) 内可微．我们不担心在端点 a 和 b 处的可微性，极限在这些地方应该如何定义，这是个技术性问题．

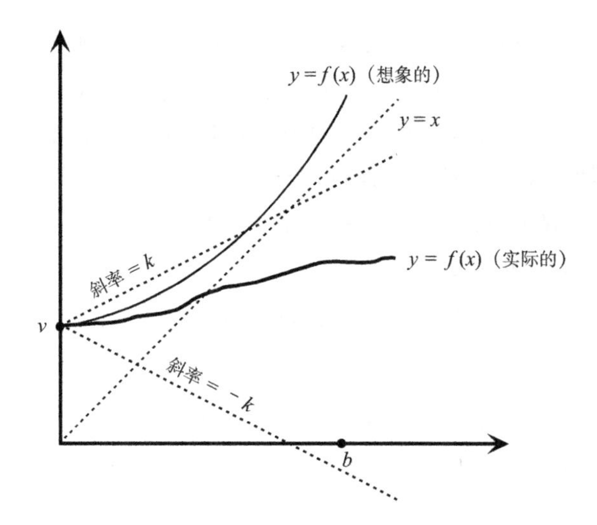

该图给了我们一个大致思路. 因为导数绝对值的最大值为 k，并且 $k<1$，故 $y=f(x)$ 在 y 轴右边部分的图像会被虚线“锥形”所限制，并最终与 $y=x$ 的图像相交. 中值定理给出了令人满意的证明. 假设对于所有 $x\geqslant 0$ 有 $f(x)\neq x$. 则根据介值定理，必有 $f(x)>x$. 取（足够大的）$b>0$. 根据中值定理，存在 $u\in(0,b)$ 使得

$$f'(u)=\frac{f(b)-f(0)}{b-0}=\frac{f(b)-v}{b}.$$

因为 $f(b)>b$，所以我们有

$$f'(u)>\frac{b-v}{b}=1-\frac{v}{b}.$$

又由于 b 可以取得任意大，$f'(u)$ 的最小值可以任意地接近于 1. 但这与 $|f'(u)|\leqslant k<1$ 矛盾. 因此得到：对于某个 $x>0$ 必定有 $f(x)$ 等于 x.

如果 $f(0)<0$，论证方法与上面类似（在 y 轴左边画“锥形”，以此类推）. ■

在上述证明中，由于中值定理限制了导数取值，我们最终如愿得到了矛盾. 中值定理起到了令人满意的作用.

下面是一个棘手的问题，它需要无穷多次地应用罗尔定理.

例 9.3.5 （普特南 1992）令 f 为定义在实数上的无穷阶可微实值函数. 若

$$f\left(\frac{1}{n}\right)=\frac{n^2}{n^2+1},\qquad n=1,2,3,\cdots,$$

对于 $k=1,2,3,\cdots$ 计算导数 $f^{(k)}(0)$ 的值（记号 $f^{(k)}$ 表示 f 的 k 阶导函数）.

部分解答 刚接触这个问题时你可能会猜测：若令 $n=1/x$，便能得到

$$f(x)=\frac{\frac{1}{x^2}}{\frac{1}{x^2}+1}=\frac{1}{x^2+1}$$

对于所有 x 成立．但问题在于：它只对使 $1/x$ 成为整数的那些 x 成立！我们根本不知道 $f(x)$ 在除 $x=1,1/2,1/3,\cdots$ 以外的那些点处的表现．

然而，序列 $1, 1/2, 1/3, \cdots$ 的极限是 0，并且我们也只需要考察 $f(x)$ 在 $x=0$ 处的表现．因此解题策略很清楚：通过"异想天开"方法我们得知，在 $x=0$ 处，$f(x)$ 及其导数与函数 $w(x) := 1/(x^2+1)$ 有着相同的表现．

换句话说我们只需证明函数

$$v(x) := f(x) - w(x)$$

满足

$$v^{(k)}(0) = 0, \quad k = 1, 2, 3, \cdots.$$

这并不难完成．因为 $v(x)$"几乎"等于 0，在 x 从右侧接近 0 时，它比 x 更靠近 0．更精确地，有

$$0 = v(1) = v\left(\frac{1}{2}\right) = v\left(\frac{1}{3}\right) = \cdots. \tag{9.3.1}$$

因为 $v(x)$ 连续，所以 $v(0)=0$．这是因为：令

$$x_1 = 1, x_2 = \frac{1}{2}, x_3 = \frac{1}{3}, \cdots,$$

则 $\lim\limits_{n\to\infty} x_n = 0$ 且

$$\lim_{n\to\infty} v(x_n) = \lim_{n\to\infty} 0 = 0,$$

利用连续性的定义便可得 $v(x)=0$（见第 296 页）．

现在我们已经完成了证明！请注意：利用罗尔定理可以得到一些信息，例如导数在 $x \to 0$ 时的表现等．[①]

一个有用的工具

我们将用下面这两个例子来结束本节关于微分的讨论．例中阐明的有用的观点受到了对数求导的启发．

例 9.3.6 对数求导． 令 $f(x) = \prod_{k=0}^{n}(x+k)$．求 $f'(1)$．

解答 对一个乘积求导并不难，但下面这种方法通过取对数将乘积化为和式，使得求解过程更为简洁．我们有

$$\ln(f(x)) = \ln x + \ln(x+1) + \cdots + \ln(x+n),$$

两边求导，得到

$$\frac{f'(x)}{f(x)} = \frac{1}{x} + \frac{1}{x+1} + \cdots + \frac{1}{x+n}.$$

于是有

$$f'(1) = (n+1)!\left(1 + \frac{1}{2} + \cdots + \frac{1}{n+1}\right).$$

■

① 第 316 页例 9.4.3 提供了计算 $1/(x^2+1)$ 在 0 点导数的一种简便方法．

对数求导不仅可以用来计算导数，它也是一个更宽广的解题思路中的一部分：记住一些常用复合函数的导数，并确保在遇到时便能想起它们的原函数. 例如，如果某问题直接或间接地包含 $f'(x)/f(x)$，则利用反求导就能得到 $f(x)$ 的对数，进而得到有关 $f(x)$ 性质的刻画. 下面的例子便运用了这种思路.

例 9.3.7 (普特南 1997) 令 f 为二阶可导的实值函数，满足

$$f(x)+f''(x)=-xg(x)f'(x), \tag{9.3.2}$$

其中对于所有实数 x 有 $g(x)\geqslant 0$. 证明 $|f(x)|$ 有界. 换言之，证明存在常数 C 使得 $|f(x)|\leqslant C$ 对于所有 x 成立.

部分解答 想要从此微分方程中直接解出 $f(x)$ 并不容易，积分看起来也没什么帮助. 然而，式 (9.3.2) 左边恰好是我们熟悉的某个函数的导数. 注意到

$$\frac{\mathrm{d}}{\mathrm{d}x}(f(x)^2)=2f(x)f'(x).$$

这提示我们在式 (9.3.2) 两边同时乘以 $f'(x)$，得到

$$f(x)f'(x)+f'(x)f''(x)=-xg(x)(f'(x))^2.$$

从而得到

$$\frac{1}{2}(f(x)^2+f'(x)^2)'=-xg(x)(f'(x))^2. \tag{9.3.3}$$

现在令 $x\geqslant 0$. 式 (9.3.3) 的右边是非正的，这意味着对于所有 $x\geqslant 0$ 来说，$f(x)^2+f'(x)^2$ 是非增的. 因此对于所有 $x\geqslant 0$ 有

$$f(x)^2+f'(x)^2\leqslant f(0)^2+f'(0)^2.$$

这当然蕴含着 $f(x)^2\leqslant f(0)^2+f'(0)^2$，因此存在常数

$$C:=\sqrt{f(0)^2+f'(0)^2}$$

使得对于所有 $x\geqslant 0$ 有 $|f(x)|\leqslant C$. 因此，只需给出 $x<0$ 情形的证明就能完成命题证明. 我们将它留作练习.

积分

微积分基本定理给出了一种计算定积分的方法. 在下文中，我们并不强调反求导的过程——假设你掌握了很多计算技巧——而是要强调理解定积分的不同定义方式. 很多问题都表明：求和、积分和不等式之间存在很多联系.

例 9.3.8 计算 $\lim_{n\to\infty}\sum_{k=1}^{n}(n/(k^2+n^2))$.

解答 这道题很难求解，除非我们意识到题目要求的并不是和，而是和的极限. 而计算和式的极限恰好就是定积分的用途. 所以我们试着反向推导，构造一个定积分，它的值是给定的极限. 回想一下，定积分 $\int_a^b f(x)\mathrm{d}x$ 可以用和式

$$s_n:=\frac{1}{n}\left(f(a)+f(a+\Delta)+f(a+2\Delta)+\cdots+f(b-\Delta)\right)$$

来逼近，其中 $\Delta=(b-a)/n$. 事实上，如果 f 可积，则

$$\lim_{n\to\infty} s_n=\int_a^b f(x)\mathrm{d}x.$$

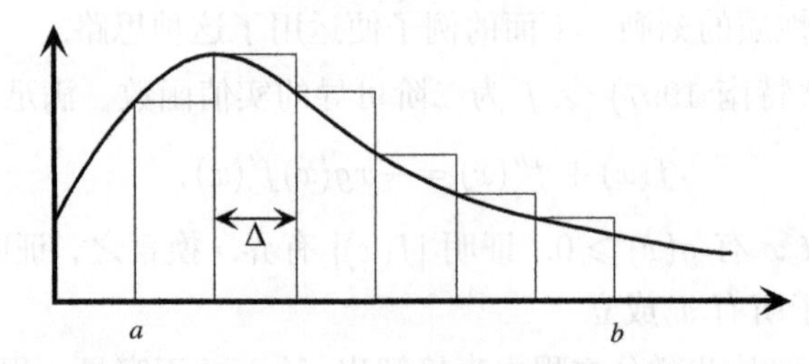

现在只需要选择适当的 $f(x),a,b$, 从而让 $\sum_{k=1}^n (n/(k^2+n^2))$ 变为 s_n 所具有的形式. 提取出类似 $\Delta=(b-a)/n$ 的部分是关键的一步. 注意到

$$\frac{n}{k^2+n^2}=\frac{1}{n}\left(\frac{n^2}{k^2+n^2}\right)=\frac{1}{n}\left(\frac{1}{k^2/n^2+1}\right).$$

如果 k 从 1 变为 n, 则 k^2/n^2 从 $1/n^2$ 变为 1, 这暗示应该考虑 $a=0,b=1,f(x)=1/(x^2+1)$. 容易证明这确实有效，即：

$$\frac{1}{n}\sum_{k=1}^n \frac{n}{k^2+n^2}=\frac{1}{n}\left(f\left(\frac{1}{n}\right)+f\left(\frac{2}{n}\right)+\cdots+f\left(\frac{n}{n}\right)\right).$$

因此上式取极限 $n\to\infty$ 等价于

$$\int_0^1 f(x)\,\mathrm{d}x=\int_0^1 \frac{1}{1+x^2}\,\mathrm{d}x=\arctan x\Big|_0^1=\frac{\pi}{4}-0=\frac{\pi}{4}.$$ ■

积分也可以用来分析有限和. 如果其中的函数单调，也可以利用不等式把积分与求和进行关联. 正如下面的例子.

例 9.3.9　(普特南 1996) 证明：对于每个正整数 n 有

$$\left(\frac{2n-1}{\mathrm{e}}\right)^{\frac{2n-1}{2}}<1\times3\times5\times\cdots\times(2n-1)<\left(\frac{2n+1}{\mathrm{e}}\right)^{\frac{2n+1}{2}}.$$

解答　分母中的 e 与复杂的指数暗示：应该采取求对数的策略！于是上面的不等式可转化为

$$\frac{2n-1}{2}(\ln(2n-1)-1)<S<\frac{2n+1}{2}(\ln(2n+1)-1),$$

其中

$$S=\ln1+\ln3+\ln5+\cdots+\ln(2n-1).$$

让我们更仔细地考察 S. 因为 $\ln x$ 单调递增，从图中（$\Delta=2$）易得

$$\int_1^{2n-1}\ln x\,\mathrm{d}x<2S<\int_1^{2n+1}\ln x\,\mathrm{d}x.$$

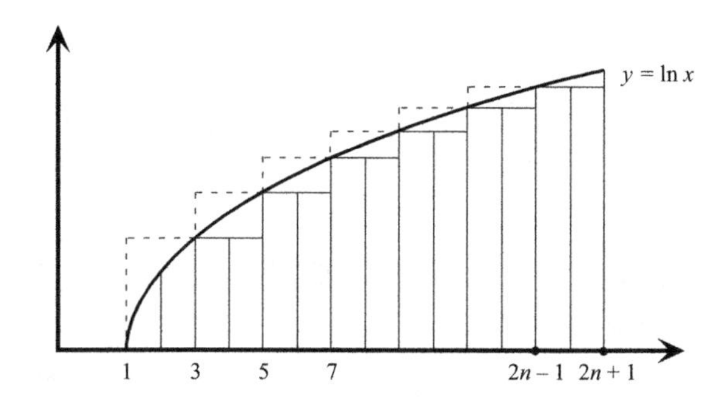

利用分部积分不难得出 $\int \ln x\,\mathrm{d}x = x\ln x - x + C$，所以原不等式成立. ■

对称性和变换

第 68 页题 3.1.25 要求计算如下相当复杂的积分：

$$\int_0^{\pi/2} \frac{1}{1+(\tan x)^{\sqrt{2}}}\,\mathrm{d}x.$$

假设你已经（或者在自己学过类似但更简单的例 3.1.7 之后，或者在网上提示的帮助下）解出了这个积分. 如果没有，那么下面提供了一种简单的求解思路.

显然，指数无关紧要，因此将其变为任意值 a 并考虑

$$f(x) := \frac{1}{1+(\tan x)^a}.$$

当 x 从 0 变为 $\pi/2$ 时，$f(x)$ 的值从 1 变为 0，且 $f(\pi/4) = 1/2$ 位于 1 和 0 的正中间. 这提示 $y = f(x)$ 的图像关于中心点 $(\pi/4, 1/2)$ "对称"，继而提示我们考察 $f(x)$ 经过变换后的像

$$g(x) := f(\pi/2 - x).$$

利用三角学知识 [例如 $\tan(\pi/2 - x) = \cot x = 1/\tan x$] 问题很快就能得到解决，因为容易证明：对于所有 x 有 $f(x) + g(x) = 1$. 由于

$$\int_0^{\pi/2} f(x)\,\mathrm{d}x = \int_0^{\pi/2} g(x)\,\mathrm{d}x,$$

我们完成了计算：积分等于 $\pi/4$.

为什么要详述这个例子的求解过程？这旨在提醒你：对称性会以很多形式出现. 例如，两个点关于圆的反演对称（见第 282 页）. 与单纯的反射和旋转一样，反演也是一种有用的对称性. 进一步考察题 3.1.25 的解题过程可以看出：之所以能这样求解，是因为存在关于积分不变的变换 $x \mapsto \pi/2 - x$，同时也可以简化积分项.

上面的例子告诉我们：要注重通过寻找"自然"的变换和不变性来寻找问题中的"对称性". 下面便是一个富有挑战性的问题.

例 9.3.10　(普特南 1993) 证明

$$\int_{-100}^{-10}\left(\frac{x^2-x}{x^3-3x+1}\right)^2\mathrm{d}x+\int_{\frac{1}{101}}^{\frac{1}{11}}\left(\frac{x^2-x}{x^3-3x+1}\right)^2\mathrm{d}x+\int_{\frac{101}{100}}^{\frac{11}{10}}\left(\frac{x^2-x}{x^3-3x+1}\right)^2\mathrm{d}x$$

是有理数.

部分解答　我们只阐述大体思想，具体细节留给你来完成. 这个问题颇有斧凿之嫌，因为积分的上下限非常特殊. 将积分项（所有三项都相同）的平方根记为 $f(x)=(x^2-x)/(x^3-3x+1)$. 能否找到一个有助于求解此积分的变换，它或者保持 $f(x)^2$ 不变，或者能将其简化?

注意 $x\mapsto 1/(1-x)$ 分别将 1/11 和 1/101 映为 11/10 和 101/100. 将这个映射记为 τ. 奇迹般地，我们有 $f(\tau(x))=f(x)$.（请验证!）因此积分变换 $x\mapsto\tau(x)$ 能将第二个积分转化为第三个积分.

这个成功让我们信心大增. 继续利用进行 τ 研究，不难发现：它能将第一个积分转化为第二个积分，将第三个积分转化为第一个积分!

因此不难通过代数运算将题中三个积分之和简化为如下积分：

$$\int_{-100}^{-10}(f(x))^2(1+r(x)+q(x))\,\mathrm{d}x,$$

其中 $r(x), q(x)$ 是有理函数（$\tau, \tau\circ\tau, \cdots$ 的导数）.

在上面这个极为复杂的问题中，我们找到了一种巧妙的解法. 自然而然地，我们期待它有另一种巧妙解法：假如 $1+r+q$ 是 f 的导数，那么积分项将会变为 $f^2\,\mathrm{d}f$，而积分值变为 $f^3/3$. 如果该结论并不成立，请不要放弃，而继续尝试寻找类似的方法. 这个问题很棘手，但富有指导意义. 你或许想问：这里的“对称性”有任何“几何”理解吗? ■

问题与练习

题 9.3.11　证明：如果多项式 $P(x)$ 和它的导函数 $P'(x)$ 有公共零点 $x=r$，则 $x=r$ 是重数大于 1 的零点. [如果 $(x-r)$ 在 $P(x)$ 的因式分解中出现 m 次，则称 $P(x)$ 的零点 $x=r$ 有重数 m. 例如，$x=1$ 是多项式 x^2-2x+1 的 2 重零点.]

题 9.3.12　令 $a,b,c,d,e\in\mathbb{R}$ 使得

$$a+\frac{b}{2}+\frac{c}{3}+\frac{d}{4}+\frac{e}{5}=0.$$

证明：多项式 $a+bx+cx^2+dx^3+ex^4$ 至少有一个实零点.

题 9.3.13　讨论例 9.3.7 中 $x<0$ 的情形，从而完成证明.

题 9.3.14　(普特南 1994) 计算所有的这样 c：它使得函数 $x^4+9x^3+cx^2+ax+b$ 的图像与某条直线交于 4 个不同的点.

题 9.3.15　利用小 o 记号（见第 292 页）将命题“切线是函数的最佳线性估计”表述为严格的命题.

题 9.3.16　假设 $f(x)$ 为可微函数且

$$f(x+y)=f(x)f(y)$$

对所有 $x, y \in \mathbb{R}$ 成立. 若 $f'(0)=3$，求 $f(x)$.

题 9.3.17 假设 $f(x)$ 为可微函数，对于所有 $x, y>0$ 有

$$f(xy)=f(x)+f(y).$$

若 $f'(1)=3$，求 $f(x)$.

题 9.3.18 (普特南 1946) 令 $f(x):=ax^2+bx+c$, 其中 $a, b, c \in \mathbb{R}$. 如果对所有 $|x| \leqslant 1$ 有 $|f(x)| \leqslant 1$, 证明: 对于 $|x| \leqslant 1$ 有 $|f'(x)| \leqslant 4$.

题 9.3.19 关于中值定理的更多内容

(a) 第 304 页所给出的中值定理的“证明”只是“倾斜”罗尔定理的图. 现在请采用如下方法更严格地证明中值定理: 假定罗尔定理成立，定义一个新的函数，使得将罗尔定理应用于这个新函数后便得到中值定理. 你应该能从倾斜图像的思路中得到一些启发.

(b) 如果完成了 (a)，你可能会抱怨: 它仅仅是一个本质上没有什么创新的代数练习，也没有提供比倾斜图像更深刻的理解. 这诚然是事实，但代数方法更容易推广. 请利用这种方法来证明**推广的中值定理**，它涉及两个函数:

> 令 $f(x)$ 和 $g(x)$ 为 $[a, b]$ 上的连续函数, 它们在 (a, b) 内可微. 则存在一点 $u \in(a, b)$ 使得
>
> $$f'(u)(g(b)-g(a))=g'(u)(f(b)-f(a)).$$

(c) 常规的中值定理只是推广的中值定理的一种特殊情形. 请解释其原因.

(d) 推广的中值定理仍然存在图形方式的理解，请作图说明. 能开发一个与中值定理证明相似的图形论证吗?

题 9.3.20 例 9.2.3 要求证明 $\sqrt[3]{n+1}-\sqrt[3]{n}=O(n^{-2/3})$. 很可能你已经用代数方法完成了此证明. 现在请利用中值定理给出另一种证明.

题 9.3.21 利用推广的中值定理 (9.3.19) 证明如下的**洛毕达法则**:

> 假设 $f(x)$ 和 $g(x)$ 在某个包含 $x=a$ 的开区间内可微. 如果
>
> $$\lim_{x \rightarrow a} f(x)=\lim_{x \rightarrow a} g(x)=0.$$
>
> 则
>
> $$\lim_{x \rightarrow a} \frac{f(x)}{g(x)}=\lim_{x \rightarrow a} \frac{f'(x)}{g'(x)},$$
>
> 假设 $g(x)$ 和 $g'(x)$ 在 $x \neq a$ 处都不为零.

题 9.3.22 积分中值定理. 这个定理陈述如下:

> 假设 $f(x)$ 在 (a, b) 内连续, 则存在一点 $u \in(a, b)$ 使得
>
> $$f(u)(b-a)=\int_a^b f(x)\, \mathrm{d} x.$$

(a) 这个定理看起来是“显然”的，请作图说明.

(b) 利用常规的中值定理给出证明（巧妙地定义一个函数，等等）.

题 9.3.23 (普特南 1987) 计算

$$\int_2^4 \frac{\sqrt{\ln (9-x)}}{\sqrt{\ln (9-x)}+\sqrt{\ln (x+3)}}\, \mathrm{d} x.$$

题 9.3.24 (普特南 1946) 设 $f: \mathbb{R} \rightarrow \mathbb{R}$ 有连续导数，$f(0)=0$，且 $|f'(x)| \leqslant|f(x)|$ 对于所有 x 成立. 证明 f 是常函数.

题 9.3.25 找出计算乘积 $f(x) g(x)$ 的 n 阶导数的表达式并加以证明（利用数学归纳法）.

题 9.3.26 (普特南 1993) 如下图, 水平线 $y=c$ 与曲线 $y=2x-3x^3$ 在第一象限中相交. 求使得两块阴影部分面积相等的 c.

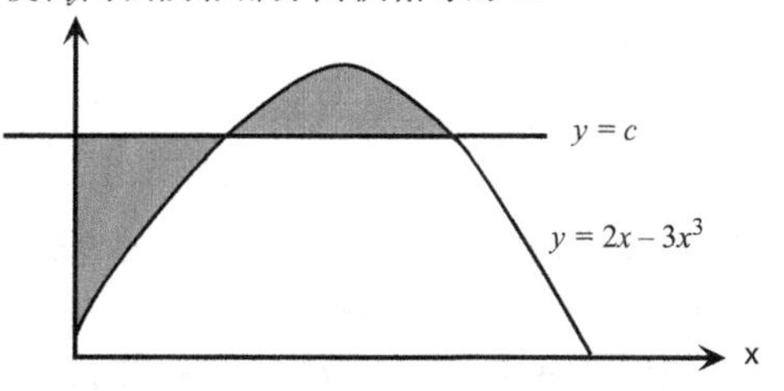

题 9.3.27 (普特南 2002) 令 k 为一个固定的正整数. 设 $1/(x^k-1)$ 的 n 阶导数具有的形式 $P_n(x)/(x^k-1)^{n+1}$, 其中 $P_n(x)$ 是多项式. 求 $P_n(1)$.

题 9.3.28 (普特南 1998) 令 f 为实轴上具有连续 3 阶导数的实函数. 证明存在点 a 使得

$$f(a) \cdot f'(a) \cdot f''(a) \cdot f'''(a) \geqslant 0.$$

题 9.3.29 (普特南 1964) 求所有的连续函数 $f(x):[0,1]\to(0,\infty)$，使得：

$$\int_0^1 f(x)\mathrm{d}x=1,$$
$$\int_0^1 xf(x)\mathrm{d}x=\alpha,$$
$$\int_0^1 x^2f(x)\mathrm{d}x=\alpha^2,$$

其中 α 是给定的实数.

题 9.3.30 (布拉迪斯拉发 1994) 首先，定义 $f:[0,1]\to[0,1]$ 为

$$f(x)=\begin{cases}2x, & 0\leqslant x\leqslant 1/2,\\ -2x+2, & 1/2<x\leqslant 1.\end{cases}$$

接着，如下定义从 $[0,1]$ 到 $[0,1]$ 的函数序列 f_n：令 $f_1(x)=f(x)$，对于 $n>1$ 定义 $f_n(x)=f(f_{n-1}(x))$. 证明对于每个 n 有

$$\int_0^1 f_n(x)\,\mathrm{d}x=\frac{1}{2}.$$

题 9.3.31 计算极限

$$\lim_{n\to\infty}\left(\frac{1}{n}+\frac{1}{n+1}+\frac{1}{n+2}+\cdots+\frac{1}{2n-1}\right).$$

题 9.3.32 (普特南 1995) 对于哪些正实数对 (a,b)，下述反常积分收敛?

$$\int_b^\infty\left(\sqrt{\sqrt{x+a}-\sqrt{x}}-\sqrt{\sqrt{x}-\sqrt{x-b}}\right)\mathrm{d}x$$

题 9.3.33 在例 9.3.4 中，存在严格小于 1 的常数 k 使得 $|f'(x)|\leqslant k$. 注意：这与 $|f'(x)|\leqslant 1$ 并不相同. 在 $|f'(x)|\leqslant 1$ 的情形有何结论?

题 9.3.34 (普特南 1994) 令 $f(x)$ 为实数集上的正值函数，使得对于所有 x 有 $f'(x)>f(x)$. 问：对于哪些 k，一定存在 N 使得对于所有 $x>N$ 有 $f(x)>\mathrm{e}^{kx}$?

题 9.3.35 设 f 在 $(-\infty,\infty)$ 上可微，对于所有实数 x 有 $f'(x)\neq 1$. 证明 f 或者有一个零点或者有一个不动点 (但不多于一个).

题 9.3.36 计算极限

$$\lim_{n\to\infty}\left(\prod_{k=1}^{n}\left(1+\frac{k}{n}\right)\right)^{1/n}.$$

题 9.3.37 (普特南 1991) 假设 f 和 g 为定义在 $(-\infty,\infty)$ 上的可微实值函数，并且不是常函数. 进一步，假设对于每对实数 x 和 y 有

$$f(x+y)=f(x)f(y)-g(x)g(y),$$
$$g(x+y)=f(x)g(y)+g(x)f(y).$$

如果 $f'(0)=0$，证明对于所有 x 有 $(f(x))^2+(g(x))^2=1$.

题 9.3.38 令 $f:[0,1]\to\mathbb{R}$，对于所有 $x,y\in[0,1]$ 有 $|f(x)-f(y)|\leqslant(x-y)^2$. 此外假设 $f(0)=0$. 求方程 $f(x)=0$ 所有的解. 提示：如果需要，可以补充假设 $f(x)$ 可微，但本题事实上不涉及微分.

题 9.3.39 完成在第 305 页例 9.3.5 中开始的证明.

题 9.3.40 (普特南 1976) 计算

$$\lim_{n\to\infty}\frac{1}{n}\sum_{k=1}^{n}\left(\left\lfloor\frac{2n}{k}\right\rfloor-2\left\lfloor\frac{n}{k}\right\rfloor\right).$$

用 $\ln a-b$ 的形式表示解，其中 a,b 是正整数.

题 9.3.41 (普特南 1970) 计算

$$\lim_{n\to\infty}\frac{1}{n^4}\prod_{j=1}^{2n}(n^2+j^2)^{1/n}.$$

题 9.3.42 (普特南 1939) 证明

$$\int_1^a\lfloor x\rfloor f'(x)\,\mathrm{d}x$$
$$=\lfloor a\rfloor f(a)-(f(1)+\cdots+f(\lfloor a\rfloor)),$$

其中 $a>1$.

题 9.3.43 施瓦茨不等式. 柯西-施瓦茨不等式有很多推广. 下面是一个关于积分的不等式，称为施瓦茨不等式.

> 令 $f(x),g(x)$ 为非负连续函数，定义在区间 $[a,b]$ 上，则
>
> $$\left(\int_a^b f(x)g(x)\,\mathrm{d}x\right)^2\leqslant\int_a^b(f(x))^2\,\mathrm{d}x\int_a^b(g(x))^2\,\mathrm{d}x.$$

(a) 首先，考察第 173 页的柯西-施瓦茨不等式，从而验证上面的积分不等式的正确性，因为毕竟积分从“本质上”说是求和.

(b) 然而，证明施瓦茨不等式是另一回事. 因为其中包含极限，“积分作为求和”这种思想显得有问题. 然而，我们在题 5.5.35–5.5.36 中阐述了柯西-施瓦茨不等式的另两种证明. 请利用其一（或两者）给出施瓦茨不等式的一个漂亮的证明.

(c) 将不等式稍作推广：移除 f 和 g 非负的假设，并将结论改为

$$\left(\int_a^b |f(x)g(x)|\,\mathrm{d}x\right)^2 \leqslant \int_a^b (f(x))^2\,\mathrm{d}x \int_a^b (g(x))^2\,\mathrm{d}x.$$

(d) 施瓦茨不等式在什么条件下变为等式?

题 9.3.44 (土耳其 1996) 给定实数

$$0 = x_1 < x_2 < \cdots < x_{2n} < x_{2n+1} = 1,$$

其中对于 $1 \leqslant i \leqslant 2n$ 有 $x_{i+1} - x_i \leqslant h$. 证明

$$\frac{1-h}{2} < \sum_{i=1}^{n} x_{2i}(x_{2i+1} - x_{2i-1}) < \frac{1+h}{2}.$$

9.4 幂级数和欧拉数学

不要担心!

在本书的最后一节，我们将简要考察通项为函数而非常数的无穷级数. 这立即引出了关于收敛性的技术问题.

例 9.4.1 理解无穷级数

$$\frac{x^2}{1+x^2} + \frac{x^2}{(1+x^2)^2} + \frac{x^2}{(1+x^2)^3} + \cdots$$

的意义，其中 x 可以是任意实数.

解答 类比常数项幂级数的定义，可以得到此级数唯一合理的理解. 因此记

$$a_n(x) := \frac{x^2}{(1+x^2)^n}, \quad n = 1, 2, 3, \cdots,$$

并且定义函数 $S(x)$ 为部分和函数的极限. 换言之，如果

$$S_n(x) := \sum_{k=1}^{n} a_k(x),$$

则对于每个 $x \in \mathbb{R}$，定义

$$S(x) := \lim_{n\to\infty} S_n(x),$$

假设此极限存在.

请注意：对于所有实数 x，$a_n(x)$ 有定义，因此 $S_n(x)$ 也有定义. 事实上，利用第 151 页的几何级数公式能计算出 $S_n(x)$ 的具体表达式：

$$S_n(x) = \frac{x^2}{1+x^2} + \frac{x^2}{(1+x^2)^2} + \cdots + \frac{x^2}{(1+x^2)^n}$$
$$= \frac{\dfrac{x^2}{(1+x^2)} - \dfrac{x^2}{(1+x^2)^{n+1}}}{1 - \dfrac{1}{1+x^2}}.$$

将分子分母同乘以 $1+x^2$，得到

$$S_n(x)=\frac{x^2-\dfrac{x^2}{(1+x^2)^n}}{x^2}.$$

这个式子在 $x=0$ 处没有定义. 而只要 $x\neq 0$，能将它进一步简化为

$$S_n(x)=1-\frac{1}{(1+x^2)^n}.$$

固定实数 $x\neq 0$. 无论 x 取何值，当 $n\to\infty$ 时，上式中第二项都将消失. 因此对于所有非零 x 有 $S(x)=1$. 但如果 $x=0$，则对于每个 n 有 $a_n(0)=0$，这使得 $S_n(0)=0$，因此 $S(0)=0$. ■

这个并不出人意料的结论引出了一个棘手的问题：每个 $a_n(x)$ 都连续（事实上是可微的），然而这些函数的无穷和并不连续. 这个例子警告我们：函数的无穷级数不能像有限级数那样处理. 还有很多需要注意的类似问题. 例如，函数 $f(x)$ 被定义为 $f_i(x)$ 的无穷和，而 $f'(x)$ 并不等于 $f_i'(x)$ 的无穷和. ① 造成这些问题的基本原因是连续性或可微性这样的性质都包含了极限过程. 正如级数求和：当改变极限顺序时，"极限的极限"并不总是保持不变.

但幸好，存在一个能避免这些问题的关键性质：**一致收敛**. 一致收敛的含义与一致连续（见第 297 页）类似. 称函数序列 $f_n(x)$ 一致收敛到 $f(x)$，如果收敛定义中的 N 只随着 ϵ 变化，而与 x 无关. 我们不会讨论细节问题（[27] 中有一种清晰而严格的处理，[21] 中有一段新奇而富有启发性的讨论），因为我们通常不必考虑它们. 原因如下.

- 如果 $f_n(x)$ 一致收敛到 $f(x)$，并且 f_n 连续，则 $f(x)$ 也连续.
- 如果 $f_n(x)$ 一致收敛到 $f(x)$，则 $\int f_n(x)\,\mathrm{d}x\to\int f(x)\,\mathrm{d}x$.
- 一致收敛的幂级数能逐项微分和积分.

最后一项很重要. **幂级数**是函数项级数的一个特殊例子，它的每项具有的形式 $a_n(x-c)^n$. 在初等微积分课程中，你曾学过关于收敛半径的内容. ② 例如，如果 $|x|<1$，则级数

$$1+x+x^2+x^3+\cdots$$

收敛到 $\dfrac{1}{1-x}$. 换言之，如果 x 的值与 0 的距离小于 1 个单位，则级数收敛；收敛中心为 0 且收敛半径为 1. 幂级数非常有用，因为只要稍稍收缩收敛半径，它便是一致收敛的. 更正式地说：

设

$$a_0+a_1x+a_2x^2+\cdots=f(x)$$

① 关于这些内容的精彩讨论请参见文献 [27] 第 7 章.（例 9.4.1 就是引自彼处.）

② 为了真正理解收敛半径，你需要考虑复平面. 文献 [21] 中有一段富有启发性的讨论.

对于所有满足 $|x-c|<R$ 的 x 成立. 则对于任何正数 ϵ，对于所有满足 $|x-c|\leqslant R-\epsilon$ 的 x，收敛是一致的.

因此，在处理一致收敛的幂级数时，有时可以稍微“滥用”一下它而不用害怕数学的间接影响. 例如，可以如愿地逐项微分或积分，或者将其与另一个“好”的幂级数相乘，等等. 而且能肯定的是，你得到的结果会按照你所希望的方式来运作.

带余项的泰勒级数

大多数微积分教材介绍泰勒级数，但泰勒级数的证明只是只言片语，或者干脆把它放到少有人问津的技术附录中去. 这非常可惜，因为它既简单又重要. 下面的这种推导泰勒级数公式（包含余项）的方法既容易理解，也容易记忆. 让我们看一个简单的例子.

例 9.4.2 求 $f(x)$ 的二阶泰勒多项式和余项.

解答 假设 $f(x)$ 在定义域 D 上无穷阶可微，并且各阶导数均有界. 换言之，对于每个 $k\geqslant 1$，存在正数 M_k 使得 $|f^{(k)}(x)|\leqslant M_k$ 对于所有定义域中的 x 成立. 我们需要构造 $f(x)$ 在 $x=a$（其中 $a\in D$）附近的二阶泰勒多项式. 为了做到这点，从三阶导数开始. 我们所知道的就是：

$$-M_3\leqslant f'''(t)\leqslant M_3$$

对于所有 $t\in D$ 成立. 将这个式子关于 t 从 a 到 x 积分得到：[1]

$$-M_3(x-a)\leqslant\int_a^x f'''(t)\,\mathrm{d}t\leqslant M_3(x-a).$$

根据微积分基本定理，f''' 的原函数为 f''，因此上式变为：

$$-M_3(x-a)\leqslant f''(x)-f''(a)\leqslant M_3(x-a).$$

现在将 x 换为变量 t，再次对 t 从 a 到 x 积分. 有：

$$-M_3\cdot\frac{(x-a)^2}{2}\leqslant f'(x)-f'(a)-f''(a)(x-a)\leqslant M_3\cdot\frac{(x-a)^2}{2}.$$

再次重复这个过程得到：

$$-M_3\cdot\frac{(x-a)^3}{2\cdot 3}\leqslant f(x)-f(a)-f'(a)(x-a)-f''(a)\cdot\frac{(x-a)^2}{2}\leqslant M_3\cdot\frac{(x-a)^3}{2\cdot 3}.$$

最终得到

$$f(x)=f(a)+f'(a)(x-a)+f''(a)\cdot\frac{(x-a)^2}{2}$$

外加一个绝对值至多等于

$$M_3\cdot\frac{(x-a)^3}{6}$$

的误差项. ■

[1] 我们使用了以下事实：$u(x)\leqslant v(x)$ 蕴含 $\int_a^b u(x)\,\mathrm{d}x\leqslant\int_a^b v(x)\,\mathrm{d}x$.

接下来的思路非常清晰：继续对不等式 $|f^{(n+1)}(x)| \leqslant M_n$ 积分，直到得到 n 阶泰勒多项式. 可得一般公式为：

$$f(x) = f(a) + \sum_{i=1}^{n}\left[f^{(i)}(a) \cdot \frac{(x-a)^i}{i!}\right] + R_{n+1}, \tag{9.4.1}$$

其中

$$|R_{n+1}| \leqslant M_{n+1} \cdot \frac{(x-a)^{n+1}}{(n+1)!}.$$

从余项来看，如果导数有适当的界（例如 M_k 关于 k 不是指数增长的），则幂级数收敛. 这是显然而神奇的结论. 例如，考虑熟悉的级数：

$$\sin x = x - \frac{x^3}{3!} + \frac{x^5}{5!} - \cdots,$$

它对于所有实数 x 收敛.（请验证！）然而，仅从 $\sin x$ 和其在 $x=0$ 处的导数值，便可以得到上述"全局"级数的系数. 换言之，完全"局部"的信息产生了全局的信息！这发人深思.

实际操作中并不总是需要使用 (9.4.1). 只要知道（或怀疑）级数存在，提取级数中的项经常易如反掌.

例 9.4.3 将 $\dfrac{1}{x^2+1}$ 在 $x=0$ 附近展开为幂级数.

解答 利用第 124 页的几何级数工具得：

$$\frac{1}{x^2+1} = \frac{1}{1-(-x^2)} = 1 - x^2 + (x^2)^2 - (x^2)^3 + \cdots,$$

因此

$$\frac{1}{x^2+1} = 1 - x^2 + x^4 - x^6 + \cdots.$$

■

例 9.4.4 将 e^{x^2} 在 $x=0$ 附近展开为幂级数.

解答 只要将 $t=x^2$ 代入熟悉的级数

$$\mathrm{e}^t = 1 + t + \frac{t^2}{2!} + \frac{t^3}{3!} + \cdots$$

即可. ■

你可能对最后两个例子感到奇怪："是的，我们确实得到了一个幂级数，但如何确保它与从 (9.4.1) 中得到的幂级数相同？"事实上，此处同样无须担心，因为幂级数展开是唯一的. 从本质上来说，它正是"导数是最佳线性估计"思想（见第 303 页）的推广. 例如，令 $P_2(x)$ 表示 $f(x)$ 在 $x=a$ 附近的二阶泰勒展式. 我们断言：$P_2(x)$ 是 $f(x)$ 的最佳二次估计. 这是因为

$$\lim_{x\to a} \frac{f(x)-P_2(x)}{(x-a)^2} = 0,$$

而如果 $Q(x) \neq P_2(x)$ 是任何其他的二次多项式，则

$$\lim_{x \to a} \frac{f(x) - Q(x)}{(x-a)^2} \neq 0. \tag{9.4.2}$$

因此，$P_2(x)$ 是在 $x = a$ 处与 $f(x), f'(x), f''(x)$ 一致的唯一的二次函数.

这就说明了为什么幂级数十分重要. 它们不仅容易处理，也提供了关于函数增长方式的“理想”信息.

欧拉数学

在前几页中我们的叙述并不严格. 部分原因在于其中包含的技巧非常复杂. 但更为主要的原因是: 过多地考虑严格性和技术细节，可能会妨碍创造性思维，特别是在如下两个时段:

- 任何研究的早期阶段;
- 任何人数学教育的早期阶段.

当然，我们并不否认严格性的重要性. 我们想要强调: 缺乏严格性的论证并非毫无意义. 粗略而有灵感的思想可能会引出严格证明; 而有时，严格的证明会完全淡化论证的精髓.

当然，巧妙的解法、不严格的论证和欠周详的考虑之间是有关联的. 为了说明我们的观点，下面将给出一些“欧拉数学”的例子，“欧拉数学”指的是非严格的、甚至可能（在某种程度上）是不正确的推导，但可以得出一些有趣的数学事实. 之所以这样命名是为了纪念 18 世纪伟大的瑞士数学家欧拉，他是图论和生成函数理论的先驱者. 以现在的标准衡量，欧拉的论证并非全是严格或正确的. 但是，他的很多思想内容丰富且富有启发性，从他的思想中我们可以得出很多有用的结论.

欧拉大部分的“欧拉式”证明之所以引人注意，是因为其中富含巧妙的代数处理. 但下面的例子并不都是这样的. 有时，一个简单而“错误”的思想却能帮助我们解决问题. ①（旧金山大学的学生提供的）以下两个例子帮助我们解决了先前遇到的问题. 它们精彩地阐释了曾在第 18 页讨论的“打破规则”策略.

例 9.4.5 求解第 8 页题 1.3.8:

> 对任意的实数数列 $A = (a_1, a_2, a_3, \cdots)$，定义 ΔA 为序列 $(a_2 - a_1, a_3 - a_2, a_4 - a_3, \cdots)$，它的第 n 项为 $a_{n+1} - a_n$. 假设序列 $\Delta(\Delta A)$ 的每一项都是 1，并且 $a_{19} = a_{94} = 0$. 求 a_1.

部分解答 本例中变量是离散的，因此极限符号没有意义. 尽管本例并不是微积分问题，但我们能采用微积分的思想. 首先将 A 看作下标 n 的函数. Δ 运算类

① 没受过正规高等数学教育的印度数学家拉马努金是 20 世纪“欧拉式”代数思维的王者. 他的论证并不严格，但在数论和分析中做出了很多伟大的贡献. 细节请参见文献 [29]. 近年来，数学逐渐摆脱了传统数学必须极其严谨的束缚，与此同时加入了更多直觉和可视化的元素. 文献 [21] 的前言很好地说明了这种趋势.

似微分运算，因此等式

$$\Delta(\Delta A)=(1,1,1,\cdots)$$

类似微分方程

$$\frac{\mathrm{d}^2 A}{\mathrm{d}\,n^2}=1.$$

解之（假设它有意义）得到一个关于 n 的二次函数．上述论证并不“正确”，但它赋予我们“a_n 是 n 的二次函数”这种灵感．事实证明这个猜想是正确的！

例 9.4.6　求解第 8 页题 1.3.11：

求和为 1976 的若干正整数的最大乘积，并给出证明．

部分解答　类似上例，我们将对离散问题应用微积分原理，虽然这并不合理．直觉表明：这些和为 1976 的数应该相等（参见 5.5 节的算术-几何平均不等式的讨论）．但它们该是多少呢？考虑如下最优化问题：计算

$$f(x):=\left(\frac{S}{x}\right)^{x}$$

的最大值，其中 S 为正常数．先求对数再求微分，得到 $S/x=\mathrm{e}$．（请验证！）因此，有若干正数总和为 S，其中每个数都等于 e，则可得出共有 S/e 个数．

然而，在本例中 $S=1976$ 且要求每个数都是正整数．e 不是整数，不满足条件要求．而这些数的个数为 $1976/\mathrm{e}$，这更不合理．但这至少告诉我们：应该着重考察 $\mathrm{e}=2.718\,28\cdots$ 附近的整数．而一旦着眼于 2 和 3 这两个整数，这个问题便不难解决（利用类似于证明算术-几何平均不等式的算术方法）．

下面这个例子利用生成函数法来证明素数的无穷性，它是由欧拉提出的．论证过程有趣而富有技巧，并能推广应用到很多问题中（见后面的问题与练习）．利用部分和与乘积的知识，能够给出严格的证明．但这种严格的证明不但减少了乐趣，也会淡化隐含在证明中的重要思想．

例 9.4.7　证明素数无穷．

解答　考虑调和级数

$$1+\frac{1}{2}+\frac{1}{3}+\frac{1}{4}+\frac{1}{5}+\cdots.$$

尝试将这个和式进行因式分解（虽然对无穷级数进行因式分解不太合理）．定义

$$S_k:=1+\frac{1}{k}+\frac{1}{k^2}+\frac{1}{k^3}+\cdots,$$

考虑无穷乘积

$$S_2S_3S_5S_7S_{11}\cdots,$$

其中下标取遍所有素数．开始的几项因子为

$$\left(1+\frac{1}{2}+\frac{1}{2^2}+\cdots\right)\left(1+\frac{1}{3}+\frac{1}{3^2}+\cdots\right)\left(1+\frac{1}{5}+\frac{1}{5^2}+\cdots\right)\cdots.$$

展开这个无穷乘积，得到开始的几项是

$$1+\frac{1}{2}+\frac{1}{3}+\frac{1}{4}+\frac{1}{5}+\frac{1}{6}+\cdots,$$

所以有理由猜测: 对于每个 n, 项 $1/n$ 都会出现在上述和式中. 例如, 如果 $n=360$, 则将 $1/2^3, 1/3^2, 1/5$ 相乘便能得到 $1/n$. 同时，由于素数分解的唯一性（见 7.1 节算术基本定理的讨论），我们知道 $1/n$ 将恰好出现一次. 因此

$$1+\frac{1}{2}+\frac{1}{3}+\frac{1}{4}+\frac{1}{5}+\cdots=S_2S_3S_5S_7S_{11}\cdots.$$

对于每个 k 有 $S_k=1/(1-1/k)=k/(k-1)$，这是有限实数. 又因为等式左边调和级数之和为无穷，故等式右边不可能是有限多个 S_k 的乘积. 这样就证明了素数有无穷多个! ■

本书的倒数第二道例题也来自欧拉. 我们将采用另一种策略: 尽管多项式代数的思想并不适用于微积分问题，但它对无穷级数有着精彩而正确的估计（虽然这里难以给出这个例子的一个完整而严格的证明）. 回忆第 155 页 ζ 函数的定义，它定义为无穷级数

$$\zeta(s):=\frac{1}{1^s}+\frac{1}{2^s}+\frac{1}{3^s}+\cdots.$$

例 9.4.8 请计算 $\zeta(2)=1+\frac{1}{2^2}+\frac{1}{3^2}+\cdots$.

解答 下面巧妙的方法来自欧拉，其中利用了根与系数的关系（见第 160 页）: 首一多项式

$$x^n+a_{n-1}x^{n-1}x^{n-1}+\cdots+a_1x+a_0$$

的零点之和等于 $-a_{n-1}$. 只要将多项式因式分解为形如 $(x-r_i)$ 项的乘积形式（其中 r_i 是零点），我们便不难得到解答.

我们当然有理由尝试将上述思想应用于具有无穷个零点的函数. 我们自然而然地从函数 $\sin x$ 开始，因为它的零点为 $x=k\pi$（k 取遍所有整数）. 但由于题中包含平方项，因此转而考虑函数 $\sin\sqrt{x}$. 这个函数的零点为 $0,\pi^2,4\pi^2,9\pi^2,\cdots$. 为了得到想要的结果，需要移除 0 这个零点. 因此进一步考虑函数

$$f(x):=\frac{\sin\sqrt{x}}{\sqrt{x}},$$

它的零点为 $\pi^2,4\pi^2,9\pi^2,\cdots$. 利用例 9.4.4 的方法，不难看出:

$$f(x)=1-\frac{x}{3!}+\frac{x^2}{5!}-\frac{x^3}{7!}+\cdots. \tag{9.4.3}$$

由于知道 $f(x)$ 所有的零点，假设多项式因式分解定理适用，希望把 $f(x)$ 表示为形如 $(x-n^2\pi^2)$ 的项的无穷乘积形式. 但需要注意以下细节：乘积

$$(x-\pi^2)(x-4\pi^2)(x-9\pi^2)\cdots$$

并不是我们想要的，因为它的常数项无限. 这是绝对错误的，因为幂级数 (9.4.3) 中的常数项等于 1. 为了解决这个问题，将无穷乘积表为

$$f(x)=\left(1-\frac{x}{\pi^2}\right)\left(1-\frac{x}{4\pi^2}\right)\left(1-\frac{x}{9\pi^2}\right)\cdots, \tag{9.4.4}$$

式 (9.4.4) 中常数项为 1，当 $x=n^2\pi^2$ 时式 (9.4.4) 等于 0. 这正是我们想要的.

现在只需比较两个式子的系数. 不难看出，在无穷乘积 (9.4.4) 中 x 项的系数为

$$-\left(\frac{1}{\pi^2}+\frac{1}{4\pi^2}+\frac{1}{9\pi^2}+\cdots\right).$$

但在幂级数 (9.4.3) 中对应系数为 $-\dfrac{1}{3!}$. 两式联立得到

$$\frac{1}{\pi^2}+\frac{1}{4\pi^2}+\frac{1}{9\pi^2}+\cdots=\frac{1}{6},$$

因此

$$\zeta(2)=1+\frac{1}{2^2}+\frac{1}{3^2}+\cdots=\frac{\pi^2}{6}.$$ ■

美丽、简单和对称："活动帷幕"的目标

本书最后一道例题来自数学竞赛中的复杂概率问题.（感谢道格 · 容格雷斯!）这个问题有多种解法，其中一种非常漂亮的方法用到了微积分和生成函数的知识. 而另一种论证更具普遍意义，也为解题带来了更大的帮助.

例 9.4.9 (湾区数学竞赛 2000) 考虑下面的实验:

- 首先，旋转在一个标着 0 到 1 刻度的拨号盘上的指针，得到一个介于 0 和 1 之间的随机数 p.（通过这种方法得到的随机数是服从"均匀分布"的，例如：p 落在 0.45 到 0.46 的区间内的概率恰好为 1/100，p 落在 0.324 到 0.335 的区间内的概率恰好是 11/1000，以此类推.）
- 然后找一枚不均匀的硬币，它正面朝上的概率为 p.
- 将此枚硬币投掷 2000 次，记录正面朝上的次数.

问：最终恰好记录 1000 次正面朝上的概率是多少?

解法一 生成函数法. 设投掷了 n 次. 如果固定 p 的值，从基础概率论中得知：n 次抛掷中出现 k 次正面朝上的概率恰好是

$$\binom{n}{k}p^k(1-p)^{n-k}.$$

然而 p 是随机生成的，因此正确答案是上式的平均数——也就是积分. 因此，需要计算

$$U(n,k):=\int_0^1\binom{n}{k}p^k(1-p)^{n-k}\,\mathrm{d}p, \tag{9.4.5}$$

它便是 n 次抛掷中 k 次正面朝上的概率.

在本例中需要计算 $U(2000,1000)$. 这个积分的计算非常复杂. 因此并不应该尝试直接计算 $U(2000,1000)$，而应该首先考察 n 和 k 取值较小时的情形. 在尝试以后你应该会提出如下猜想：对于任何固定的 n，

$$U(n,k)=\frac{1}{n+1}$$

对于所有的 k 值均成立！因此，答案似乎应该是 1/2001. 而与此同时，出现 0 次（或 2000 次，或 1345 次，等等）正面朝上的概率也应该是 1/2001. 换言之，这一概率服从均匀分布！

如果你灵光一现，算出这个积分应该不在话下. 事实上，这个积分有不少计算的方法，你也可以进行尝试. 无论如何，最终的答案就是 $1/(n+1)$. 但是这些方法只给出了答案，并没有给我们一种清晰的思路以及原因.

为什么答案等于 $1/(n+1)$ 呢？John Kao 给出如下的简洁证明，其中运用了生成函数. 取定 n，令 $u_k:=U(n,k)$. 定义生成函数

$$f(x):=u_0+u_1x+u_2x^2+\cdots+u_nx^n.$$

利用 (9.4.5) 可以得到令人印象深刻的等式

$$f(x)=\sum_{k=0}^{n}\left(\int_0^1\binom{n}{k}p^k(1-p)^{n-k}\,\mathrm{d}p\right)x^k.$$

接着运用一种常用战术：交换求和与积分的次序. [①] 从而得到

$$f(x)=\int_0^1\left(\sum_{k=0}^{n}\binom{n}{k}p^kx^k(1-p)^{n-k}\right)\mathrm{d}p.$$

注意到

$$\binom{n}{k}p^kx^k(1-p)^{n-k}=\binom{n}{k}(px)^k(1-p)^{n-k},$$

因此能利用二项式定理来简化和式：

$$\sum_{k=0}^{n}\binom{n}{k}p^kx^k(1-p)^{n-k}=(1-p+px)^n.$$

所以我们有

$$\begin{aligned}f(x)&=\int_0^1(1-p+px)^n\,\mathrm{d}p\\&=\left.\frac{(1-p+px)^{n+1}}{(n+1)(x-1)}\right|_0^1\end{aligned}$$

① 将两个可交换的运算（在这一特殊情形是积分与求和）交换次序是一种标准战术. 它等价于其他一些战术，例如，用两种不同方法计数的组合战术. 在这个例子中我们将极限运算（积分）和有限和交换，这不会有问题. 然而，当交换两个极限运算（例如无限和、积分、极限）时，我们还需要证明取值没有改变.

$$= \frac{1}{n+1}\left(\frac{x^{n+1}-1}{x-1}\right)$$
$$= \frac{1}{n+1}\left(x^n + x^{n-1} + \cdots + x + 1\right).$$

换言之，所有的系数 u_k 都等于 $1/(n+1)$. ■

解法二　算术证明法. 上面的证明是美丽的，你也应该留心使用过的所有重要战术（生成函数，交换求和与积分的次序，提出二项式和）. 然而证明的神奇之处也正是它的不足之处：在毫无征兆的情况下，其点睛之笔便跃然纸上. 虽然在一般情况下，它很有意思，也富有启发性，但在本例这个特殊问题中，它并没有给出一种清晰的解释. 通过前面的证明，我们知道正面朝上的次数是怎么服从均匀分布的，但仍然不知道这种现象深层次的原因.

在证明任何数学结论时，你应该尝试寻找类似"活动帷幕"的论证方法——它能告诉你结论为何正确. "活动帷幕"形象地解释了微积分基本定理（例 9.1.1），那么，这个问题存在类似的解释方法吗?

事实上，我们能够找到这样的解释方法，它不需要关于微积分、二项式系数的知识或者求和的技巧. 受计算机模拟方法的启发，我们将在脑海中进行如下实验.

假设在一台计算机上使用电子表格软件模拟 4 次抛掷过程. 下图展示了一张 Microsoft Excel 工作簿. 单元格 A2 包含一个产生均匀分布随机数的命令，这便得到 p 的值. 为了模拟 4 次抛掷，用同样方法在单元格 B2 : E2 生成 4 个服从均匀分布的随机数. 在第 3 行，比较上述 4 个数和单元格 A2 中的 p 值的大小. 例如，单元格 C3 包含命令

如果单元格 C2 < A2 则输出"正面"；否则输出"反面".

这便完成了模拟过程.

	A	B	C	D	E
1	**p**	**第1次抛掷**	**第2次抛掷**	**第3次抛掷**	**第4次抛掷**
2	0.8424	0.4426	0.8563	0.4192	0.8407
3		**正面**	**反面**	**正面**	**正面**

那么，正面朝上的次数将会是多少? 如果 B2 : E2 中所有单元格都大于 A2，那么正面朝上的次数为 0. 反之，如果它们都小于 A2，则正面朝上的次数为 4. 而如上图中情形，只有 1 个单元格大于 A2，则正面朝上的次数为 3. 换言之，

正面朝上的次数仅仅依赖于 A2 在五个随机数中的相对排位.

但由于这些随机数都服从均匀分布，因此任何一个数的排位也都服从均匀分布. 也就是说，A2 最大、最小或排在第 3 位等的可能性均相同. 因此，出现正面朝上的次数有 5 种可能（0,1,2,3,4），它们出现的概率相同，均为 1/5.

前面叙述的积分与生成函数的方法都忽略了解法二中给出的简单解释：这些随机数由来相同，故每种排位出现的可能性也应该相同，因此正面朝上的次数应该服从均匀分布.

而上述方法是对这个问题的深刻理解. 这种方法在本书中多次出现，我们相信你应该非常熟悉. 并且，我们以对称性方法作为结束语是非常恰当的. ■

问题与练习

题 9.4.10 证明例 9.4.1 中的和式不一致收敛（考察它在 $x=0$ 附近的表现）.

题 9.4.11 考虑级数

$$1+x+x^2+x^3+\cdots=\frac{1}{1-x},$$

它对于 $|x|<1$ 收敛.

(a) 证明这个级数不一致收敛.

(b) 证明这个级数对于 $|x|\leqslant 0.9999$ 一致收敛.

题 9.4.12 证明二项式定理的重要推广

$$(1+x)^\alpha=1+\binom{\alpha}{1}x+\binom{\alpha}{2}x^2+\binom{\alpha}{3}x^3+\cdots,$$

其中

$$\binom{\alpha}{r}:=\frac{\alpha(\alpha-1)\cdots(\alpha-r+1)}{r!},\quad r=1,2,\cdots.$$

请注意：当 α 是正整数时，上述“二项式系数”的定义与原定义是一致的. 同样请注意：如果 α 是正整数，则上面的级数只有有限项. 请讨论这个级数的收敛性. 它依赖于 α 吗?

题 9.4.13 (普特南 1992) 定义 $C(\alpha)$ 为 $(1+x)^\alpha$ 在 $x=0$ 处的幂级数展开式中 x^{1992} 的系数. 计算

$$\int_0^1\left(C(-y-1)\sum_{k=1}^{1992}\frac{1}{y+k}\right)\mathrm{d}y.$$

题 9.4.14 证明由第 317 页 (9.4.2) 得到的断言：二阶泰勒多项式是函数的最佳二次估计.

题 9.4.15 利用幂级数证明 $\mathrm{e}^{x+y}=\mathrm{e}^x\mathrm{e}^y$.

题 9.4.16 (普特南 1998) 令 N 为由 1998 个十进制数字 1 组成的正整数，即

$$N=1111\cdots 11.$$

求 $\sqrt{N}$ 小数点后第 1000 位数字.

题 9.4.17 设 $x>1$. 计算和式

$$\frac{x}{x+1}+\frac{x^2}{(x+1)(x^2+1)}+\frac{x^4}{(x+1)(x^2+1)(x^4+1)}+\cdots.$$

题 9.4.18 (普特南 1990) 是否存在非零的无穷实数序列 $a_0,a_1,a_2,\cdots$，使得对于每个正整数 n，多项式

$$p_n(x)=a_0+a_1x+a_2x^2+\cdots+a_nx^n$$

都恰好有 n 个不同的实根?

题 9.4.19 证明 $\dfrac{\sin x}{x}=\prod_{n=1}^{\infty}\cos\left(\dfrac{x}{2^n}\right)$,

(a) 利用压缩方法.

(b) 利用幂级数.

题 9.4.20 在例 9.4.9 中，$U(n,k)$ 被定义为一个复杂的积分. 请利用以下方法直接计算这个积分，并证明它等于 $1/(n+1)$.

(a) 重复使用分部积分.

(b) 二项式级数方法.

欧拉数学与数论

下面这些富有挑战性的问题或多或少有些关联，它们的处理方法类似于例 9.4.7. 你可能需要复习关于组合和数论的章节. 利用概率论的知识，最后两题的求解可能会变得更为简单.（关于 ζ,ϕ,μ,σ 的定义分别见第 155, 225, 227, 224 页.）

题 9.4.21 计算

$$\frac{1}{1^2}+\frac{1}{3^2}+\frac{1}{5^2}+\frac{1}{7^2}+\cdots.$$

题 9.4.22 集合 S 由素分解只包含 $3, 5, 7$ 的正整数组成. 请问: S 中元素的倒数之和收敛吗? 如果收敛, 和为多少?

题 9.4.23 考察例 9.4.7 的证明过程.

(a) 证明中确实需要算术基本定理 (唯一分解性质) 吗?

(b) 利用有限部分和与乘积给出严格证明.

题 9.4.24 证明 $\zeta(s) = \prod_{p\,\text{是素数}} \frac{p^s}{1-p^s}$.

题 9.4.25 计算

$$\big(\zeta(2)-1\big)+\big(\zeta(3)-1\big)+\big(\zeta(4)-1\big)+\cdots.$$

题 9.4.26 令 $P=\{4,8,9,16,\cdots\}$ 为所有完全幂的集合, 即形如 a^b 的正整数集合, 其中 a 和 b 为大于 1 的整数. 证明

$$\sum_{j\in P}\frac{1}{j-1}=1.$$

题 9.4.27 类比例 9.4.8, 证明 $\zeta(4)=\pi^4/90$. 能用同样的方法得到 $\zeta(2n)$ 和 $\zeta(2n+1)$ 的表达式吗?

题 9.4.28 求满足

$$\lim_{k\to\infty}\frac{\phi(n_k)}{n_k}=0$$

的序列 $n_1, n_2, \cdots$.

题 9.4.29 证明 $\frac{1}{\zeta(s)}=\sum_{n=1}^{\infty}\frac{\mu(n)}{n^s}$.

题 9.4.30 利用题 9.2.37 和例 9.4.7 的方法证明: 对于任何正整数 n, 所有小于等于 n 的素数的倒数之和大于 $\ln(\ln n)-1/2$. 并由此证明

$$\sum_{p\,\text{是素数}}\frac{1}{p}$$

发散.

题 9.4.31 取定正整数 n, 令 $p_1,\cdots,p_k$ 为所有小于等于 $\sqrt{n}$ 的素数, 令 $Q_n := p_1p_2\cdots p_k$. 令 $\pi(x)$ 表示小于等于 x 的素数个数. 证明

$$\pi(n)=-1+\pi(\sqrt{n})+\sum_{d\mid Q_n}\mu(d)\left\lfloor\frac{n}{d}\right\rfloor.$$

题 9.4.32 对于 $n\in N, x\in R$, $\phi(n,x)$ 定义为小于等于 x 且与 n 互素的正整数的个数. 例如, $\phi(n,n)$ 等于 $\phi(n)$. 求计算 $\phi(n,x)$ 的公式.

题 9.4.33 证明: 满足条件 "x 与 y 互素, 且 x, y 介于 1 到 n 之间 (含两端)" 的正整数对 (x,y) 的数量等于

$$\sum_{1\leqslant r\leqslant n}\mu(r)\left\lfloor\frac{n}{r}\right\rfloor^2.$$

题 9.4.34 证明两个随机选择的正整数互素的概率为 $6/\pi^2$.

题 9.4.35 过剩数是类似于题 7.5.28–7.5.30 中介绍的完全数的概念. 如果 $\sigma(n)>2n$, 则自然数 n 是过剩数.

(a) 一个数怎样成为过剩数? 即求 $\sigma(n)/n$ 可能的最大值.

(b) 求 "过剩商" $\sigma(n)/n$ 的期望. (有关期望的定义和一些热身题, 请参阅第 210 页题 6.4.22.)

(c) 在正整数中 "过剩数" 占了多大比例? 以上 (b) 是否有所帮助?

题 9.4.36 $d(n)$ 的期望有何含义? 关于其他数论函数 (例如 $\mu(n), \phi(n), \pi(n)$) 的期望呢? 估计 "相对" 期望 (例如 $\mu(n)/n$) 是否有意义? 简短的回答是: 是的, 这些东西都是值得思考的, 你可以用很少的技术工具来推测和证明一些有趣的事情. 进一步来说, 这些问题中的一些异常困难, 并触及了目前解析数论的研究前沿. 从研读优美的基础文献 [33] 开始你的旅程.

附录：第 75 页例 3.2.6 的新解答

例 3.2.6 设 m,n 是正整数，设 $a_1,a_2,\cdots,a_m$ 是集合 $\{1,2,\cdots,n\}$ 中互不相同的元素，使得只要存在 i,j，$1\leqslant i\leqslant j\leqslant m$ 满足 $a_i+a_j\leqslant n$，便存在 k，$1\leqslant k\leqslant m$，有 $a_i+a_j=a_k$. 证明：

$$\frac{a_1+a_2+\cdots+a_m}{m}\geqslant\frac{n+1}{2}.$$

解答 这不是一道容易的题目，问题的一部分难点是搞清问题的叙述！我们称具有题中所描述性质的数列为“好”数列. 换句话说，一个好数列是这样的 $a_1,a_2,\cdots,a_m$，它们是集合 $\{1,2,\cdots,n\}$ 中互不相同的元素，只要存在 i,j（$1\leqslant i\leqslant j\leqslant m$）满足 $a_i+a_j\leqslant n$，则存在 k（$1\leqslant k\leqslant m$）使得 $a_i+a_j=a_k$. 我们从为 m 和 n 赋简单的值入手，比如令 $m=4, n=100$，我们得到了一个由 1 到 100（含两端）的不相同的正整数组成的数列 a_1,a_2,a_3,a_4. 一个可能的数列是 $37,93,14,99$，这是个好数列吗？注意到 $a_1+a_1=74\leqslant 100$，所以我们需要一个能使 $a_k=74$ 的 k，但可惜这样的 k 是不存在的. 我们尝试改进这个数列，改为 $37,93,74,99$. 现在试着在该数列中找两个（可以相同的）和不超过 100 数. 那么能找出的两个数只能是 $(37,37)$，可以确定，它们的和就是这个数列中的一项，所以这个数列是一个好数列. 下面计算出它的平均数，事实上，我们得到

$$\frac{37+93+74+99}{4}\geqslant\frac{100+1}{2}.$$

但是为什么这个不等式能够成立呢？我们来试着构造 $m=6, n=100$ 的另一个好数列. 假设数列的第一项是 25，因为 $25+25=50\leqslant 100$，那么数列中一定包含 50 这一项，则数列的前两项为 $25,50$. 又因为 $25+50=75\leqslant 100$，那么数列中也 75 包含 75 这一项，则数列的前三项为 $25,50,75$. 注意到 $25+75=100\leqslant 100$，所以 100 一定也在数列中，那么这个数列就是 $25,50,75,100$. 如果想在数列中添加另一个更小的数时就需要小心了. 例如，如果添加的数是 48，这就需要在数列中添加 $25+48=73, 48+48=96, 50+48=98$，但是这是不可能的，因为我们的数列只有 6 项. 从另一方面说，添加两个大一点的数不存在困难. 一个可能的数列是 $25,50,75,100,99,90$. 那么又得到：

$$\frac{25+50+75+100+99+90}{6}\geqslant\frac{101}{2}.$$

我们仍需指出为什么存在这种情况. 等式两边同时乘以 6，得到：

$$25+50+75+100+99+90\geqslant 6\times\frac{101}{2}=3\times 101,$$

它强烈暗示我们尝试将数列中 6 个数分为三组，并将每组的两个数相加得到三个和，它们都比 101 大. 实际上这是很容易做到的：

$$25+50+75+100+99+90=(25+100)+(50+75)+(99+90).$$

在一般情况下也能这样做吗？我们希望也能这样做，但实际上需要证明一个稍强的结论. 毕竟，数列中的项并不总是恰好成对的，正如上述情形，尽管如此序列中所有项的和总是很大的. 然而，尝试证明一个更强的命题不会对我们的证明造成什么妨碍. 有时候更强的结论证明起来反倒更容易.

（后续证明过程接第 76 页上段话之后的内容.）

参考文献

[1] Arthur T. Benjamin and Jennifer Quinn. *Proofs that Really Count: The Art of Combinatorial Proof.* The Mathematical Association of America, 2003.

[2] Jörg Bewersdorff. *Galois Theory for Beginners: A Historical Perspective.* American Mathematical Society, 2006.

[3] Evan Chen. *Euclidean Geometry in Mathematical Olympiads.* The Mathematical Association of America, 2016.

[4] H. S. M. Coxeter and S. L. Greitzer. *Geometry Revisited.* The Mathematical Association of America, 1967. 中译本 [38].

[5] N. G. de Bruijn. Filling boxes with bricks. *American Mathematical Monthly*, 76:37–40, 1969.

[6] Heinrich Dörrie. *100 Great Problems of Elementary Mathematics.* Dover, 1965. 中译本 [39].

[7] Howard Eves. *A Survey of Geometry*, volume 1. Allyn and Bacon, 1963.

[8] Martin Gardner. *The Unexpected Hanging.* Simon and Schuster, 1969. 中译本 [40].

[9] Martin Gardner. *Wheels, Life and Other Mathematical Amusements.* Freeman, 1983.

[10] Edgar G. Goodaire and Michael M. Parmenter. *Discrete Mathematics with Graph Theory.* Prentice Hall, 1998.

[11] Ronald L. Graham, Donald E. Knuth, and Oren Patashnik. *Concrete Mathematics.* Addison-Wesley, 1989. 中译本 [41].

[12] Richard K. Guy. The strong law of small numbers. *American Mathematical Monthly*, 95:697–712, 1988.

[13] Nora Hartsfield and Gerhard Ringel. *Pearls in Graph Theory.* Academic Press, revised edition, 1994.

[14] Robin Hartshorne. *Geometry: Euclid and Beyond.* Springer-Verlag, 2000.

[15] I. N. Herstein. *Topics in Algebra.* Blaisdell, 1964.

[16] D. Hilbert and S. Cohn-Vossen. *Geometry and the Imagination.* Chelsea, second edition, 1952. 中译本 [42].

[17] Ross Honsberger. *Mathematical Gems II.* The Mathematical Association of America, 1976.

[18] Mark Kac. *Statistical Independence in Probability, Analysis and Number Theory.* The Mathematical Association of America, 1959.

[19] Nicholas D. Kazarinoff. *Geometric Inequalities.* Holt, Rinehart and Winston, 1961. 中译本 [43].

[20] Andy Liu, editor. *Hungarian Problem Book III.* The Mathematical Association of America, 2001.

[21] Tristan Needham. *Visual Complex Analysis.* Oxford University Press, 1997. 中译本 [44].

[22] Ivan Niven, Herbert S. Zuckerman, and Hugh L. Montgomery. *An Introduction to the Theory of Numbers.* John Wiley & Sons, fifth edition, 1991.

[23] Joseph O'Rourke. *Art Gallery Theorems and Algorithms.* Oxford University Press, 1976.

[24] George Pólya. *How to Solve It.* Doubleday, second edition, 1957. 中译本 [45].

[25] George Pólya. *Mathematical Discovery,* volume II. John Wiley & Sons, 1965. 中译本 [46].

[26] George Pólya, Robert E. Tarjan, and Donald R. Woods. *Notes on Introductory Combinatorics.* Birkhäuser, 1983.

[27] Walter Rudin. *Principles of Mathematical Analysis.* McGraw-Hill, third edition, 1976. 中译本 [47].

[28] Paul Sloane. *Lateral Thinking Puzzlers.* Sterling Publishing Co., 1992.

[29] Alan Slomson. *An Introduction to Combinatorics.* Chapman and Hall, 1991.

[30] Michael Spivak. *Calculus.* W. A. Benjamin, 1967. 中译本 [48].

[31] John Stillwell. *Mathematics and Its History.* Springer-Verlag, 1989. 中译本 [49].

[32] Clifford Stoll. *The Cuckoo's Egg: Tracking a Spy Through the Maze of Computer Espionage.* Pocket Books, 1990.

[33] Jeffrey Stopple. *A Primer of Analytic Number Theory: From Pythagoras to Riemann.* Cambridge University Press, 2003.

[34] Alan Tucker. *Applied Combinatorics.* John Wiley & Sons, third edition, 1995. 中译本 [50].

[35] Charles Vanden Eynden. *Elementary Number Theory.* McGraw-Hill, 1987.

[36] Stan Wagon. Fourteen proofs of a result about tiling a rectangle. *American Mathematical Monthly,* 94:601–617, 1987.

[37] Herbert S. Wilf. *generatingfunctionology.* Academic Press, 1994. 中译本 [51].

[38] 考克瑟特，格雷策. 几何学的新探索. 陈维桓，译. 北京：北京大学出版社，1986.

[39] 德里. 100 个著名初等数学问题. 罗保华，译. 上海：上海科学技术出版社，1982.

[40] 加德纳. 意料之外的绞刑和其他数学娱乐. 胡乐士，译. 上海：上海教育出版社，2018.

[41] 葛立恒，高德纳，帕塔许尼克. 具体数学：计算机科学基础（第 2 版）. 张明尧，张凡，译. 北京：人民邮电出版社，2013.

[42] 希尔伯特，康福森. 直观几何（上、下册）. 王联芳，齐民友，译. 北京：高等教育出版社，2013.

[43] 卡扎里诺夫. 几何不等式. 刘西垣，译. 北京：北京大学出版社，1968.

[44] 尼达姆. 复分析：可视化方法. 齐民友，译. 北京：人民邮电出版社，2009.

[45] 波利亚. 怎样解题：数学思维的新方法. 涂泓，冯承天，译. 上海：上海科技教育出版社，2018.

[46] 波利亚. 数学的发现：对解题的理解、研究和讲授. 刘景麟，曹之江，邹清莲，译. 北京：科学出版社，2006.

[47] 鲁丁. 数学分析原理. 赵慈庚，蒋铎，译. 北京：机械工业出版社，2004.

[48] 斯皮瓦克. 微积分. 严敦正，张毓贤，常心怡，译. 北京：人民教育出版社，1980.

[49] 史迪威. 数学及其历史. 袁向东，冯绪宁，译. 北京：高等教育出版社，2011.

[50] 塔克. 应用组合数学. 冯速，译. 北京：人民邮电出版社，2009.

[51] 威尔福. 发生函数论. 王天明，译. 北京：清华大学出版社，2003.

人名索引

索　引